2019 中国家具年鉴

CHINA FURNITURE YEARBOOK

编

中国林业出版社

中国家具协会 CHINA NATIONAL FURNITURE ASSOCIATION
地址：北京市朝阳区百子湾路 16 号百子园 5C-1203 室
Add：Room 1203，Building C，No.5 Baiziyuan，No.16，Baiziwan Road，Chaoyang District，Beijing
邮编 Postcode：100124
电话 Tel：010-87766752/87766795
邮箱 E-mail：huiyuan@cnfa.com.cn
官网 Official Website：http:// www.cnfa.com.cn
QQ：1186486096

图书在版编目（CIP）数据

2019 中国家具年鉴 / 中国家具协会编. —北京：中国林业出版社，2019.8
ISBN 978-7-5219-0179-5

Ⅰ. ① 2… Ⅱ. ①中… Ⅲ. ①家具工业 – 中国 – 2019 – 年鉴 Ⅳ. ① F426.88

中国版本图书馆 CIP 数据核字（2019）第 147047 号

策划编辑：杜娟　　**责任编辑**：杜娟　田夏青　陈惠
电　　话：（010）83143553　　**传　　真**：（010）83143516

出版发行　中国林业出版社（100009　北京西城区德内大街刘海胡同 7 号）
E-mail:jiaocaipublic@163.com　电话：（010）83143500
http:// lycb. forestry.gov. cn
经　　销　新华书店
印　　刷　北京中科印刷有限公司
版　　次　2019 年 8 月第 1 版
印　　次　2019 年 8 月第 1 次印刷
开　　本　787mm × 1092mm　1/16
印　　张　24
字　　数　710 千字
定　　价　230.00 元

2019
中国家具年鉴

编委会

目 录

CONTENTS

04 数据统计
Statistical Data

05 行业分析
Industry Analysis

06 地方产业
Local Industry

07 产业集群
Industry Cluster

08 行业展会
Industry Exhibition

09 行业大赛
Industry Competition

附录
Appendix

-01-

专题报道

Special Report

编者按：2018 年 5 月 19 日，中国家具协会第六届五次理事会在北京隆重召开，大会选举徐祥楠为中国家具协会第六届理事会理事长，增补张冰冰为中国家具协会第六届理事会副理事长。会上，中国轻工业联合会会长张崇和发表讲话，对协会今后工作提出了希望。中国家具协会理事长徐祥楠在会上讲话，他对理事会今后工作提出了九点方向。商务部中国商务出版社社长郭周明作“经济发展形势”主题演讲。本次会议还审议通过了《中国家具协会分支机构管理办法修订说明》及《中国家具协会薪酬管理暂行办法制定说明》，会议取得圆满成功。

中国家具协会第六届五次理事会在北京召开

2018 年 5 月 19 日

2018 年 5 月 19 日，中国家具协会第六届五次理事会在北京召开，大会选举徐祥楠为中国家具协会第六届理事会理事长，增补张冰冰为中国家具协会第六届理事会副理事长。

中国轻工业联合会会长张崇和，中国轻工业联合会副秘书长、党建人事部主任、中国家具协会第六届理事会理事长徐祥楠，中国轻工业联合会党建人事部副主任马振华，中国家具协会副理事长刘金良，中国家具协会副理事长兼秘书长张冰冰，中国家具协会专家委员会副主任陈宝光，以及中国家具协会 492 位理事和理事单位的代表出席了会议。会议由中国家具协会副理事长刘金良主持。

中国轻工业联合会会长张崇和在会上发表讲话，他代表中国轻工业联合会对会议的召开表示祝贺，对关心、支持行业发展的各界人士表示感谢。张崇和指出，近年来，家具行业产业规模不断扩大，产品结构持续优化，节能环保初见成效，行业标准日益完善，为满足人民美好家居生活需要做出了积极贡献。在推动家具行业持续稳定健康发展的过程中，中国家具协会做了大量富有成效的工作。在未来的工作中，需要家具协会和企业进一步认清形势，把握机遇，主动作为，推动行业转型升级，推动产品向高端跃升，推动产品供给结构与需求结构匹配，努力实现行业和企业的快速发展。

张崇和对家具协会今后的工作提出了四点希望：一要当好行业进步的服务者；二要当好高质量发展的引领者；三要当好国家战略的践行者；四要当好优秀协会的建设者。希望协会同志们凝心聚力，继往开来，努力推动家具行业快速健康发展，为建设家具行业的辉煌明天做出新的更大贡献。

中国轻工业联合会党建人事部副主任马振华宣读了《关于调整中国家具协会第六届理事会领导成员人选的通知》（以下简称《通知》）。《通知》指出，经 2018 年 4 月 2 日中国轻工业联合会、中华全国手工业合作总社党委常委会议研究决定，同意推荐徐祥楠同志为中国家具协会第六届理事会理事长人选，增补现任秘书长张冰冰同志为中国家具协会第六届理事会副理事长人选，同意朱长岭同志因病辞去中国家具协会第六届理事会理事长、法定代表人。

在随后举行的会议选举环节中，中国家具协会副理事长刘金良宣读了《关于中国家具协会第六届理事会领导成员选举工作总监票人、监票人提名议案》并得到大会审议通过，祖树武同志为中国家具协会第六届理事会领导成员选举工作总监票人，马志翔、陈允、只慧三位同志为监票人。

总监票人祖树武主持选举环节并宣布选举细则。选举采用无记名填写选票，等额方式进行民主选举的原则。

经过发放选票、代表投票、工作人员计票环节后，总监票人祖树武向大会报告选举结果：本届大会应到代表 671 人，实到代表 492 人。大会发出选票 492 张，收回选票 492 张。其中，有效选票 491 张，无效选票 1 张。根据《中国家具协会章程》的有关规定，选举投票工作符合章程要求。本次选票中的候选人均获得三分之二以上选票支持，徐祥楠同志当选为中国家具协会第六届理事会理事长，张冰冰同志当选为副理事长。

中国家具协会理事长徐祥楠在会上讲话，他对各位理事、代表的信任和支持，以及朱长岭、贾清文等同志为协会所做的贡献表示感谢。徐祥楠表示，理事长职务责任重大，将竭尽全力，认真学习，勤奋工作，严于律己，切实履行好理事长职责，不辜

中国轻工业联合会会长张崇和

中国家具协会理事长徐祥楠

中国轻工业联合会党建人事部副主任马振华

中国家具协会副理事长刘金良

中国家具协会副理事长兼秘书长张冰冰

中国家具协会专家委员会副主任陈宝光

中国家具协会第六届理事会领导成员选举工作总监票人祖树武

商务部中国商务出版社社长郭周明

负理事会的期望和重托。

徐祥楠对理事会今后工作提出了九点建议。一是加强协会团队建设；二是推动行业改革创新；三是加强品牌建设工作；四是推动生态文明建设；五是推动区域协调发展；六是加强行业人才培养；七是推动国际产能合作；八是做好标准服务工作；九是做好专家委员会筹建工作。

徐祥楠强调，今年是中国家具协会成立 30 周年，要以开展纪念活动为契机，全面总结过去的成功经验，进一步明确协会的定位，加强与会员的沟通，强化发展意识、服务意识、实干意识、进取意识，全面提升政策水平、业务素质和服务能力，切实转变工作作风，创新工作方法，丰富服务内容，提高服务质量和水平，最大限度地维护会员权益，维护行业利益。

中国家具协会副理事长兼秘书长张冰冰宣读了《中国家具协会分支机构管理办法修订说明》及《中国家具协会薪酬管理暂行办法制定说明》，得到大会审议通过。

中国家具协会专家委员会副主任陈宝光出席了会议。

会上，商务部中国商务出版社社长郭周明作“经济发展形势”主题演讲。郭社长在新时代下如何以新型企业家精神引领行业发展，家具企业如何开展供给侧结构性改革以实现高质量发展等几个方面作了精彩分享。

本次会议选举产生了中国家具协会第六届理事会领导成员，审议通过了各项决议，取得圆满成功。

会后，佛山市顺德区龙江镇人民政府、中山市大涌镇人民政府、佛山市顺德区家具协会等发来贺函，祝贺徐祥楠同志当选为中国家具协会第六届理事会理事长。

张崇和会长在中国家具协会第六届五次理事会上的讲话

中国轻工业联合会会长　张崇和

2018年5月19日

各位理事，各位代表：

大家上午好！非常高兴参加中国家具协会第六届五次理事会。首先，我代表中国轻工业联合会，对会议的召开表示热烈的祝贺！向为家具行业发展做出积极贡献的企业家们，致以诚挚的问候！向关心、支持行业发展的各界人士，表示衷心的感谢！

家具行业是轻工业传统优势产业，也是常青行业。近年来，家具行业保持了良好的发展态势，取得了可喜的发展成绩。产业规模不断扩大，2017年，6000家规上企业主营业务收入9055.97亿元，同比增长10.11%；利润565.15亿元，同比增长9.31%；出口514.24亿美元，同比增长4.54%。产品结构持续优化，高附加值产品极大丰富，中高端品牌日益增多，产品品质显著提升。节能环保初见成效，新型环保材料、节能环保设备推广应用，高效清洁、低碳循环的绿色制造体系正在建立。行业标准日趋完善，强制标准体系基本建成，推荐标准体系逐渐优化，团体标准制定成效显著。家具行业的快速健康发展，为满足人民美好家居生活需要作出了积极贡献。

中国家具协会是中轻联代管协学会中为数不多的5A级协会之一，在推动家具行业持续稳定健康发展中，中国家具协会做了大量富有成效的工作。一是搭建会展平台，促进行业交流。“中国国际家具展览会”展览面积近40万平方米，规模居“轻工十大品牌展会”之首，有力地促进了家具市场繁荣；中国家居制造大会、睡眠健康产业发展论坛、中国家具产业发展（成都）国际论坛、中国红木家具发展大涌论坛，极大地促进了行业交流，推动了产业升级。二是发布权威报告，引领行业发展。组织编写《世界家具展望》《中国家具行业发展报告》《中国家具年鉴》等，为企业提供政策法规、数据资讯、行业发展等参考；主办家具行业信息发布会和中国家具行业信息大会，发布权威信息，促进行业健康发展。三是开展技能大赛，提供人才支撑。举办全国家具（红木雕刻）职业技能竞赛，促进了技术交流，提高了行业整体技能水平，为家具行业发展提供了有力的人才支撑。四是培育特色区域，支持地方发展。目前，全国共培育家具产业集群50个，促进了地方产业优化升级，增强了区域特色竞争优势，为推动地方产业和经济发展作出重要贡献。五是完善团标体系，提升质量水平。制定完善了《定制家具》《软体家具床垫》等团体标准，填补了行业空白，为促进产品质量水平整体提升提供了标准支撑。六是加强对外交流，扩大国际影响。借助亚洲家具联合会等多边机制，宣传中国家具行业，宣传优秀国产品牌，有力地推动优势民族企业走向世界。

随着我国经济发展进入新时代，行业步入发展新阶段，既面临机遇也面临挑战。产业融合，个性定制，为家具升级带来新动力；政府简政放权，清费减税，为家具企业注入新活力；“长江经济带”“京津冀协同发展”等战略，为家具市场打开新空间；电子商务，线上线下融合，为家具销售开辟新渠道。同时也要看到，世界经济复苏乏力，国际贸易摩擦加剧，对家具出口造成不利影响；国内木材资源约束，人力资源成本提高，环保要求更加严格，家具企业低成本竞争优势难以为继。家具行业本身还存在以下问题：一是两化融合程度还需深化，信息技术在家具产品设计、生产管理、营销服务、物流输送等环节的应用还不够；二是龙头企业相对缺乏，行业依然呈现数量多、规模小、实力弱的特点，缺少一批具有一定市场份额的龙头企业；三是绿色发展水平有待提升，行业对新型原材料和生产技术的应用仍然有限，可持续发展的绿色制造体系仍需健全；四是知名品牌较少，品牌建设依然不足，尚未形成一批广泛认可满足需求的家具品牌。

挑战与机遇并存，需要家具协会和企业，进一步认清形势，把握机遇，主动作为，推动行业转型升级，推动产品向高端跃升，推动产品供给结构与需求结构匹配，努力实现行业企业的快速发展。

本次大会将对协会主要负责人进行届中调整，选举新任理事长。现任理事长朱长岭同志，在家具协会工作 20 年，有着丰富的管理经验，身体力行，呕心沥血，为协会和行业发展做出了重要贡献。这次调整主要是因长岭同志身体原因。为不影响协会正常运转，他主动提出辞去理事长职务。这充分体现了长岭同志对协会、对行业的极端负责任，胸怀大局，事业至上，令人钦佩。中轻联党委在广泛征求意见的基础上，充分酝酿、慎重决策，推荐徐祥楠同志接替朱长岭同志，担任中国家具协会理事长。祥楠同志在轻工行业工作 20 年，熟悉行业，热爱轻工，有强烈的事业心和责任感。祥楠同志早年在部队工作，曾任武警北京指挥学校副团职队长，转业到国家轻工业局，担任离退休干部局助理调研员；历任中轻联、总社人事教育部处长、党委办公室副主任、人事教育部副主任、党群工作部主任。现任纪委副书记、党建人事部主任。祥楠同志在干部管理和考核工作中，主动研究行业政策、发展趋势、协会运行、队伍建设，熟悉了多个行业的业务，积累了不同协会的做法和经验，为主持协会工作打下了良好基础。祥楠同志从事多年党建工作，处事果断，敢于担当，善于做思想政治工作，表现出良好的组织协调能力；有牢固的“四个意识”，能够自觉地带领广大党员职工认真学习贯彻党的路线、方针、政策，积极践行党和国家有关轻工业改革发展的决策和要求，在组织上、思想上、行动上与党中央保持一致，表现出较强的领导素质和一把手素质。

这次会议，还将增补张冰冰为副理事长。张冰冰同志在家具协会工作 25 年，曾任两届副理事长，热爱行业，熟悉企业，具有较强的行业组织能力和协调能力，对协会工作具有丰富的实践经验。增补冰冰同志为副理事长，有利于进一步加强家具协会的领导力量。我们相信，中国家具协会在新班子的带领下，协会和行业的工作能够再上一个新的台阶。借此机会，我对家具协会今后的工作提几点希望：

一要当好行业进步的服务者。协会要始终坚持服务至上的宗旨，在反映行业企业诉求、推进科技进步、促进产品结构调整方面更下工夫；在加强质量管理、提升品牌影响、组织行业培训方面更花力量；在创新工作方法、丰富服务内容、提高服务质量方面更有成效。

二要当好高质量发展的引领者。党的十九大报告指出，我国经济已由高速增长阶段转向高质量发展阶段。协会要胸怀全局，在行业高质量发展中充分发挥引领作用。要组织企业实施国家和行业“十三五”发展规划，落实五大发展理念，指导企业制订发展目标，规划发展蓝图。要加强家具产品标准制定，加快创新成果的标准转化，加大与国际标准的对标力度，不断完善家具行业的标准体系，以更有力的标准引领举措，带动家具产品水平整体提升，推动家具产业升级。

三要当好国家战略的践行者。近年来，出台了中国制造 2025、消费品标准和质量提升、“三品”行动计划、“一带一路”等一系列国家战略和倡议，对当中的相关任务，轻工全行业，包括家具行业都在积极对接，认真落实。协会要充分利用自身优势，推动落实好国家战略。要积极响应国家“一带一路”战略，参与沿线国家园区建设，开拓沿线国家市场；要引导行业绿色发展，创新驱动发展，努力提升智能制造水平；要在“三品”行动中发挥更大作用，引导企业增加高性价比产品品类，满足消费者不断升级的需求，引导企业提升品质，鼓励企业树立精细生产理念，推动产品品质提升，引导企业培育品牌，鼓励企业发展自主品牌，注重维护品牌形象，提升品牌附加值，提高品牌美誉度。

四要当好优秀协会的建设者。新时代对行业组织发展提出新要求，协会要与时俱进，开拓创新，不断加强自身建设，在服务行业企业中提高自身、壮大自身。要扎实做好党建工作。发挥党组织战斗堡垒作用，发扬党员先锋模范作用，坚持民主集中制，形成风清气正、干事创业的良好氛围。要提升服务能力。贴近行业企业需要，主动加强服务，创新服务理念，提高服务质量，提升服务满意度。要注重人才培养。加强协会干部队伍建设，形成协会工作人才梯队，构建和谐工作团队。努力打造政府信赖、行业依托、企业满意、不可或缺的职业化协会工作队伍。

同志们，今年是中国家具协会成立三十周年，三十年的努力奋斗，三十年的拼搏进取，成就了协会的美好今天。衷心希望家具协会的同志们，凝心聚力，继往开来，努力推动家具行业快速健康发展，为建设家具行业的辉煌明天作出新的更大贡献！最后，预祝本次大会圆满成功！谢谢大家！

徐祥楠理事长在
中国家具协会第六届五次理事会上的讲话

中国家具协会理事长　徐祥楠

2018 年 5 月 19 日

各位理事，各位代表：

理事会选举我担任中国家具协会理事长，感谢各位理事、各位代表的信任和支持。担任理事长职务，我深感责任重大，在业务知识和熟悉程度方面与职务要求还有距离。我将竭尽全力，认真学习，勤奋工作，严于律己，切实履行好职责，不辜负理事会的期望和重托。

长岭同志在家具协会工作了 20 余年，担任理事长几年来为行业发展倾注了心血，做出了贡献，由于身体原因辞去了理事长职务，体现了他为行业发展考虑的大局观念。协会成立 30 年来，在历届理事会和领导班子的共同努力下，行业得以长足发展，协会工作基础扎实。我代表理事会，向朱长岭理事长、贾清文老理事长和关心支持家具行业发展的各位朋友表示衷心的感谢！

刚才，张崇和会长从搭建会展平台，促进行业交流；发布权威报告，引领行业发展；开展技能大赛，提供人才支撑；培育特色区域，支持地方发展；完善团标体系，提升质量水平；加强对外交流，扩大国际影响等六个方面充分肯定了协会的工作成效，同时也提出了我们存在的问题和面临的挑战，是对我们进一步做好行业协会工作的鞭策和鼓舞，讲话内容我们将以理事会纪要方式印发下去，希望同志们要学习和落实好张会长的讲话精神。

去年 12 月，协会召开了第六届四次理事会，长岭同志代表理事会总结了 2017 年的工作，对 2018 年工作进行了部署，提出了九项工作任务和具体工作要求，我们要继续抓好落实。

今年上半年，协会各项工作健康有序开展。主办和支持了各地家具展览会，召开了各类国际国内合作会议和高峰论坛，参与了国家技能大赛和工艺美术大师评选工作，组织了产业集群和专业委员会等专项工作，促进了行业各领域的健康发展。目前，家具行业结构调整成效明显，节能环保实现突破，国际竞争力有所提高。今年一季度，全国规模以上家具企业 6188 家，累计实现主营业务收入 1858.96 亿元，同比增长 8.3%；累计利润总额 99.88 亿元，同比下降 1.48%；全行业累计出口 123.98 亿美元，同比增长 8.13%，家具行业整体保持稳中有进的发展态势。

当前，行业发展的国内外环境和条件发生了重大变化。从国内形势看，人力资本丰富、市场空间广阔、发展潜力巨大，经济发展方式加快转变，新的增长动力正在孕育形成，经济长期向好基本面没有改变，但发展不平衡、不充分、不协调、不可持续问题仍然突出。从国际形势看，世界多极化、经济全球化、文化多样化、社会信息化深入发展，新一轮科技革命和产业变革蓄势待发。同时，我们也应该看到，全球经济贸易增长乏力，保护主义抬头，贸易摩擦加剧，外部环境不稳定、不确定因素增多。

在国内外形势复杂的情况下，家具行业也面临诸多挑战。自主创新能力有待提升，以企业为主体的创新体系仍不完善；中低端产品供给过剩，高质量产品供给不足；行业品牌影响力有限，大众知名品牌较少；资源、能源利用效率较低，节能减排压力较大；产业国际化程度不高，全球化经营能力不强。在我国经济由高速增长阶段向高质量发展阶段转变的环境下，家具行业转型升级的任务依然艰巨。习近平总书记强调：“实施创新驱动发展战略，是应对发展环境变化、把握发展自主权、提高核心竞争力的必然选择，是加快转变经济发展方式、破解经济发展深层次矛盾和问题的必然选择，是更好引领我国经济发展新常态、保持我国经济持续健康发展的必然选择。”我们要牢固树立创新、协调、绿色、开放和共享的五大发展理念，以供给侧结构性改革为主线，坚持稳中求进的工作总基调，着力提高家具产品供给质量和水平，使供给能力更好地满足人民日益增长的美好生活向往和需要。

今年是全面贯彻党的十九大精神的开局之年，是改革开放 40 周年，是决胜全面建成小康社会、实施“十三五”规划承上启下的关键一年，也是中国家具协会成立 30 周年。我们要以习近平新时代中国特色社会主义思想为指导，全面贯彻党的十九大精神和全国“两会”精神，大力推进科技创新，通过调结构、增品种、提品质、创品牌，促进家具行业高质量发展。

中国家具协会要以推动家具行业繁荣发展、做优做强为己任，尽职履责，尽心竭力，扎实工作，绝不辜负行业和企业的期望。“不谋全局者，不足谋一域”，我们必须把行业发展放在国家发展战略之中。要牢牢把握好发展机遇，结合行业实际，谋划好发展思路。在原有工作基础上，寻找新的切入点和突破口，在创新平台建设、推进技术改造、新材料研发、智能制造、节能减排、产业布局优化中多做工作。

下面，我对理事会今后工作的重点提几点建议：

一是加强协会团队建设。随着政府职能转变的加快，行业协会已成为我国经济调控体系中承上启下、不可缺失的重要层面。我们要按照张会长讲话要求，“当好行业进步的服务者；当好高质量发展的引领者；当好国家战略的践行者；当好优秀协会的建设者”，这“四者”要求，就是我们协会的工作目标和努力方向。进一步强化自身建设，牢固树立“服务国家、服务行业、服务会员、服务社会”的责任意识，认真做好规划布局，开展行业调查研究，掌握企业困难问题，及时反映行业诉求，适时发布行业报告。在促进经济发展、繁荣社会事业、创新社会治理、扩大对外交往等方面发挥更加积极的作用。

二是推动行业改革创新。贯彻落实《中国制造 2025》战略，全力支持在家具行业建设“国家制造业创新中心”，构建产品设计、生产制造、售后服务全链条的创新体系；参与工信部、科技部等国家部委有关“智能制造”“科技创新”等项目课题，推动家具行业数字化转型和技术革新；鼓励企业牵头实施科技项目，努力实现创新成果产业化；继续推动原创设计，组织行业权威设计活动，提升企业文化内涵和产品附加值。

三是加强品牌建设工作。与电视台、广播电台以及平面、网络媒体深度合作，加强知名品牌宣传和展示，共同打造家具行业国家品牌，提升品牌影响力；建设有公信力的品牌展示平台，全面、及时、准确发布品牌和产品信息，增强消费者对知名品牌的认知度；与国内主要电子商务平台合作，促进互联网、大数据与家具行业的深度融合，拓展品牌营销渠道。

四是推动生态文明建设。倡导绿色、低碳、循环、可持续的生产方式，推广使用水性、紫外光固化等低挥发性涂料和水性胶粘剂，推动企业加快技术改造；参与政府部门政策制定，做好政策宣传贯彻工作，督促木质家具制造企业挥发性有机物综合去除率达到政策法规要求；加强生态文明和环境保护宣传，引导企业履行社会责任，共同参与生态环境治理体系建设。

五是推动区域协调发展。以产业集群培育为抓手，以新兴产业园建设为支撑，做好现有 50 个产业集群的发展建设工作，继续开展产业集群考察复评工作。深化区域合理布局，支持东部地区优化发展前沿技术；以疏解北京非首都功能、雄安新区建设为重点，推进京津冀协同发展；以生态优先、绿色发展为引领，推进长江经济带建设；支持东北老工业基地振兴；继续推动中部地区崛起；支持新一轮西部大开发建设。努力建设陆海内外联动、东西双向互济的行业发展新格局。

六是加强行业人才培养。办好领军人才高级研修班和职业技能大赛，为家具行业升级创新提供人才支持。组织高峰论坛、经验交流会、研讨会议等活动，搭建专业技术人才和高技能人才交流平台；激发和弘扬企业家精神，树立“爱国敬业、遵纪守法、艰苦奋斗、创新发展、专注品质、追求卓越、履行责任、敢于担当、服务社会”的意识，更好的发挥企业家作用；建立并推行终身职业技能培训制度，将工匠精神、质量意识融入其中，缓解技能人才短缺的结构性矛盾，提高全要素生产率，推动产业迈上中高端。

七是推动国际产能合作。在继续办好上海、广州、沈阳三大展会的同时，努力开拓国际市场。积极响应“一带一路”倡议，参与中国轻工国际产能合作企业联盟各项活动，组织有意愿企业入驻境外产业园区，构建跨境产业链；加强与各国行业组织和知名企业合作，举办国际展览会、贸易对接会，推动中国企业走出去，拓展国际市场，弱化贸易争端风险；借助即将召开的中国国际进口博览会平台，满足国内消费升级和内需增长需要；遵循共商共建共享原则，加强行业开放合作。

八是做好标准服务工作。我们要充分发挥全国家具标准化技术委员会的作用，积极组织标准的制定、宣讲和培训，推动73项国标和75项行标的贯彻实施；对接国家质检机构，共同开展22项国标、9项行标的制修订工作；推动团体标准工作，宣贯《定制家具》《软体家具床垫》等5项已发布团体标准，加快制定《中式家具用木材》《智能家具多功能床》等5项新团体标准，提升行业整体发展水平；对接国际标准化组织家具标准化技术委员会（ISO/TC136），做好中国家具标准的国际化工作。

九是做好专家委员会筹建工作。组织家具行业知名企业家与专家学者，成立中国家具协会专家委员会。制定行业发展路线图，认真研究国内国际宏观政策，制定产业规划，推动家具产业技术创新、管理创新、模式创新。充分发挥专家资源和行业权威性优势，提供专家咨询服务，促进家具产业的健康发展。

各位理事，各位代表，做好协会各项工作，开创新的美好未来，需要有一支脚踏实地、勇于担当、乐于奉献、善于创新、适应市场经济需要的职业化团队。今年，是家具协会成立30周年，我们将以开展纪念活动为契机，全面总结过去的成功经验，进一步明确协会的定位，加强与会员的沟通，强化发展意识、服务意识、实干意识、进取意识，全面提升政策水平、业务素质和服务能力，切实转变工作作风，创新工作方法，丰富服务内容，提高服务质量和水平，最大限度地维护会员权益，维护行业利益。各位代表，让我们更加紧密地团结在以习近平同志为核心的党中央周围，为把我国建设成为世界家具制造强国、为满足人民美好生活新需要而努力奋斗！

02

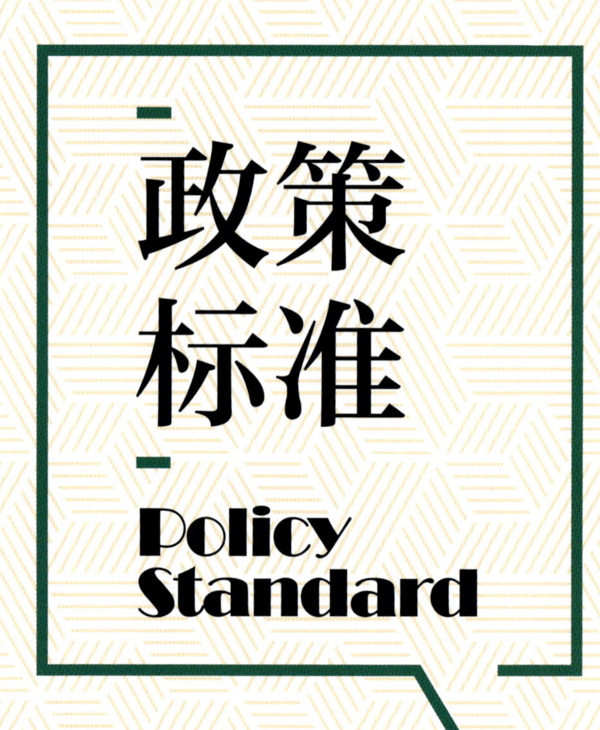
政策
标准
Policy
Standard

编者按：2018 年，国家出台了多项利好政策，为家具行业稳健发展提供了有力保障，本篇挑选了与家具行业紧密相关的 3 个政策专题进行分析，分别为：环境保护、中小企业扶持以及高质量发展，每个专题从国家政策、地方政策、行业政策作了解读。中国家具协会根据上级相关机构要求，在国家项目推优、国家课题研究、国家专利评选、国家绿色制品评定等方面做了大量工作，成为政府和企业的联系纽带。标准方面汇总了国际标准、国家标准、团体标准和电商标准四大方面的分析解读，对 2018 年全国家具标准化工作进行了回顾与总结，对 2018 年颁布的关于家具行业的国际标准、国家标准和行业标准进行了汇总。

2018 年政策解读

环境保护

■ 国家政策

《中华人民共和国环境保护税法》自 2018 年 1 月 1 日起施行

纳税人：《中华人民共和国环境保护税法》（以下简称《环保税法》）规定在中华人民共和国领域和中华人民共和国管辖的其他海域，直接向环境排放应税污染物的企业事业单位和其他生产经营者为环境保护税的纳税人，应当依照规定缴纳环境保护税。

应税污染物：《环保税法》规定，应税污染物为环保税法所附《环境保护税税目税额表》《应税污染物和当量值表》规定的大气污染物、水污染物、固体废物和噪声。

税额：依照环保税法所附《环境保护税税目税额表》执行。

计税依据：应税大气污染物按照污染物排放量折合的污染当量数确定；应税水污染物按照污染物排放量折合的污染当量数确定；应税固体废物按照固体废物的排放量确定；应税噪声按照超过国家规定标准的分贝数确定。

7 月 3 日国务院发布《打赢蓝天保卫战三年行动计划》（以下简称《计划》）

目标：到 2020 年，二氧化硫、氮氧化物排放总量分别比 2015 年下降 15% 以上；PM2.5 未达标地级及以上城市浓度比 2015 年下降 18% 以上，地级及以上城市空气质量优良天数比率达到 80%，重度及以上污染天数比率比 2015 年下降 25% 以上；提前完成“十三五”目标任务的省份，要保持和巩固改善成果；尚未完成的，要确保全面实现“十三五”约束性目标；北京市环境空气质量改善目标应在“十三五”目标基础上进一步提高。

特点：生态环境部在国务院新闻办公室举行的政策吹风会上表示：《计划》聚焦 PM2.5，重点区域扩大，强调抓好工业、散煤、柴油货车和扬尘四大污染源的治理，能够精准施策；《计划》强调优化产业、能源和运输结构，强化源头控制；注重科学推进和长效机制。

6月24日发布《中共中央国务院关于全面加强生态环境保护坚决打好污染防治攻坚战的意见》

目标：全国细颗粒物（PM2.5）未达标地级及以上城市浓度比2015年下降18%以上，地级及以上城市空气质量优良天数比率达到80%以上；全国地表水Ⅰ～Ⅲ类水体比例达到70%以上，劣Ⅴ类水体比例控制在5%以内；近岸海域水质优良（一、二类）比例达到70%左右；二氧化硫、氮氧化物排放量比2015年减少15%以上，化学需氧量、氨氮排放量减少10%以上；受污染耕地安全利用率达到90%左右，污染地块安全利用率达到90%以上；生态保护红线面积占比达到25%左右；森林覆盖率达到23.04%以上。

方式：促进经济绿色低碳循环发展，推动能源资源全面节约，引导公众绿色生活等形成绿色发展方式和生活方式；坚决打赢蓝天、碧水和净土保卫战；加快生态保护与修复；改革完善生态环境治理体系。

地方政策

宁夏

2018年10月，《宁夏打赢蓝天保卫战三年行动计划（2018—2020年）》印发，确定了全区未来3年大气污染防治工作的总体要求、主要目标、重点区域和重点任务。

浙江

浙江省出台《打赢蓝天保卫战三年行动计划》，提出到2020年，全省设区城市PM2.5平均浓度力争达到35微克/立方米，空气质量优良天数比率达到82.6%，重度及以上污染天数比率比2015年下降25%以上；二氧化硫、氮氧化物排放总量分别比2015年下降17%以上；基本消除重点领域臭气异味，60%的县级及以上城市建成清新空气示范区，涉气重复信访投诉量比2017年下降30%。

哈尔滨

哈尔滨市人民政府印发《哈尔滨市打赢蓝天保卫战三年行动计划实施方案》。主要措施有：调整优化产业结构，推动形成绿色发展方式；调整能源、运输、用地结构等，保持和巩固2018年环境空气质量改善成果，大幅减少主要大气污染物排放总量，协同减少温室气体排放，降低细颗粒物（PM2.5）浓度；力争到2020年年底，重度及以上污染天数减少至21天以下，空气质量优良天数比率达到80%以上。

上海

2018年7月，上海市政府发布了《清洁空气行动计划(2018—2022)》，提出重点针对涂装类及印刷类产生的工业废气进行专项执法。将以重点地区、行业和污染物为主要控制对象。

北京

北京市印发《北京市新增产业禁止和限制目录（2018年版）》，严控非首都功能增量、调整优化产业结构。

■ 行业政策

江苏省泰州市安监局出台的《泰州市木质家具制造企业职业卫生违法行为积分动态管理规定（试行）》开始正式执行，旨在进一步有效控制木质家具制造企业生产过程中产生的职业危害，改善作业场所环境条件，保障劳动者的安全和健康，规范职业健康管理。

江苏省苏州市印发《苏州市家具制造业挥发性有机物提标改造治理工作方案》。该方案要求，对于不能全面使用低（无）VOCs 涂料的企业，要加强 VOCs 废气收集和处理效率，使其不低于 80%。同时，对 VOCs 废气末端处理工艺进行提升改造，确保 VOCs 去除率达到相关文件要求。

广东省佛山市三水区出台了《三水区 2018 年挥发性有机化合物排放重点监管企业综合整治方案》和《三水区家具制造行业大气污染深化整治方案》，重点针对化工、印刷、家具、印染、金属加工等行业进行环保监管。

■ 协会导向

工业和信息化部办公厅绿色制造名单评价工作

工业和信息化部办公厅开展绿色制造体系建设的工作，开展绿色制造名单评定，包括绿色工厂、绿色设计产品、绿色园区、绿色供应链管理示范企业等项目，中国家具协会可择优推荐。

2018 年 10 月，工业和信息化部公布了第三批绿色制造名单，包括绿色工厂 391 家、绿色设计产品 480 种、绿色园区 34 家、绿色供应链管理示范企业 21 家。家具行业中，北京黎明文仪家具有限公司、科思创聚合物（中国）有限公司、立邦涂料（中国）有限公司、德华兔宝宝装饰新材股份有限公司、浙江世友木业有限公司、大康控股集团有限公司、永艺家具股份有限公司、中源家居股份有限公司、明珠家具股份有限公司、广东嘉宝莉科技材料有限公司等入选绿色工厂。

环保部《排污许可证申请与核发技术规范 家具制造工业》标准工作

中国家具协会作为行业专家参与该项工作，维护行业利益，发出行业声音。负责提供行业数据和分析报告，开展行业调研，参与该标准的起草。排污许可制度是落实实现污染源全面达标排放，严格控制污染物排放的重要手段，是衔接环评制度，融合总量控制的核心，是促进总量控制和质量，改善紧密关联、有效协同的关键环节。《排污许可证申请与核发技术规范 家具制造工业》对于指导家具制造企业排污单位填报《排污许可证申请表》、网上填报相关申请信息和指导核发机关审核确定排污许可证许可要求将发挥重要的作用。

中小企业扶持

■ 国家政策

《国务院办公厅关于聚焦企业关切进一步推动优化营商环境政策落实的通知》发布

2018年11月8日,《国务院办公厅关于聚焦企业关切进一步推动优化营商环境政策落实的通知》(国办发〔2018〕104号)发布，旨在解决我国营商环境存在的短板和突出问题，加快打造市场化、法制化、国际化营商环境，增强企业发展信心和竞争力。

内容：从减少社会资本市场准入限制和缓解融资难问题等角度，破除各种不合理门槛和限制，营造公平竞争市场环境；从保障外商投资企业公平待遇和推进通关便利化等角度推动外商投资和贸易便利化，提高对外开放水平；从简化企业投资审批、压减行政许可等事项和推进政务服务标准化等方面提升审批服务质量，提高办事效率；从清理经营服务性收费、整治乱收费行为和规范降低社保费率等角度减轻企业税费负担，降低企业生产经营成本；从建设知识产权保护体系和落实产权保护措施等角度保护产权，为创业创新营造良好环境；从加强事中事后监管、创新市场监管方式和纠正“一刀切”式执法等方面维护良好市场秩序；从落实责任、开展营商环境评价、增强政策透明度、强化舆论引导和加强督察等方面强化组织领导，进一步明确工作责任。

《关于促进中小企业健康发展的指导意见》印发

2019年3月，中共中央办公厅、国务院办公厅印发了《关于促进中小企业健康发展的指导意见》(以下简称《指导意见》)，并发出通知，要求各地区各部门结合实际认真贯彻落实。

背景：中小企业是我国国民经济和社会发展的重要力量，在推动经济发展、扩大劳动就业、促进技术创新、改善社会民生等方面具有不可替代的作用。2018年11月1日，习近平总书记在民营企业座谈会上的重要讲话，为新时代促进民营经济和中小企业发展工作指明了方向。2018年10月，工信部会同有关部门研究起草《指导意见》，12月24日，国务院常务会议对《指导意见》进行了审议。2019年3月28日,《指导意见》正式印发。

内容：《指导意见》结合近期已出台的部分财税金融政策，从营造良好发展环境，破解融资难融资贵问题，完善财税支持政策，提升创新发展能力，改进服务保障工作，强化组织领导和统筹协调等六个方面，提出23条针对性更强、更实、更管用的新措施。在当前国内外经济形势错综复杂、中小企业生产经营下行压力加大的情况下,《指导意见》为当前和今后一个时期促进中小企业发展提供遵循和指引，对提振中小企业发展信心，推动中小企业健康可持续发展，意义重大。

举措：2019年，工信部推动中小企业信息化服务工作，落实《关于促进中小企业健康发展的指导意见》。在服务政策落地、促进融资、降本增效、推动创新创业等方面，中小企业信息化推进工程发挥了重要作用，推动中小企业不断提高发展质量。“2019中小企业信息化服务信息发布会”上，工信部表示，2018年全国建立了4400多个服务机构，配备了30多万名服务人员，联合了7600多家专业合作伙伴；组织开展宣传培训和信息化推广活动 3 万余场，参加活动达 249 万多人次，与地方政府部门签署了 1911 份合作协议。全年中小企业信息化推进投入资金近 17 亿元，获得各级地方财政支持 6.7 亿元，全面提升中小企业信息化应用能力。

《国务院办公厅关于在制定行政法规规章行政规范性文件过程中充分听取企业和行业协会商会意见的通知》印发

2019 年 3 月 13 日，《国务院办公厅关于在制定行政法规规章行政规范性文件过程中充分听取企业和行业协会商会意见的通知》（以下简称《通知》）印发。深入贯彻习近平新时代中国特色社会主义思想和党的十九大精神，推进政府职能转变和“放管服”改革，保障企业和行业协会商会在制度建设中的知情权、参与权、表达权和监督权，营造法治化、国际化、便利化的营商环境。

内容：《通知》要求在制定有关行政法规、规章、行政规范性文件过程中，根据文件对企业、行业的影响情况，科学合理选择听取企业、协会尤其是民营企业、劳动密集型企业和中小企业等市场主体的意见；根据文件情况，要运用网络、报纸等媒体，问卷、函件、走访等多种方式听取企业和协商会意见；要完善意见研究采纳反馈机制，通过适当的方式进行反馈和说明；要加强制度出台前后的联动协调，避免执行中的简单化和“一刀切”；要注重收集企业对制度建设的诉求信息，研究论证企业和行业发展急需的制度建设项目；要加强组织领导和监督检查，健全企业和行业协会商会参与制度建设工作机制。

■ 地方政策

上海

2018 年 11 月 3 日，上海市发布《关于全面提升民营企业活力 大力促进民营经济发展的若干意见》，指出要成立 100 亿元上市公司纾困基金，为优质中小民营企业提供信用贷款和担保贷款 100 亿元，逐步将中小微企业政策性融资担保基金规模扩大至 100 亿元，缓解民营企业融资难融资贵；要降低税收、用地、租金、社保等要素、电气及制度性交易等成本，加大民营企业帮扶力度；同时提出要支持企业技术改造、自主创新、人才引育、国内外市场拓展等，营造公平的市场环境，支持民营经济发展。

厦门

2018 年 10 月 31 日，厦门市发布《关于促进民营经济健康发展的若干意见》的通知，重点提出了在推动民营企业自主创新、扩大民间资本投资、减轻民营企业负担、缓解民营企业融资难、优化民企发展环境等五大方面的具体任务目标及责任部门。进一步激发民间有效投资活力，充分发挥民营企业在稳定增长、促进创新、增加就业、改善民生等方面的重要作用。

广东

2018 年 8 月 31 日，广东省人民政府印发《广东省降低制造业企业成本支持实体经济发展的若干政策措施（修订版）》，降低企业税收负担、用地成本、社会保险成本、运输成本、融资成本、制度性交易成本，支持工业企业盘活土地资源提高利用率、制造业高质量发展，加大重大产业项目支持力度，进一步降低制造业企业成本，支持实体经济发展，建设制造强省。

安徽

2018年6月8日，《安徽省人民政府关于进一步推进中小企业“专精特新”发展的意见》发布，以“研发一流技术、制造一流产品、培育一流企业家、实施一流管理”为目标，力争到2020年，“安徽省专精特新中小企业”达3000户以上，其中，主营业务收入10亿元以上“行业小巨人”50户。主要措施有：强化组织领导，加大对“专精特新”中小企业的资金支持力度，优化金融服务和加强督察等。

甘肃

甘肃省促进中小企业发展工作领导小组办公室印发《甘肃省推动中小企业“专精特新”高质量发展实施方案（2018—2020年）》，海南省工业和信息化厅印发《海南省促进中小微企业“专精特新”发展工作实施方案》。推动中小企业发展，发展实体经济，建设制造强省。

高质量发展

■ 国家政策

《国务院关于加强质量认证体系建设促进全面质量管理的意见》发布

2018年1月26日，《国务院关于加强质量认证体系建设促进全面质量管理的意见》（国发〔2018〕3号）发布，深入推进供给侧结构性改革和“放管服”改革，全面实施质量强国战略。

目标：通过3~5年努力，我国质量认证制度趋于完备，法律法规体系、标准体系、组织体系、监管体系、公共服务体系和国际合作互认体系基本完善，各类企业组织尤其是中小微企业的质量管理能力明显增强，主要产品、工程、服务尤其是消费品、食品农产品的质量水平明显提升，形成一批具有国际竞争力的质量品牌。

内容：大力推广质量管理先进标准和方法，广泛开展质量管理体系升级行动，深化质量认证制度改革创新，加强认证活动事中事后监管，培育发展检验检测认证服务业，深化质量认证国际合作互认，加强组织领导和政策保障等方面全面提升质量管理水平，努力建设质量强国。

中共中央办公厅、国务院办公厅印发《关于加强知识产权审判领域改革创新若干问题的意见》公布

2018年2月，中共中央办公厅、国务院办公厅印发了《关于加强知识产权审判领域改革创新若干问题的意见》（以下简称《意见》），要求各地区各部门结合实际认真贯彻落实。

原则：坚持高点定位、坚持问题导向、坚持改革创新、坚持开放发展。

内容：完善知识产权诉讼制度、加强知识产权法院体系建设、加强知识产权审判队伍建设、加强组织领导。

目的：《意见》旨在坚持司法为民、公正司法，不断深化知识产权审判领域改革，充分发挥知识产权司法保护主导作用，树立保护知识产权就是保护创新的理念，优化科技创新法治环境，推动实施创新驱动发展战略，为实现“两个一百年”奋斗目标和建设知识产权强国、世界科技强国提供有力司法保障。

《国务院关于推动创新创业高质量发展打造“双创”升级版的意见》发布

2018年9月26日《国务院关于推动创新创业高质量发展打造“双创”升级版的意见》发布，推动深入实施创新驱动发展战略，进一步激发市场活力和社会创造力，推动创新创业高质量发展、打造“双创”升级版。

目标：创新创业服务全面升级；科技成果转化应用能力显著增强；高质量创新创业集聚区不断涌现；大中小企业创新创业价值链有机融合；国际国内创新创业资源深度融汇。

方式：着力促进创新创业环境升级；加快推动创新创业发展动力升级；持续推进创业带动就业能力升级；深入推动科技创新支撑能力升级；大力促进创新创业平台服务升级；进一步完善创新创业金融服务；加快构筑创新创业发展高地；切实打通政策落实“最后一公里”。

《中共中央 国务院关于建立更加有效的区域协调发展新机制的意见》公布

2018年11月18日，新华社刊登《中共中央 国务院关于建立更加有效的区域协调发展新机制的意见》(以下简称《意见》)。《意见》旨在全面落实区域协调发展战略各项任务，促进区域协调发展向更高水平和更高质量迈进，建立更加有效的区域协调发展新机制。

目标：到21世纪中叶，建立与全面建成社会主义现代化强国相适应的区域协调发展新机制，该机制在完善区域治理体系、提升区域治理能力、实现全体人民共同富裕等方面更加有效，为把我国建成社会主义现代化强国提供有力保障。

内容：建立区域战略统筹机制、健全市场一体化发展机制、深化区域合作机制、优化区域互助机制、健全区际利益补偿机制、完善基本公共服务均等化机制、创新区域政策调控机制、健全区域发展保障机制等。

■ 地方政策

北京

2018年10月，北京发布《中共北京市委北京市人民政府关于开展质量提升行动的实施意见》(以下简称《意见》)，旨在全面贯彻落实《中共中央 国务院关于开展质量提升行动的指导意见》精神，深入推进质量强国首善之区建设。《意见》指出，要增加优质产品的有效供给，包括消费品、装备制造、新材料、农产品、食品药品和文化艺术品等；要推动服务提质增效，包括生产性服务业、生活性服务业、公共服务、对外贸易等；要提升城市规划建设管理水平，包括城市规划建设、城市管理等；要培育创新发展质量竞争优势，包括成果标准化、打造优质产品等；要破除质量提升瓶颈、优化质量提升环境等。

广东

2018 年 11 月，广东省委办公厅、省政府办公厅印发《关于促进民营经济高质量发展的若干政策措施》，深入贯彻习近平总书记重要讲话精神，营造有利于民营经济发展的良好营商环境，促进民营经济高质量发展，推动广东省实现“四个走在全国前列”（包括构建推动经济高质量发展的体制机制、建设现代化经济体系、形成全面开放新格局和营造共建共治共享社会治理格局）。主要措施包括：降低民营企业生产经营成本、缓解民营企业融资难融资贵、健全民营企业公共服务体系、推动民营企业创新发展和支持民营企业培养和引进人才等。

浙江

2018 年 12 月，浙江省制定《浙江省人民政府关于全面加快科技创新推动高质量发展的若干意见》（浙政发〔2018〕43 号），旨在深入实施创新驱动发展战略，加快创新强省建设，着力构建“产学研用金、才政介美云”十联动的创新创业生态系统。主要内容有：开展关键核心技术攻坚、强化区域协同创新、打造高能级创新载体、强化企业主体地位、深化科技体制改革、统筹整合要素资源等。

■ 行业政策

河北省制造强省建设领导小组办公室印发《促进家具高质量发展工作方案》，提出以自然、生态、健康、时尚为发展方向，以绿色化生产、个性化定制和工业设计、品牌建设为突破口，推广先进绿色喷涂、黏合工艺和新型材料，推进互联网、物联网、大数据在生产经营中的应用，支持智能工厂或数字化车间建设，培育个性化定制新模式，强化工业设计和品牌建设，提升产品竞争力和品牌影响力，全力推进家具产业高质量发展。

■ 协会导向

国家知识产权局中国专利奖评选工作

国家知识产权局每年开展中国专利奖评选工作，旨在倡导创新文化，强化知识产权创造、保护、运用，鼓励和表彰为技术（设计）创新及经济社会发展做出突出贡献的专利权人和发明人（设计人）。中国家具协会可择优推荐。

工业和信息化部科技司开展征集人工智能专家工作

工业和信息化部科技司开展征集人工智能专家的工作，旨在加快推动我国新一代人工智能产业创新发展，有力支撑人工智能和实体经济深度融合。中国家具协会可择优推荐。

（备注：以上政策均为不完全列举）

2018 年标准解读

■ 国际标准

我国发布首个家具行业国际标准

2018 年 3 月，首个由我国主导制定的家具领域国际标准《家具床稳定性、强度和耐久性测试方法》(*Furniture Beds Test methods for the determination of stability, strength and durability*) 正式发布。首次在我国召开。该项标准项目提案由上海市质量监督检验技术研究院于 2014 年 9 月在 ISO/TC 136(家具) 年会上提出，提案获得国际家具标准委员会的一致通过。该标准是首个由中国主持制定的家具国际标准，主要研究床类产品力学性能的各项指标及对应的检测方法，有效填补了国际标准在床类家具的强度和耐久性测试方法方面的空白，意味着中国家具行业在力学试验等测试标准方面已具备相当实力，标志着中国家具行业在国际上赢得了制定标准的话语权。

■ 国家标准

《红木》新国标公布

2017 年 12 月 29 日，国家标准委就发布消息称，GB/T 18107—2017《红木》将代替原《红木》国家标准 (标准号为 GB/T 18107—2000)，新标准将于 2018 年 7 月 1 日开始执行实施。根据国家标准化管理委员会官方网站公布的标准内容，原来属于红木的“5 属 8 类 33 种”树种变更成 29 种，此外，判定方法、红木管制及保护信息等也有所变化，更新后的标准，将为红木贸易市场提出新的方向。

■ 团体标准

中国家具协会 5 项团标通过审定

2018 年 4 月 18 日，中国家具协会下发了第二批团体标准《中式家具用木材》《智能家具 多功能床》《儿童转椅》《全铝家具》和《家具表面金属箔理化性能检测法》五项标准的立项计划通知后，中国家具协会质量标准委员会和 5 家牵头单位积极组织标准起草、进行实验论证。2019 年初形成征求意见稿后，于 3 月 12 日至 4 月 12 日面向社会公开征集意见百余条。5 月 12 日，2019 中国家具协会团体标准审定会在浙江安吉召开。本次审定会，与会专家按照中国家具协会团体标准管理办法的相关要求对标准进行了严格审定，五项标准分成两组，分别由中国家具协会质量标准委员会秘书长罗菊芬、浙江农林大学教授李光耀两位组长牵头召开了审定会，五项标准均成功通过会议审定。标准将于 2019 年中旬正式发布。

中国家具协会自 2016 年启动团体标准制修订工作以来，已于 2018 年 1 月成功发布《定制家具》《软体家具 床垫》《家具部件及室内装饰装修材料挥发性有机物释放限量》《办公家具挥发性有机物释放限量》《倾斜式婴儿睡床的安全要求及试验方法》五项团体标准。其中《软体家具 床垫》的发布入选了工业和信息化部 2018 年团体标准应用示范项目。今后，中国家具协会将广泛调动企业积极性，不断构建与完善团体标准框架体系，为推动行业创新发展助推力量。

■ 电商标准

天猫首发家具行业“喵住”标准

3 月 18 日，中国（广州）国际家具博览会现场，天猫携手全球领先的检验、鉴定、测试及认证机构 SGS 发布针对家具行业的“喵住”标准。该标准旨在帮助消费者更清晰地辨认家具特性，并挑选到品质放心的产品。在标准制定过程中，SGS 根据天猫通过大数据了解的消费者最关注的品质指标，结合国内外各类先进标准进行研究，制定出天猫平台家具行业“喵住”质量标准，通过随机抽样、实验室测试等多种手段，让优质商家和优质产品脱颖而出，从而帮助消费者作出最合适的选择。

（备注：以上标准均为不完全列举）

2018 年全国家具标准化工作概述

全国家具标准化技术委员会秘书长　罗菊芬

全国家具标准化技术委员会（以下简称家具标委会）于 2009 年 5 月 13 日经中国国家标准化管理委员会批准成立，编号为 SAC/TC480，英文名称为：National Technical Committee 480 on Furniture of Standardization Administration of China。家具标委会由 57 名委员组成，中国家具协会理事长徐祥楠担任主任委员。

根据国家标准化管理委员会和中国工业和信息化部等有关标准化工作的总体要求，家具标委会紧紧围绕《国家标准化体系建设发展规划（2016—2020 年）》《消费品标准和质量提升规划（2016—2020 年）》《2018 年全国标准化工作要点》和《我国家具标准化“十三五”发展规划》确立的家具标准化重点任务，以完善家具标准体系建设为中心，以国家标准、行业标准和国际标准制修订工作为重点，以标准化技术组织为支撑，推动家具标准化工作取得了新发展。为促进家具产业优化升级，满足人民群众日益增长的美好生活需要发挥了重要的技术支撑作用。

一、2018 年家具标准化主要工作成效

1. 国内标准化工作

标准制修订工作顺利开展　2018 年，家具标委会紧扣消费品质量安全要素，根据我国家具市场技术发展需要，积极完善与强制性国家标准协调配套的推荐性标准体系，推动家具标准向消费型、服务型转变，积极组织委员单位申报标准计划项目，开展标准项目的起草、研讨、审查、验证等工作，取得了多方面的家具标准化成果。全年有 2 项国家标准、2 项行业标准批准发布；组织了 15 项国家及行业标准征求意见；完成了 11 项国家及行业标准报批；组织了 15 项国家标准和 1 项行业标准的审查；此外，家具标委会先后 6 批次组织国家标准、行业标准答辩，申报了 28 项国家标准、行业标准计划项目提案。这些家具标准的制修订，为提高家具产品质量提供了技术依据，有效促进了行业健康、持续发展。

强制性国家标准体系建设稳步推进　家具标委会严格按照《关于印发强制性标准整合精简结论的通知》（国标委综合函［2017］4 号）文件要求，按照强制性标准整合精简结论和强制性标准体系框架，积极推进现有强制性标准的整合修订和重点强制性标准的制定。2018 年 10 月，家具标委会参加了由工业和信息化部组织的国家强制性标准计划项目答辩会，围绕项目的急迫性、创新性、国际性，对申报的《家具中有害物质限量》《婴幼儿及儿童家具安全技术规范》《家具结构安全技术规范》等 3 项国家强制性标准计划项目进行了答辩，获得了评审专家的一致认可。今后，家具标委会将充分发挥行业协会、标准化技术组织和专业机构的作用，大力提升强制性标准的质量与水平，守住强制性标准的底线，着力构建统一协调、科学合理、行之有效的家具领域强制性标准体系。

服务团体标准成绩显著　随着新《标准化法》的颁布实施和《团体标准管理规定（试行）》的出台，团体标准获得了明确的法律地位，团体标准的发展即将进入新时代。家具团体标准的工作重点是市场需求的产品标准、服务标准、管理标准、检测方法标准、产品质量安全认证标准等，具体涉及的领域包括：家具领域通用基础标准、家具产品标准、家具原材料采购质量标准、家具五金、连接件标准、

家具生产、销售管理标准、家具制造、销售、售后服务标准、家具检测方法标准、家具质量安全认证标准等。2018 年 4 月，经中国家具协会家具质量标准委员会批准，《智能家具 多功能床》《儿童转椅》《家具表面金属箔理化性能检测法》等 5 项团体标准计划项目已获批立项，这也是继 2017 年中国家具协会首批团体标准发布后的最新工作进展。作为家具行业市场标准体系的主体成分和政府标准的有益补充，中国家具协会团体标准将把握机遇，争做家具领域团体标准排头兵，进一步推动我国家具标准市场化改革。

标准宣贯工作有效进行　2018 年 7 月，家具标委会与 UL 美华认证有限公司共同主办的家具行业交流研讨会在上海召开并取得圆满成功。来自上海市质量技术监督局、全国家具标准化技术委员会、苏州 UL 美华认证有限公司、全国各检测机构、家具企业的代表共计 120 余人参加了此次会议。此次研讨会围绕家具产业质量法规、标准、家具企业改造升级、家具绿色产品评价等多个主题开展了全方位、多角度的沟通和探讨，国内外家具行业专家和与会代表之间分享了中外家具行业最新的法律法规和技术进展，促进了家具行业各类技术、商业信息进行了充分沟通交流。此外，家具标委会还积极参与中国家具协会和地方家具协会举办的家具产业发展等论坛或研讨会，广泛宣贯家具相关标准，参加人数累计达 1000 多人，有效地推进了全国和地方家具质量的提升，使标准使用者、广大消费者准确理解标准内涵，全面实施标准，提高标准实施效益；同时也使标准使用者及时反馈相关信息，不断完善标准。

2. 国际标准化工作

ISO/TC 136 技术对口工作　国际标准化组织家具标准化技术委员会（ISO/TC 136）国内技术对口单位为上海市质量监督检验技术研究院（以下简称上海市质检院）。2018 年度，上海市质检院共收到各类投票 15 项，其中新标准立项（NP）阶段 3 项，国际标准草案（DIS）阶段投票 2 项，最终国际标准草案（FDIS）阶段投票 2 项，标准复审（SR）投票 2 项，委员会内部投票（CIB）8 项，标准废止投票（WDRL）投票 1 项，上海市质检院均按时完成了相关投票，投票完成率 100%。2018 年度，共收到 ISO/TC 136 及工作组各类技术文件 90 份，上海市质检院均按时分发给了国内相关技术专家，并将收集汇总的国内相关专家的技术意见及时反馈给了 ISO/TC 136 及各工作组秘书处，充分体现了我国在国际家具标准化工作上的话语权。

2018 年，我国在 ISO/TC136 的 3 个工作组又新注册了 9 名技术专家，使得我国家具国际标准化队伍继续壮大。截止到 2018 年底，ISO/TC 136 累积共有 30 名中国注册专家，并实现所有 6 个工作组全覆盖，其中 ISO/TC 136/WG4 工作组会议召集人由我国专家上海市质检院教授级高级工程师罗菊芬女士担任。

国际标准化工作取得重大突破　自 2014 年立项起，历时 4 近年，通过对标准草案的不断修订和优化，2018 年 3 月，由我国承担制定的 ISO 19833：2018《家具 床 稳定性、强度和耐久性测试方法》国际标准正式发布并实施，实现了我国家具领域国际标准制定零的突破，有效填补了国际标准在床类家具的强度和耐久性测试方法方面的空白，标志着我国家具行业国际标准制定话语权的进一步提升。

2018 年 9 月，由我国主办的 ISO/TC136 第十五届年会及其桌类、椅凳类、储藏类、厨房家具类和儿童家具类 5 个工作组会议在上海成功召开。来自中国、意大利、德国、美国、瑞典、英国、法国、加拿大、丹麦等国共 50 多位国内外专家参会。此次会议桌类、椅凳类、储藏类家具的力学强度和稳定性检测方法、厨房家具尺寸配合、儿童家具产品的安全要求、测试方法等标准化问题。在全体大会上，我国提出了《儿童家具 童床用床垫 安全要求及测试方法》《家具 床垫 性能测试方法》《家具漆膜理化性能试验 第 5 部分：耐磨性测定法》3 项国际标准提案，获得了与会专家的一致认可，并成功立项。

家具国际标准一致性程度稳步提升　2018 年，家具标委会结合我国产业发展的实际需要，进一步加快了国际标准的转化工作，起草制定了《办公家具 办公椅 尺寸测量方法》（等同采用 ISO 24496:2017）、《办公家具 办公椅 稳定性、强度和耐久性测试方法》（等同采用 ISO 21015:2007）、《办公家具 办公桌 稳定性、强度和耐久性测试方法》（等同采用 ISO 21016:2007）3 项家具国际标准转化制定项目，进一步提高了我国家具标准的国际转化率。截至2018年年底，我国家具国际标准一致性程度达到96%，完成了《消费品标准与质量提升规划（2016—2020）》中关于“重点领域的主要消费品与国际标准一致性程度达到95%以上”的目标。

二、家具标准现状

1. 国家及行业标准现状

截至2018年年底，家具标委会归口管理家具国家及行业标准共计150项，其中国家标准74项，行业标准76项。按照标准性质，国家强制性标准13项，国家推荐性标准61项；行业强制性标准2项，行业推荐性标准74项。按照项目类型，国家基础通用标准23项，国家产品标准23项，国家方法标准28项；行业基础通用标准20项，行业产品标准49项，行业方法标准7项。相关标准所占比例见表1。

在现行的150项国家及行业标准中，标龄在5年以内（含5年）的有92项（国标40项、行标52项），标龄在5年以上的有58项（国标34项、行标23项），分别占比61.3%和38.4%。

2. 国际标准现状

ISO/TC 136负责与家具相关的国际标准的制修订工作。其秘书处由意大利标准化协会承担。截止到2018年底，共有26个P成员国，37个O成员国。ISO/TC 136共有6个工作组，分别是：WG1：椅-测试方法，秘书处由德国承担；WG2：桌-测试方法，秘书处由美国承担；WG3：柜-强度耐久性测试方法，秘书处由瑞典承担；WG4：床-测试方法，秘书处由中国承担、WG5：厨房家具配合尺寸，秘书处由德国承担；WG6：儿童家具，秘书处由瑞典承担。

截至2018年年底，ISO/TC 136共发布标准25项，从标准内容上看，涵盖从尺寸配合、儿童家具、办公家具、力学性能测试、家具表面理化性能、软体家具阻燃等。从标准类型上看，涉及产品安全及性能要求的标准有5项，各类方法或基础通用标准20项。目前我国已采标12项，其中7项为等同采标（IDT），5项为修改采标（MOD）。

三、会议活动

2018年11月20日，全国家具行业标准化工作会暨全国家具标准化技术委员会第二届五次全体委员会议在浙江宁波召开。会议由中国家具协会、全国家具标准化技术委员会主办，浙江梦神家居股份有限公司、浙江省现代家居产业研究院承办。会上，国家市场监督管理总局标准技术管理司消费品处副处长马胜男宣读了《关于调整全国家具标准化技术委员会委员的复函》，文件确定中国家具协会理事长徐祥楠担任全国家具标准化技术委员会主任委

表1 现行家具标准情况统计表

序号	领域	合计	国家标准								行业标准							
			小计	占比注1	性质		类型				小计	占比注1	性质		类型			
					强制	推荐	基础通用	产品类	方法类	管理类			强制	推荐	基础通用	产品类	方法类	管理类
合计		150	74	49%	13	61	23	23	28	0	75	51%	2	74	20	49	7	0
占比注2					18%	82%	31%	31%	38%	0			2.6%	97.4%	26%	64%	10%	0

注1：指“小计”占本领域标准总数（包括国家标准和行业标准）的比例；
注2：指强制性标准等占“小计”的比例。

全国家具行业标准化工作会暨全国家具标准化技术委员会第二届五次全体委员会议

徐祥楠一行参观梦神慈溪工厂

员。全国家具标委会副主任委员季飞作《2018 年度全国家具标准化技术委员会工作报告》，秘书长罗菊芬作《2018 年度全国家具标准化技术委员会财务报告》，中国家具协会理事长、全国家具标准化技术委员会主任委员徐祥楠作总结发言。会后，与会领导嘉宾参观梦神集团慈溪工厂。

四、2019 年工作展望

1. 持续优化家具标准体系

2019 年，家具标委会将根据最新建立的我国家具产品安全标准体系、安全生产标准体系、儿童老人等特殊人群家具标准体系、定制家具标准体系、智能家具标准体系框架，逐步申报优化完善相应的标准项目。按照家具结构安全、有害物质安全、婴幼儿和儿童家具安全等方面组织起草我国家具强制性标准；加速儿童、老人等特殊人群的家具相关标准的制修订，改进儿童、老人等特殊人群的家具标准化技术内容，同时增补缺失、滞后的儿童、老人等特殊人群的家具标准；根据定制家具生产、销售、安装、检验等特点，完善定制家具标准体系等。

2. 加强标准化宣贯力度、范围

2019 年，家具标委会要加强组织新标准的宣贯、宣传活动，编制相应宣贯教材，按家具产业群的分布情况，分区分期进行针对性的培训，落实一批有能力的培训机构，让标准使用者及时了解标准、准确掌握标准、也及时反馈标准技术问题，最大限度地发挥家具标准的经济效益和社会效益。同时，还要通过多种渠道，大力宣传标准化方针政策、法律法规以及标准化先进典型和突出成就，扩大标准化社会影响力。加强重要舆情研判和突发事件处置。广泛开展世界标准日、质量月、消费者权益保护日等群众性标准化宣传活动，深入企业、机关、检测机构普及标准化知识，宣传标准化理念，营造标准化工作良好氛围。

3. 稳步推进国际标准化工作

2019 年，要继续做好 ISO/TC 136 国际家具标准对口联络工作，完成我国承担的《童床和折叠小床 第 1 部分：安全要求》《童床和折叠小床 第 2 部分：试验方法》两项国际标准修订工作，争取按计划发布实施。积极推进 2018 年申报的 3 项国际标准立项并完成好相关标准草案的编制工作。派员参加 2019 年 2 月底 3 月初在德国纽伦堡召开的工作组会议，发出中国专家的声音。此外，要鼓励、支持我国专家担任 ISO/TC 136 的技术机构职务，2019 年，要力争 1 个新工作组召集人名额，持续扩大中国在 ISO/TC 136 的影响力。

2018 年标准批准发布公告汇总

2018 年中国主持制定的首个国际家具标准批准发布公告

标准编号	标准名称	主要内容	发布日期
ISO 19833—2018	家具 床 稳定性、强度和耐久性测试方法	该国际标准对床类产品的测试环境、测试设备、测试方法、推荐指标、施力要求和公差等内容进行了规定，适用于全球范围内床类产品的力学性能测试。	2018-03

2018 年国家标准批准发布公告一览表

序号	标准编号	标准名称	代替标准号	发布日期	实施日期
1	GB/T 36021—2018	家具中重金属锑、砷、钡、硒、六价铬的评定方法	—	2018-03-15	2018-10-01
2	GB/T 36022—2018	木家具中氨释放量试验方法	—	2018-03-15	2018-10-01
3	GB/T 36599—2018	电子商务交易产品信息描述 家具	—	2018-09-17	2019-01-01
4	GB/T 16799—2018	家具用皮革	GB/T 16799—2008	2018-12-28	2019-07-01

2018 年工业和信息化部行业标准批准发布公告一览表

序号	标准编号	标准名称	主要内容	代替标准号	批准日期	实施日期
1	QB/T 5173—2017	钢琴用琴凳	本标准规定了乐器辅助品钢琴用琴凳的术语和定义、分类、要求、废弃产品的回收利用、测试方法、检验规则及标志、包装、运输和贮存。本标准适用于不同形制、不同结构、不同材料制成的钢琴用琴凳。	—	2017-11-07	2018-04-01
2	QB/T 2385—2018	深色名贵硬木家具	本标准规定了深色名贵硬木家具的术语和定义、命名、主要尺寸、要求、试验方法、检验规则，以及标志、使用说明、包装、贮存和运输。本标准适用于深色名贵硬木家具产品。	QB/T 2385—2008	2018-02-09	2018-07-01
3	QB/T 5224—2018	办公椅用脚轮	本标准规定了办公椅用脚轮的分类、要求、试验方法、检验规则、标志、使用说明、包装、运输和贮存。本标准适用于人力移动的办公椅用脚轮。	—	2018-02-09	2018-07-01

年度资讯

Annual Information

编者按：2018 年，我国家具行业身处比上一年更加复杂的国内外环境。面对棘手问题，企业及时调整发展战略，通过投资并购、布局海外、战略合作、创新营销等手段努力探索出路；在电子商务、新零售方面有了新的突破；在产业升级、智能家居、新技术、设计创新、互联网家居平台、家居租赁、跨界发展、人才培养等领域均有不同程度的发展。针对 2018 年度行业发展现状及热点问题，本篇总结出 17 个核心观点，汇集国内外重点新闻事件，带读者一起快速回顾家具行业的 2018。

中国家具协会及家具行业 2018 年度纪事

2018 中国家具行业信息暨国际家具设计流行趋势发布会在东莞举办

2018 年 3 月 16 日，由中国家具协会、国际名家具（东莞）展览会共同主办的“2018 中国家具行业信息暨国际家具设计流行趋势发布会”在东莞举办。中国家具协会副秘书长屠祺作《2018 年中国家具行业信息报告》，回顾梳理了 2017 年中国家具行业概况，分析展望 2018 年行业未来发展。Carloncelli 解读了意大利和国际家具设计的流行趋势，分析了中国家具市场的发展情况。出席发布会的代表有全国各地家具协会的会长、秘书长，家具企业及媒体等。

亚洲家具联合会第 21 届年会在龙江召开

2018 年 3 月 16 日，亚洲家具联合会（CAFA）第 21 届年会在广东龙江举行。会议由亚洲家具联合会、中国家具协会主办，顺德区龙江镇人民政府承办。会议任命屠祺女士为亚洲家具联合会副会长兼秘书长，会议通过缅甸家具工业协会（MFIA）正式成为亚洲家具联合会新成员。3 月 17 日，亚洲家具联合会第 21 届年会暨亚洲家具发展与合作（龙江）峰会召开。会上，来自美国、芬兰等设计机构代表作为首批入驻龙江创新设计基地的设计师，与龙江镇人民政府、佛山市顺德区家具协会共同签署《龙江创新设计基地合作意向书》。

第 41 届中国（广州）国际家具博览会盛大开幕

2018 年 3 月 18 日，第 41 届中国（广州）国际家具博览会在广州琶洲广交会展馆盛大开幕。展会由中国家具协会、中国对外贸易中心（集团）、广东省家具协会、香港家私装饰厂商总会共同主办，由中国对外贸易广州展览总公司承办。中国家具协会秘书长张冰冰出席开幕式等现场活动。3 月 28 日，展会二期开幕，中国家具协会副理事长刘金良一行参观了展会。本届展会规模达 75 万平方米，展商超过 4100 家。展会创新设立全屋定制智能家居馆、设计潮流馆、轻奢馆和出口专馆，打造内外销并重的首选、必选商贸平台。

中国家具协会出访意大利并出席 CSIL 研讨会

2018 年 4 月 18 日，由意大利米兰轻工信息中心（CSIL）主办的第十六届世界家具展望研讨会在米兰举行。中国家具协会副秘书长屠祺代表中国家具协会作《中国家具行业报告》。报告介绍了 2017 年中国家具行业的发展情况、发展热点、面临的挑战与国际交流情况，全面分析了中国家具产业当前的情况。中国家具协会与意大利米兰轻工信息中心（CSIL）从 2012 年开始建立了合作关系，双方共同在数据合作、信息共享、行业交流等多方面深入合作。

2018 中国家具行业信息大会成功举办

2018 年 4 月 29 日，2018 中国家具行业信息大会在香河成功举办。本次大会由中国家具协会主办，香河国际家具城承办。中国家具协会副理事长刘金良为大会致辞，中国家具协会副秘书长屠祺在会上作《2017 中国家具协会信息工作报告》。4 月 29 日至 5 月 1 日，中国香河国际家具展览会暨国际家居文化节成功举办。展会期间开展“品牌家具推广展览”“京津冀家具产业发展论坛”等一系列参观购物、品牌发布、文化旅游活动，330 余万平方米展厅汇聚万余家居商户的 1500 余个国内知名品牌，给广大客商带来全新的专业展示。

6 中国家具协会软垫家具专业委员会第 28 届年会在江苏扬州举行

2018 年 5 月 9 日，以“健康材料，品质生活”为主题的中国家具协会软垫家具专业委员会第 28 届年会在江苏扬州举行。会议由中国家具协会主办，江苏爱德福乳胶制品有限公司承办。会上，张冰冰首先就行业数据进行通报，继而对软体家具行业情况进行分析并提出未来行业发展趋势。中国家具协会软垫专业委员会秘书长杨磊对《软体家具床垫——中国家具协会团体标准》进行了宣贯和要点的解读。江苏爱德福乳胶、北京众和天成、北京金利、浙江好橙 4 家企业分别分享经验，江苏淮安工业园区管委会对淮安工业园区进行了宣传介绍。

7 中国家具协会第六届五次理事会在北京召开

2018 年 5 月 19 日，中国家具协会第六届五次理事会在北京召开，大会选举徐祥楠为中国家具协会第六届理事会理事长，增补张冰冰为中国家具协会第六届理事会副理事长。会上，中国轻工业联合会会长张崇和发表讲话，对协会今后工作提出了希望。中国家具协会理事长徐祥楠在会上讲话，他对理事会今后工作提出了九点方向。商务部中国商务出版社社长郭周明作“经济发展形势”主题演讲。本次会议还审议通过了《中国家具协会分支机构管理办法修订说明》及《中国家具协会薪酬管理暂行办法制定说明》，会议取得圆满成功。

8 第二届中芬木业高峰论坛在北京召开

2018 年 5 月 17 日，第二届中芬木业高峰论坛在北京召开。论坛由芬兰驻华大使馆、芬兰国家商务促进局、“芬兰木·秀于林”芬兰木业推广项目主办，中国家具协会、中国木材与木制品流通协会、中国木材保护工业协会、中国建筑装饰协会研究分会协办。中国家具协会副秘书长屠祺作主题演讲。在高峰论坛环节，芬兰经济事务与就业部部长顾问 Reima Sutinen、芬兰锯木产业协会总干事 Kai Merivuori、中国家具协会副秘书长屠祺、中国木材与木制品流通协会会长刘能文、中国木材保护工业协会会长陶以明分别从各角度阐述了中芬木业合作的前景。

9 第四届中国（东阳）木雕红木家具交易博览会成功举办

2018 年 5 月 31 日至 6 月 3 日，第四届中国（东阳）木雕红木家具交易博览会成功举办。本届博览会由中国家具协会、中国林业产业联合会、中国林产工业协会、东阳市人民政府主办，东阳中国木雕城、东阳红木家具市场承办。中国家具协会理事长徐祥楠、副理事长刘金良出席开幕式并参观博览会。开幕式上，中国家具协会理事长徐祥楠致辞并为中国东阳家具研究院授牌。本届博览会以“买红木到东阳”为主题，博览会总面积达 16000 平方米。博览会期间还举办了“2018 中国红木家具大会——红木智造 2025 专题论坛”、第三届“中国的椅子”原创设计大赛启动仪式等活动。

10 第六届中国家具产业发展（成都）论坛成功举办

2018 年 6 月 6 日，第六届中国家具产业发展（成都）论坛在中国西部国际博览城成功举办。论坛由中国家具协会主办，成都市新东方展览有限公司、四川省家具进出口商会承办。中国家具协会理事长徐祥楠、成都市博览局副局长和育东分别为论坛致辞；国务院发展研究中心市场经济研究所原所长任兴洲以“产业转移助推我国家具行业高质量发展”为题作主题演讲；广东省家具商会执行会长蒋德辉、京东集团京东物流价值供应链高级总监吴海英、四川省家具进出口商会秘书长、常务副会长荣煜伟分别发表主题演讲。论坛围绕“家具产业转型升级”进行了深入探讨。

11 2018 年中国家具协会传统家具专业委员会主席团工作会议顺利召开

2018 年 2 月 6 日，2018 年中国家具协会传统家具专业委员会主席团工作会议在广州市番禺永华家具有限公司召开，中国家具协会传统家具专业委员会主席团 18 位主席团成员及代表参会出席会议，会议主要讨论 2018 年中国家协传统家具专业委员会工作计划，审议通过了有关议案。7 月 1—2 日，传统家具专业委员会主席团第二次工作会议在北京召开。中国家具协会理事长徐祥楠、副理事长刘金良及传统专委会主席团全体成员出席大会。会议推出了“中国传统家具文艺复兴”项目，讨论开展一系列活动促进红木家具行业转型发展。

12 2018 年中国技能大赛——全国家具制作职业技能竞赛工作会议在北京召开

2018 年 7 月 2 日，2018 年中国技能大赛——全国家具制作职业技能竞赛工作会议在北京召开。中国家具协会理事长、竞赛组委会主任徐祥楠发表讲话，中国家具协会副理事长、竞赛组委会副主任刘金良在会上宣读了竞赛通知、竞赛组委会成员及工作机构人员名单、总决赛地点确定办法三项文件。7 月 3 日，竞赛裁判员培训班举办。本次培训班特别邀请到国家技能人才评选表彰委成员，人社部第 42 届、43 届世赛飞机维修项目、制造团队项目技术顾问，人社部第 44 届、45 届全国选拔赛技术督导组成员马锋博士和中国就业培训技术指导中心技能竞赛处原处长贾伟一授课。课程结束后，全体学员参加了理论考试，向成绩合格的学员颁发国家职业技能竞赛裁判员证书。

13 中国家具协会参观雷锋纪念馆并开展实践学习活动

2018 年 8 月 4—5 日，中国家具协会党支部、辽宁省家具协会党支部共同组织党员群众参观辽宁省抚顺市雷锋纪念馆，并开展实践学习活动。支部全体党员在雷锋纪念馆内重温入党誓词，郑重宣誓。习近平总书记指出新时代党的组织路线是理论的也是实践的。为了进一步联系行业实际，中国家具协会全体党员群众前往中意智能家居参观学习。

14 第七届沈阳国际家博会成功举办

2018年8月5—7日，第七届沈阳国际家博会在沈阳国际展览中心举办。家博会由中国家具协会、中国林产工业协会、辽宁省家具协会、上海博华国际展览有限公司共同主办。8月5日上午，沈阳市政府副市长阎秉哲到访家博会，并与中国家具协会理事长徐祥楠会谈，会谈后参观了第七届沈阳国际家博会。本届沈阳国际家博会总面积达到13万平方米，近千家企业参展，13.3万业内人士参会。家博会期间，举办了中国现代家居发展（沈阳）国际论坛、“智能制造，环保先行”全国定制家居发展研讨会、办公家具（政府采购）说明会等活动，为行业上下游融合发展搭建了交流平台。

15 第二届中国家居制造大会在东莞召开

2018年8月10日，第二届中国家居制造大会在广东省东莞市厚街镇广东现代国际展览中心举行。大会以“前哨—行业风标　创新—制造动力”为主题，分为资本·投资与制造、前沿设计与制造、互联网应用与制造、数字化与制造四大主题论坛。工业和信息化部消费品司司长高延敏、中国家具协会理事长徐祥楠、国家制造强国建设战略咨询委员会委员及研究室主任屈贤明分别在大会上发言。行业专家针对行业关注的投资与融资、信息化和智能化、数字化技术、前沿设计、贸易等行业关注的话题进行了深入的讨论，分享了相关信息和观点。

16 第五届涞水京作红木文化节暨第四届文玩核桃博览会成功举办

2018年8月18日，第五届涞水京作红木文化节暨第四届文玩核桃博览会成功举办。中国家具协会理事长徐祥楠在开幕式上致辞。活动当天，2018年中国技能大赛-全国家具制作职业技能竞赛涞水红木小镇杯·河北涞水赛区选拔赛暨涞水县第三届“工匠杯”家具制作技能大赛同步举行。来自河北省石家庄、唐山、保定、廊坊、邢台、邯郸、衡水等地的家具制作选手100余人参加了选拔赛。

17 亚洲家具联合会第39次董事会在上海召开

2018年9月10日，亚洲家具联合会（CAFA）第39次董事会在中国上海召开。会议由亚洲家具联合会秘书处中国家具协会主办。亚洲家具联合会会长、中国家具协会理事长徐祥楠先生在会上讲话。各国成员还分享并探讨了各国家具行业的发展状况，对联合会会员构成及扩大等问题进行了讨论。未来，希望中国家具协会继续领导亚洲家具联合会的工作，各区域成员也将积极支持并推动亚洲家具联合会工作的开展，增强凝聚力和影响力，对各地区家具行业的提升发挥更大的作用。

18 2018全国家具协会理事长、秘书长工作会议在上海召开

9月10日，全国家具协会理事长、秘书长工作会议在上海召开。全国32个省、市家具行业协（商）会共60多位代表出席会议。会议听取了中国家具协会的主要工作进展情况；听取了第二十四届中国国际家具展的详细情况介绍；听取浙江等八个协会分享行业的特点及服务行业的主要做法；中国家具协会理事长徐祥楠结合行业现状对下一步行业发展和协会建设提出了指导意见。

19 第二十四届中国国际家具展览会暨2018摩登上海时尚家居展成功举办

2018年9月11日，由中国家具协会和上海博华国际展览有限公司共同主办的第二十四届中国国际家具展览会暨2018摩登上海时尚家居展在上海浦东新国际博览中心拉开帷幕。展会共有两个分会场，70多个展览活动。展会以“出口导向，高端内销，原创设计，产业引领”为宗旨，参展面积和展商数量开创新高，展览形式和活动内容实现创新。同期的配件及材料精品展、高端制造展、中国国际设计师作品展示交易会、上海家居设计周等活动，共同推动参展企业和观众的互惠共赢，开启全产业链的深化合作。

20 2018世界家具论坛在上海举办

2018年9月11日，“共荣·跃升”2018世界家具论坛在上海卓美亚喜玛拉雅酒店举办。论坛由中国家具协会倡议发起并携手亚洲、欧洲、美洲、非洲等区域的政府机构、行业组织、领军企业、专家学者共同参与，旨在增进全球家具行业发展共识，构筑全球家具产业的命运共同体。中国轻工业联合会会长、中华全国手工业合作总社主任张崇和发表致辞。中国家具协会理事长、亚洲家具联合会会长徐祥楠以“责任与使命”为题进行主题演讲。瑞典宜家国际事务总监Stina Wallström、德国红点奖创始人兼主席Peter Zec先生分别作主题演讲。论坛上，来自中国、意大利、德国、瑞典等国家和地区的行业组织共同发起了《世界家具联合会上海倡议》。

2018年中国技能大赛
全国家具制作职业技能竞赛
工作会议
12
不忘初心　牢记使命
13
14
CFMC
15
第五届涞水京作红木文化节
届文玩核桃博览会（首届京东拍卖麻核桃文化节）
16
CAFA 39th Directors' Meeting
亚洲家具联合会第39次理事会
September 10, 2018
Shanghai, China
17
2018全国家具行业协会理事长、秘书长工作会议
18

21 ISO/TC136 国际家具标准化技术委员会第十五届年会在上海召开

2018 年 9 月 17—21 日，由中国国家标准化管理委员会主办、上海市质量监督检验技术研究院承办的 ISO/TC136 国际家具标准化技术委员会第十五届年会及其工作组会议在上海召开。来自中国、意大利、德国、美国、瑞典、英国、法国、加拿大、丹麦等国共 50 多位国内外专家参会。中国家具协会理事长徐祥楠出席会议并发表讲话。此次会议共涉及桌类、椅凳类、储藏类、厨房家具类和儿童家具类 5 个工作组会议，主要讨论了家具产品国际标准等技术内容。在儿童家具工作组会上，我国提出《儿童家具童床用床垫安全要求及测试方法》国际标准提案；在全体会议上，我国提出《家具 漆膜理化性能试验 第 5 部分：耐磨性测定法》国际标准提案。两项提案获得了与会专家的一致认可。

中国家具协会传统家具专业委员会年会在台山召开

2018 年 10 月 28 日，2018 中国家具协会传统家具专业委员会年会在广东省台山市伍炳亮黄花梨艺术博物馆召开。大会由中国家具协会主办，伍氏兴隆家具有限公司承办。会议总结了 2018 年传统家具专业委员会工作，分析了传统家具行业当前形势与未来发展趋势，并对后续工作进行具体规划安排，会议人数达 300 余人。会议特邀媒体《新京报》《光明日报》等重要媒体共同启动了“中国传统家具文艺复兴媒体联盟”计划。28 日下午，举办了“运筹帷幄——当前红木家具企业赢利实战策略”高峰论坛。会后，与会人员还兴致勃勃地参观了伍炳亮黄花梨艺博馆。

2018 年中国技能大赛——全国家具制作职业技能竞赛总决赛成功举办

2018 年 11 月 3—5 日，2018 年中国技能大赛——全国家具制作职业技能竞赛总决赛在江西南康成功举办。总决赛由中国家具协会、中国就业培训技术指导中心、中国轻工业职业技能鉴定指导中心、中国财贸轻纺烟草工会全国委员会主办，赣州市南康区人民政府、江西省家具协会承办。总决赛分为理论考试和技能竞赛。总决赛同期，11 个分赛区的选拔赛冠军作品和 2017 年全国技能大赛——全国家具红木雕刻职业技能竞赛总决赛的前三名作品共同展出。11 月 5 日，竞赛总结表彰大会成功举办。会议公布了所有奖项获奖名单，并为获奖单位和个人颁奖。竞赛期间，中国家具协会理事长徐祥楠一行考察了江西环境工程职业学院“第 45 届世界技能大赛家具制作赛项中国集训基地”，并与中国家具协会代表队的集训选手沟通交流。

第六届中国（仙游）红木艺雕精品博览会成功举办

2018 年 11 月 8 日，2018 年第六届中国（仙游）红

WFF
2018世界家具论坛
World Furniture Forum 2018
共荣升跃
Prosperity & Promotion
《世界家具联合会上海倡议》
20

21

中国家具协会理事长
24

MACALLINE
家居博览中心
HOME FURNISHINGS EXPO CENTER
23

木艺雕精品博览会在仙游度尾海峡艺雕旅游城开幕。博览会由中国家具协会、中国工艺美术协会共同主办。博览会采取“展与销、展与会、展与赛”多样化的展示形式，历时五天，设有1个主会场、2个分会场，主展馆面积5万多平方米，举行2018中国（仙游）红木艺雕精品展、经销商联谊会、红木行业发展趋势暨核心竞争力研讨会、仙作工艺新品发布暨线上线下拍卖会、李耕画派作品展等活动，全国各大红木产区500多家企业参展，经销商2000多人参会。

25 中国国际（上海）红木文化博览会在上海举办

2018年11月9—11日，中国国际（上海）红木文化博览会暨中国国际（上海）木文化交流博览会在上海举行。展会由中国轻工业联合会主办，中国家具协会、上海市家具行业协会协办。展会规模17000平方米，来自国内四大红木产业集群及80余家红木精品企业、红木博物馆参展与交流。11月9日下午，在展馆召开了“一带一路红木文化发展论坛”，论坛以“文化引领全球合作”为主题，旨在促进中华文化与世界文化的交流对话，为实现和谐文化、和谐世界进行探索。为了鼓励红木家具企业将中国传统技艺传承和发扬光大，展会还举行了“红顶杯”大赛，为行业发展遴选储备人才作出了针对性的实践。

25

26

27

26 全国家具行业标准化工作会暨全国家具标准化技术委员会第二届五次全体委员会议在宁波召开

2018年11月20日，全国家具行业标准化工作会暨全国家具标准化技术委员会第二届五次全体委员会议在浙江宁波召开。会议由中国家具协会、全国家具标准化技术委员会（以下简称全国家具标委会）主办，浙江梦神家居股份有限公司、浙江省现代家居产业研究院承办。会上，国家市场监督管理总局标准技术管理司消费品处副处长马胜男宣读了《关于调整全国家具标准化技术委员会委员的复函》，文件确定中国家具协会理事长徐祥楠担任全国家具标准化技术委员会主任委员。全国家具标委会副主任委员季飞作《2018年度全国家具标准化技术委员会工作报告》，秘书长罗菊芬作《2018年度全国家具标准化技术委员会财务报告》，中国家具协会理事长、全国家具标准化技术委员会主任委员徐祥楠作总结发言。会后，与会领导嘉宾参观梦神集团慈溪工厂。

27 中国家具协会党支部参观“伟大的变革——庆祝改革开放40周年大型展览”

为深入贯彻落实党的十九大精神和习近平新时代中国特色社会主义思想、庆祝改革开放40周年，2018年12月12日，中国家具协会党支部组织全体党员群众参观学习了“伟大的变革——庆祝改革开放40周年大型展览”。通过参观学习，全体党员群众备受鼓舞，为改革开放40年来中华大地发生的深刻变化、为我们的祖国在中国共产党的领导下所取得的伟大成就而感到骄傲和自豪。

新闻关键词

产业升级

顾家 / 尚品宅配 / 欧派橱柜
恒大 / 帝欧家居 / 红星美凯龙
壹家壹品 / 索菲亚 / 居然福康
宜家 / 金牌橱柜

投资并购

阿里巴巴 / 顾家 / 曲美
美克 / 慕容控股 / 大自然
兔宝宝 / 红星美凯龙
Nitori / 宜家 / 居然之家
Floyd SIMBA / 纳图兹

海外布局

美克 / 顾家 / 曲美
恒林 / 居然之家
梦百合 / 红星美凯龙
大自然 / 慕容控股
广东佛山泛家居品牌

战略合作

蓝鸟 / 居然之家 / 集美家居
富森美 / 欧派 / 金斯当 / 天猫
中国对外贸易广州展览总公司
A 家家居 / 京东 / Umbra
网易考拉 / 宜家 / 苏宁 / 舒达中国
金可儿中国 / 国美 / 大家家具

新技术

iFutureLab / 百安居 / 爱空间
三维家 / 喜临门 / Casper
中国科技大学 / 红星美凯龙
麻省理工学院 CSAIL 实验室
Aibee / 梅西百货 / Marxent
科大讯飞 / 优必选 / 居然之家

电子商务

京东 / 天猫 / 居然之家
林氏木业 / 全友 / 顾家
芝华仕 / 源氏木语 / 好莱客
喜临门 / 索菲亚 / 欧派家居
大自然 / 尚品宅配 / 维意定制
优梵艺术 / 雅兰 / 金牌橱柜
志邦 / 兔宝宝 / 左右 / 双虎家居
慕思 / AOK 多喜爱家具

新零售

曲美 / 顾家 / 尚品宅配
索菲亚 / 喜盈门 / 居然之家
阿里巴巴 / 百安居 / 酷家乐
京东 / 林氏木业 / 苏宁
TATA 木门 / Hometimes

互联网家居平台

BroadLink / 美窝家装
酷家乐 / 家咪科技 / 艾佳生活
品划算 / 全屋优品 / 我在家
至家 -Hommey / Pamono
Made.com / Pepperfry
Clippings / InYard
意思生活 / 菠萝斑马
有屋家居 / 满屋研选

跨界发展

我在家 / 花间堂
Zara Home / 天猫 / 小米
沃尔玛 / 亚马逊 / 亚朵
Gucci Décor / 欧申纳斯
京东 / 自如优品 / 居然之家

智能家居

阿里 / 联发科 / 富森美 / 小米
LG 电子 / 纳图兹 / 碧桂园
左右 / 爱空间 / 卡特加特
ZEALER / 索菲亚 / 宜家
绿米

企业上市

中源家居 / 万昌家具
SLD 梁志天设计集团
顶固集创 / Roche Bobois

设计创新

深圳时尚家居设计周 / 康耐登
左右沙发 / 居然设计家杯
南兴装备杯 / 红星美凯龙
南康家具 / 曲美家居
Gucci / Loewe / 红点奖

创新营销

纽扣与弹簧 / PerDormire
Wayfair / Casper
Film and Furniture

家具租赁

Rent-A-Center /
KAMARQ / 宜家 / Zefo
RentSher / Furlenco

人才培养

中山红木家居学院 / 梦百合
红星美凯龙 / 国富纵横

公益行动

曲美 / 宜家 / 左右沙发
宜家 / Omnia

2018 国内外行业新闻

家具行业持续创新 产业升级进入全新阶段

习近平总书记在党的十九大报告中提出，要加快建设制造强国，加快发展先进制造业，推动互联网、大数据、人工智能和实体经济深度融合。在中高端消费、创新引领、绿色低碳、共享经济、现代供应链、人力资源服务等领域，培育新的增长点，形成新的动能，支持传统产业优化升级。加快发展现代服务业，瞄准国际提高标准。2018 年，家具行业在不同方向发力，更多的商业力量瞄准了“整装”蓝海，扩张产品线；由房地产巨头向下游延伸，整合供应链；龙头企业开展智能制造，提升产能和竞争力；绿色发展仍是家具企业升级主线。

顾家拟 15 亿元投建软体及定制项目 2018 年 1 月 12 日公告，顾家与黄冈市人民政府签署《战略合作框架协议书》，由公司在黄冈市禹王工业园投资建设顾家家居华中（黄冈）基地，年产 60 万标准套软体及 400 万方定制家居产品项目，总投资约 15 亿元，于 2018 年 7 月底前开工建设，预计在 2019 年年底前竣工并投产，在 2022 年实现营业收入约 30 亿元。

尚品宅配拟在成都、佛山投资 16 亿 2018 年 1 月，尚品宅配召开了 2018 年第一次临时股东大会，审议通过了《关于投资设立成都维尚家居科技有限公司建设西南研发生产基地暨对外投资的议案》《关于全资子公司投资建设佛山新零售商业综合体暨对外投资的议案》。据尚品宅配 2017 年 12 月底发布的公告显示，在这两项议案中，前者投资约 10 亿元，后者约 6 亿元。

尚品宅配自营整装和全屋定制将协同前进 尚品宅配已在广州、佛山、成都三地稳步进行 Homkoo 整装云战略，主要逻辑是依靠其 IT 技术优势，通过为家装企业提供整装销售设计系统、BIM 虚拟装修系统、中央厨房式供应链管理系统、机场塔台式中央计划调度系统四大系统，以系统技术去驱动行业的进步和发展。至 2018 年 6 月 30 日，公司 HOMKOO 整装云会员数量 494 个，公司自营整装在建工地数为 251 个，上半年累计客户数 782 户，自营整装业务稳步推进。通过 518 套餐大定制、重点城市自营模式、购物中心店模式、领先的 O2O 引流模式以及自营整装、HOMKOO 整装云平台，公司基本构建起了核心竞争优势。

欧派橱柜 2020 年有望实现试验生产线全自动化 2018 年年初，欧派定制橱柜生产基地对媒体开放，展现其“智能制造 4.0”的变革之路。欧派橱柜加大投入自动化生产车间的试点，2018 年试点的示范已花费 5000 万元，试验生产线全自动化有望在 2020 年实现。欧派橱柜采用单件流柔性智造体系，95% 以上德国进口自动化设备，每一个部件在生产线上都是单件唯一的流动，驱动自动化设备精准加工，缩短生产周期，实现快速交付。数据显示，欧派橱柜年产近 70 万套，门店 5000 多家。

“欧派整装大家居”模式正式落地 2018 年，“欧派整装大家居”模式正式落地，该模式以设计为核心，整合了装修材料、基础施工、软装配饰、定制家具、设计安装以及入住前开荒保洁等全套服务项目。5 月，欧派整装大家居西南旗舰店在四川省宜宾市开业，是欧派大家居对商业模式的探索取得的重大成果。

恒大联合200家家装企业打造建材供应链 5月8日，恒大集团供应链共享战略发布会在深圳召开，近200家国内家装企业参会。恒大集团此次正式发布了供应链共享战略，面向整个家装市场，开放其22年来打造的建材供应链体系，以期实现更高水平的产业融合，构建协作共享、互惠共赢的“大家居生态圈”。

红星美凯龙发布绿色环保竞争力白皮书 9月12日，红星美凯龙主办中国家居绿色环保竞争力白皮书发布会。会上，红星美凯龙与中国质量认证中心联合发布了《中国家居绿色环保竞争力白皮书》，希望通过白皮书的发布，让家居产业链上下游对家居绿色环保有更清晰的认识，进一步增强绿色发展的紧迫感、责任感和使命感。

居然福康养老小镇重装亮相 居然之家旗下居然福康养老小镇重装开业，面积近4000平方米，拥有超过50个品牌，共计5000余款自营产品。其中，90%以上为进口产品，采购自日本松下、安寿、kindware、芙兰舒，以及德国RUSSKA等品牌。居然福康养老小镇是目前国内面积大、产品高端、业态丰富的适老用品和为老服务平台。

索菲亚增资华中生产基地 12月17日，索菲亚发布公告表示，将华中生产基地投资额由7亿元增加至13亿元，此次增资主要是在基础建设和设备方面加大投资，对生产线进行智能化改造，预计建成年产量由原来的60万套增至110万套。

金牌厨柜布局整装事业 金牌厨柜近两年对产品品类进行延伸，2017年，金牌厨柜推出高端衣柜定制品牌“桔家衣柜”，产品囊括衣柜、玄关柜、电视柜、餐边柜和榻榻米等，2018年上半年，金牌厨柜成立了桔家木门事业部。2018年12月，金牌厨柜发布公告称，将出资2240万元投资成立子公司厦门金牌桔家云整装科技有限公司，旨在布局整装事业。

帝欧家居拟投资8亿元建设智能卫浴生产项目 8月20日，重庆市永川区与帝欧家居股份有限公司签署了《智能卫浴生产项目投资协议》，帝欧家居拟投资8亿元在永川建设智能卫浴生产项目，以智能化生产设备及管理模式实现高端智能制造。该项目拟征地428亩，主要建设智能卫浴生产线，建成投产后预计可年产500万件卫浴产品，产值和规模在行业内达到一流水平。

壹家壹品开展定制家具 壹家壹品（香港）控股有限公司(08101.HK)发布消息，称华南生产基地二期工程正式完工。预计年生产超4万套全屋家具，年产能超过4亿元，预计至2019年达到年产能10亿元的目标。

宜家豪赌58亿欧元布局全球地产开发 宜家在国际零售房地产展中表示，将在未来3年内投资58亿欧元用于“全球地产开发”，更综合的体验中心、创意公寓、宜家酒店与办公楼等都包含在内。其中，19亿欧元用于上海、长沙和西安三个城市的综合体项目建设，1亿欧元将用于对现有项目进行翻新。

家具行业频频开展投资并购　看行业资本如何流动

随着家具行业的发展，越来越多的家具企业成功上市，进入资本市场。家具行业也逐渐受到资本的关注，2018年，国内外家具市场整体保持良好运行状态，在投资、收购等资本运作方面动作频频。上市家具企业在资本的支撑下，以兼并、收购的方式构建品牌家族或整合上下游产业链，开展新业务。以中国为例，全年中国家具行业开展的投资、融资、收购等项目频频在行业内引发热议，资金主要用于产品品类拓展、智能制造、专业化发展、渠道建设、产能提升、全球化布局等方面。

顾家家居开启快速、大规模、多类型并购　顾家家居全年共计投资30多亿元人民币，10月15日，顾家家居发布公告，拟以总价不低于13.8亿元的价格收购喜临门不低于23%的股权。如果交易能够顺利完成，顾家家居将成为喜临门的第一大股东。11月5日，顾家家居发布公告称，公司购买喜临门(603008)股份946.95万股，总价1.02亿元，占喜临门总股本的2.4%。11月13日，顾家家居(603816)公告称，公司指定投资主体杭州顾家寝具有限公司拟以4.24亿元获得泉州玺堡家居科技有限公司51%的股权。

兔宝宝7亿元入股5家标的公司　2018年，德华兔宝宝装饰新材股份有限公司共花费约7亿元相对小额且分散地入股5家公司，完善其产业布局。1月，兔宝宝3650万元投资龙威新材(主营PVC膜制品)，获得10%股权。7月，兔宝宝发布关于收购大自然家居部分股权交割完成的公告，出资约3.4亿元收购大自然家居约2.7亿股股票，占股约18.56%。7月，兔宝宝以2.29亿元获得恒基伟业55%的股权，项目建成后实现纸面石膏板年产能8000万平方米。9月，兔宝宝以3000万元投资青岛裕丰汉唐木业有限公司。12月25日，兔宝宝发公告称，德清兔宝宝金鼎资产管理合伙企业拟参与法狮龙家居建材股份有限公司股票发行，以2538.80万元价格，认购法狮龙新增注册资本22.86亿元。

红星美凯龙开展跨界投资　2月22日，新三板公司德纳影业发布公告称，上海红星美凯龙影业发展有限公司增持德纳影业股份150.10万股，占公司总股本的5%，持有公司股份30.01%；2月，红星美凯龙拟以自有资金2亿元作为有限合伙人参与设立宁波梅山保税港区奇君股权投资合伙企业(有限合伙)。此外，绿联君和、临港东方君和、电科诚鼎智能也将作为有限合伙人共同出资，通过投资基金，公司可以借助专业团队的力量发掘具有潜力的优质企业，规划公司产业布局；7月10日，全屋定制品牌佰丽爱家(主营整体厨柜、衣柜、浴柜等全屋定制产品)获得了红星美凯龙5000万元战略投资。

日本家具巨头Nitori宣布收购北海道高端日式旅舍银鳞庄　日本家具连锁Nitori Holdings宣布收购北海道县小樽市的高端日式旅舍：银鳞庄(Ginrinsou)，涉足酒店行业。本次交易的卖家为Tokyo Leisure Development Co.Ltd，收购银鳞庄是为了更好的保护历史建筑。银鳞庄创立于1939年，老馆和新馆两栋建筑共计占地3000平方米。

意大利高端沙发制造商GPF收购CC　Gruppo Poltrona Frau(GPF)联合其合作伙伴Haworth Inc收购了意大利家具制造商Ceccotti Collezioni(CC)的大多数股权。CC来自于意大利，主要从事高端实木家具设计、制造及销售，由Franco Ceccotti创立于1988年，年销售额700万欧元，品牌有两家独立品牌专卖店和150家全球零售商。

私募基金Catalyst收购非洲三家顶级床垫制造商　私募基金Catalyst Principal Partners收购了非洲三家顶级床垫制造商：乌干达的Euroflex Ltd、马拉维的Vitafoam Ltd、肯尼亚的Superfoam Ltd。交易后，三家床垫制造商将合并为一家名为Mammoth Foam Africa的联合企业，由一家新成立的控股公司Catalyst Mattress Africa(CMA)控股，Euroflex的管理团队继续留任。

意大利家具集团Italian Design Brands将Saba纳入麾下　在将Gervasoni(2015年)、Meridiani(2016年)、Cenacchi International(2017年)和Davide Groppi(2018年)四个家具品牌收购之后，意大利家具制造商Italian Design Brands S.p.A再次收购意大利高端沙发制造商Saba Italia S.r.l 100%的股权，进一步扩大业务范围。Saba Italia S.r.l由Amelia Pegorin于1987年在意大利成立，主要从事高端沙发的设计、制造和销售。

2018 年中国家具行业部分主要投资项目汇总

时间	投资主体	被投资企业	金额	持股比例
2 月 11 日	阿里巴巴等	居然之家	130 亿元	—
1 月 10 日	顾家	纳图兹贸易（上海）有限公司	近 5 亿元	51%
2 月 28 日	顾家	Rolf Benz AG&Co.KG	3.2 亿元	99.92%
3 月	顾家	Nick Scali	3.7 亿元	13.63%
2 月和 4 月	顾家	居然之家	5.98 亿元	—
10 月 15 日	顾家	喜临门（拟）	13.8 亿元	23%
11 月 5 日	顾家	喜临门	1.02 亿元	2.4%
11 月 13 日	顾家	泉州玺堡家居科技有限公司	4.24 亿元	51%
8 月	曲美	Ekornes	40.6 亿元	98.36%
1 月	美克	M.U.S.T.Holdings Limited 家具公司	492 万美元	60%
7 月 4 日	慕容控股	Jennifer Convertibles Inc.	3500 万美元	100%
5 月	大自然	德国橱柜品牌 Wellmann	—	—
1 月	兔宝宝	龙威新材	3650 万元	10%
7 月	兔宝宝	大自然家居	3.4 亿元	18.56%
7 月	兔宝宝	恒基伟业	2.29 亿元	55%
9 月	兔宝宝	青岛裕丰汉唐木业有限公司	3000 万元	—
12 月 25 日	兔宝宝	法狮龙	2538.80 万元	—
2 月 22 日	红星美凯龙影业	德纳影业	—	30.01%
2 月	红星美凯龙	宁波梅山保税港区奇君股权投资合伙企业	2 亿元	—
2 月	红星美凯龙	麒盛科技	2 亿元	—
3 月	红星美凯龙	三维家	3 亿元	—
3 月	红星美凯龙	梦百合	—	—
4 月	红星美凯龙	黑芝麻智能	—	—
7 月 10 日	红星美凯龙	佰丽爱家	5000 万元	—

非洲私募基金 DPI 入股摩洛哥床垫制造商 Dolidol 超 20% 份额 非洲私募股权投资公司 Development Partners International（DPI）宣布，通过旗下私募基金 African Development Partners II（ADP II）向摩洛哥床垫制造商 Dolidol 进行股权投资。ADP II 将以约 3000 万美元收购 Dolidol 超过 20%的股权。Dolidol 成立于 1972 年，是摩洛哥最古老的、最广泛认可和使用最多的床垫品牌之一。除床垫外，Dolidol 还生产和销售聚氨酯泡沫、沙发以及无纺布。

意大利家具集团 Sozzi Arredamento 向香港私募基金出让 30% 股权 意大利家具集团 Sozzi Arredamento 宣布，已经与香港包氏集团旗下的私募基金 Nuo Capital 签署了一项中长期合作条约。Nuo Captial 将会收购 Sozzi Arredamento 集团 30% 的股权。本次的合作不会对品牌的现有管理层，以及未来的发展战略和规划造成影响。

美国定制家具零售商 Interior Define 获 1500 万美元 B 轮融资 美国定制家具零售商 Interior Define 宣布完成 1500 万美元 B 轮融资，领投方为 Pritzker Group Venture Capital 和 Fifth Wall，该笔资金将投资实体店，技术以及增加团队成员。I/D 是一家诞生于互联网的定制家具零售商，定制内容包括家具的构造、尺寸、软垫、软垫填充物、沙发腿、饰面材料（面料和皮革）等。

H&M 获 1.90 亿美元投资 持续发力家居领域 宜家控股公司 Interogo Holding AG 斥资 17 亿瑞典克朗（约合 1.90 亿美元）买入 H&M 集团股份。目前，Interogo 通过子公司 IH CAPITAL HC1 AB 持有 H&M 集团的 1018 万股流动股，占总股本 0.6%，同时拥有 0.3% 的投票权。

Floyd 获得 560 万美元 A 轮融资 1 月 27 日，总部位于底特律的家具设计品牌 Floyd 获得了由 La-Z-Boy、Beringea、14w、和 Endeavor 投资的 560 万美元 A 轮融资。该轮融资将用于 Floyd 的日常运营、研发新产品以及人员增加。Floyd 2013 年创立，主要业务是设计制造新型家具。

英国科创盒装床垫品牌 SIMBA 获 4 千万融资 英国科创盒装床垫品牌 SIMBA 宣布，已完成 500 万英镑第五轮融资。折合人民币约 4380 万元，主要作为 SIMBA 全球化商业版图的缓冲资金。

中国家具行业面临新的进出口形势　开启规模化海外布局之路

2018 年，面临复杂的国际环境，我国家具行业出口、进口规模均创新高，呈现良好势头。海关数据显示，2018 年我国家具行业贸易总额 588.67 亿美元，同比增长 8.06%，其中出口 555.77 亿美元，同比增长 8.08%；进口 32.90 亿美元，同比增长 7.80%，贸易顺差 522.87 亿美元。美国是我国最大的家具出口贸易国，累计 212.40 亿美元，占我国家具出口总额的 38.22%，同比增长 13.2%。

虽然家具行业受到中美贸易摩擦的影响，从数据可以看出中国家具行业的外贸竞争优势依然突出。但是，贸易顺差较高也意味着行业对外依存度过大。2018 年，包括美克家居、顾家家居、曲美家居、恒林、梦百合等在内的多个家居企业纷纷并购国外巨头，建设国际生产基地，丰富产品类别，拓展全球版图。通过各种策略，逐步转移贸易风险。

进口家具出新规　根据国家质检总局和海关总署最新发布的进出境商品法定检验目录，自 2018 年 3 月 1 日起，部分进出境商品目录内的进口木制品及家具实施进口检验监管。新规增加了检验项目，具体包括：重金属含量、结构安全、有害物质限量、阻燃性能、警示标识等。检验检疫部门将在实施货物风险和企业信用分类管理的基础上，对报检货物进行检验检疫合格评定。

海关总署严查进口原木　总署抽查 2017—2018 年报检单子，只有 38 票检疫证符合要求。现进口木材全部按照国家规定办理，美国原木退运与中美贸易摩擦没有关系。5 月 1 日起，青岛港对美国进口木材一律指定查验场地查验，合格后放行，其他查验场地不予放行。乍浦口岸不接受美国原木报检。上海港停止美国原木（没熏蒸条款）报检。

中美贸易摩擦　美国贸易代表办公室 (USTR) 于华盛顿时间 2018 年 7 月 10 日发表声明称，特朗普政府拟对中国约 2000 亿美元商品加增 10% 关税。9 月 18 日，特朗普指示美国贸易代表 (USTR) 针对大约 2000 亿美元的中国进口商品征收额外关税，关税于 9 月 24 日生效，年底前为 10%，2019 年 1 月 1 日起将增至 25%，后经会谈，特朗普同意把原定于 1 月 1 日关税上调至 25% 的决定推迟。家居行业中，地板、床垫、座椅及家具（金属、木制和其他材料）等品类被包含在本次关税清单内。

广东顺德成第四批 6 个国家级市场采购贸易方式试点　2018 年 9 月，佛山顺德亚洲国际家具材料交易中心获商务部批复同意开展试点工作，成为第四批 6 个国家级市场采购贸易方式试点之一。该贸易方式指由符合条件的经营者在经国家相关部门认定的市场集聚区内采购的、单票报关商品货值 15 万（含 15 万）美元以下、在海关指定口岸办理出口商品通关手续的新型贸易方式。

美国对华床垫进行反倾销立案调查　10 月 10 日，应美国国内多家床垫企业 9 月 18 日提交的申请，美国商务部宣布对进口自中国的床垫发起反倾销立案调查。本案涉及美国协调关税税号 9404.21.0010、9404.21.0013、9404.29.1005、9404.29.1013、9404.29.9085 和 9404.29.9087 项下产品及 9404.21.0095、9404.29.1095、9404.29.9095、9401.40.0000 和 9401.90.5081 项下部分产品。

欧亚经济委员会通过木材出口禁令　10 月 25 日，欧亚经济委员会新闻中心表示，委员会决定将部分木材种类列入暂时限制或禁止出口清单，该类木材出口限制在欧亚经济联盟成员国内。此次清单调整由俄方倡议，俄方表示，木材出口显著增长，难以保障俄罗斯工业需求。

俄罗斯为打击非法采伐　或将暂停对华木材出口　俄媒消息称，俄罗斯自然资源和生态部部长在联邦委员会发表讲话时表示，由于森林复植和非法采伐等原因，俄罗斯可能将暂停对中国出口木材。11 月 8 日消息，俄罗斯联邦自然资源部表示，俄罗斯将继续与中国就重新造林和在制止向中国非法供应俄罗斯木材问题上进行建设性合作。

中国床垫因“阻燃”被美国召回　从江苏检验检疫局获悉，美国消费品安全委员会召回中国产床垫，召回原因为床垫不符合美国联邦床垫阻燃法规要求。至召回当日，尚未发生伤害事故。

首批俄罗斯进口松木抵达泸州港进口木材集散中心 12月11日，搭乘中欧班列（成都）的首批俄罗斯松木运抵泸州港，实现中欧班列（成都）与黄金长江水道（泸州港）的无缝衔接。首批抵达的俄罗斯松木共41个大柜、1435立方米，货值约230万元。

美克收购两家具公司股权 对三家越南公司进行增资 美克家居(600337)1月7日公告，美克国际事业贸易有限公司以现金492万美元购买Jonathan Mark Sowter持有的M.U.S.T. Holdings Limited家具公司60%的股权；美克家居、美克国际事业子公司VIVET INC拟收购Sun Rowe，LLC持有的Rowe Fine Furniture Holding Corp.100%股权，收购价格为2500万美元。11月23日，美克国际家居用品股份有限公司发布公告称，计划对三家位于越南的公司Starwood Furniture Mfg Vietnam Corporation、Thomas Carey Corporation、Royal Corinthian Vietnam Corporation进行增资，交易金额约合1.81亿元，分别持有三家公司40%的股权。

顾家的海外并购之路 1月10日，顾家家居与NATUZZI成立合资公司——纳图兹贸易（上海）有限公司，发展经营Natuzzi Italia和Natuzzi Editions的零售网络，顾家家居投资6500万欧元，持有合资公司51%的股权。3月1日，顾家家居公告显示，顾家投资管理有限公司以4156.5万欧元估值购买LoCom GmbH&Co.KG持有的Rolf Benz AG&Co.KG 99.92%的股权及RB Management AG 100%的股权。3月，顾家家居用7727.63万澳元投资澳洲家居品牌Nick Scali，获得13.63%的股权，成为其第二大股东。

红星美凯龙携手Thomasville签约中国国际进口博览会 4月28日下午，红星美凯龙携战略合作品牌Thomasville参与了中国国际进口博览局举办的集体签约仪式暨展商采购商对接活动，成为新一批中国国际进口博览会参展签约单位。第一届中国国际进口博览会，于11月在上海举办，汇聚来自61个国家和地区，超过1100家的知名企业。

大自然家居收购德国橱柜品牌Wellmann 5月，大自然家居宣布收购德国知名橱柜制造商ALNO集团旗下高端橱柜品牌威尔曼(Wellmann)。交易完成后，大自然家居将持有ALNO集团旗下的Wellmann全球品牌及商标。

梦百合扩建海外项目 梦百合(6033136)2018年6月表示，将在美国田纳西州诺克斯维尔设立一家工厂。梦百合计划向子公司美国梦百合注资5000万美元，生产、加工和销售慢回弹、阻燃泡沫和开发家居产品。11月30日，梦百合发布非公开发行预案，拟募集8亿元，主要投入美国（3.5亿元）、塞尔维亚（2.5亿元）生产基地建设项目及补充流动资金，扩大公司海外产能，梦百合已设立5个全球工厂。

广东佛山泛家居品牌产品展示体验馆美国开业 美国休斯敦当地时间6月28日，广东佛山（禅城）泛家居品牌产品（美国）展示体验馆启动仪式在美国休斯敦举行，这是佛山市政府和禅城区政府共同打造、在北美洲设立的首个泛家居品牌产品展示体验馆，同时也是佛山市的第5个海外展馆，禅城的首个海外展馆。

慕容控股3500万美元收购美国家居公司 慕容控股(01575)发布公告，于2018年7月4日现金支付3500万美元向卖方收购Jennifer Convertibles Inc.全部股权。据悉，JC在美国东部经营17个零售点。

曲美收购Ekornes抢占全球扩张的核心战略资源 8月末，曲美家居宣布以40.6亿元完成了对挪威家居品牌Ekornes的要约收购，通过境外子公司持有Ekornes ASA公司98.36%的股权，剩余股权将依据挪威法律强制收购。Ekornes是全球化的知名品牌，拥有4000多个零售门店，强大的工业4.0生产线，未来可以实现曲美自主品牌的海外销售、产品主体结构的自动化生产，增强以自动化替代人工改造方案的可行性。

米兰家具新品将在佛山亮相 “无界·无极——2018意大利家具新品中国首发会”于9月8日在罗浮宫开幕，展期一个月。众多顶级意大利家具品牌带来1000余件家具新品在中国首发。

恒林股份拟以4800万美元在越南建生产基地 恒林股份（603661）于11月26日发布公告，公司全资子公司美家投资拟以4800万美元在越南设立全资子公司，投资建设办公及民用家具生产基地。响应国家“一带一路”战略，规避国际贸易摩擦风险，充分开拓国际市场。

家具行业机遇挑战并存　战略合作助推共赢发展

中国家居业经过四十年的发展，奠定了坚实的产业基础，取得了举世瞩目的成就。但在行业快速发展的同时，家具行业面临市场走向饱和，渠道正在分流，工厂、经销商经营成本增加等压力。

在复杂的行业发展环境下，战略合作能够有效提高企业知名度，获得协同效应，维持稳定的竞争格局和态势，降低和缓解经营风险，加快技术创新步伐，有效地突破市场进入障碍，最终实现合作共赢。2018 年，战略合作仍然是国内外家具企业发展、占领市场份额的重要手段。

蓝鸟家具与红星、居然之家达成战略合作　河北蓝鸟家具与中国家居卖场领军者红星美凯龙集团上海总部成功签约。据悉，蓝鸟家具正在不断拓展新的版图，已分别在去年 12 月与今年 1 月陆续与居然之家河北区域、居然山西分公司达成了战略合作。通过强强联合，成立新的区域战略联盟，加速线下渠道布局，进一步实现蓝鸟家具全国市场规划。

红星携手中贸展 9 月举办中国家博会　3 月 18 日，第 41 届中国（广州）国际家具博览会在广州开幕，国内家居龙头企业红星美凯龙与中国对外贸易广州展览总公司签署战略合作协议。双方将于 2018 年 9 月共同运营中国家博会（上海），并从 2019 年起共同运营中国家博会（上海）与中国建博会（上海）。

居然之家和集美家居达成战略合作　1 月 4 日，北京居然之家投资控股集团有限公司董事长汪林朋与集美控股集团有限公司董事长赵建国签署战略合作协议。集美廊坊、燕郊两座年销售额超 8 亿元的优质商场加入居然之家，意味着居然之家全国第 355、356 家店面正式签约。两家新的家居卖场是由双方共同出资投资、共同经营，并按各自的出资比例共担风险、共负盈亏。

居然之家和国美携手打造新场景门店　11 月 7 日，居然之家、国美零售战略合作会议在居然之家北京总部成功举办。国美与居然之家签订《战略合作框架协议》。国美将在居然之家门店内开设家电卖场，打造国美成套家电体验馆，各自借助对方资源优势，相互引流、相互赋能，并开展高效的互动营销，快速推动双方业务的发展。

大家家具与北京居然之家达成业务合作　12 月，持续经营危机的日本大家家具公司与中国家具销售巨头居然之家展开业务合作。大家家具将在居然之家的帮助下开设门店，开展电子商务，在中国市场寻求出路。并有意把合作扩大至资本层面，通过加紧增资强化财务基础。

红星与欧派合建自营商场　红星美凯龙 1 月 22 日公布，公司已与欧派家居订立项目合作协议，联合投资广州市一块由欧派持有的市值约为人民币 13.15 亿元的地皮，发展建设一家自营商场。根据该协议，公司投资金额厘定约为 7.9 亿元，须分期交付，并根据项目实际经营及发展需要在两至三年内投入。

富森美开启多项战略合作　1 月 16 日，由富森美家居与四川泸州科维商城联手合作的“富森美家居科维商城”宣布更名后的“富森美家居科维商城”于 3 月 10 日重装开业。此外，由四川川南大市场有限公司投资建设和富森美家居合作共同打造的富森美（泸州）国际家居广场也将亮相。1 月 17 日，富森美(002818) 与四川省家具进出口商会宣布达成战略合作。培育和引导四川家具企业拓展国内外市场，建立四川家具内销与外贸的优势平台。

京东物流助力 A 家渠道下沉　4 月，京东物流与知名家具品牌 A 家家居签署战略合作协议，为其线上业务提供仓储、配送、安装等供应

链一体化服务，进一步提升物流效率和消费体验，助其渠道下沉，拓展农村市场。

意大利顶级沙发品牌Nicoletti牵手敏华控股 9月10日，意大利顶级沙发品牌Nicoletti home(尼科莱蒂)携手敏华控股亮相中国家博会CIFF上海展，演绎全新的时尚轻奢意大利生活新风尚。双方宣布达成战略合作，Nicoletti负责产品的意大利原创设计和研发，敏华控股负责Nicoletti品牌在中国运营管理和新系列制造。

加拿大原创设计家居品牌Umbra与网易考拉达成战略合作关系 6月7日，加拿大原创设计家居品牌Umbra与网易考拉举行签约仪式，达成战略合作关系，网易考拉开设Umbra线上官方旗舰店，成为Umbra在全球范围内首个官方授权的海购电商平台。双方除自营直采以外，还将在国际设计师资源上持续深度合作。Umbra成立于1979年，产品覆盖120个国家的35000家居门店，全球20多名设计师组成了Umbra的设计团队。

意大利奢华家具品牌Rimadesio扩大中国市场占有率 自2015年与来自中国香港的零售商The Madison Group麦迪森集团达成合作以来，意大利奢华家具品牌Rimadesio正在不断扩大在远东市场特别是中国市场的占有率。2018年7月31日在北京朝阳区的京广中心新开设了一处占地面积达200平方米的展厅后，Rimadesio在中国市场的首家展厅(上海创兴金融中心展厅)也完成了开业三年以来的首次装修翻新，在2018年8月2日重新开业，以全新的品牌形象迎接中国消费者。

苏宁联合宜家 解决家居服务痛点 10月16日消息，苏宁与宜家首个合作项目在广州正式上线运营。作为物流履行方，苏宁物流采用新能源物流车进行配送，针对家居包装进行回收再利用。4月，苏宁与顾家家居联手，在江苏、宁夏等地上线家居送货上门及安装服务。

金可儿中国与舒达中国合并 10月24日消息，国内两大高端床垫巨头金可儿中国与舒达中国宣布建立战略合作关系。双方将在安宏资本的帮助下建立新平台，携手打造国内高端床垫集团。而这一新平台将成为舒达中国和金可儿中国的控股公司，两大品牌仍将保持独立运营，并继续使用各自品牌名称。

美国床垫巨头金斯当进驻天猫 3月，拥有114年历史、被美国政府官方认证为“美国奢华床具开创者”的美国KINGSDOWN金斯当床垫，高调宣布正式登录天猫商城，并将以线上线下同款同价的激进姿态拥抱新零售浪潮。

北美床垫公司SSB与床垫直销初创公司Tuft & Needle合并 北美知名床垫公司Serta Simmons Bedding(以下简称“SSB”)和床垫直销初创公司Tuft&Needle(以下简称“T&N”)签订合并协议，将联手创立一个以消费者为中心的床垫和床上用品公司。SSB是全美最大的床垫制造商、经销商和供应商之一，该公司总部位于亚特兰大，在美国和加拿大经营着30多家制造工厂。SSB旗下畅销品牌为Serta®和Beautyrest®，通过遍布北美的酒店、区域和独立零售渠道进行分销。此外，SSB还拥有直销床垫品牌Tomorrow®。

家具企业 2018 年报发布　行业发展趋势如何

上市企业 2018 年年报陆续发布，面临复杂的国内外发展环境，企业 2018 年的发展数据也表现出不同走势。本次统计的红星美凯龙、曲美、顾家等 30 家家具及家具相关的企业年营收总额累计超过 3000 亿元，26 家企业营业收入同比增长超过 10%，19 家企业归属于上市公司股东净利润增长超过 10%。家具行业 2018 年整体保持良好的发展态势，但上市企业间发展差距增大。

从整体营业收入来看，金螳螂等集团性企业持续领跑，营业收入达 250.89 亿元，红星美凯龙共经营 80 家自营卖场，228 家委管卖场，营业收入达 142.40 亿元，欧派仍是定制家具企业龙头，营业收入 115.09 亿元，顾家则领跑软体家具企业，营业收入 91.70 亿元，美克家居以 52.61 亿元保持木家具龙头地位。

成品家具企业表现亮眼，部分企业甚至逆势增长。营收及净利润最高的是顾家家居，2018 年，顾家实现年营业收入 91.7 亿元，归属于上市公司股东净利润 9.9 亿元，增速均保持 20% 以上；宜华生活的营业收入虽位居第二，但营业收入和股东净利润两个数据均呈负增长；曲美家居在营收增速上表现亮眼，大自然家居则在净利润上最为突出。

定制家具作为家具行业备受关注的子行业，资本、企业不断涌入，模式不断创新。营收方面，欧派家具以 115.09 亿元位于首位，依次为索菲亚、尚品宅配、志邦家居、好莱客等；增速方面，皮阿诺以 34.34% 位列第一，定制家具各企业主营业务收入增速均高于 10%。

在归属于上市公司股东净利润方面，欧派家具以 15.72 亿元仍居榜首，索菲亚盈利能力次之，为 9.59 亿元；在增速方面，皮阿诺表现突出，为 37.95%，尚品宅配次之，为 27.46%。

上市家具企业（部分）2018 年业绩汇总表

企业	营业收入（亿元）	同比增长（%）	归属于上市公司股东净利润（亿元）	同比增长（%）
金螳螂	250.89	19.49	21.23	10.68
红星美凯龙	142.40	29.93	44.77	9.80
欧派家居	115.09	18.53	15.72	20.90
顾家家居	91.70	37.60	9.90	20.30
宜华生活	74.02	–7.73	3.87	–48.62
索菲亚	73.11	18.66	9.59	5.77
尚品宅配	66.45	24.83	4.84	27.46
美克家居	52.61	25.88	4.51	23.50
帝欧家居	43.08	707.31	3.80	598.10
兔宝宝	43.06	4.54	3.26	–10.61
喜临门	42.11	32.11	–4.38	–254.54
梦百合	30.49	30.39	1.86	19.39
大自然家居	29.18	14.40	1.57	130.00
曲美	28.92	37.88	–0.59	–124.04
志邦家居	24.33	12.80	2.73	16.51
永艺家具	24.11	30.99	1.04	3.71
恒林椅业	23.18	22.25	1.71	3.15
好莱客	21.33	14.46	3.82	9.84
德尔未来	17.68	10.49	1.03	20.33
金牌厨柜	17.02	18.01	2.10	26.05
吉林森工	15.46	50.72	0.42	250.33
富森美	14.21	12.97	7.35	12.89
皮阿诺	11.10	34.34	1.42	37.95
我乐家居	10.82	18.26	1.02	21.57
中源家居	8.88	13.20	0.84	1.32
顶固集创	8.31	2.86	0.77	2.96
亚振家具	4.17	–27.18	–0.86	–241.04
杰恩设计	3.42	36.76	0.84	34.31
皇朝家私	8.34 亿港元	–1.74	0.53 亿港元	12.31
梁志天设计	5.04 亿港元	15.88	2.27 亿港元（毛利）	6.31

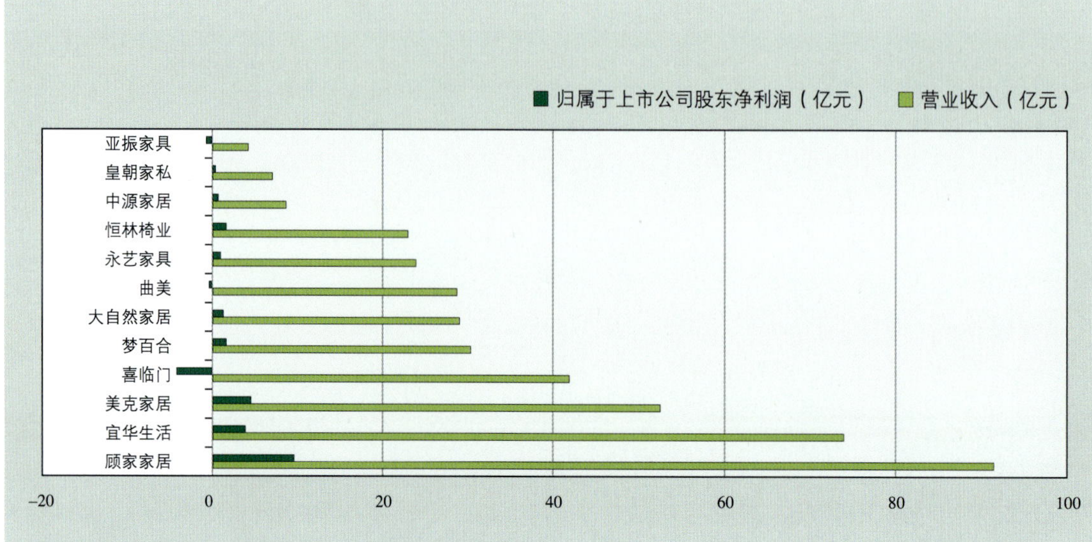

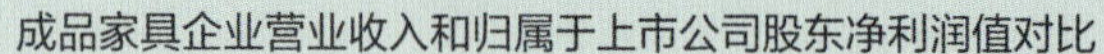

成品家具企业营业收入和归属于上市公司股东净利润值对比

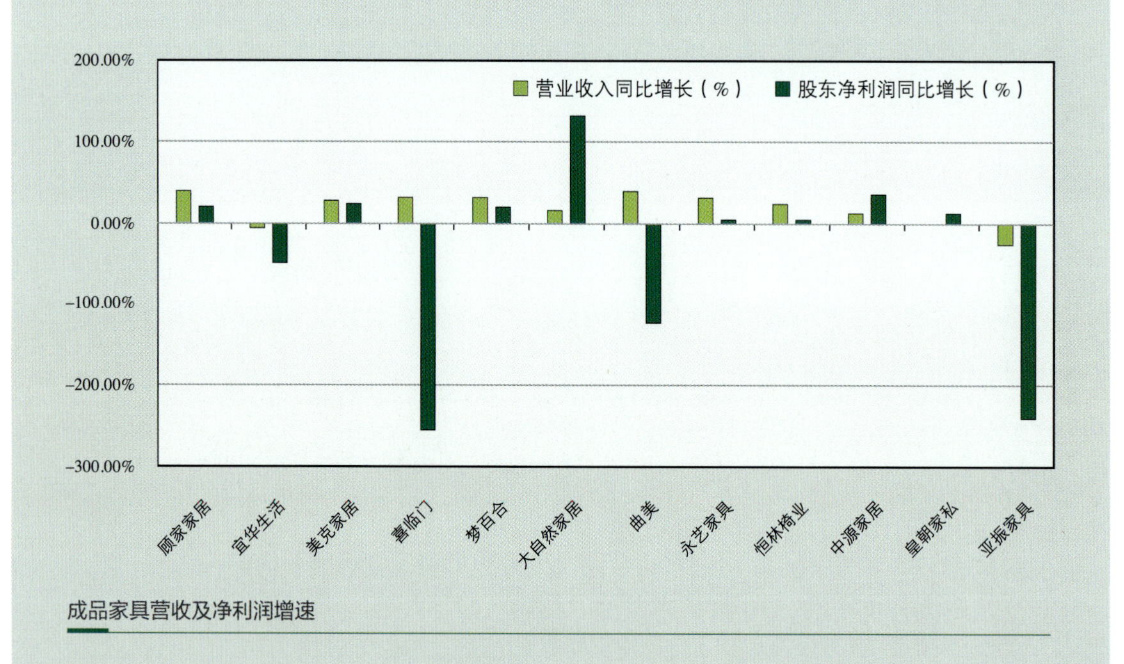

成品家具营收及净利润增速

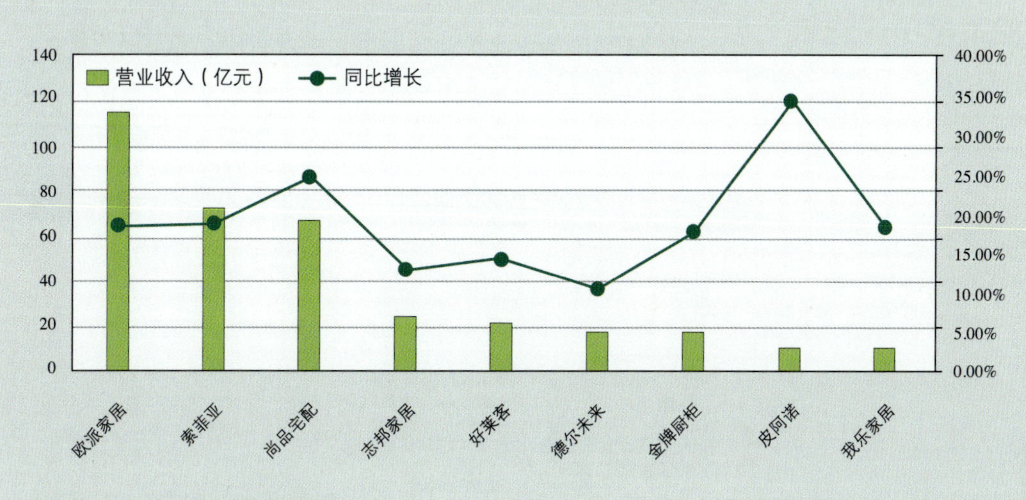

定制家具企业营业收入及增速对比

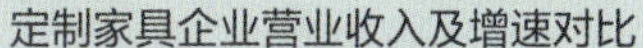

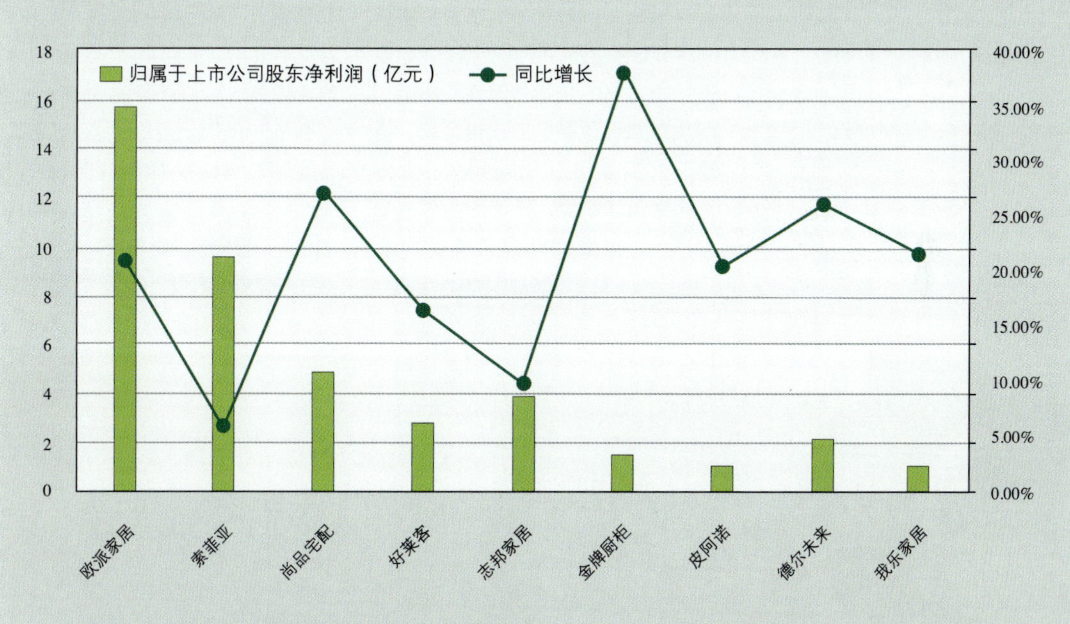

定制家具企业归属于上市公司股东净利润及增速对比

持续密集上市后企业上市步伐趋缓

随着行业的快速发展成熟，新技术、新模式等在行业内广泛应用。

2015 年，红星美凯龙、曲美等家具企业集中上市，在行业内引起广泛的反响。

2016 年，顾家、梦百合等 10 余家企业上市，形成行业上市高潮。

2017 年，家具企业上市表现依旧突出，资本市场对定制家具看好，10 余家上市企业中，有近半数定制家具企业。

2018 年，受行业内外的各种因素影响，家具企业上市趋缓。

中源家居上市 2 月，国内沙发制造企业中源家居股份有限公司在上海证券交易所主板上市交易，股票代码为“603709”，证券简称为“中源家居”。此次，中源家居共计发行 2000 万股，每股发行价 19.86 元，发行后公司总股本 8000 万股。

万昌家具 2 月 6 日挂牌新三板 万昌家具发布公告称，公司将于 2 月 6 日在全国股转系统挂牌公开转让，交易方式采用集合竞价转让。公司是一家以椅子和床垫为主营产品的家具出口企业。2016 年实现营业收入 1.1 亿元，同比增长 2.76%；净利润 104 万元，同比增长 27.30%。

SLD 梁志天设计集团有限公司在香港联合交易所敲锣上市 7 月 5 日，SLD 梁志天设计集团有限公司 (简称 SLD) 在香港联合交易所敲锣上市，正式挂牌交易，股份代码 2262。成为香港联交所第一间从事纯设计业务的上市公司。梁志天 1957 年出生于中国香港，香港大学建筑学学士、香港大学城市规划硕士。自 2000 年以来共获 14 次“Andrew Martin 国际室内设计大奖”，2017 年 11 月，担任国际设计师组织 IFI 主席，成为第一位当选 IFI 主席的华人，其作品更是获奖无数。

顶固集创上市 9 月 25 日，广东顶固集创家居股份有限公司在深交所创业板上市，A 股“中山板块”上市公司增至 21 家。顶固集创于 2015 年 10 月挂牌新三板，今年 7 月首发过会后终止挂牌，成为中山新三板挂牌企业中首家成功进军 A 股的企业。顶固集创股票代码 300749，发行价 12.22 元。25 日上午开盘约半小时，股价即涨至 17.6 元每股，涨幅达 44.03%。

法国高端家具 Roche Bobois 在巴黎证交所上市 法国高端家具制造商 Roche Bobois 主要从事高端沙发和座椅的设计、生产和销售，产品行销全球 54 个国家和地区。公司目前拥有 329 处销售点，其中约有 1/3 为直营店，目前的估值范围在 1.9 亿欧元至 2.4 亿欧元之间。6 月 6 日，Roche Bobois 向 Autorité des Marchés Financiers 法国金融市场管理局提出了上市申请。7 月 9 日，在巴黎证券交易所上市。

电子商务成为重要渠道 线上线下互动成热点

根据商务部大数据监测，2018年双11当天，全国网络零售交易额超过3000亿元，同比增长约27%，再创历史新高。同时，商务部透露了家居行业电子商务的5大信息点：①跨境电商进口商品销售额超过300亿元（11月1—11日）；②向年轻人和三四线城市居民延伸；③品牌消费观突出；④社交电商成为新增量；⑤全渠道购物成为主流。

京东618首日家具销售额同比去年上涨380% 6月1日，京东618全球年中购物节正式启动，从1日0时开始，家具类目便迎来爆棚人气，短短10小时，销售额已同比去年上涨380%。2018年618期间，主打“品质家具，一站购齐”概念的京东家具，携合作品牌推出“跨万店3免1”活动，且2000城区可送装，吸引了不少家庭用户。

天猫618家装家饰预售总金额排行榜发布 在5月25—31日期间，天猫618家装家饰预售总金额排行榜显示，排在前三位的分别为林氏木业、CHEERS/芝华仕以及KUKa顾家家居。

家居行业2018双11超40个品牌销量过亿 2018年双11家居成交过亿品牌超过40个。其中，红星美凯龙、居然之家、林氏木业、索菲亚、TATA木门、全友家居、顾家家居、欧派家居、左右沙发、喜临门等均步入亿元品牌俱乐部。

从2018年双11的表现来看，全屋定制增长率惊人。索菲亚、TATA木门、欧派等品牌捷报不断。TATA木门成交额7.65亿，同比增长23.58%。最终，居然之家获得全屋定制销售榜冠军，索菲亚和TATA木门分列二、三。

2018天猫双11三类家具预售榜单Top10 2018年天猫双11预售活动从10月20日0时启动。根据天猫公布的天猫家具类目“人气榜”预售数据，截至10月24日16时，天猫双11家具预售榜单分为烤漆梳妆台、家用书桌、可拆洗沙发3个类目的榜单。烤漆梳妆台家具类目预售榜单中，全友家居品牌的120613-ZT、林氏木业的DK1C位居第一、二名。一米爱的B3915-1-B1位居第三名。进入该榜单的品牌还有：原始原素、联邦家具、源氏木语、桃木选、优梵艺术、乐私、美克美家。同时，林氏木业CP1V#夺得家用书桌家具预售榜单冠军。

淘宝双12家居行业两小时破440万单 12月12日，根据淘宝发布的数据，淘宝家居行业两小时成交即突破440万单，200万人淘宝抢购家居生活用品。数据显示，大件的家具销售量占到近六成，床在两小时内卖掉5万张，同比增长达58%，沙发卖近6万套，坐具类被抢购12万把。截至凌晨两点，销售额Top10的商家中，以原创设计、全屋定制为特色的商家占9个席位。

2018年天猫双11期间 24小时Top品牌榜

1	索菲亚	6	顾家家居
2	TATA木门	7	诺贝尔
3	全友家居	8	芝华仕
4	林氏木业	9	九牧卫浴
5	欧派	10	喜临门

2018年天猫双11家居成交过亿品牌榜（不完全统计）

居然之家	四季沐歌	左右	优梵艺术
顾家家居	水星家纺	雷士照明	金牌橱柜
源氏木语	罗莱	楚楚集成吊顶	卫诗理
喜临门	林氏木业	欧路莎	箭牌卫浴
欧派家居	tata木门	慕思	双虎家居
尚品宅配	好莱客	AOK多喜爱家具	圣象
欧普照明	诺贝尔瓷砖	全友家居	cobbe卡贝
友邦	九牧卫浴	芝华仕	富安娜
志邦	老板电器	水星家纺	展志天华
原始原素	维意定制	索菲亚	
玫瑰岛卫浴	雅兰	大自然	
玛格	兔宝宝	华帝	

2018天猫双11全网热销品牌排行榜（住宅家具）

1	居然之家	6	芝华仕
2	林氏木业	7	源氏木语
3	全友家居	8	慕思
4	顾家家居	9	左右
5	喜临门	10	优梵艺术

2018天猫双11全网热销品牌排行榜（全屋定制）

1	居然之家	6	楚楚集成吊顶
2	索菲亚	7	好莱客
3	TATA木门	8	尚品宅配
4	欧派	9	展志天华
5	大自然	10	维意定制

家具行业与互联网行业跨界融合　新零售能否成为主流业态

“新零售的要义是重构人、货、场，最终让顾客用最短的时间，最快的速度，最近的距离实现所见即所得。”自2016年阿里巴巴马云第一次提出了新零售的概念后，家具企业便开始不停地探索新零售模式，得益于互联网、人工智能、大数据等新技术的发展，在设计与科技赋能下，2018年，新零售在家具行业内广泛落地，成为行业的重要主题。曲美、顾家、尚品宅配、索菲亚等企业着手建设新零售家居体验店，居然之家、红星美凯龙、百安居等卖场也积极打造更多的新零售场景，实现家具、软装、电器、餐饮、娱乐等业态的全面布局。

喜盈门宣布将开设200家新零售家居卖场　1月22日，喜盈门集团宣布，将共创智能家居、打造智慧商场、引进新型品类业态，在全国开设200家新零售家居卖场。

居然之家与阿里巴巴战略合作　新零售成果初现　2月11日，居然之家获130亿元联合投资，其中，阿里巴巴投资54.53亿元，持有15%的股份，成为居然之家第二大股东。二者将在移动支付、智慧门店、电商平台、智慧物流、消费金融等方面取得更加深入的合作。4月，居然之家体验MALL一站式商业项目实现家具、建材、生鲜、餐饮、娱乐、智能、健身及养老等消费业态的全覆盖。在618活动中，居然之家北京的8个门店、丽屋超市、装饰公司3天销售额近11亿元，同比2017年端午期间销售增长216%，客单量增长286%。双11期间，居然之家全国266家门店销售额120.23亿元，41家新零售店面销售额54.96亿元，同比2017年增长275%，通过线上引流到线下交易成交笔数为16.6万笔，销售额55亿元。

百安居试水家居新零售　同时开5家店　3月，在北京和上海，百安居同时开出5家百安居B&T home新零售家居智慧门店，这是首批全端同步覆盖的新零售家居智慧门店。

酷家乐布局新零售服务领域　3月9日，酷家乐宣布完成D轮融资1亿美元，7月，新零售解决方案提供商酷巢科技获得酷家乐数百万元首轮融资，将重点投入在新技术的开发、升级和迭代，团队的优化，以及新零售业务和市场的拓展。酷巢科技正在开发对接RFID感应技术、人脸识别、VR等技术，打造新零售全新工具，以满足门店引流、转化、运营分析等环节的需求。

尚品宅配新零售战略发力　打造全新线下体验店　2018年，尚品宅配全新打造的线下体验店C店（超集店）在上海、北京和广州亮相。4月，尚品宅配第一家C店在上海开幕，打造集家居、时尚、艺术、社交为一体，3000+平方米的生活方式体验中心。同时，公司开拓软装饰品及家居百货两条产品线，形成大配套、新配套、微商城三足鼎立布局。

曲美家居与京东合作　开展“无界零售”　4月10日，你+生活馆正式对外发布，曲美家居以“你+”为载体，主张审美经济意在体验为王。6月16日，曲美你+生活馆开业，面积3000平方米，以黑科技赋能，对无界零售做出全新诠释。该店从一层“京造”展区、到二层八大场景样板间、三层高定家具，同时引进了图书角、影音角、高定服务等业态，不仅是买家居，还能满足休闲娱乐多种需求。9月27日，曲美京东之家北五环旗舰店开业，总面积12000平方米，共有150多个品牌。一层为家居百货、生活样板间及餐厅休憩区；二层为大家居服务区；三层则为硬装、软装、家具等全案服务区。根据曲美官方公布的营业数据，在十一黄金周，与去年同期相比该店客流量同比增长186.11%，成交额同比增长262.01%，客单价同比增长67.22%。

索菲亚打造智慧门店　4月，天猫&北京索菲亚合作的智慧门店在北京北四环居然之家开业，智慧门店用阿里提供的技术加上新硬件重新诠释“新零售”，将人脸识别、3D场景漫游、AR投射、云货架应用到门店中，结合大数据、人工智能等创新技术和手段，实现商品、服务、会员与交易的全面互通，布局以消费者家居需求为核心的全新购物体验。

林氏木业新零售店面落地佛山 4月14日，林氏木业携手天猫打造的家具“智慧门店”落地佛山，该店将人脸识别、3D场景漫游、AR投射、云货架等科技同时应用到门店中。在门店内，消费者可直接绑定淘宝账户，在店内自主下单，通过物流直接送货到家。另外，云屏里的“云货架”有近3000件家具可供消费者通过手机选购，可应用AR技术查看进家效果。

京东无界快闪店 京致集生活美学馆落地北京 京东Joy Space无界零售快闪店继广州、深圳、上海等地后，又以“京致集生活美学馆”的形态，于5月26日至6月7日落地北京。“京致集”以策展理念升级展销理念，集合京东平台上十余个生活方式的家居品牌，打造了一个客厅、卧室、餐厅、厨房、购物区相互融合的复合体验空间，为家居消费者提供场景式推荐。实现用户数字化识别和运营、线上流量引入、优惠券权益核销、智能收银等功能，重构线下零售成本、效率和体验，全面赋能零售运营商。

红星美凯龙牵手腾讯 共建家居智慧营销平台 10月，红星美凯龙宣布牵手腾讯，共建“IMP”全球家居智慧营销平台，是指红星美凯龙将单一的商场购物场景升级为引入流量、连接流量的全域多场景服务平台。在具有4万亿体量的家居行业中，红星美凯龙将作为“超级连接器”，协同腾讯先搭平台、再做智慧营销流量场，进而构筑家居行业垂直生态的战略规划，由此迈出关键一步，为中高端家居品牌打造精准、全场景、一站式的家装全周期营销服务以及获客平台。在10月22日至11月11日，红星美凯龙“团尖货”11•11大促期间，全国商场成交额突破160亿元，总订单数超41万，客单价达3.89万元。

苏宁与顾家联手打造“全屋定制”智慧店 11月30日，全国首家苏宁与顾家合作的苏宁易购精选店在徐州开业。携手赋能县镇传统门店，共同打造了一个集家电、家居为一体的全新业态。

TATA木门和天猫携手打造百家智慧门店落地 在天猫智慧门店中，借助天猫“VR体验智慧终端”等科技，消费者能在店内体验安装效果。同时，TATA木门上线了包括“幸福•装修收纳”“幸福•家生活”“幸福•亲子教育”“幸福•心灵成长”四大类别的近千本书籍，消费者可以轻松地享受阅读，或者自助选购TATA木门产品。

天猫Hometimes家时代 2017年9月，天猫在杭州推出“Hometimes家时代”概念店，2018年，家时代已经迎来第三家店铺，可以根据用户的不同消费偏好，筛选出中意的产品。在线下体验店中，有大屏幕和VR体验设备，以阿里的大数据为依托，来改进其营销方案。

行业竞争激烈
品牌如何脱颖而出

营销是企业发现、创造和交付价值以满足市场需求、获取利润的重要手段。好的营销方案能够迅速获得消费者认可，从而扩大市场。2018年，家具企业各展所长，从服务、品牌传达、商业模式等多角度发力，展现了优秀的营销能力，国外品牌在这一方面似乎更胜一筹。

英寝具联合推出试睡服务 英国床和床垫零售商“纽扣与弹簧”在伦敦西部富勒姆体验店推出试睡床垫服务。“纽扣与弹簧”推出的这家体验店名为“床屋”。店内展示不同价格床垫的床铺。客人预订后，在工作日前去，挑选自己喜欢的床垫，即可在楼上光线暗淡的卧室里，从上午10时待到晚上7时。其间，店里会按客人喜好播放音乐，提供包括意式咖啡在内的30多种热饮。为方便顾客，店里同时提供羽绒被、枕头、耳塞、睡袜和闹钟。

IP赋能，意大利进口寝具品牌PerDormire“心IP”来袭 9月11日，第24届中国国际家具展览会国际品牌馆，意大利寝具品牌PerDormire呈现意式寝具的设计之美，并率先引领行业启动品牌IP化战略。2018年由中国家居行业“新物种”华生大家居集团引入中国，此次上海展首秀也意味着PerDormire进军中国的战略同步启动。从米兰展到上海展，PerDormire所到之处，都带着一颗标志性的“心”，成为最吸睛的存在，在国内外社交网络也深受喜爱，引发话题无数。在国内IP盛行的当下，启动PerDormire“心IP”战略，以求在同质化的环境下，通过差异化营销实现突围。

家居电商Wayfair宣布联手Magic Leap推出MR家具购物体验 家居电商平台Wayfair日前宣布为Magic Leap One的Helio浏览器推出MR购物体验。通过浏览器Helio，Wayfair的MR体验突破了传统电子商务的界限。消费者可以在Magic Leap One中启动Helio，把浏览器放在空间中，然后即可启动Wayfair应用。消费者可以近距离浏览家具和装饰，并与产品进行交互，拉到现实空间中。消费者还可以移动和旋转产品，尝试不同的外观和空间布局。

美国互联网床垫品牌Casper推出睡眠体验概念店 7月11日，美国互联网床垫品牌Casper在美国纽约曼哈顿市中心开设了一家线下睡眠体验概念店——The Dreamery。旨在为人们提供一个日间小憩、为自己“充电”的场所，店内共有9间彼此独立的睡眠舱，舱内的床、床垫、枕头等寝具都是出自Casper品牌。客人只需花费25美元，便可在私密的睡眠舱中享受45分钟平和又安静的休息时间。Casper表示未来计划将这种概念店拓展至大学校园、公司大楼、机场等地，以加强人们对日间睡眠的重视。

Film and Furniture把150部电影里的同款家具找了出来 网站Film and Furniture专门为想要在家放上电影同款家具的人们设立。Film And Furniture网站上陆陆续续找到超过150部经典电影或电视剧中的部分家居产品。用户可以通过各种专题或影片名称搜索电影中的家具，从《蒂凡尼的早餐》《异形》《鸟人》《广告狂人》等。每部影视专题里，Benson都仔细发现了隐藏在场景中的设计家具——它们通常都是一些著名设计师的作品。例如，在《复仇者联盟：奥创时代》中，摆设着数盏Philip Starck为意大利灯具品牌Flos设计的台灯，这盏灯价格为567英镑。

消费升级催生多元需求 跨界成为发展主旋律

消费升级引导产品不断分层，逐渐细化，电商的发展、新技术的应用等也为整个行业带来新的发展契机。在新的发展阶段，家具行业各细分行业间相互渗透，与此同时，其他行业向家具行业扩张，在技术、物流、管理、营销等方面进行资源整合。家具行业跨界打造酒店等业态，提供个性化体验和品质化产品；电商、轻奢、传统商超等品牌跨界进入家具行业，提升了行业竞争力。行业跨界融合发展在多个方面给企业注入新动力，带来新的增长点。

“我在家”和花间堂在杭州打造互联网家居平台 4月26日，互联网家居分享直购平台“我在家”与传承中华文化之美的精品度假酒店“花间堂”的联手打造首个居住空间正式落地西溪湿地。通过将产品和理念深度植入线下空间，开辟场景式购物的新业态。

Zara Home联合天猫 共献“家有繁花” 5月11日，Zara Home联合天猫超级品牌日于上海揭幕“家有繁花”发布会，传达品牌的时尚家居理念。“家有繁花”概念空间有五个主题房间——起居室、梦幻屋、香氛室、餐厅、衣帽间。Zara Home致力于将当下时尚趋势融入高端家居设计。

小米8H真皮电动休闲沙发、8H七分区天然乳胶床垫开售 5月19日，8H真皮电动休闲沙发在小米有品APP上正式售卖。沙发内置了德国OKIN电机，搭配美国礼恩派钢架，在确保沙发整体稳固的同时实现了低噪音顺滑运行。整个产品采用了澳大利亚头层牛皮，匹配的内置材料是35D高回弹记忆海绵，最大限度地贴合人体动作。5月20日，小米众筹上架了8H七分区天然乳胶床垫R1，售价999元起。床垫采用泰国直采天然乳胶。经新一代Schcott工艺发泡制成床垫内芯，每英寸25000个全开孔式蜂窝结构，使其密度和透气性大增。同时，内芯厚达5cm，既有弹性软床垫的舒适，又保留床垫硬性支撑的基本作用。

沃尔玛新推在线家具 沃尔玛推出了自有品牌Modrn，瞄准在线销售家具市场，专为拥抱现代美学的客户而设计。拥有三个时尚系列，共推出近650件物品，可以在房子的各个空间适用，风格时尚，价格优惠。Modrn的产品使用天鹅绒、卡拉拉大理石、手工拉丝金属、橡木和胡桃木等材料，价格在199~899美元之间。

沃尔玛推出床垫和床上用品品牌 据悉，沃尔玛计划推出两款独立的线上品牌，建立两个美国本土电商网站，其中一个名为Allswell，销售奢华的床垫和床上用品。沃尔玛试图通过这个网站与同领域成功的新兴电商企业竞争，例如零售电商Casper、床垫公司Tuft & Needle等。

亚马逊推出第三个自营家具品牌Ravenna Home 提供免费配送 亚马逊宣布推出其第三个自营家具品牌——Ravenna Home。Ravena Home是最新推出的日常家具系列。购买Ravenna Home品牌产品的顾客可以享受免费送货服务，并在收货之后30天内可以退回所有产品，订单下达之后，产品可以在两天之内送到。

Gucci Décor发布18年秋冬家居新品 Gucci Décor发布了最新的2018秋冬系列，整个产品线共包括将近200款产品，品类涵盖家具桌椅、壁纸、餐具、抱枕、屏风等，也将旗下瓷器品牌Richard Ginori的手工技艺推向了又一个高峰。产品设计上仍延续来自文艺复兴时期的浪漫、复古元素，将印花、植物标本和动物图腾等延续到了产品中。

欧申纳斯携手京东 共同打造共生赋能生态平台 欧申纳斯联手京东进军家装家居市场，2018年，欧申纳斯获得滨海资本近1亿元人民币A轮融资，业务涵盖“工装、酒店、会所、家装、租赁、家居供应链”的全领域板块。据悉，欧申纳斯与京东的此次合作，是在构建C端与B端的更新、更大连接，并据此形成更全面、更强大的家装新生态。

自如优品上线家具售卖小程序 自如旗下家居生活商城“自如优选”推出小程序，有赞提供技术支持。1月9日，自如优品上线家具售卖，主推书架、边桌、床垫三款家具，上线三个月销售额破百万。

居然之家携手亚朵酒店 打造家居主题酒店 居然之家与亚朵酒店正式签约，携手打造以家居IP为主题的酒店——居然之家亚朵S酒店。这是继居然之家从大家居向大消费转型以来，在顺利完成影院、餐饮、数码智能等大消费领域布局后的又一创举。酒店总经营面积15000平方米，内设居然设计家体验店、竹居、摄影展览馆，为消费者提供全新的住宿体验。

万物互联　未来已来　智能家居如何破局

智能家居作为物联网应用中的朝阳产业，与其发展相关的政策利好频出、关键技术进步、产业体系完善、各方巨头涌入，在市场和资本领域均受到高度关注。同时，在消费升级和经济发展的背景下，人们对生活的要求更趋于个性化、定制化和自动化，具有便捷、安全、舒适、节能等优势的智能家居产品备受消费者青睐，智能家居市场具有广阔的发展前景。

目前，国内智能家居表现突出的主要集中在家电或互联网企业当中，比如海尔 U-home、小米米家 MIJIA、华为 HILink 等，通过人工智能芯片、硬件技术拔得“智能”头筹。而在家居方面有绝对优势的家具企业则积极寻求与其他行业的跨界合作，积极布局智能家居。

阿里牵手联发科共图智能家居行业　1 月，阿里巴巴人工智能实验室 (A.I. Labs) 与联发科在 2018 国际消费电子展 (CES) 上签署战略合作协议，针对智能家居控制协议、客制化物联网芯片、AI 智能装置等领域展开长期密切合作，助力加速智能物联网 (IoT) 的发展。双方将联手打造首款支持蓝牙 mesh 技术的 Smartmesh 无线连接方案，将基于 IoTConnect 智联网开放连接协议，推进蓝牙 mesh 技术在智能家居的商用落地。

富森美布局智能家居领域　4 月 1 日，富森美发布公告称与小米旗下云米科技签订战略合作协议，致力于智能家居场景构建和垂直细分领域深耕，携手云米科技及更多智能家居企业，积极推动智能家居落地。小米生态链企业云米智能家电正式落户富森美成都城北建材馆。目前，富森美已引进智能家居产品为主打的商家有 7 家，智能家居品牌有 17 个。6 月 16 号，由 ORVIBO 欧瑞博和富森美联合打造的 ORVIBO 智能家居成都旗舰店在成都富森美家居广场国际软装馆正式开业，代表富森美集团“智能化 + 新零售”战略升级。

LG 电子携手意大利纳图兹发力智能家居　据韩联社报道，4 月 13 日，韩国消费电子与家电制造商 LG 电子宣布与意大利家具公司纳图兹集团 (Natuzzi Group) 达成合作，联手开发采用物联网技术的智能家居方案。根据规划，LG 电子和纳图兹集团将在米兰设计周期间展示该方案，包括联合开发的家电与家具产品。参观者可以坐在纳图兹的家具上，下达打开电视的指令，随后家具将激活 LG Signature OLED 电视，与此同时，沙发和灯光将根据最佳观看体验进行调整。此后，两家公司将继续进行物联网的联合研究并推出营销计划。

小米有品与碧桂园碧家联手打造全场景品质生活公寓　5 月 5 日，小米精品生活购物平台小米有品与碧桂园旗下长租公寓品牌 BIG+ 碧家国际社区在东莞举行战略合作仪式。双方首次实现深度战略合作，联手打造“碧家 x 有品”全场景品质生活公寓，提供小米家庭影院、小米 VR 眼镜、扫地机器人、飞智黑武士 X8pro 游戏手柄、体脂秤、智能健身器等，为追求高品质年轻租客群体打造全时段、全场景的品质生活体验，升级租住消费场景。

左右首创行业声控沙发　开发智能家居产品　6 月 14 日，在北京国际家具展上，左右沙发发布的智能家居空间“太空舱”，以智能沙发为中心控制系统，围绕“沙发”为核心搭建生态网，将智能沙发与其他智能家居设备进行互联，实现通过语音来控制室内家电、窗帘、灯光等。

爱空间与小米达成战略合作　提供家装到智能家居的一站式家居生活解决方案　9 月，爱空间正式在北京市北四环家居商圈落户，这次 3000 平方米的新展厅主打“大师设计”和“跨界新零售”。小米有品与爱空间达成战略协议，共同打造“小米系”从家装到智能家居的一站式家居生活解决方案。其中，有融入小米全线智能产品的超能样板间，有用小米有品中精选产品打造的小米有品公寓，还有带着爆款而来的小米有品线下体验店。11 月，2018 MIDC 小米 AIoT 开发者大会上，小米宣布与装修品牌爱空间展开深度合作，联合推出全屋智能照明超值套餐，包括小爱音箱、墙壁开关、无线开关、人体传感器、小米小爱闹钟、多功能网关六类产品。

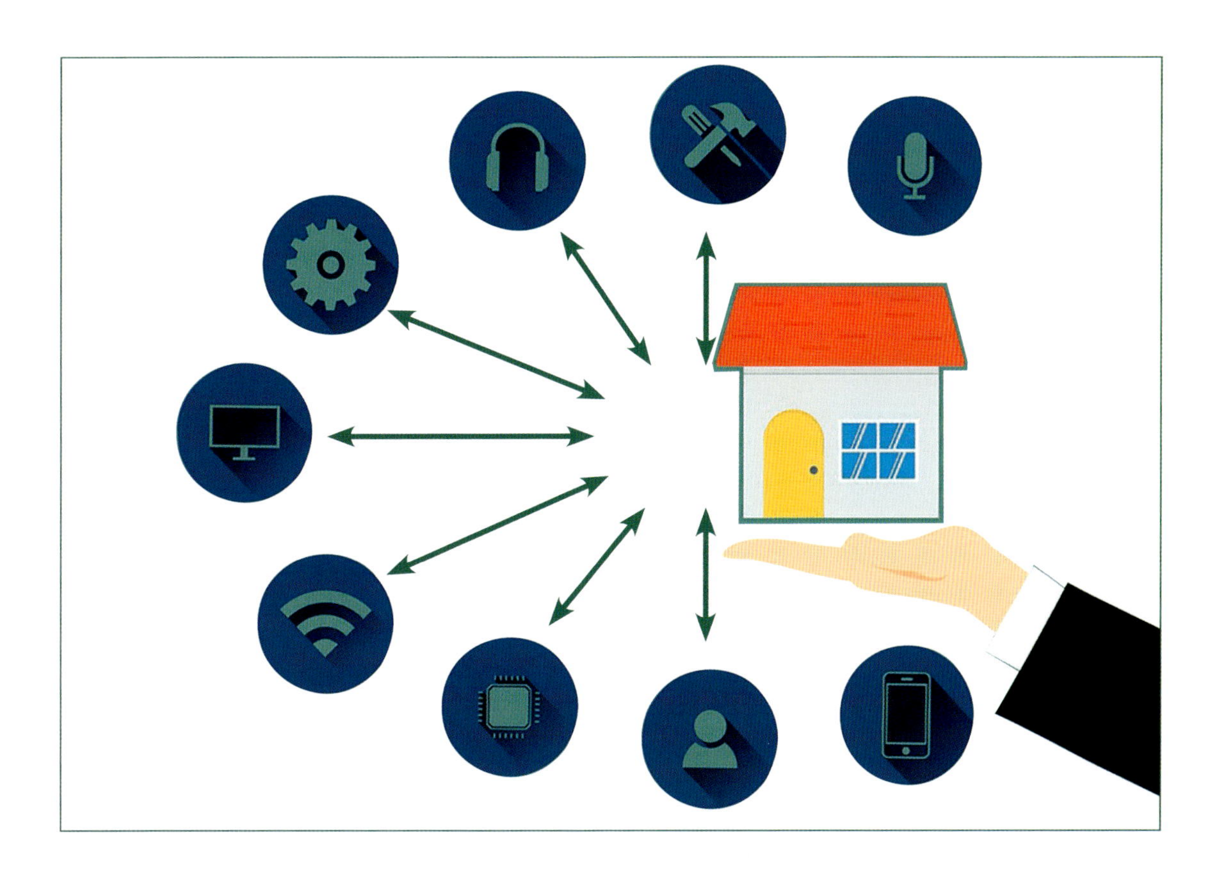

卡特加特获得千万级A轮融资 9月23日消息，深圳卡特加特智能科技有限公司宣布完成千万级A轮融资，企业市场估值近亿元。作为全宅智能家居品牌商，卡特加特拥有强大的软硬件一体化研发实力，而且建立了完备的设计、施工、安装调试及售后的一站式服务体系。据悉，卡特加特采用全新的技术架构体系，从对全宅全方位的布局和控制实现了用户对于智能家居的智能化、自动化的体验需求。

ZEALER与索菲亚合作　跨界智能家居领域 11月，国内知名科技视频平台“ZEALER”举办发布会，正式对外宣布涉足智能家居领域，并与定制家居行业领导品牌索菲亚家居跨界合作。双方共同探索未来家居设计，打造全新的「NEXT NEST」未来智能家居实验平台，给未来家装设计升级带来想象空间。

宜家携手小米布局智能家居 11月28日，小米宣布与宜家达成战略合作，继上线149个城市的电商业务之后，宜家全线智能照明产品接入小米IoT平台，支持米家App及智能音响语音控制，该技术于2018年底上线。这是宜家第一次与中国的互联网公司开展产品合作，提高智能家居科技的可及性。

绿米设计研发的米家智能锁12月5日亮相 绿米成立于2009年，2014年加入小米生态链，主要承担小米智能家居方向的产品研发与制造工作，专注于研发创新型智能家居系统。2018年1月、10月、12月获得最高过亿元的战略融资。融资用于“连接+数据+服务”物联网战略，开拓AI技术在智能家居产品的应用，加快发力海外市场、推进绿米服务商发展、迈入全屋智能新时代等方面。

新技术赋能家具行业　推动设计、制造和体验升级

在新的发展形势下，家具从设计、生产、物流、零售到消费模式上都在经历着重大变革，设计师、企业家和研究者们从不同角度推动新技术在行业内普及和发展。新材料、VR、AR，人工智能、智能制造等技术在家具行业应用逐渐广泛，相关的研发活动受到行业重视。而在工厂和卖场，也越来越多的引入新技术，生产更多优质产品，触达精准客户，推动家具行业高质量、高效率发展。

人工木材的“形态”进化史　9月7日，中国科技大学化学与材料科学学院教授俞书宏带领的研究团队以传统酚醛树脂和密胺树脂为基体材料研制出了树脂基仿生人工木材。它在化学组分上接近天然木材，其内部也有类似天然木材的取向孔道结构，力学强度与天然木材相当。该方法具有简单、易操作、成本低等优点，且人工材具有很好的耐腐蚀、隔热和防火性能。但是，目前还无法走出实验室。

智能悬浮床垫破局“传统”　喜临门携智能悬浮床垫亮相北京展和杭州展，展示了其在智能化、艺术性和科技感的成果。智能悬浮床垫历经10年科研攻关、7次颠覆研发方案、113处细节修改和50多万次可靠性试验，其最大特性在于，可自动识别、适应不同体型和睡姿，为身体各部位匹配最佳支撑。同时，高强度柔性复合材料构成的零压空气囊可缓慢调节逐渐包覆住人体，平均分摊压强，实现零压护脊。而床垫内置的智能监测系统可实时采集各种支撑调节方案的睡眠质量，不断进行匹配和调试，实时提供最健康、舒适的支撑。

百安居打造家居智慧门店　3月3日，5家百安居B&T home家居智慧门店于京沪两地同时开业，家居智慧门店将人脸识别、360°全景复刻、VR体验和AR购应用到门店中，运用大数据、人工智能和物联网等创新技术和手段，实现商品、服务、会员与交易的全面互通，开创全新购物体验。人工智能、黑科技、大数据和物联网等多种创新手段的应用，带动了消费体验的升级。

居然之家采购了优必选2150台Cruzr机器人做“居小然”营业员　居然之家采购了优必选2150台Cruzr机器人“居小然”，“居小然”不仅可以辅助消费者购物，并能主动收集、分析数据，将数据同步到云端，让数据帮助驱动决策，提高企业竞争力，降低企业的运营成本。

红星美凯龙宣布与人工智能行业龙头企业科大讯飞达成战略合作　由科大讯飞设计制造的智能机器人“美美”将在红星美凯龙全国门店内，为消费者提供家居行业智能服务。

红星美凯龙领投AI公司Aibee　并达成线下合作　11月27日，AI整体解决方案公司Aibee（爱笔智能）宣布完成红星美凯龙领投的6000万美元A轮融资。本轮融资后，在家居线下零售方向，Aibee与红星美凯龙达成战略合作。Aibee为其提供完整的AI解决方案，用以提高商城运营效率，降低人力成本。

红星美凯龙发布设计云1.0版　实现设计销售闭环　12月1日，红星美凯龙正式发布了设计云1.0版，采用基于物理渲染PBR技术，以真实商品模型为主，设计师在线设计调用模型后，可引导消费者前往线下卖场进行实地体验和购买，形成从线上设计到线下落地的闭环。通过智能AI-以图搜模型功能，设计师可以上传家具照片或截图，自动检索并快速获取相同或类似的产品模型，实现客户需求与海量模型的精准配对。

虚拟家居MR来了　戴副眼镜就能虚实结合搞装修　5月19日，一个虚拟家居商城MR项目亮相2018重庆市科技活动周“未来生活体验展”，借助微软的MR眼镜，消费者可以站在自己的毛坯房里，将商城里的建材、家具按照1：1的比例“装”进房间，“观看”实际效果。

爱空间发布全新信息系统“魔盒”　3月7日，爱空间举办2018品牌战略发布会，本次发布会以“移动互联时代的标准化家装”为主题，发布会现场，爱空间发布标准化家装全新信息系统——魔盒。魔盒将移动互联信息技术赋能家装，真正实现了用一部手机搞定装修全过程。

云设计平台三维家获红星美凯龙战略投资 3月27日，互联网云设计平台三维家完成了由红星美凯龙领投的3亿元B轮融资。7月9日，两家企业在广州举办了“创新纪”2018第五届三维家创新技术发布会暨红星美凯龙设计云平台启动仪式。三维家是一家将3D虚拟现实技术应用到家居行业的技术企业，会利用营销工具、设计工具、管理工具、生产工具等赋能家居整装行业，重构家居商业的人货场，提升家居终端消费体验，用技术驱动产业变革。

机器人安装宜家家具仅需20分钟 据国外媒体报道，外国科学家花了大约三年的时间开发出了一种新型机械手臂，能够在20分钟之内将宜家的组装式家具组装好。两个机械手臂都配备了握柄和3D摄像头。来自新加坡南洋理工大学的研究人员通过大量的工程运算，开发出了一种算法，机器人能够在开始之前先“看着”椅子分析问题，然后会自动设定计划，利用自己的算法找到最快的安装过程，同时确保机械手臂之间不会彼此碰撞。目前研究人员正在进一步开发这种机器人，希望未来能够将人工智能特性引入到汽车和飞机制造业。

机器人使家具制作过程更安全 麻省理工学院计算机科学和人工智能实验室(CSAIL)的科学家已经开发出一种称为AutoSaw的实验系统，该系统使用机器人来处理锯切。用户首先利用现有的OnShape CAD系统访问他们希望构建的项目类型的专业设计的基本模板。他们可以根据自己的意愿调整该模板，并考虑诸如大小或美观等因素。一旦设计完成后，该程序会生成所有需要切割的木制件的列表，并将清单传送给机器人。

梅西百货联手VR公司Marxent升级消费体验 美国零售公司梅西百货宣布与虚拟现实（VR）公司Marxent合作，将在美国各地增加大约70个VR装置，为50多家店面引入VR销售工具。旨在利用VR技术帮助客户做出明智的购买选择，VR系统已显著提升了梅西百货的交易总量以及非现场货品的销售量。

美国“盒装床垫”成大势 电商品牌竞争加剧 自2014年Casper推出“盒装床垫”概念以来，每周都会出现新的床垫电商品牌。这些电商企业的床垫使用最新的专利材料和创新的设计，将床垫压缩在一个小箱子里，方便送货上门。

IFutureLab推出人工智能家具自适应技术AI TRACKBOT 2月，硅谷研发机构iFutureLab宣布推出人工智能家具自适应技术AI TRACKBOT。IFutureLab计划将此技术运用于家具行业，并首先聚焦于床垫领域。AI TRACKBOT能够实时采集人体各部位压力分布数据，自动识别、适应用户的体型和睡姿，调用10亿量级的睡眠医学数据进行运算，为用户提供最优的睡眠支撑方案。原本过大的压力会被分散，原本悬空之处会获得更充分的支撑。搭载AI TRACKBOT的人工智能床垫，可以实时自动调节床面的高度和软硬度。

家具行业不断探索设计之路 中国设计如何走向世界

设计是人类对美好未来的不倦追求，家具设计与美学、材料、结构乃至市场需求等息息相关，而推动中国家具设计不断发展的，便是艺术家、匠人、设计师、企业等的不断求索。回望 2018，国内日趋壮大的设计师队伍、逐渐显现的设计价值观等，引导我们在世界家具设计舞台上不断发声，开创良好局面。其中，企业是设计发展的推动者，挖掘设计价值，引导潮流趋势；展会是平台，优秀的设计作品和创意想法在展会上大放异彩；设计大赛是孵化器，鼓励设计人才的不断涌现；文化是精神，引领中国设计走向世界之路。

企业

曲美家居与设计师胡社光合作打造新时尚沙发系列 7 月 17 日，曲美家居与胡社光签约，共同打造曲美新时尚沙发系列。8 月，曲美家居在第 3 季全民沙发季活动启动仪式上，正式对外发布了由胡社光设计的沙发新品。发布会以一场特殊的“时装走秀”在北京工体 SIRTEEN 酒吧开启，让身穿用沙发边角料做成的服装的模特和高定婚纱模特与沙发同台，诠释时尚家居的概念。

从 0 到 1 左右沙发实现米兰家具展突围 4 月，作为全球家具业的风向标和世界主流家具市场的通行证，米兰家具首次接纳中国品牌登陆其主展馆。这是从 0 到 1 的飞跃，左右沙发实现了中国家具品牌在米兰家具展的突围。这是对左右 32 年专注产品的肯定和褒奖，也是中国家具行业国际化进程中质的突破。

居然之家投资湖北黄冈“垂直森林”城市综合体 黄冈居然之家项目于 6 月底完成土地摘牌后，在该市打造全新的垂直森林城市综合体。“垂直森林”理念由意大利博埃里建筑事务所创始人斯坦法诺 · 博埃里提出。建筑通过对外立面采用大尺度悬挑式设计，获得远超普通建筑的植被种植空间，使高层建筑能够掩映在大片自然植被中，实现“让森林站立起来”的效果。

全球奢侈家居市场成为新的增长点 目前全球高端家具及家居用品市场规模很大，继包袋、鞋履和服装之后，2018 年夏天，Gucci 和 Loewe 等品牌争相推出了椅子、陶瓷等家具家居产品 (Gucci 家居系列 Gucci Décor)， 而 Fendi、Ralph Lauren、Versace 和 Giorgio Armani 更是早已在家居装饰领域享有盛誉。

展会

红点奖落户 9 月北京国际建材展 9 月，北京国际家装建材智能家居展上，居然之家集团携手德国红点设计大奖，在本届博览会呈现“大道至简——至美设计，至臻生活”专题展。整个展区面积 1000 平方米，分为功能、使用、形式、感知等不同区块，有百余件顶尖设计作品，涵盖家具、文具及消费电子等众多品类。红点主席彼得 · 扎克教授也在现场分享红点设计大奖的发展历程、评奖标准及获奖作品。

新商业民宿展首现 2018 深圳展 3 月 19—22 日，深圳时尚家居设计周暨第 33 届深圳国际家具展 6 号馆，以“看得见风景的房间”为主题，打造“新商业 · 民宿”，将时下最流行的个性化空间与软装相结合，由 4 位中国民宿室内设计师关天颀、葛亚曦、庞喜和方信原操刀，以四座城市为设计起点，展现民宿的本源及应有的模样，以期在中国当代商业空间中发现未来。

300 多御用家具首次亮相 9 月 19 日，故宫家具馆正式向公众开放，这是故宫博物院继陶瓷馆、书画馆等专馆之后，开设的又一大专题展馆。故宫博物院现存明清家具 6200 余件，数量为世界之冠。此次开放的家具馆一期展厅位于紫禁城西南角的南大库区域，馆内“南大库清代宫廷家具展览”展出清代家具 300 余件，以康熙、雍正、乾隆时期的家具为主。

大赛

“我要去米兰”梦想续航 康耐登再助青年设计师走出国门 4 月 17—22 日，意大利米兰国际家具展正式开启，康耐登再一次集结“我要去米兰 中国时尚家具设计大赛”两届优秀作品。2017 年第二届康耐登“我要去米兰”公益设计大赛经过半年多的艰难角逐，年轻设计师徐乐 & 翟伟民、高小梦、陆地 & 王鹏程的作品从全国 1000 余份参赛作品中脱颖而出，最终拿下大赛 Top3，带领作品前往米兰。11 月 29 日，在广州设计周上，康耐登家居第三届“我要去米兰 中国设计力青年榜”公

益设计大赛总决赛开启，来自全国的15位青年设计师，完成5个小时的赛程和40位专业评委的三轮评审。

东莞征集定制家居设计技术能手 5月14日，广东省东莞市公布了《2018东莞市“南兴装备杯”定制家居设计职业技能大赛实施方案》。定制家居设计职业技能大赛面向东莞全市定制居家具设计师、相关职业院校师生。竞赛分为职工组和学生组，职工组为个人项目比赛，学生组为团体项目比赛，内容均为技能操作。

广东佛山禅城启动泛家居双创设计大赛 6月5日，“设计创造美好生活”——2018首届中国（佛山）泛家居科技·时尚创新创业设计大赛在深圳正式启动。大赛以佛山泛家居企业产品作为设计标的，为泛家居产品赋予科技、时尚元素。大赛面向创意设计、工业设计、整屋装修和来自建筑设计、产品设计、设计软件、VR、场景应用、智能家居等领域的全球优秀团队和个人征集作品。

M+中国高端室内设计大赛杭州赛区启动 9月8日，红星美凯龙与新浪家居联合主办的“M+设享·西湖”中国高端室内设计大赛-杭州赛区正式启动，近5000名优秀室内设计师参与。在发布会上，红星美凯龙宣布启动“寻找最靓设计家”活动，公开召集优秀的室内设计师，对杭州当地的3000套样板房进行“换装”，打造3000套杭州最美“家”。

2018“居然设计家杯”室内设计大奖赛圆满收官 2018“居然设计家杯”室内设计大奖赛历经200多天的努力，在专业评委们专业、公正的评审及层层筛选下，最终圆满收官，颁奖活动现场颁出300余个奖项，包括年度大奖3人，3D方案类8人，金奖16人，银奖48人，工程类最佳展示设计奖28户，最佳人气奖30人，3D新锐设计师奖30人，优秀奖160人，最高奖项斩获10万美金大奖。

活 动

红星美凯龙凯撒至尊　分享产品设计灵感及米兰流行色彩 6月22日，红星美凯龙凯撒至尊以“米兰设计大咖中国行”为主题的设计师沙龙活动在北京红星美凯龙商场举行。活动邀请米兰顶尖设计师，现场分享产品设计灵感及米兰流行色彩。该活动是设计师渠道发展的本质体现，北京站是“米兰设计大咖中国行”的起点，此次活动共设置全国5站，分别为北京、杭州、上海、深圳和昆明。

江西南康家具联手意大利设计师推动产业发展 6月24日，中欧家具产业工业设计暨人才交流峰会在中国中部家具产业基地江西南康召开。中国美术学院风景建筑研究院建筑师叶晨、上海交通大学设计学院副院长韩挺、浙江省建筑设计院副院长王平以及意大利全国工业设计协会主席卢西亚诺·加林贝蒂(LUCIANOGALIMBERTI)、意大利设计学院主任Benedetta Risolo和创新发展部总监Andrea Lenterna等中意设计界精英齐聚一堂，支招南康的家具产业工业设计。

新型互联网平台在行业内表现突出 迎合80、90后新中产阶级需求

当前，互联网发展迅猛，为家具行业在内的传统制造业带来了大量的发展机遇。在国家“互联网+”政策的支持下，在80、90等群体的消费理念推动下，家具行业抓住网络技术发展契机，运用互联网思维不断创新，建设突破和发展的有效途径，积极响应国家政策，布局新战略，建立新的优势。近年，家具行业涌现一批新型互联网企业，采取差异化的商业模式，解决电商的体验短板，占据发展风口，获得资本青睐，大规模的资金涌入新兴企业，布局电商、体验和分享，迎合新的消费需求，具有广阔的市场前景。

BroadLink完成3.43亿融资 2月5日，杭州古北电子科技有限公司(BroadLink)宣布完成D轮共3.43亿元融资。本轮融资由中信产业基金领投，百度、立白集团跟投。BroadLink是专业的智能家居解决方案提供商和第三方物联网平台，通过整合物联网、云计算、大数据及人工智能等先进技术，打通互联网平台通道，帮助传统企业向智能转型。

家居云设计平台酷家乐完成D轮融资 3月9日，家居云设计平台酷家乐宣布完成D轮融资，由顺为资本领投、淡马锡旗下Pavilion Capital，老股东IDG资本、GGV纪源资本、云启资本等跟投。融资将用于拓展国际市场、打造云设计平台、加快科技研发、人才引进。

美窝家装完成7000万元A轮融资 美窝家装已完成7000万元A轮融资，由IDG资本、北极光创投联合投资，初心资本跟投，资金将主要用于内部的IT体系搭建，建立自己的BIM系统。美窝是定位于服务27~35岁年轻人的高端互联网家装品牌。

品划算获银河系千万级天使轮融资 跨境软体家具垂直供应链平台品划算获得了来自银河系的千万级天使轮融资，本轮融资主要用于人才引进、加速开店和品牌宣传方面。公司成立于2017年年底，致力让更多人拥有其向往的健康睡眠的生活方式。

家居软装电商平台全屋优品完成了7800万元B轮融资 家居软装电商平台“全屋优品”近日完成了7800万元B轮融资，由复星锐正领投，银河系创投跟投，现有投资方险峰长青、真格基金追加了投资。全屋优品提供的数据显示，其单月GMV已经在数千万，保持30%~40%的月增长率。

家居电商我在家获A2轮融资 继续深耕C端市场 互联网家居电商品牌“我在家”获A2轮过亿元融资，由和玉资本(MSA Capital)领投，跟投方为今日资本、云九资本。融资将用于：自建仓储体系，整合海外供应链及投资一批优秀原创家居品牌。“我在家”成立于2016年，通过返佣（下单金额5%的佣金），让拥有平台上家具的用户开放自己的家给新用户体验。

家居电商平台“至家-Hommey”获得近千万美元A轮融资 家居电商平台“至家-Hommey”获得近千万美元A轮融资，本轮由真格基金领投，清流资本跟投。融资将用于品牌推广以及服务、供应链体系完善。至家是一个软装产品电商平台，为消费者提供优质、长尾且小众的家具以及家居产品。至家的“体验家”模式能够将平台上消费者的家开放出来，给潜在用户上门体验。

家居平台Pamono完成新一轮融资 欧洲O2O时尚家居平台Pamono完成了超过750万欧元的融资。投资方为Bonnier Ventures、DN Capital、HV Holtzbrinck Ventures和Atlantic Labs。融资旨在扩张其在欧洲、美国等地区的销售和加强家居品牌建设。Pamono成立于2013年，目前平台上入驻了1500多家供应商，可以直接配送全球客户。

英国家居电商Made.com完成5600万美元D轮融资 据外媒消息，英国家居电商Made.com获5600万美元D轮融资。投资方为Partech Ventures，Eight Roads Ventures以及Level Equity。该网站与50位左右的设计师和世界各地的制造商有密切合作，减少了中间销售环节带来的成本，能够提供给消费者最多低于市场价格70%的产品。

家具电商Pepperfry获3840万美元融资 据外媒消息，线上家俱电商Pepperfry宣布完成了3840万美元的新一轮融资，投资方

为资产管理公司State Street Global Advisors。该公司成立于2012年，从事家具和家居产品销售。本次投资将用于二线城市布局，线下“体验中心”建设，投资开发增强现实和虚拟现实技术，为用户提供更好的体验。

Urban Ladder完成7.743亿卢比新一轮融资 印度企业注册署文件披露，印度线上家具电商Urban Ladder宣布完成了7.743亿卢比（约1187万美元）的新一轮融资，投资方包括Kalaari Capital、红杉资本、Steadview Capital以及赛富投资基金（SAIF Partners），该公司成立于2012年，目前拥有35个类别的4000多种产品，所有产品都是由内部设计师团队完成设计。

Clippings完成1540万美元B轮融资 据外媒消息，英国家居和灯饰电商平台Clippings宣布完成了一笔1540万美元的B轮融资，领投方为Advance Venture Partners，参投方为C4 Ventures。Clippings成立于2014年，是一个B2B平台，为用户提供从设计、订购到配送、安装的服务信息。平台拥有超过700万种的商品，品牌数量超过一千，用户可以在系统中识别图片购买。该公司在伦敦、保加利亚及菲律宾都拥有自己的设计及研发团队。

家居品牌InYard宜氧完成数千万元Pre-A轮融资 7月，家居品牌InYard宜氧宣布已完成数千万元Pre-A轮融资，由源星志胤创投领投，如川资本，天使轮资方跟投。融资将主要用于拓展前端市场。InYard宜氧以独特的创新业务模式切入家具家居电商领域，打破传统定制家具的局限，提供可量化的定制新模式。为客户提供适价，精品，易组装的家具家居产品。

深圳市家咪科技获千万级天使投资 8月，深圳市家咪科技有限公司宣布获千万级天使投资，家咪科技是以AR智能设计为核心，集移动互联网、云计算、大数据等高科技产品的一站式家装后市场S2B、S2C平台。与房产、物业渠道、家具品牌商合作，为用户提供一站式全屋软装服务。

艾佳生活获得天图资本10亿元B轮融资 9月17日，互联网大家居生态平台“艾佳生活”宣布获得10亿元B轮融资，投资方为天图资本，B轮融资之后，艾佳生活的估值已经达到10亿美金。艾佳生活是通过整合地产、设计师、品牌硬装、品牌家居等资源，打造的一站式家装服务平台。

居家生活类短视频自媒体“意思生活”获近千万元天使轮融资 「EC Life意思生活」完成近千万元天使轮融资，投资方为德迅投资曾李青团队。在经历了短视频元年和快速发展阶段，「意思生活」定位于精致实用的居家生活短视频，通过改造粉丝的出租屋，让消费者更了解产品搭配。目前「意思生活」上线了家居改造、装饰手作和达人种草三档栏目。入驻了淘宝“爱逛街”频道，通过内容替商家导流，粉丝购买转化率达48%。

菠萝斑马获千万级A轮融资 12月，菠萝斑马完成千万级A轮融资，投资方为联想之星，国宏嘉信跟投。2016年公司以自媒体（菠萝斑马居住指南）起家，通过详尽扎实、实操性强的内容积累了90多万粉丝。2017年下半年在淘宝、小程序上线自有产品。公司的核心竞争力是产品的研发和创新，如今菠萝斑马的月销售额在700万左右。

在线家居设计平台Livspace获7000万美元C轮融资 新加坡在线家居设计自动化平台Livspace在C轮融资中获得了7000万美元的投资，全球投资基金TPG Growth和高盛领投。Livspace是一个家庭室内装修平台。它聚集了房主、设计师和销售商。该公司目前服务于七个市场，融资用于业务扩展和市场渗透。

互联网沙发品牌Burrow获1400万美元融资 互联网沙发品牌Burrow获得了由New Enterprise Associates领投的新一轮融资，融资金额为1400万美元，种子轮投资方Red&Blue Ventures和Y Combinator Continuity跟投。融资将用于聘用人员、开设工厂和产品链扩张，将Burrow打造成一个家庭生活品牌。

有屋家居获12亿融资 将在整装领域发力 12月14日，青岛有屋智能家居科技有限公司宣布完成12亿元A轮融资，由中金公司领投，蚩泉大亚基金、信中利基金、中泰创投、银河投资等跟投。本轮融资将用于家电和家居互联融合、语音控制等关键技术的研发、智能供应链的整合以及渠道开拓等。

家居新零售公司“满屋研选”获1亿元人民币B轮融资 12月，家居新零售平台满屋研选对外宣布获得1亿元人民币B轮融资，由华创资本领投，五岳资本、金地集团等跟投。满屋研选成立于2016年，总部位于杭州，致力于重构家居零售场景，链接研选家居产品的生产商和消费者，为客户打造一站式的整屋家居服务。

文化经济等因素影响租赁家具发展　该模式能否迎合租房市场需求

共享经济的发展在国内催生一批家具租赁公司，包括租立方、Dome、抖抖家居、聚家家、轻松住、包租喵等多家品牌，积极寻求在该领域拓展市场。2018 年，国家出台《关于在人口净流入的大中城市加快发展住房租赁市场的通知》等一系列的文件，引导租房市场的发展，也为共享家具带来新的发展契机。
国际上，租赁家具市场更加火热，在印度、日本、迪拜等地，受经济、生活方式、可持续发展意识等因素的影响，家具租赁模式在融资、市场开拓、模式创新等方面动作频频。

家具租赁商 Rent-A-Center 被私募基金 Vintage Capital 收购　私募基金 Vintage Capital 宣布与美国租赁公司 Rent-A-Center Inc 达成协议，将通过旗下的子公司以每股 15 美元的价格收购 Rent-A-Center 的全部流通股，交易需要相关监管部门的批准。Rent-A-Center 是美国一家面向个人的生活用品租赁公司，主要采用先租后买模式，提供的商品种类包括家电、家具和其他生活用品。公司成立于 1986 年，总部位于得克萨斯州，在美国、墨西哥、加拿大等国家拥有超过 3050 家门店。

日本家具租赁品牌 KAMARQ 进军美国市场　2018 年，KAMARQ 进军美国市场，早先曾与 Lady Gaga 和 Uniqlo 联名的时尚设计师 Nicola Formichetti，以及创意总监 Pieter Jan Mattan，合作设计了一系列桌椅和组合式收纳家具。这些外形时尚，色彩鲜艳的家具可租用半年到一年，月租费 5~18 美元不等。KAMARQ 的家具非常注重环保，家具全由可回收用材打造，材质 100% 可再生。

家具租赁平台 RentSher 获多方种子轮投资　位于迪拜的 RentSher Middle East 宣布已经获得种子轮投资。投资方包括 Shorooq Investments、Latitude Consultants Limited、Ali Al-Salim 以及麦肯锡中东分公司的高级合伙人。RentSher Middle East 成立于 2016 年，是家具租赁平台。平台上租赁的主要是用做特殊用途的、临时使用的家具，如用于户外婚礼、派对、公司活动等使用的桌椅、充气城堡等。

家具租赁 Furlenco 获 5000 万卢比融资　总部位于印度班加罗尔的线上家具租赁服务初创公司 Furlenco 宣布再获 5000 万卢比新一轮融资，投资方为此前曾投资过该公司的 Signet Chemical Corporation。Furlenco 成立于 2012 年，提供家具租赁服务，家具由自己设计和生产。每个月 33 美元的卧室套餐包括床，书桌，台灯，椅子，床头柜和洗衣篮。顾客下单后，公司负责运送、安装、清理搬家、回收，维修和翻新后用于下一次服务。

宜家发力租赁家具　在瑞士达沃斯举办的世界经济论坛上，瑞典家具巨头 IKEA(宜家)透露，他们正在测试各种不同的环保和可持续发展战略，包括家具租借和回购服务等。消费者的消费观念改变，很多人都觉得没有必要买下所有的东西，也很关注废弃家具对环境可能造成的影响。在日本，宜家正在测试从消费者手中回购沙发，并循环利用这些沙发，将其制成生产材料。宜家首次家具租赁业务最初只会涉及企业办公家具的租赁，希望未来将租赁业务扩大到厨房和家庭消费市场。

印度二手家具电商模式　Zefo 是一家二手家具电商，2015 年于德里成立，总部位于班加罗尔。用户可以在该平台上购买二手家具或次品的家具家电。Zefo 采取了 C2B2C 模式，首先由卖家将需要出售的二手商品拍照上传，平台评估价格后取走商品同时付清货款，商品经过翻新、消毒之后上传平台，供买家挑选。Zefo 为其产品提供回购担保，经由平台出售的二手商品根据买家使用时长的不同可享受不同折扣力度的回收服务。目前，Zefo 已经通过多轮融资筹集了约 2000 万美元，在班加罗尔、德里、诺伊达和孟买等 6 个城市拥有业务。

家具行业人才紧缺 企业如何赢在未来

人才是企业最重要的软实力，是企业发展的关键因素之一。长期以来，家具行业人才紧缺，从管理人员、技术人员到基层员工，都是企业稀缺资源。这与家具行业的性质相关，也受到第三产业的高速发展影响。2018年，我们可喜的看到，一些优秀企业已经开始积极布局人才发展战略，通过不同方式培养人才、激励人才。

中山红木家居学院15日开学 3月，中山红木家居学院——中山职业技术学院红木家居学院于3月15日在大涌开学。红木家居学院建于大涌红博城内，各项设施齐备，家具艺术行业大师、技术能手等优质师资已到位，教学场所、师生宿舍、食堂、阅览室、工作室等一应俱全。学院占地13460平方米，总投资数千万元。

红星美凯龙与国富纵横合作 开展线上家居职业教育 8月1日，由红星美凯龙与“中国大家居教育平台”联合举办的“万人万店线上学习活动”在上海启动。活动当天，红星美凯龙全国商场内上万家门店的4万余名导购同时登录线上课堂，共同参与到课程的学习中。“中国大家居教育平台”是由红星美凯龙与国富纵横联合打造的线上大家居职业教育平台，“中国大家居教育平台”APP已经上线，用户在手机端就能够系统地学习家居建材行业的营销、管理、设计、制造等知识。

红星美凯龙发布首期员工持股计划 资金上限1.1亿元 11月29日，红星美凯龙家居集团股份有限公司发布了第一期员工持股计划。参与持股计划的人数最多1500人，该计划所筹集资金总额上限为1.1亿元，不超过股本总额的1%，单个员工所持持股计划份额所对应的股票总数累计不超过公司股本总额的0.1%。持股计划存续期为两年，所获标的股票的锁定期为12个月。该计划旨在建立和完善劳动者与所有者的利益共享机制，吸引和保留优秀管理人才和核心骨干。

梦百合首次启动股权激励 12月，梦百合发布第一期限制性股票激励计划草案，拟向执行副总裁王震、副总裁崔慧明等6名高管和58名中层及技术人员以9.55元/股的价格授予200万股限制性股票，约占授予前总股本的0.833%。其中，王震获授10万股，占总授予数量的5%，58名中层管理人员和核心技术（业务）人员，共获授129万股，占64.5%。

履行社会责任　坚持公益遇见美好

企业公益行为，不仅是企业对社会责任的践行，也对企业树立良好的社会形象和提升公信力有着十分重要的价值。随着家具行业的不断发展，大型企业、龙头企业涌现，这些企业在做好引领产业发展的同时，不断承担社会责任，在扶贫、文化保护、可持续制造、绿色发展和老龄化问题解决等方面开展公益行动，助力解决社会问题，建立良好的企业形象，推动社会暖心前行。

曲美家居第 4 季旧爱设计再创新　6 月，胡社光受曲美家居第 4 季旧爱设计的邀请，基于对绿色环保、资源再生的共同认识，打造了一套用沙发边角料制作的服装系列《人偶》，在北京国际展览中心新馆展览；7 月 17 日，在 2018 中国国际儿童时装周的一场儿童时装秀场上，胡社光又发挥了他独特的巧思，将破损的布条、边角料变成时尚秀场上令人夺目的儿童时装。

曲美 2018 旧爱设计新玩法　5 年，曲美通过以旧换新活动，20 多万个塑料瓶转化为环保再生材料，超过 200 余位设计师、明星达人，与 26 所设计院校学生在内的近 10 万人参与进来，将废旧物品设计改造，共计产出 2000 余件家居作品。2018 年作为新 5 年计划的开启之年，曲美将继续兑现 5 年每年 50 天绿色环保行动的社会承诺。北京家居展上，曲美邀请到了胡社光、袁媛等共同组成联合发起人，准备了一场别开生面的旧爱设计展。与此同时，曲美全国门店的以旧换新促销活动同步开启，以 50 天为期，从消费者手中回收旧家具给予现金补贴、折扣，实现资源的回收利用，广推人人可践行的绿色生活。

曲美家居开启第二季古村论坛暨古村落保护公益行动　2015 年成立的北京曲美公益基金会、曲美家居国人生活方式研究院创造了旧爱设计、以旧换新公益活动，地方精准扶贫、“大众设计、万众创新”等创新的公益模式，成为行业里面践行社会责任的先行者。2018 年 7 月，曲美家居带领着专家学者、媒体记者等以“传承对于当下生活的精神价值”为主题，开启第二季古村论坛暨古村落保护公益行动。从保护古民居、传承古老生活方式、激活在地社区等方面，关注在地文化存续价值，尊重历史、生态、群众，将家风民风国韵与现代生活结合，延续古村落千百年的活力。

左右沙发启动绿色星球公益　2018 年，左右沙发牵手中国绿化基金会发起绿色星球“我在沙漠种棵树”公益行动。左右沙发不仅倡导用环保的生活方式、植树等方式助力环境保护，同时也号召大众向中国绿色基金会捐款，所筹善款均用于助力阿拉善锁边生态基地的生态建设，每捐赠 10 元即可让锁边林延伸 5 平方米。至 8 月 22 日，捐款数额已经超过 400 万，参与捐赠者近 12 万人次。

左右沙发联合行业领军品牌成立“绿色联盟”　9 月 11 日，左右沙发联合红星美凯龙召开“绿色联盟”公益行暨成立启动仪式。绿色联盟创始成员包括九牧洁具、雷士照明、老板电器、尚品宅配、梦天木门、金牌厨柜、久盛地板和左右沙发等企业。致力于打造家居企业、NGO、公众共同参与的社会化保护平台，可持续地保护自然生态环境。

宜家公布 2030 年可持续发展方面的最新承诺　6 月 7 日，Inter IKEA 更新了其于 2012 年推出的可持续发展战略报告——People & Planet Positive，宣布了到 2030 年公司在可持续发展方面的最新承诺，从停用一次性塑料制品、环保生产、可回收材料选用、便捷运输、倡导素食、产品生命周期管理、物流零排放、太阳能解决方案等方面推动可持续发展。

日本宜家关注老龄化问题　老年消费经济被重视　宜家在日发售体贴系列，关注生活不便人士的生活需求，这是宜家对日本年龄结构的判断。基于舒适性和实用性的定位，这个系列商品的主要特点是柔软、防滑、易于抓握。宜家的人体工程学设计师介绍：我们关注到人生的许多阶段，当我们的身体状况发生变化时，需求也会变化。无论是暂时的还是永久的，在某些时候我们都需要从日常生活中获得额外支持。

私募基金 Camano 收购美国可持续皮革家具制造商 Omnia 多数股权 美国私募股权投资公司 Camano Capital，LLC 宣布收购皮革家具制造商兼分销商 Omnia Italian Design，LLC 多数股权。Omnia 成立于 1989 年，总部位于美国加利福尼亚州，是起源于意大利的家族企业和领先的皮革家具设计者、制造商和分销商。Omnia 为家具行业制定了新标准，例如使用水性胶水，并为办公室和建筑材料制定回收计划。Omnia 还通过先进的节能通风和照明系统使整个公司变得更加环保，以减少碳排放。此外，Omnia 提供超过 125 种风格的“生态地球解决方案”，作为家具设计的新标准。

04

数据统计

Statistical Data

编者按：本篇行业基础数据均来自中国轻工业信息中心，分为全国数据、地区数据和分类数据三大类型。为了便于读者更好地从基础数据中了解 2018 年家具行业发展状况，《2018 年中国家具行业经济运行概况》从经济发展概述、行业经济运行、行业发展格局、生产经营效益、国际经济贸易等方面进行了分析和解读。在具体的数据表中，全国数据列出了各家具细分行业规模以上企业的主营业务收入及出口交货值数据；地区数据列出了全国各地区家具产量数据；分类数据列出了各类型家具进 / 出口量值表，方便读者查阅具体信息。

2018年中国家具行业经济运行分析

中国家具协会　中国轻工业联合会

一、运行发展概述

2018年在国内外形势错综复杂的情况下，我国政府采取稳就业、稳金融、稳外贸、稳外资、稳投资、稳预期等政策措施，经济运行仍然保持了总体平稳、稳中有进的发展态势，较好完成了经济社会发展主要预期目标。2018年我国国内生产总值（GDP）突破了90万亿元，经济总量再上新台阶，比上年增长6.6%，实现了6.5%左右的预期增长目标。

这一年我国家具行业继续以消费升级为导向，以创新发展为驱动，“两化”融合度不断提升，智能制造快速发展，新产品、新零售业态不断涌现，标准化建设不断深化，努力推进行业高质量发展。

2018年家具行业继续保持发展态势，固定资产投资持续旺盛，商品零售总额稳定增长，主营业务收入、利润均实现正增长，出口额再创新高。与此同时，受国内外复杂环境影响，家具行业经济运行稳中有变、变中有忧，经济效益下行风险增加，部分企业盈利水平下降：规上企业月度累计增加值增速走势呈下行趋势；主营业务收入、利润增速回落至5%以下，主营业务收入利润率持续低于轻工业平均水平；亏损企业个数、亏损额、亏损面都有不同程度增加。

据国家统计局数据显示，2018年家具制造业固定资产投资同比名义增长23.2%，比全国制造业固定资产投资增速高出13.7个百分点；2018年全国家具类限额以上企业累计实现商品零售额2249.8亿元，同比增长10.1%，比上年减少2.7个百分点。

2018年家具行业规上企业的累计工业增加值增速为5.6%，比上年回落4.3个百分点；累计完成出口交货值1749.78亿元，同比增长2.42%，增速较上年减少5.55个百分点。

2018年家具行业规上企业累计完成主营业务收入7011.88亿元，同比增长4.33%，增速比上年回落5.78个百分点；累计完成利润总额425.88亿元，同比增长4.33%，增速比上年减少4.98个百分点；累计完成主营业务收入利润率为6.07%，与上年持平，低于轻工业平均水平0.49个百分点。

2018年全国家具行业6300家规上企业中，亏损企业788家，同比增长7.80%；亏损面12.51%，同比增加0.9个百分点。累计亏损额32.83亿元，同比增长40.92%；累计营业费用298.71亿元，同比增长8.14%；管理费用399.63亿元，同比增长11.51；财务费用45.00亿元，同比下降19.52%。

2018年家具出口、进口规模均创新高。据海关数据显示，2018年我国家具行业贸易总额588.67亿美元，同比增长8.06%，贸易顺差522.87亿美元。其中累计出口555.77亿美元，同比增长8.08%；累计进口32.90亿美元，同比增长7.80%。

二、行业经济运行

2018年家具行业规上企业的累计工业增加值增速为5.6%，增速比上年下降4.3个百分点。中轻家具景气指数全年运行在渐冷区间，各分项指数中，出口、资产景气指数保持在稳定区间，主营业务收入、利润景气指数位于渐冷区间。

1. 工业增加值走势分析

2018年我国国民经济在错综复杂的国内外环境下，总体运行平稳，保持在合理区间内，实现了稳中有进的发展态势。根据国家统计局初步核算显示，2018 年国内生产总值（GDP）突破了 90 万亿元，经济总量再上新台阶，按可比价格计算，比上年增长 6.6%，增速比上年减少 0.2 个百分点，实现了 6.5% 左右的预期增长目标。

2018 年全国规上企业的工业增加值按可比价格计算，比上年实际增长 6.2%，增速比上年下降 0.4 个百分点，其中轻工行业和家具行业的工业增加值增速均低于全国工业增加值增速：轻工行业规上企业的累计工业增加值增速为 5.8%，增速比上年下降 2.4 个百分点；家具行业规上企业的累计工业增加值增速为 5.6%，增速比上年下降 4.3 个百分点。

从全年月度累计增加值增速走势来看，家具行业规上企业工业增加值增速呈下行趋势，由年初近 10% 增长回落至年末的 5.6%：2 月累计增速 9.4% 为全年最高；3—5 月逐月快速回落，5 月累计增速回落至 6.4%；6—11 月累计增速趋于稳定，处于 6.2% 左右水平；12 月再次回落，下降至 5.6%（图 1）。

2. 中轻家具景气走势

据中国轻工业经济运行及预测预警系统显示，2018 年 12 月，中轻家具景气指数为 86.69，环比减少 2.47，同比减少 4.89，处于渐冷区间中线区域位置。各分项指数中，主营业务收入、利润景气指数位于渐冷区间，出口、资产景气指数保持在稳定区间：主营业务收入景气指数 86.24，出口景气指数 93.08，资产景气指数 93.56，利润景气指数为 80.28（图 2）。各分项指数环比、同比均有所回落。一年间各指数信号灯变化态势如图 3 所示。

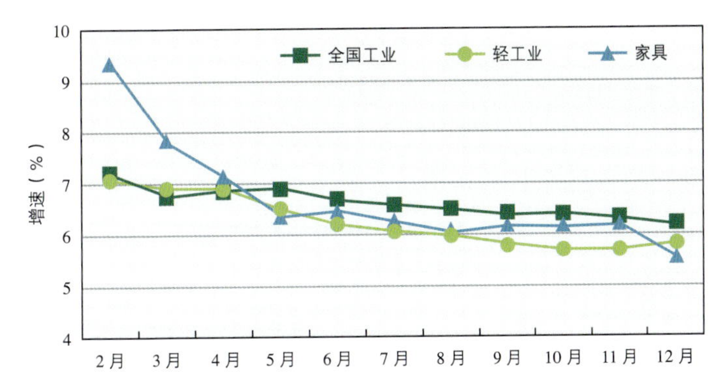

图 1　2018 年家具与全国工业、轻工业规上企业工业增加值月度累计增速对比

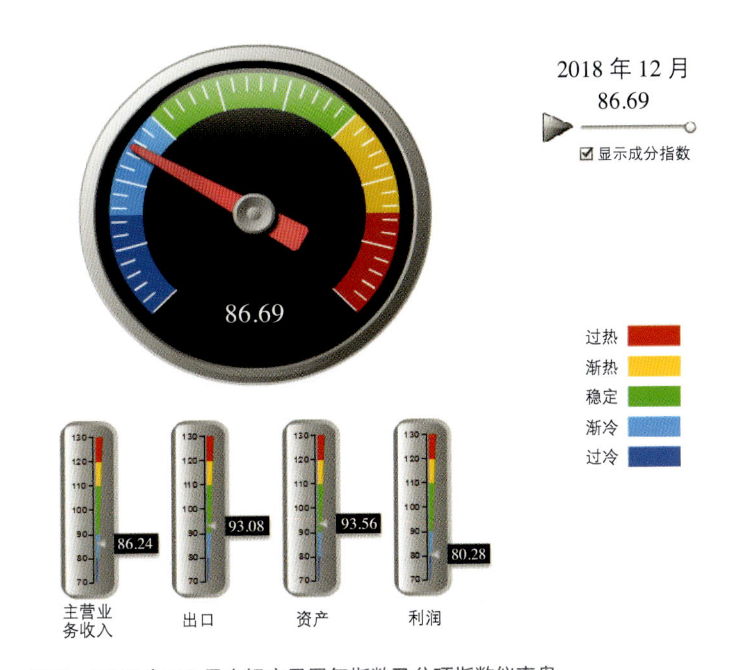

图 2　2018 年 12 月中轻家具景气指数及分项指数仪表盘

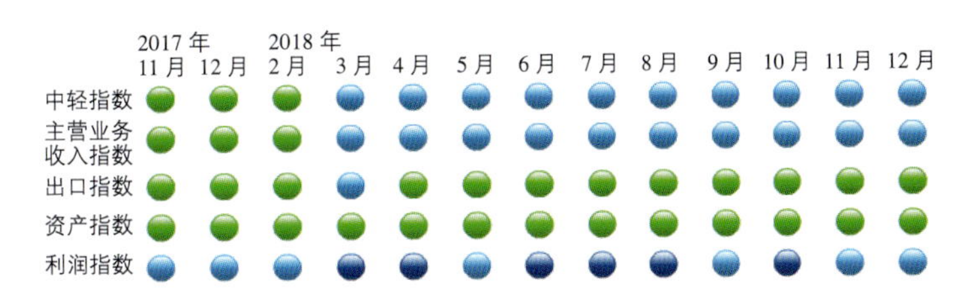

图 3　2017 年 11 月至 2018 年 12 月家具行业景气指数预警信号灯变化态势

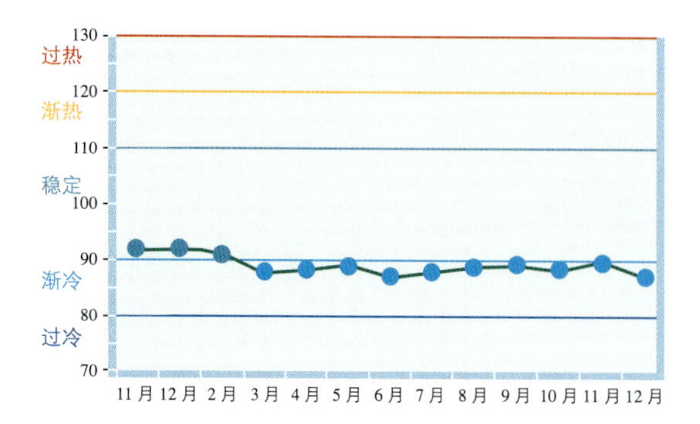

图 4　2017 年 11 月至 2018 年 12 月中轻家具景气指数走势

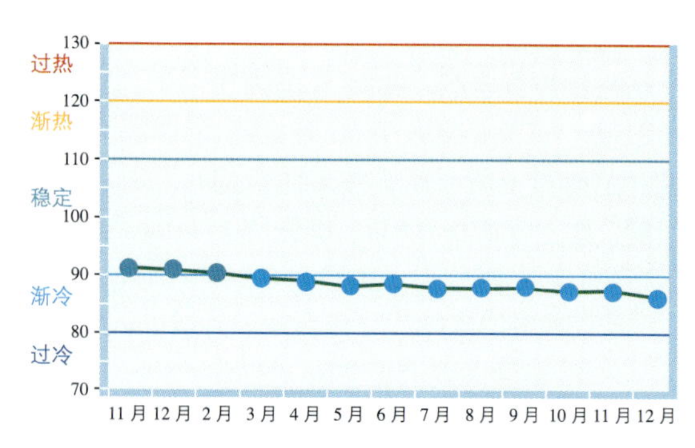

图 5　2017 年 11 月至 2018 年 12 月家具行业主营业务收入景气指数走势

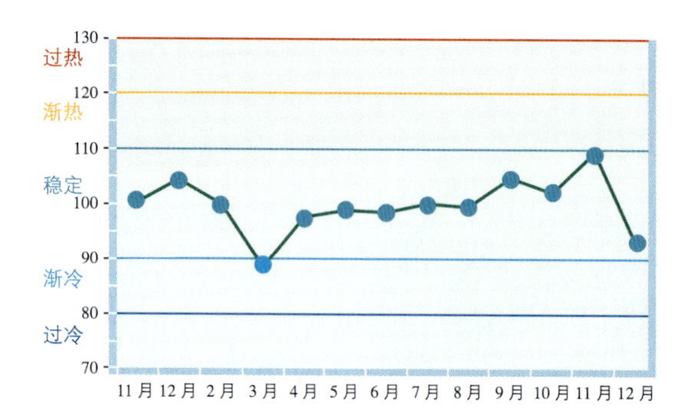

图 6　2017 年 11 月至 2018 年 12 月家具行业出口景气指数走势

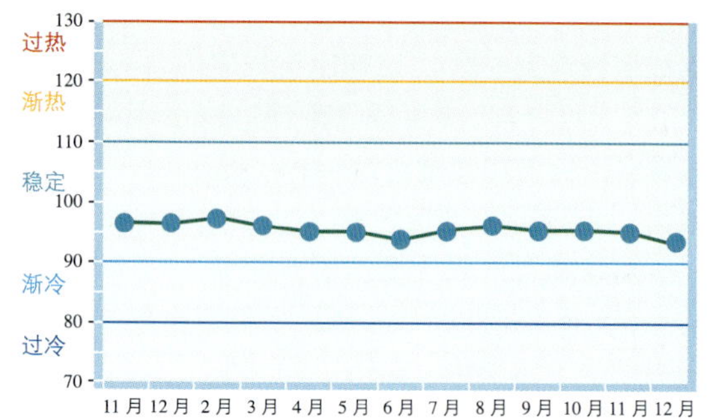

图 7　2017 年 11 月至 2018 年 12 月家具行业资产景气指数走势

从一年走势情况看，中轻家具景气指数由高向低，从稳定区间跌进渐冷区间：2018 年 3 月指数首次由稳定区间跌至渐冷区间，至 12 月已连续 10 个月运行在渐冷区间。6 月指数 86.70，为全年次低点；7—11 月逐月缓慢微升，至 11 月指数 89.16，为全年最高点；12 月指数 86.69，跌至全年最低点（图 4）。

3. 景气指数分项指标

主营业务收入景气指数　2018 年 12 月中轻家具主营业务收入景气指数 86.24，环比减少 1.13，同比减少 4.77，位于渐冷区间中线位置。从一年走势情况看，指数呈缓慢下行态势，2018 年 3 月由稳定区间跌至渐冷区间，至 12 月已连续 10 个月运行在渐冷区间，且 12 月为全年最低点（图 5）。

出口景气指数　2018 年 12 月中轻家具出口景气指数 93.08，环比减少 16.16，同比减少 11.13，位于稳定区间接近下线位置。从一年走势情况看，除 3 月指数降至渐冷区间之外，其他各月指数均在稳定区间震荡，在家具所有分项指数中波动幅度最大：3 月指数 88.82，陡然从稳定区间降至渐冷区间，为全年最低点；4—11 月指数震荡上行，11 月指数 109.24 为全年最高点；12 月指数大幅跌落，为全年次低点（图 6）。

资产景气指数　2018 年 12 月中轻家具资产景气指数 93.56，环比减少 1.69，同比减少 3.07。从一年走势情况看，全年指数运行平稳，各月指数均位于稳定区间，2 月指数 97.45 为全年最高点，12 月指数为全年最低点（图 7）。

利润景气指数　2018 年 12 月中轻家具利润景气指数为 80.28，环比减少 0.9，同比减少 3.93，位于渐冷区间接近过冷区间位置。从一年走势情况

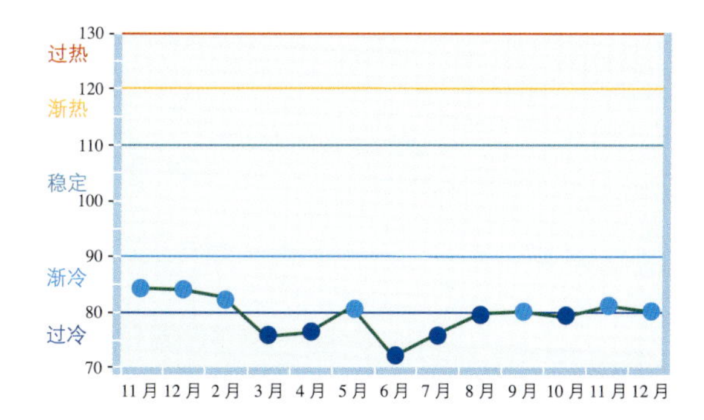

图8　2017年11月至2018年12月家具行业利润景气指数走势

看，指数在渐冷和过冷区间互现：2月指数82.26，为全年最高点；3月指数年内首次从渐冷区间跌入过冷区间，5月短暂回升至渐冷区间；6月指数72.28，大幅回落至过冷区间，为全年最低点；7—12月指数缓缓上行，11月指数81.18，为下半年最高点（图8）。

三、行业发展格局

改革开放四十年来，家具行业从小变大，从传统制造向现代工业转型，取得了跨越性发展，现如今我国家具产业规模、对外贸易总额均已占据世界第一位置，为我国经济发展贡献了积极力量。

近年来，家具行业从高速发展转向高质量发展。在产量出现同比下降的情况下，主营业务收入依然保持正增长，木质家具、金属家具和其他家具三个子行业完成主营业务收入、利润稳居前三位。规模以上企业数量持续增加，进出口规模不断扩大，逐步形成以内需为主导，出口为辅的经济发展模式。与此同时，运营成本居高不下，家具行业主营业务收入利润率连续多年低于轻工业平均水平；国际竞争力受多方因素挤压，面临巨大挑战。

1. 改革开放发展成就

1978年12月，党的十一届三中全会在北京召开，作出了实行改革开放的历史性决策，自此中国开始了以经济建设为中心的新的历史征程。经过40年的艰苦奋斗，砥砺前行，我国经济实力不断增强，成为世界第一制造大国、第二大经济体。四十年来，家具行业在改革开放浪潮中不断成长壮大，家具产业规模、对外贸易均已占据世界第一位置，我国已是全球家具生产制造、出口大国。

1978年，我国家具行业主营业务收入为10.82亿元（轻工系统内家具行业总产值），2018年达到7011.88亿元，40年增长640倍以上。1995年家具行业主营业务收入突破200亿元，2005年突破1000亿元，2007年突破2000亿元，2012—2014年三年连续突破5000亿元、6000亿元、7000亿元，2017年达到四十年来峰值，突破9000亿元（图9）。

1978年家具行业完成利润总额为9154万元，2018年完成425.88亿元，40年增长460倍以上。1999年行业利润突破10亿元，2005年突破60亿元，2009年突破100亿元，2015年突破500亿元，2017年完成565.15亿元，为四十年来年度最高值（图10）。

改革开放初期，家具供给不足，产品品类单一，1978年家具产量3570万件。经过十多年发展，到20世纪90年代初，家具产量大幅提高，逐步实现了由卖方市场向买方市场的转变，1991年家具产量突破2亿件，到1995年产量突破6亿件，创上世纪产量峰值。21世纪初，家具产量延续高速增长。2008、2009年受金融危机影响，产量增速回落，2010年再次大幅增长，产量突破7亿件；2011年以来，家具产量由高数量向高质量发展推进，同比负增长和低速增长交替出现，2018年家具产量达到7.13亿件，是1978年的近20倍（图11）。

1978年，家具行业出口0.25亿美元，2018年出口555.77亿美元，40年增长2200倍以上，成为轻工业出口的重要力量。1990年之前，我国家具行业处于起步阶段，国际竞争力偏弱，出口不稳定，时涨时跌。1990—2008年，家具出口高速增长，1991年出口突破1亿美元，1997年突破10亿美元，2004年突破100亿美元，到2008年达到275.83亿美元。2009年受金融危机影响，出口回落。2010—2012年出口继续快速增长，2010年突破300亿美元，2012年接近500亿美元。2013—2015年连续三年高于500亿美元，但增速由高位回落。2016年出现负增长，出口额回落至500亿美元以下，但2017、2018年连续2年以个位数增长，重新站到500亿美元之上（图12）。

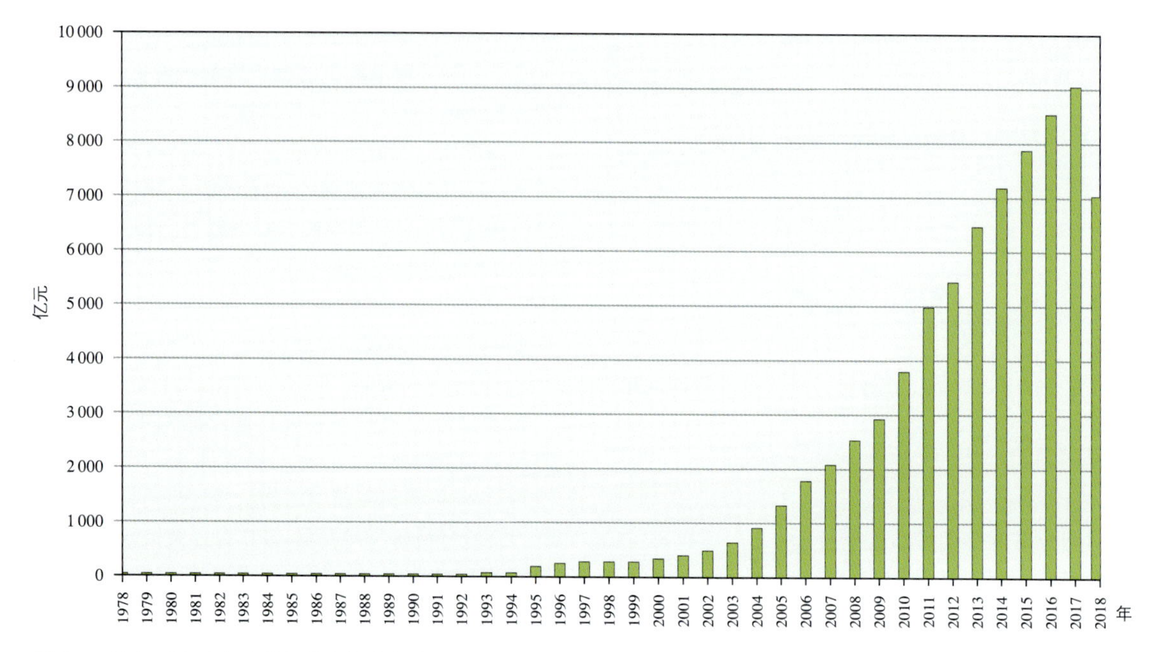

图 9　1978—2018 年家具行业主营业务收入走势

（注：1978—1994 年数据为轻工系统内家具行业总产值；1995—2018 年数据为全国家具行业主营业务收入；1995—1997 年统计口径为轻工乡及乡以上独立核算企业；1998—2009 年统计口径为主营业务收入 500 万元以上企业；2010—2018 年统计口径为主营业务收入 2000 万元以上企业。）

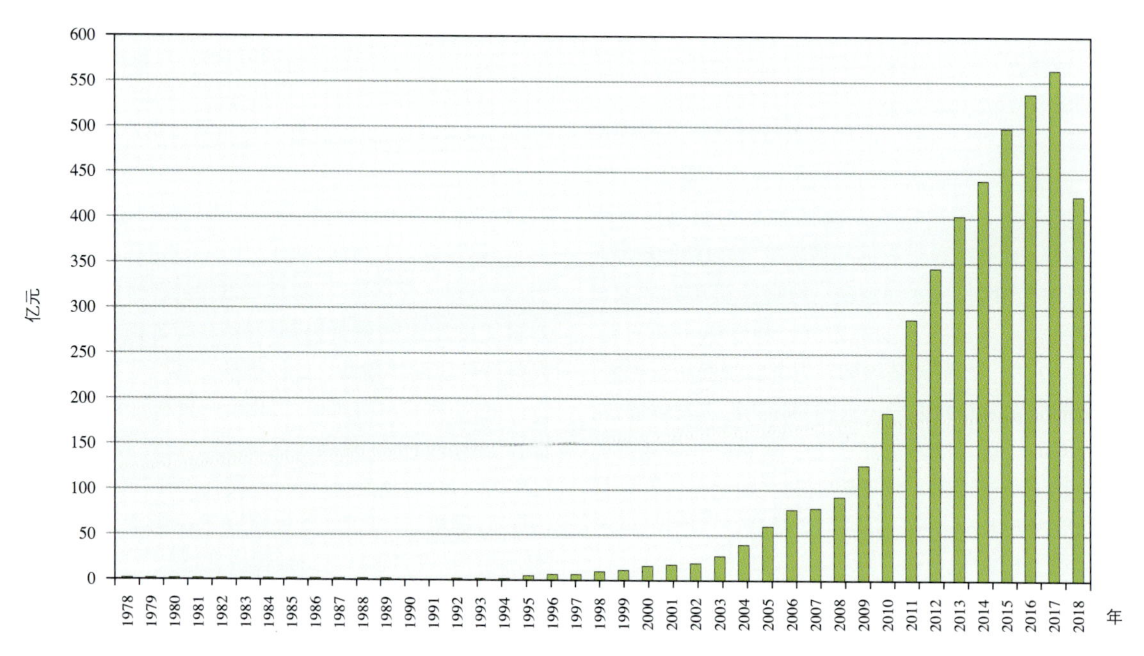

图 10　1978—2018 年家具行业利润总额走势

（注：1978—1994 年统计口径为轻工系统内企业；1995—1997 年统计口径为轻工乡及乡以上独立核算企业；1998—2009 年统计口径为主营业务收入 500 万元以上企业；2010—2018 年统计口径为主营业务收入 2000 万元以上企业。）

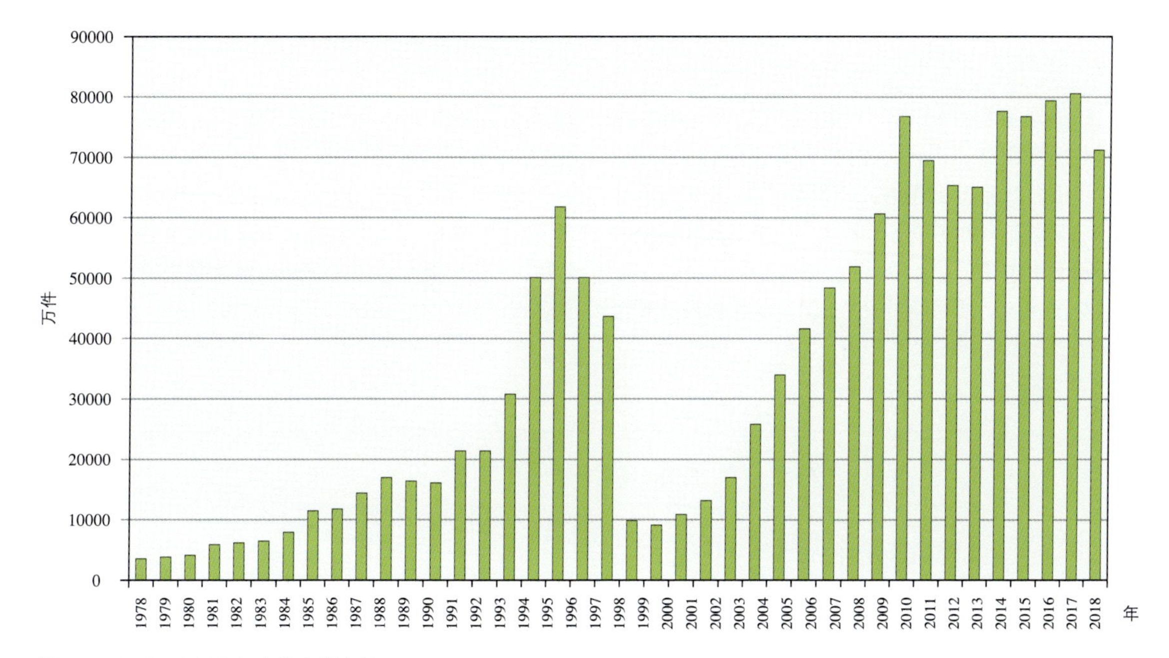

图 11　1978—2018 年家具产量走势

（注：1998 年前统计口径为乡及乡以上独立核算工业企业；1998 年数据缺失；1999-2009 年统计口径为主营业务收入 500 万元以上工业企业；2010-2018 年统计口径为主营业务收入 2000 万元以上企业。）

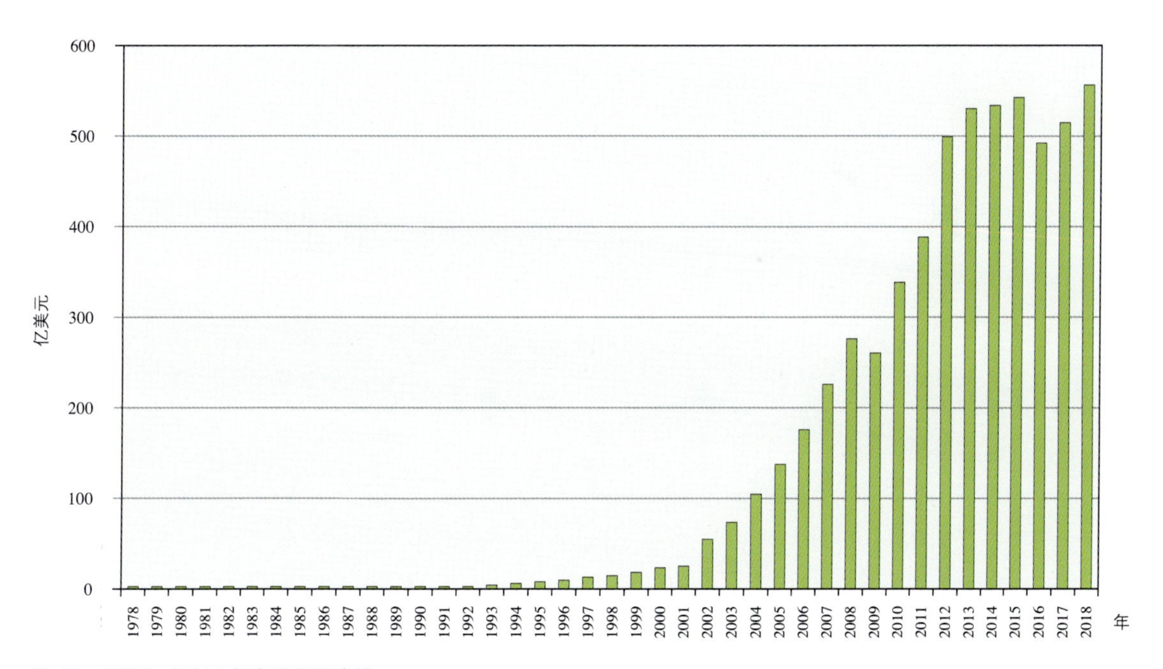

图 12　1978—2018 年家具出口走势

（注：1978—1993 年数据来源于原国家外贸部，1994—2018 年数据来源于国家海关）

2. 家具行业轻工地位

根据国家统计局 2011—2018 年数据分析，家具行业出口交货值占轻工业全行业比重在这区间逐年缓步提升，主营业务收入、利润占轻工业比重在 2011—2017 年间基本逐年微增，但 2018 年占比均有所回落（图 13）。

据国家统计局数据显示，2018 年家具行业规上企业的主营业务收入占轻工全行业的 3.58%，比上年减少 0.15 个百分点，在轻工 24 个行业小类中位居第十二（表 1），与上年名次相同。对轻工全行业主营业务收入增长的贡献率为 2.64%。

2018 年家具行业规上企业利润总额占轻工全行业的 3.32%，比上年减少 0.23 个百分点，在轻工 24 个行业小类中位居第十三，较上年下降 2 位。对轻工全行业利润总额增长的贡献率为 2.47%。

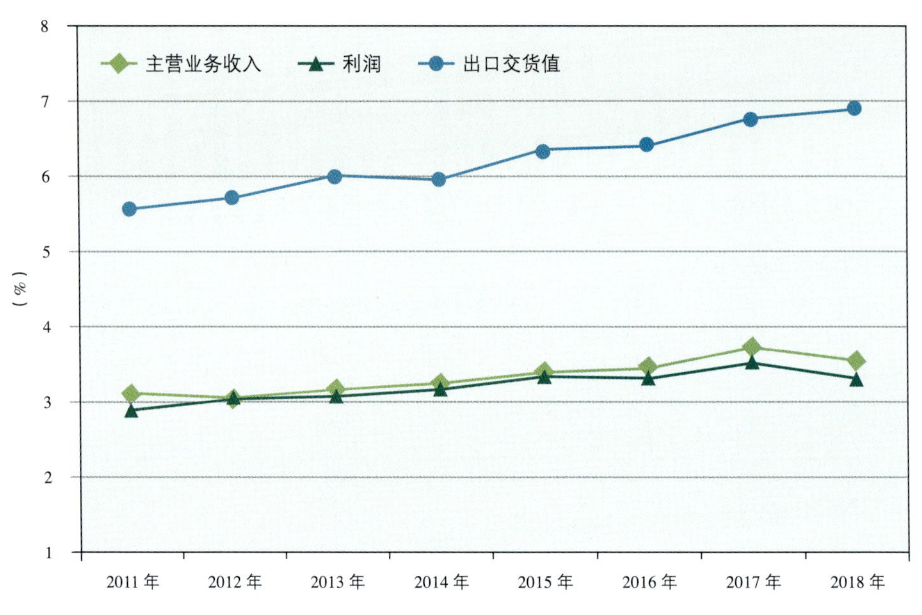

图 13　2011—2018 年家具部分指标占轻工全行业比重

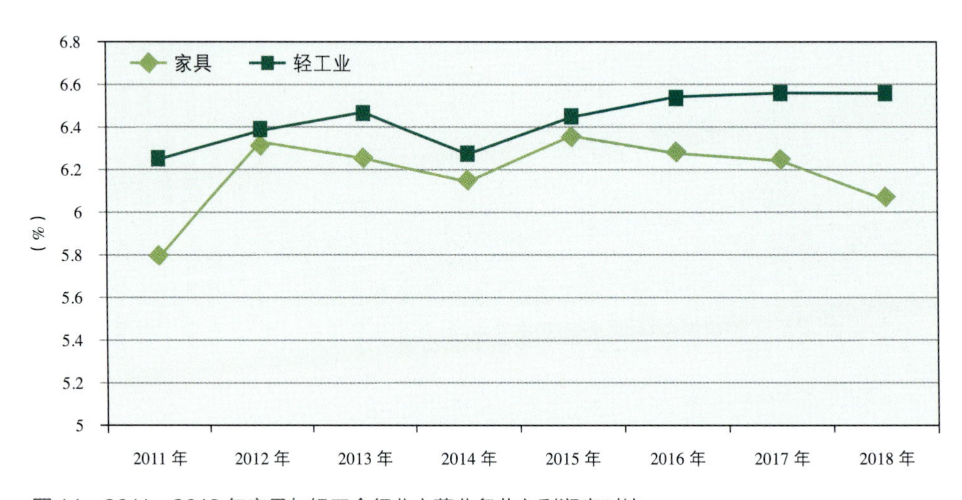

图 14　2011—2018 年家具与轻工全行业主营业务收入利润率对比

表1　2018 年轻工各行业规上企业占轻工全行业总量比重表　　%

行业名称	主营业务收入占比	利润总额占比	出口交货值占比
农副食品	24.20	16.60	9.10
食品	9.40	12.10	4.00
塑料	9.20	7.40	9.10
饮料含酒精	7.80	16.30	0.90
家电	7.60	9.60	15.40
文体	7.10	5.90	14.80
造纸	7.00	6.00	2.20
皮革	5.70	5.30	11.90
工美	4.30	3.40	7.20
酿酒	4.20	11.50	0.40
五金	3.90	3.20	5.80
家具	3.60	3.30	6.90
电池	3.30	2.30	4.30
饮料	2.60	3.50	—
日化	2.10	3.40	1.40
照明	1.90	1.80	4.10
乳品	1.70	1.80	—
珠宝	1.70	0.70	1.40
陶瓷	1.50	1.70	1.90
轻工机械	1.20	1.40	1.10
玩具	1.00	0.70	3.50
玻璃	0.80	0.70	0.50
洗涤	0.80	0.80	—
自行车	0.70	0.50	1.20

2018 年家具行业规上企业出口交货值占轻工出口交货值的 6.91%，比上年提高 0.13 个百分点，与上年排名相同，居轻工各行业小类第七位。

据国家统计局数据显示，2011—2018 年家具行业主营业务收入利润率持续低于轻工业平均水平（图 14），近三年家具行业主营业务收入利润率逐年小幅回落，与轻工业主营业务收入利润率差距有所增加。

3. 细分行业发展对比

家具行业包含木质家具，金属家具，塑料家具，竹、藤家具和其他家具制造五个子行业，规上企业数量主要集中在木质家具、金属家具、其他家具三个子行业。从近三年情况看，这三个子行业规上企业数量逐年增多，其中木质家具比重最大，占六成以上，塑料家具和竹、藤家具两个子行业数量保持稳定（表 2）。

据国家统计局数据显示，2018 年我国家具行业规上企业共有 6300 家，比上年增加 300 家，其中木质家具企业 4156 家（占 65.97%），金属家具企业 1025 家（占 16.27%），塑料家具企业 94 家（占 1.49%），竹、藤家具企业 113 家（占 1.79%），其他家具企业 912 家（占 14.48%）（表 3）。

从近三年各子行业占比情况看，木质家具、金属家具和其他家具三个子行业完成主营业务收入依次稳居前三位，竹、藤家具主营业务收入占比逐年收窄，金属、塑料家具占比基本稳定。2018 年木质家具完成主营业务收入占比较上年有所下降，其他家具子行业占比明显增长（图 15）。

从近三年各子行业主营业务收入增速对比情况看，竹、藤家具和塑料家具两个子行业增速连续三年增长，木质家具、金属家具和其他家具三个子行业的 2018 年同比增速则是近三年最低（表 4）。

与主营业务收入相同，近三年木质家具、金属家具和其他家具三个子行业完成利润总额依次位居前三位，其中金属和塑料家具子行业完成利润占

表 2　近三年家具各子行业规上企业数统计表　家

行业	2018 年	2017 年	2016 年
家具制造	6300	6000	5561
木质家具制造企业	4156	3931	3606
金属家具制造企业	1025	998	951
塑料家具制造企业	94	91	94
竹、藤家具制造企业	113	114	104
其他家具制造企业	912	866	806

表 3　2018 年家具子行业规上企业数占比情况表

行业名称	规上企业数占比（%）
木质家具制造	65.97
金属家具制造	16.27
其他家具制造	14.48
竹、藤家具制造	1.79
塑料家具制造	1.49

表 4　近三年家具规上企业各子行业主营业务收入增速表

行业	主营业务收入增长（%）		
	2018 年	2017 年	2016 年
家具行业	4.33	10.11	8.57
木质家具制造业	3.87	11.10	9.02
金属家具制造业	2.37	6.53	6.28
竹、藤家具制造业	10.52	6.95	3.77
塑料家具制造业	22.70	13.72	1.49
其他家具制造业	6.50	10.47	10.86

表 5　近三年家具规上企业各子行业利润总额增速表

行业	利润总额增长（%）		
	2018 年	2017 年	2016 年
家具行业	4.33	9.31	7.88
木质家具制造业	5.84	11.51	12.67
金属家具制造业	3.43	5.63	4.52
竹、藤家具制造业	14.16	15.20	–22.50
塑料家具制造业	51.57	7.11	15.01
其他家具制造业	–5.52	4.81	–2.75

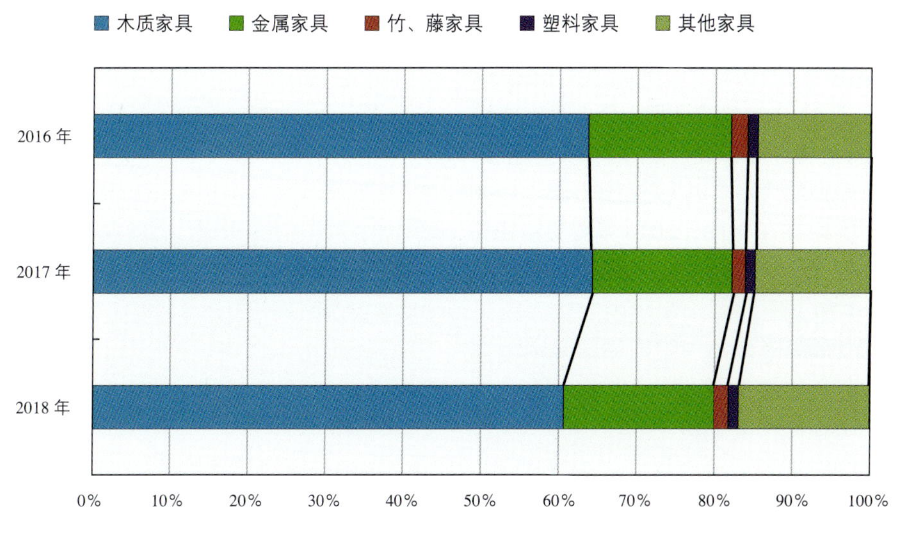

图 15　近三年家具子行业规上企业主营业务收入占比变化情况

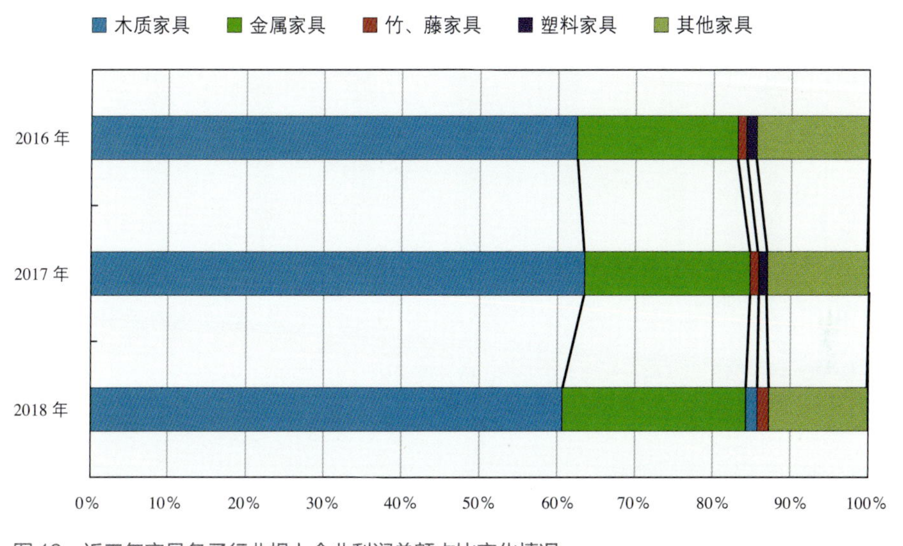

图 16　近三年家具各子行业规上企业利润总额占比变化情况

比逐年有所扩大，其他家具子行业占比逐年收窄，2018 年木质家具子行业完成利润占比较上年有所下降（图 16）。

从近三年各子行业完成利润总额增速情况看，木质家具、金属家具和塑料家具子行业完成利润总额保持稳定，连续三年均为正增长。竹、藤家具和其他家具两个子行业三年中有两年利润同比负增长，盈利状态不稳定（表 5）。

4. 内外市场比重变化

我国家具市场以内销为主，据国家统计局数据显示（表 6），2018 年家具行业规上企业内销率为 75.05%。2011—2017 年，在扩大内需政策影响下，家具行业规上企业的内需市场比重逐年走高，内销率由 74.34% 提高至 79.10%。2018 年受贸易战等因素影响，不排除家具进口商提前备货，导致出口增加，内销率有所下降。

据国家统计局数据显示，2018 年我国家具行业规上企业的出口依存度为 24.95%。2011—2017 年数据显示，我国家具行业对国际市场的依赖程度持

表 6　2011—2018 年家具行业规上企业内外销比重表

年份	内效率（%）	出口依存度（%）
2011	74.34	25.66
2012	75.35	24.65
2013	76.51	23.49
2014	77.40	22.60
2015	78.15	21.85
2016	78.94	21.06
2017	79.10	20.90
2018	75.05	24.95

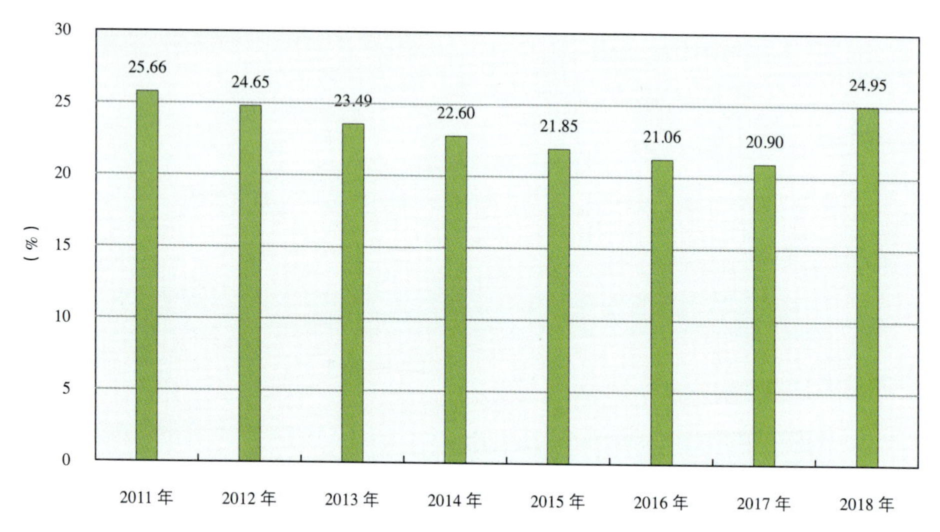

图 17　2011—2018 年家具行业规上企业出口依存度变化

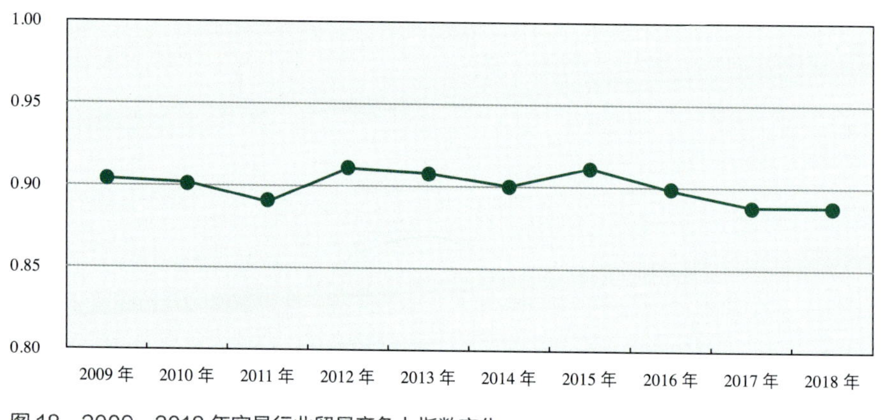

图 18　2009—2018 年家具行业贸易竞争力指数变化

续下降，规上企业的出口依存度逐年减低，2017 年出口依存度由 2011 年的 25.66% 降为 20.90%，但 2018 年出口依存度有所增加（图 17）。

从近 10 年进出口发展情况看，家具行业贸易竞争力指数（TC）保持在 0.90 附近（图 18），标志着我国家具出口在国际市场上具有较强的竞争优势，但 2017、2018 年连续两年竞争力指数在近十年较低值徘徊，出口竞争力存在下行压力。

从近 10 年家具出口规模情况看，2018 年我国家具出口额比 2009 年增加近 300 亿美元，增长了 1.1 倍以上。2010—2015 年间我国家具出口规模逐年扩大，2010 年家具出口突破 300 亿美元；2012 年突破 400 亿美元，接近 500 亿美元；2013—2015 年连续三年高于 500 亿美元；2016 年，“十三五”开局之年，家具出口规模扩大趋势遇阻，全年出口回落至 500 亿美元之下；2017 年再次回升至 500 亿美元之上，但不及 2013—2015 年规模；2018 年继续回升，出口额创新高。从增速情况看，2010—2012 年家具出口保持 10% 以上高速增长；2013 年出口增速大幅回落至个位，至 2016 年连续四年增速下行；2016 年出现金融危机之后又一次负增长，同比下降近 10%；2017、2018 年增速结束下滑态势，连续两年回升，恢复个位正增长（图 19）。

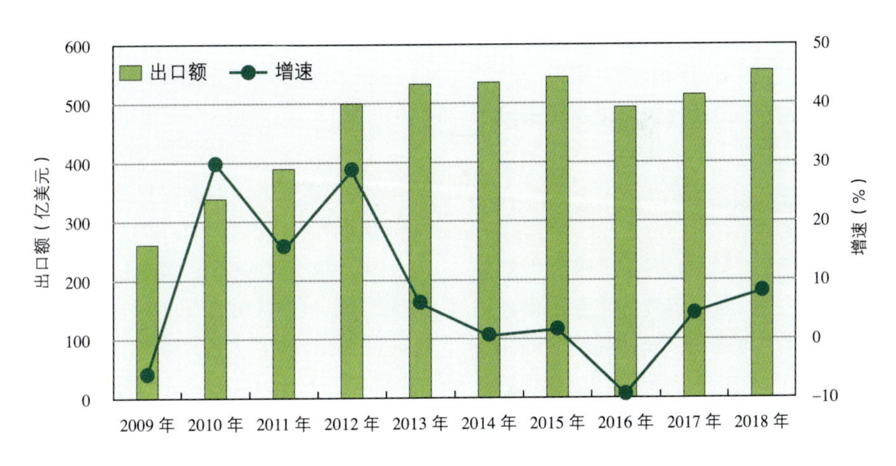

图 19　2009—2018 年家具行业出口额变化

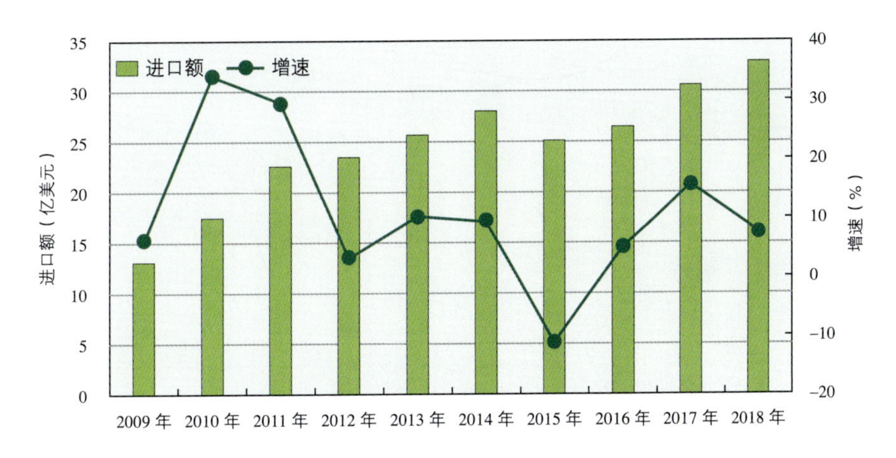

图 20　2009—2018 年家具行业进口额及增速变化

从近10年家具进口规模情况看，2018年我国家具进口额比2009年增加近20亿美元，增长了1.5倍以上。其中2009—2014年进口规模逐年递增，每年同比增速基本保持在10%以上，2010、2011年进口增速为近十年高点，达到30%左右；2015年出现回落，为10年间唯一负增长；之后连续三年反弹回升，2017、2018年连续两年进口规模突破30亿美元，2018年进口额达32.9亿美元，创下新高（图20）。

四、生产经营效益

2018年家具行业固定资产投资继续快速增长，商品零售额保持稳定增长。规上企业家具产量下降，但主营业务收入、利润仍保持正增长，家具行业的发展质量在不断推进、提升。同时，规上企业营业费用、管理费用和亏损额均有所增加，出口交货值增速低迷，家具行业部分企业经营效益水平面临较大压力。

1. 固定资产投资旺盛

2018年以来，针对我国经济运行中出现的新形势、新挑战，党中央、国务院先后出台了促进民间投资、减税降费、定向降准、支持民营企业和小微企业融资等一系列稳投资政策措施。在此带动下，全年投资平稳增长，促进了我国经济持续健康发展。

根据国家统计局数据显示，截至2018年12月底，全国制造业累计固定资产投资（不含农户）同比名义增长9.5%，增速比上年提高4.7个百分点。家具制造业固定资产投资（不含农户）在上年大幅增长的基础上，2018年继续保持较大增长，同比增长23.2%，比全国制造业固定资产投资增速高13.7个百分点。在国家统计局统计的部分轻工行业中，家具行业固定资产投资额增速最大（表7）。

从2009—2018年家具制造业的固定资产投资增速情况来看，十年间固定资产投资额持续正增长，行业固定资产投资规模持续扩大。2009—2014年，每年固定资产投资保持25%～30%高速增长；2015年、2016年投资增速连续回落，2016年固定投资同比增长6.4%，为十年间最低增速；2017年、2018年投资增速回升至20%以上水平（图21）。至2018年年底，家具行业规上企业的资产总计5624.14亿元，同比增长6.61%。

2. 产品产量略有缩减

2018年规上企业家具累计完成产量7.13亿件，同比下降1.27%，是近5年首次负增长。

从地区分布来看（表8），东部地区家具产量最大，累计完成5.71亿件，占全国家具产量（下同）的80.08%，同比下降2.34%；中部累计完成0.8亿件，占11.21%，同比增长2.54%；西部累计0.38亿件，占5.3%，同比增长13.9%；东北部累

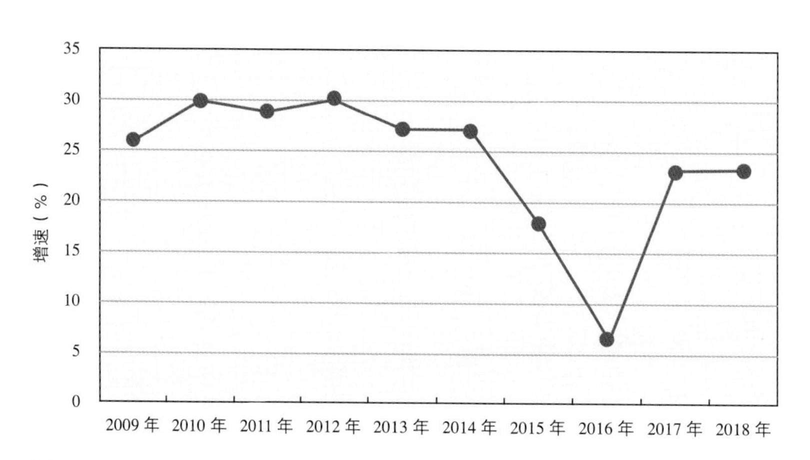

图21　2009—2018年家具制造业固定资产投资额增速情况

表7 2018年轻工主要行业固定资产投资情况表

行业名称	固定资产投资额增速（%）
制造业	9.5
其中：农副食品加工业	0.0
食品制造业	3.8
酒、饮料和精制茶制造业	-6.8
皮革、毛皮、羽毛及其制品和制鞋业	3.1
木材加工及木、竹、藤、棕、草制品业	17.3
家具制造业	23.2
造纸及纸制品业	5.1
文教、工美、体育和娱乐用品制造业	8.1
橡胶和塑料制品业	5.4
金属制品业	15.4

注：表中增速均为未扣除价格因素的名义增速。
数据来源：国际统计局网站。

表8 2018年全国家具行业规上企业累计产量地区占比及同比增速情况表

地区	占比（%）	同比增速（%）
东部	80.08	-2.34
中部	11.21	2.54
西部	5.3	13.9
东北部	3.41	-7.84

计0.24亿件，占3.41%，同比下降7.84%。

从增速看，产量占比最大和最小的东部、东北部地区同比下降，其中东北部地区下降幅度最大；西部、中部地区产量实现正增长，其中西部地区增速居首，同比增长13.9%。

从分产品看，软体家具产量实现正增长，木质家具、金属家具产量同比下降，其中金属家具降幅最大。

木制家具　国家统计局数据显示，2018年全国木质家具累计完成产量24182.05万件，同比下降0.19%。从月度情况看，虽全年累计产量同比下降，但大部分月份产量正增长，仅3、8、12月同比负增长，3—12月各月产量均在2000万件以上。其中2月产量1944.42万件，同比增长10.21%，当月产量为全年单月最低值，但增速为全年单月最高增速；11月完成产量2367.5万件，为全年单月最高产量，同比增长3.05%；12月没有出现翘尾行情，当月产量2350.86万件，同比下降16.64%，为全年单月最大降幅（图22）。

2018年木质家具产量前五位的地区依次是广东、江西、浙江、福建、四川，其中广东累计产量为5739.1万件（同比下降5.59%），占全国木质家具产量（下同）的23.73%；江西累计3241.51万件（同比下降3.93%），占13.4%；浙江累计3162.22万件（同比增长9.30%），占13.08%；福建累计3068.50万件（同比下降4.1%），占

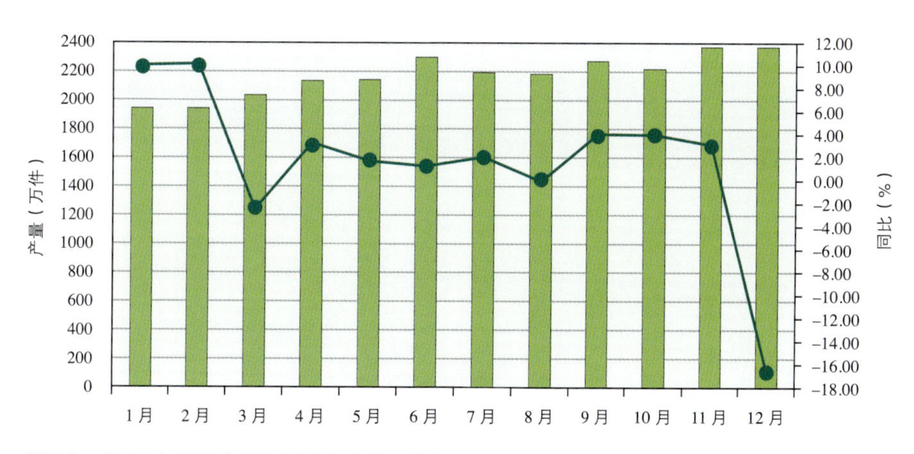

图22 2018年全国木质家具规上企业月度产量及同比

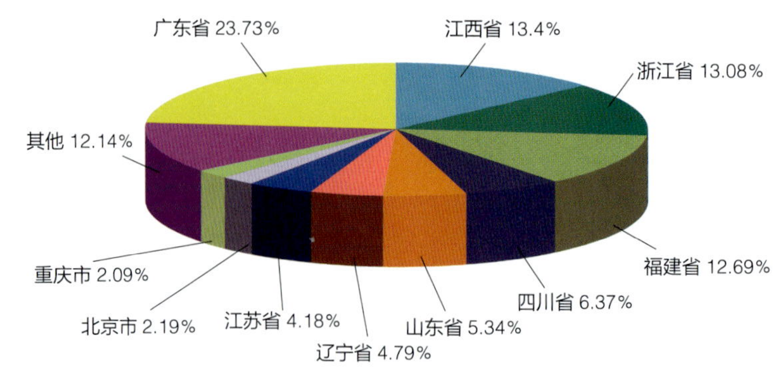

图 23　2018 年全国木质家具规上企业累计产量地区占比情况

12.69%；四川累计 1539.88 万件(同比增长 20.48%)，占 6.37%（图 23）。

产量前十地区中，四川、江苏、浙江、重庆同比正增长，增速依次居前四位，分别为 20.48%、15.27%、9.30%、5.03%，其中四川、浙江产量占比均比上年提升了一位，重庆由上年前十之外升为第十。其他地区产量同比下降，降幅居前的依次是北京、山东、广东，分别为 –12.16%、–5.78%、–5.59%。

金属家具　国家统计局数据显示，2018 年全国金属家具累计完成产量 34398.63 万件，同比下降 4.18%。从全年月度情况看，上半年高于下半年：单月产量和增速最高均在上半年，单月产量和增速最低均在下半年。全年仅 4、5、6 月同比正增长，其他月份均同比下降。3 月产量 3564.46 万件，为全年单月最高产量，同比下降 7.08%；4 月产量 3511.07 万件，仅低于 3 月，同比增长 5.92%，为全年单月最高增速；9 月产量 2533.9 万件，同比下降 10.81%，当月产量及增速均为全年最低；10、11、12 月产量环比逐月提升，但同比依然负增长（图 24）。

2018 年金属家具产量主要集中在浙江、福建、广东三个地区，上述地区累计金属家具产量占到全国的八成以上。其中浙江累计产量 13507.55 万件(同比下降 2.93%)，占全国金属家具产量（下同）的 39.27%；福建累计 9106.85 万件(同比下降

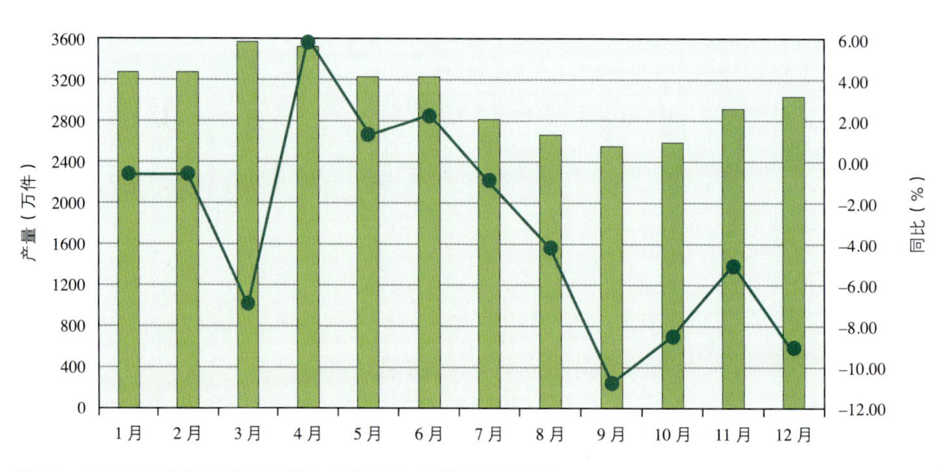

图 24　2018 年全国金属家具规上企业月度产量及同比情况

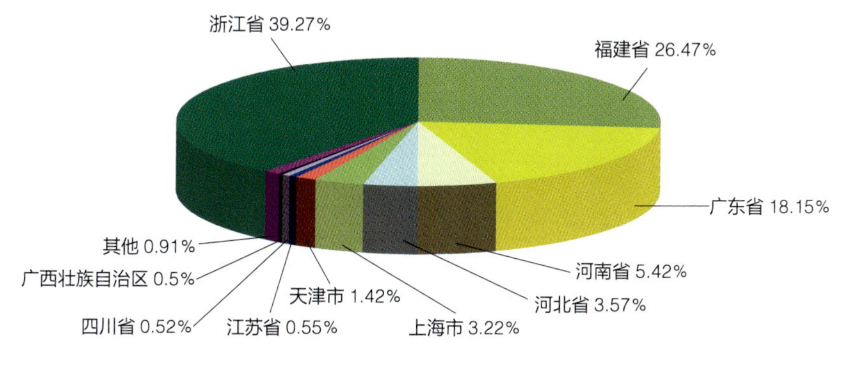

图 25　2018 年全国金属家具规上企业累计产量地区占比情况

12.8%)，占 26.47%；广东累计 6241.96 万件（同比增长 3.72%)，占 18.15%（图 25）。

产量前十地区中，四川、广西、河北增速依次居前三位，同比增长均达 10% 以上。江苏、福建、浙江同比下降，分别为 –13.73%、–12.80%、–2.93%。

软体家具　国家统计局数据显示，2018 年全国软体家具累计完成产量 5828.39 万件，同比增长 2.95%。全年仅 3 月产量同比下降，其他各月均为正增长：3 月产量 453.78 万件，同比下降 11.38%；5 月产量 518.84 万件，同比增长 9.14%，为全年单月最高增速；12 月产量 574.81 万件，为全年单月最高产量，同比增长 2.08%（图 26）。

2018 年软体家具产量主要集中在浙江、广东两个地区，两地累计软体家具产量占到全国软体家具产量（下同）的 65% 以上。其中浙江累计产量为 2044.36 万件（同比增长 3%)，占 35.08%；广东累计产量为 1780.5 万件（同比增长 3.98%)，占 30.55%（图 27）。

产量前十地区中，四川、江西增速领先，分别为 22.67%、15.17%。产量下降的地区有上海、江苏、北京、福建，其中上海、江苏降幅较大，分别为 –12.98%、–12.77%。

3. 主营业务稳中趋缓

自 2012 年起，我国家具行业主营业务收入增

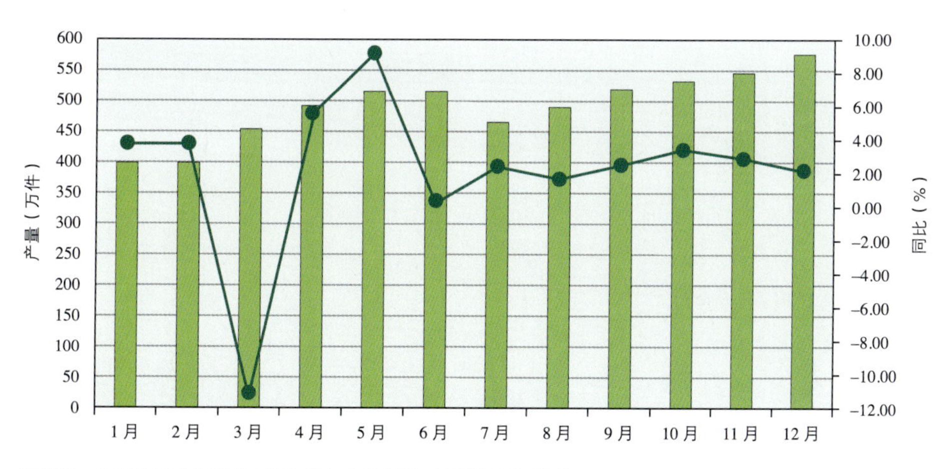

图 26　2018 年全国软体家具规上企业月度产量及同比情况

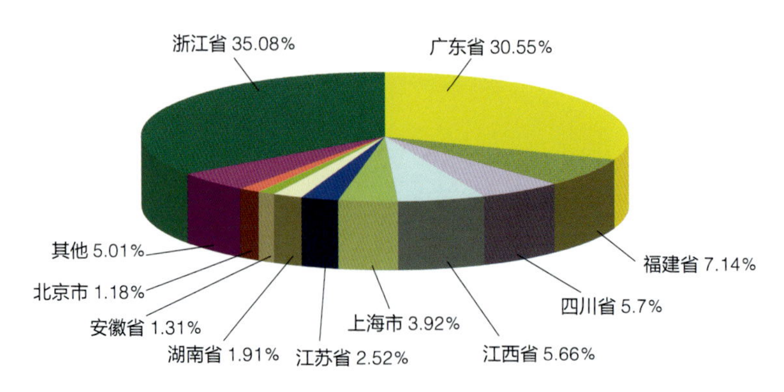

图 27　2018 年全国软体家具规上企业累计产量地区占比情况

速由高位回落，2015—2017 年连续三年主营业务收入增速保持在 10% 左右水平，2018 年首次跌落至 5% 以下，也是近 5 年来增速首次低于轻工全行业，但仍保持个位数正增长（图 28）。家具行业主营业务收入增速适度回落，增速趋缓已成常态。

据国家统计局数据显示，2018 年我国家具行业完成主营业务收入 7011.88 亿元，同比增长 4.33%，增速比上年回落 5.78 个百分点，低于全国轻工行业平均增速 1.64 个百分点。在轻工业 24 个行业小类中，家具行业增速位于第 17 位（表 9）。

从近三年走势看，2018 年上半年家具行业主营业务收入走势平稳，6 月达到全年最高点，三季度出现滑坡，12 月大幅跌落，没有出现年底翘尾行情（图 29）。

从月度走势看，除 10、12 月主营业务收入同比下降，2018 年其他各月均为正增长，上半年情况好于下半年：1—6 月基本逐月上行，6 月完成主营业务收入 712.08 亿元，为全年单月最高值；7、8、9 三个月逐月下降，9 月完成主营业务收入 389.51 亿元，为全年单月最低；10、11 月连续 2 个月回升，但 12 月环比、同比均又大幅回落，当月完成主营业务收入 404.1 亿元，为全年次低值，同比下降 13.88%，为全年单月最大降幅（图 30）。

2018 年家具各子行业中，木质家具、金属家具和其他家具三个子行业完成主营业务收入占比依次居前三位。据国家统计局数据显示，2018 年木

表 9　2018 年轻工各行业规上企业主营业务收入增速情况表

行业名称	增速（%）	行业名称	增速（%）
农副食品	3.6	电池	15.5
食品	7.3	饮料	6.5
塑料	5	日化	4.3
饮料含酒精	8.7	照明	4.3
家电	9.9	乳品	10.7
文体	4.8	珠宝	4.7
造纸	8.3	陶瓷	7.1
皮革	41	轻工机械	8.1
工美	4.4	玩具	2.4
酿酒	10.2	玻璃	4.9
五金	5.9	洗涤	1.4
家具	4.3	自行车	–0.7

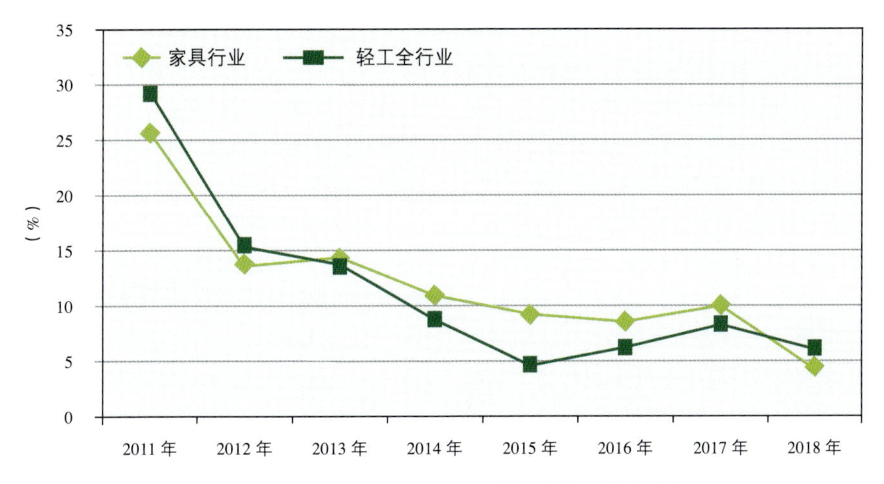

图 28　2011—2018 年家具行业与轻工全行业规上企业主营业务收入增速对比

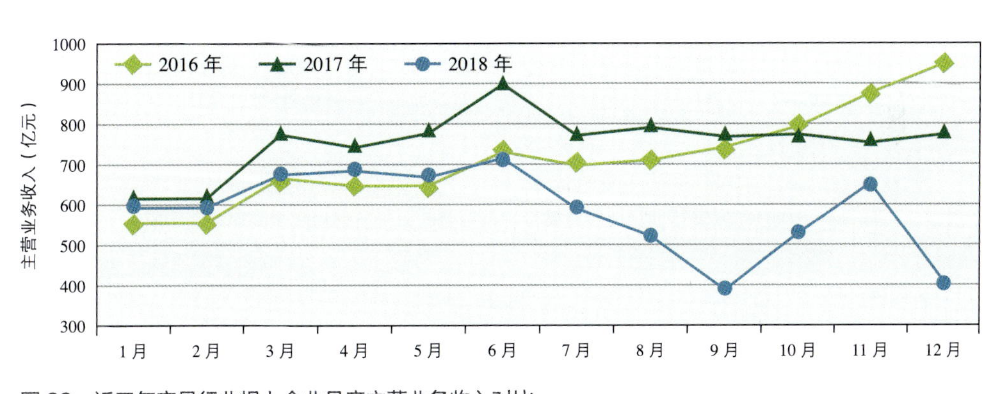

图 29　近三年家具行业规上企业月度主营业务收入对比

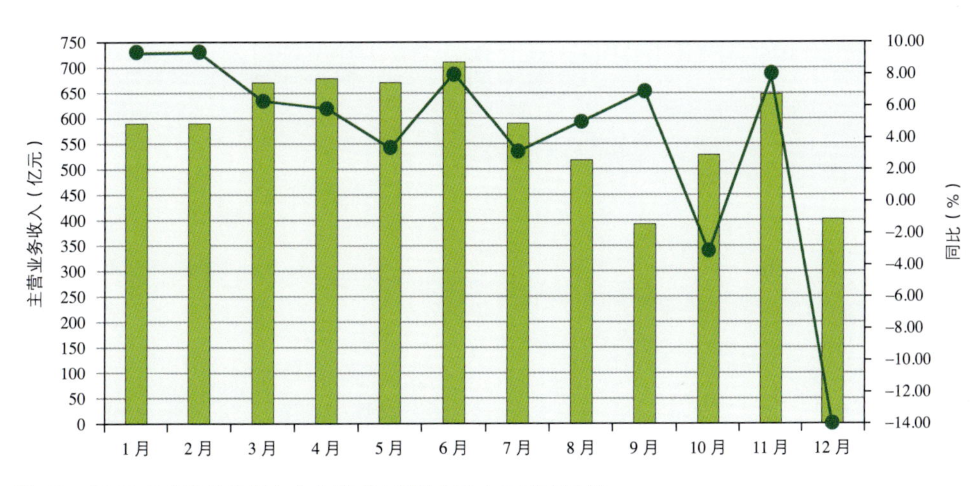

图 30　2018 年家具行业规上企业月度主营业务收入及增速情况

质家具制造业累计完成主营业务收入 4274.93 亿元（同比增长 3.87%），占家具行业主营业务收入（下同）的 60.97%；金属家具完成 1358.09 亿元（同比增长 2.37%），占 19.37%；其他家具制造完成 1170.52 亿元（同比增长 6.5%），占 16.69%；竹、藤家具制造完成 109.65 亿元（同比增长 10.52%），占 1.56%；塑料家具制造完成 98.69 亿元（同比增长 22.7%），占 1.41%（表 10）。

从增速情况看，2018 年家具各子行业完成主营业务收入均为正增长，其中塑料家具和竹、藤家具两个子行业增速居前，同比增长均达 10% 以上（表 10）。

4. 盈利水平稳中有忧

与主营业务收入相同，自 2012 年起家具行业利润总额增速由高位回落，2016—2017 年增速回落至 5% ~ 10% 之间，2018 年首次回落至 5% 以下，行业效益有一定下行压力（图 31）。

据国家统计局数据显示，2018 年我国家具行业规上企业累计实现利润总额 425.88 亿元，同比增长 4.33%，增速比上年减少 4.98 个百分点，比轻工全行业平均利润增速低 1.58 个百分点，在轻工 24 个行业小类中，增速排名第十四（表 11）。

从近三年家具行业月度利润总额走势来看，2018 年走势表现为两头高、中间低：上半年走势基本平稳，9 月环比出现较大回落，为全年单月最低，11、12 月回升，12 月达全年单月最高（图 32）。

从月度利润总额完成情况看，全年各月涨跌互现，起伏较大。5 月完成利润总额 47.02 亿元，同比增长 24.9%，当月完成值与增速均为上半年单月最高；6 月完成 39.76 亿元，同比下降 36.76%，为全年单月最高降幅；9 月完成 15.69 亿元，当月完成值为全年单月最低；四季度逐月回升，但仅 11 月同比为正，12 月完成 49.05 亿元，为全年单月最高值，同比下降 3.86%（图 33）。

2018 年家具各子行业中，木质家具、金属家

表 10　2018 年家具行业规上企业累计主营业务收入子行业占比及同比增速情况表

行业名称	占比（%）	同比增速（%）
木质家具制造	60.97	3.9
金属家具制造	19.37	2.4
其他家具制造	16.69	6.5
竹、藤家具制造	1.56	10.5
塑料家具制造	1.41	22.7

表 11　2018 年轻工各行业规上企业利润总额增速情况表

行业名称	增速（%）	行业名称	增速（%）
农副食品	5.6	电池	–17.6
食品	6.1	饮料	14.5
塑料	3.3	日化	9.3
饮料含酒精	20.8	照明	6.2
家电	2.5	乳品	–1.4
文体	7.6	珠宝	–10.6
造纸	–8.5	陶瓷	11.1
皮革	3.5	轻工机械	11.8
工美	6.1	玩具	–3.6
酿酒	23.9	玻璃	4.9
五金	4.4	洗涤	–9
家具	4.3	自行车	3.6

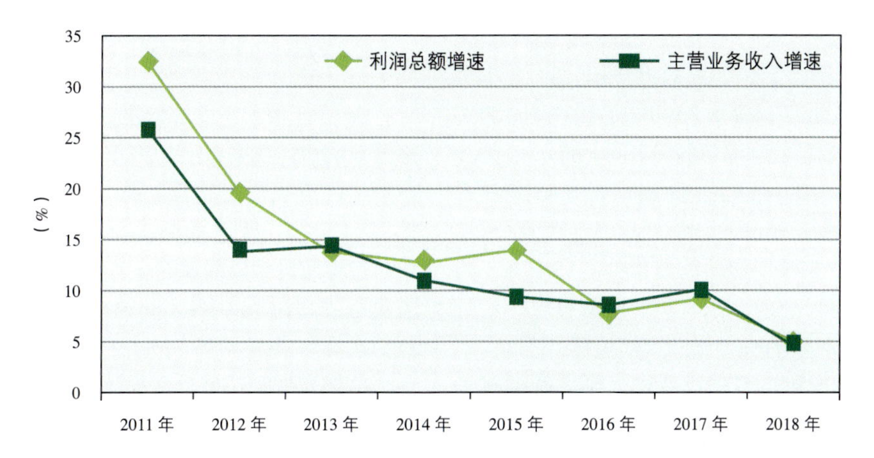

图 31　2018 年家具行业规上企业利润总额与主营业务收入增速对比

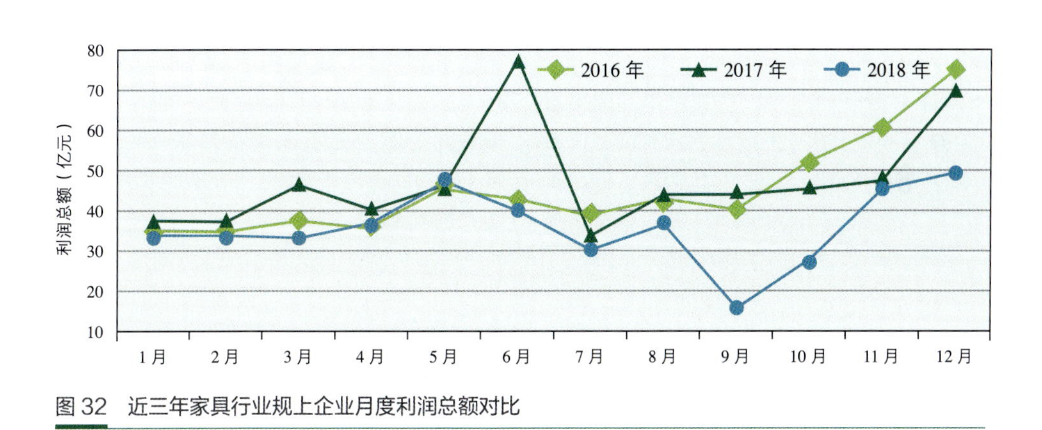

图 32　近三年家具行业规上企业月度利润总额对比

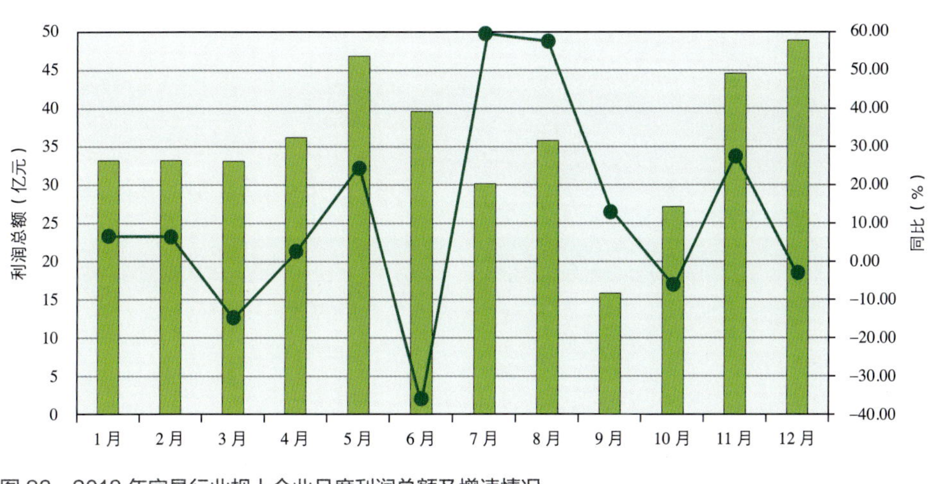

图 33　2018 年家具行业规上企业月度利润总额及增速情况

具和其他家具三个子行业完成利润总额占比依次位居前三位。据国家统计局数据显示，2018 年木质家具累计完成利润总额 259.82 亿元（同比增长 5.84%），占家具行业利润总额（下同）的 61.01%；金属家具累计 99.84 亿元（同比增长 3.43%），占 23.44%；其他家具累计 53.37 亿元（同比下降 5.52%），占 12.53%；塑料家具累计 7.13 亿元（同比增长 51.57%），占 1.68%；竹、藤家具累计 5.71 亿元（同比增长 14.16%），占 1.34%（表 12）。

从增速情况看，各子行业中，仅其他家具子行业利润同比下降，其他均为正增长，其中塑料家具和竹、藤家具子行业利润增长较大，分别增长 51.57%、14.16%（表 12）。

据国家统计局数据显示，2018 年家具行业主营业务收入利润率为 6.07%，与上年持平，低于轻工业平均水平 0.49 个百分点（图 34）。

2018 年家具各子行业中，金属家具、塑料家具、木质家具子行业主营业务收入利润率依次位居前三位，分别为 7.35%、7.23%、6.08%，竹、藤家具制造主营业务收入利润率为 5.21%，其他家具子行业利润率最低，为 4.56%（表 13）。

5. 部分企业压力加大

2018 年家具行业部分企业经营压力有所增加。据国家统计局数据显示，2018 年 6300 家家具规上企业中，亏损企业有 788 家，同比增长 7.8%；亏损面 12.51%，同比增加 0.9 个百分点。各子行业中，塑料家具亏损面最高，竹、藤家具最低：塑料家具亏损面为 18.09%，同比增加 3.19 个百分点；其他家具亏损面为 15.79%，同比增加 3.73 个百分点；金属家具制造累计亏损面为 12.59%，同比减少 0.49 个百分点；木质家具亏损面为 11.72%，同比增加 0.51 个百分点；竹、藤家具制造累计亏损面为 9.73%，同比增加 3.54 个百分点（表 14）。

2018 年家具规上企业累计亏损额 32.83 亿元，同比增长 40.92%；累计营业费用 298.71 亿元，同比增长 8.14%；管理费用 399.63 亿元，同比增长 11.51；财务费用 45.00 亿元，同比下降 19.52%；每百元主营业务收入成本为 83.55 元，比上年微降；每百元主营业务成本中的期间费用为 10.60 元，比上年微增。

表 12　2018 年家具行业规上企业累计利润总额子行业占比及同比增速情况表

行业名称	占比（%）	同比增速（%）
木质家具制造	61.01	5.8
金属家具制造	23.44	3.4
其他家具制造	12.53	–5.5
竹、藤家具制造	1.34	14.2
塑料家具制造	1.68	51.6

表 13　2018 年全国家具行业规上企业累计主营业务收入利润率子行业对比情况表

行业名称	利润率（%）
木质家具制造	6.1
金属家具制造	7.4
其他家具制造	4.6
竹、藤家具制造	5.2
塑料家具制造	8.2

表 14　2018 年全国家具行业累计亏损面子行业对比情况表

行业名称	亏损面（%）
木质家具制造	11.7
金属家具制造	12.6
其他家具制造	15.8
竹、藤家具制造	9.7
塑料家具制造	18.1

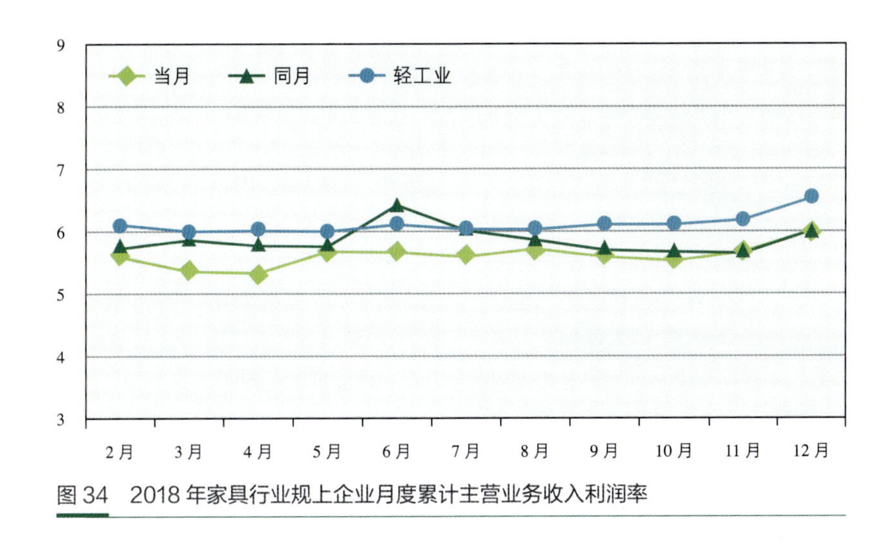

图 34　2018 年家具行业规上企业月度累计主营业务收入利润率

6. 国内市场稳定增长

据国家统计局数据显示，2018 年全国家具类限额以上企业累计实现商品零售额 2249.8 亿元，同比增长 10.1%，增速比上年减少 2.7 个百分点。全年各月家具零售额稳定增长，同比保持在 8% 以上，其中 6 月实现零售额 213.4 亿元，为上半年单月最高额，同比增长 15.0%，为全年单月最大增速；12 月实现零售额 250.5 亿元，为全年单月最高额，同比增长 12.7%，为全年单月次高增长（图 35）。

7. 国际市场拓展有限

2018 年家具行业规上企业累计完成出口交货值 1749.78 亿元，同比增长 2.42%，增速较上年减少 5.55 个百分点，低于轻工行业平均增速 3.08 个百分点，家具规上企业国际市场拓展空间有限。在轻工业 24 个行业小类中，家具行业出口交货值增速位于第 18 位（表 15）。

从月度情况看，全年除 3、12 月同比下降，其他各月均为正增长：3 月完成出口交货值 145.81 亿

图 35　2018 年全国家具类商品限额以上企业月度零售额及增速情况

元，同比下降7.4%，为全年单月最低增速；4—11月增速逐月走高，11月完成170.76亿元，同比增长13.9%，增速升至全年单月最高；12月完成178.84亿元，为全年单月最高值，但增速较上月大幅回落，同比下降2.96%（图36）。

2018年家具各子行业中，木质家具、金属家具、其他家具三个子行业累计完成出口交货值占到家具行业95%以上，占比依次居前三位。据国家统计局数据显示，2018年木质家具累计完成出口交货值757.22亿元（同比增长0.02%），占家具行业出口交货值（下同）的43.28%；金属家具累计507.59亿元（同比增长0.41%），占29.01%；其他家具累计417.76亿元（同比增长8.33%），占23.87%；塑料家具累计45.42亿元（同比增长9.72%），占2.6%；竹、藤家具累计21.79亿元（同比增长15.99%），占1.25%（表16）。

从增速情况看，2018年竹、藤家具，塑料家具，其他家具三个子行业完成出口交货值增速居前，其中竹、藤家具同比增长15.99%，增速居首。木质家具、金属家具出口交货值增长停滞，分别为0.02%、0.41%（表16）。

表15　2018年轻工各行业规上企业出口交货值增速情况表

行业名称	增速（%）	行业名称	增速（%）
农副食品	3.60	电池	27.80
食品	7.50	日化	7.80
塑料	7.20	照明	6.80
饮料含酒精	10.70	珠宝	-15.80
家电	8.00	陶瓷	7.20
文体	2.70	轻工机械	-1.40
造纸	2.50	玩具	0.40
皮革	2.30	玻璃	-1.80
工美	0.30	自行车	9.60
酿酒	22.00	钟表	3.20
五金	3.60	眼镜	6.50
家具	2.40	缝纫机	5.30

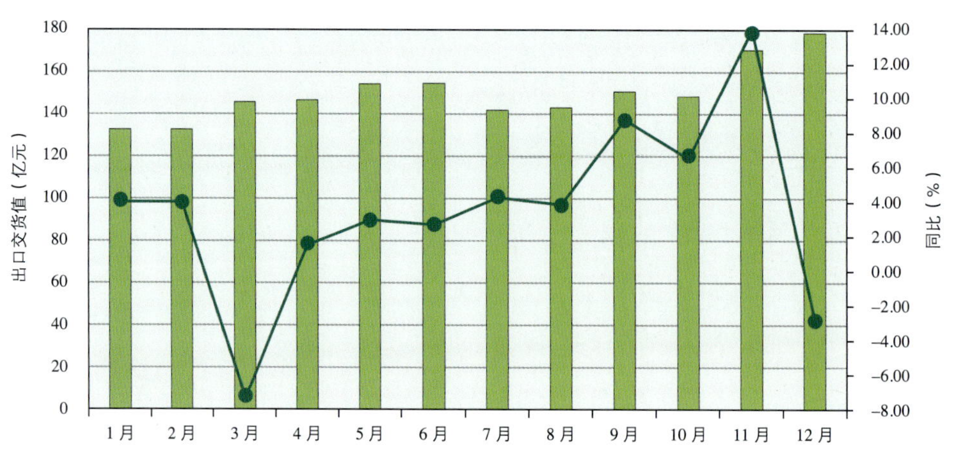

图36　2018年家具行业规上企业月度出口交货值及增速情况

表 16　2018 年家具行业规上企业累计出口交货值子行业占比及同比增速情况表

行业名称	占比（%）	同比增速（%）
木质家具制造	43.28	0
金属家具制造	29.01	0.4
其他家具制造	23.87	8.3
竹、藤家具制造	1.25	16
塑料家具制造	2.6	9.7

五、国际经济贸易

2018 年我国家具出口额、进口额均创新高。据海关数据显示，2018 年我国家具行业贸易总额 588.67 亿美元，同比增长 8.06%，贸易顺差 522.87 亿美元。其中累计出口 555.77 亿美元，同比增长 8.08%；累计进口 32.90 亿美元，同比增长 7.80%，出口增速大于进口增速 0.28 个百分点。

1. 出口贸易平稳提升

2018 年我国家具出口额继续保持增长，创下新高。据海关数据显示，家具累计出口额 555.77 亿美元，同比增长 8.08%，增速高于上年 3.54 个百分点。

出口单价情况　在海关总署统计的 42 种八位编码家具出口商品中，出口单价同比上涨的商品有 22 种，同比下降的商品有 20 种。单价上涨的商品中，15 种涨幅为 0 ～ 10%（不包括 10%），6 种涨幅为 10% ～ 13%，一种涨幅 9 倍。单价下降的商品中，降幅为 -10% ～ 0（不包括 -10%）的有 8 种，降价幅度在 -50% ～ -10%(不包括 -20%）的有 9 种，降价幅度在 -80% ～ -50% 的有 3 种。出口量同比增长的商品有 37 种，占 88%；出口额同比下降的有 9 种，占 21%；出口量跌价增的商品有 1 种，量增价跌的有 5 种，量价齐跌的有 4 种，量价齐增的有 32 种（表 17）。

出口商品情况　2018 年家具出口 9 大类商品中，坐具及其零件、木家具、金属家具出口额依次居前三位，三类商品累计出口额占全国家具出口总额（下同）的 85% 以上。据海关数据显示，2018 年坐具及其零件完成累计出口额为 257.77 亿美元

表 17　2018 年家具行业八位编码商品出口情况

商品编号	商品名称	出口量增速（%）	出口额增速（%）	出口单价（美元）	出口单价增速（%）
94011000	飞机用坐具	87.91	61.69	5027.35	-13.95
94012010	皮革或再生皮革制面的机动车辆用坐具	40.96	59.21	253.22	12.94
94012090	非皮革或再生皮革制面的机动车辆用坐具	20.74	35.07	55.01	11.86
94013000	可调高度的转动坐具	7.72	19.50	40.27	10.93
94014010	皮革或再生皮革制面的能作床用的两用椅（但庭园坐具或野营设备除外）	73.28	47.55	145.74	-14.85
94014090	非皮革或再生皮革制面的能作床用的两用椅（但庭园坐具或野营设备除外）	3.66	12.17	94.60	8.21
94015200	竹制的坐具	32.03	41.61	16.51	7.25
94015300	藤制的坐具	-14.55	-40.41	101.40	-30.27
94015900	柳条及类似材料制的坐具	49.50	1406.03	129.79	907.35
94016110	皮革或再生皮革制面带软垫的木框架坐具	-11.52	-1.85	216.11	10.92

（续）

商品编号	商品名称	出口量增速（%）	出口额增速（%）	出口单价（美元）	出口单价增速（%）
94016190	非皮革或再生皮革制面带软垫的木框架坐具	11.36	11.85	83.84	0.43
94016900	其他木框架坐具	1.87	-12.35	20.24	-13.95
94017110	皮革或再生皮革制面带软垫的金属框架坐具	0.09	-2.98	23.05	-3.07
94017190	非皮革或再生皮革制面带软垫的金属框架坐具	11.34	24.17	29.93	11.52
94017900	其他金属框架坐具	3.35	8.54	12.90	5.02
94018010	石制的坐具	-52.69	-85.70	72.10	-69.78
94018090	其他未列名坐具	2.23	6.44	15.39	4.12
94019011	机动车辆用座椅调角器	1.14	-2.79	4.68	-3.89
94019019	机动车辆用坐具的其他零件	-1.10	1.73	10.36	2.85
94019090	非机动车辆用坐具的零件	5.17	9.29	3.58	3.91
94021010	理发用椅及其零件	4.98	15.34	40.90	9.88
94021090	牙科用椅及其零件；理发用椅的类似椅及其零件	16.40	28.03	6.79	9.99
94029000	其他医用家具及其零件（如手术台、检查台、带机械装置的病床等）	9.97	12.02	11.84	1.86
94031000	办公室用金属家具	17.20	18.20	45.08	0.85
94032000	其他金属家具	13.32	16.05	21.81	2.41
94033000	办公室用木家具	7.79	2.69	55.98	-4.73
94034000	厨房用木家具	14.35	19.43	53.84	4.45
94035010	卧室用红木家具	178.26	46.50	396.64	-47.35
94035091	卧室用漆木家具	1035.66	171.43	70.38	-76.10
94035099	卧室用其他木家具	-8.11	-23.18	94.74	-16.41
94036010	其他红木家具	65.04	-35.47	100.50	-60.90
94036091	其他漆木家具	605.23	460.70	41.89	-20.49
94036099	其他木家具	6.14	5.16	40.39	-0.92
94037000	塑料家具	16.96	14.75	16.85	-1.89
94038200	竹制家具	15.62	19.02	14.53	2.94
94038300	藤制家具	20.54	-4.12	35.15	-20.46
94038910	柳条及类似材料制家具	50.73	49.44	38.97	-0.86
39263000	塑料制家具、车厢或类似品的附件	136.77	27.07	3.82	-46.33
94038920	石制家具	5.66	7.08	118.01	1.34
94038990	其他材料制家具	7.09	4.94	29.15	-2.01
94039000	家具的零件	7.88	5.56	2.89	-2.14
94041000	弹簧床垫	27.64	41.75	66.49	11.05

数据来源：根据国家海关相关数据计算得出。

（占 46.38%），同比增长 10.38%；木家具完成累计出口额为 134.89 亿美元（占 24.27%），同比下降 1.77%；金属家具累计出口额为 85.12 亿美元（占 15.32%），同比增长 16.22%（表 18）。

从近三年出口数据看，坐具及其零件和金属家具的出口份额逐年增加，木家具出口占比逐年缩小（图 37）。

从出口增速看，2018 年所有类别中只有木家具出口同比下降；弹簧床垫，竹、藤、柳条及类似材料制家具和牙科、理发椅及其零件三类商品出口增速居前，分别为 41.75%、19.49% 和 18.39%（图 38）。

出口美国情况 美国是我国最大的家具出口贸易国，据海关数据显示，2018 年我国家具出口美国累计 212.40 亿美元，占我国家具出口总额的 38.22%，同比增长 13.2%。与上年相比，出口美国占比提高 1.73 个百分点，增速提高 1.2 个百分点。

2018 年我国家具出口美国九大类商品中，坐具及其零件、木家具和金属家具出口额依次居前三位，三类商品出口额占我国家具出口美国总额（下同）的近九成。其中坐具及其零件出口额 95.91 亿美元，占 45.16%；木家具出口 57.00 亿美元，占 26.83%；金属家具出口 32.43 亿美元，占 15.27%（表 18）。

2. 进口贸易保持稳健

据海关数据显示，2018 年我国家具累计进口 32.90 亿美元，同比增长 7.80%，增速低于上年 7.85 个百分点。

2018 年我国九大类进口家具商品中，坐具及其

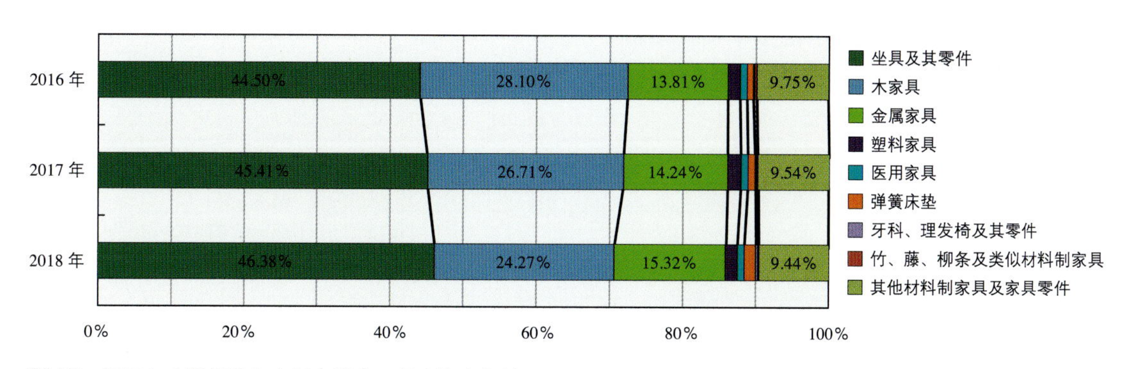

图 37 近三年家具行业九大类商品出口额占比变化情况

表 18 2018 年家具行业九大类商品进出口额占比情况表

商品类别	出口额占比（%）	出口美国金额占比（%）	进口额占比（%）
坐具及其零件	46.38	45.16	51.44
木家具	24.27	26.83	28.06
金属家具	15.32	15.27	3.79
塑料家具	1.78	1.65	0.84
弹簧床垫	1.28	1.38	1.11
医用家具	1.03	0.76	3.97
牙科、理发椅及其零件	0.31	0.23	0.24
竹、藤、柳条及类似材料制家具	0.20	0.18	0.03
其他材料制家具及家具零件	9.44	8.55	10.51

零件和木家具进口额居前两位，两类商品累计进口额占全部家具进口额（下同）的近八成。据海关数据显示，2018 年我国进口坐具及其零件累计 16.92 亿美元（占 51.44%），同比增长 9.26%；木家具完成累计进口额 9.23 亿美元（占 28.06%），同比增长 3.58%（表 18）。

与上年相比，坐具及其零件进口额占比微增，木家具占比有所下降。从近三年数据看，金属家具进口占比逐年微增（图 39）。

从增速情况看，2018 年牙科、理发椅及其零件和金属家具进口额增速较大，分别为 36.06%、31.82%；各类商品中仅竹、藤、柳条及类似材料制家具进口同比下降，为 -10.59%（图 40）。

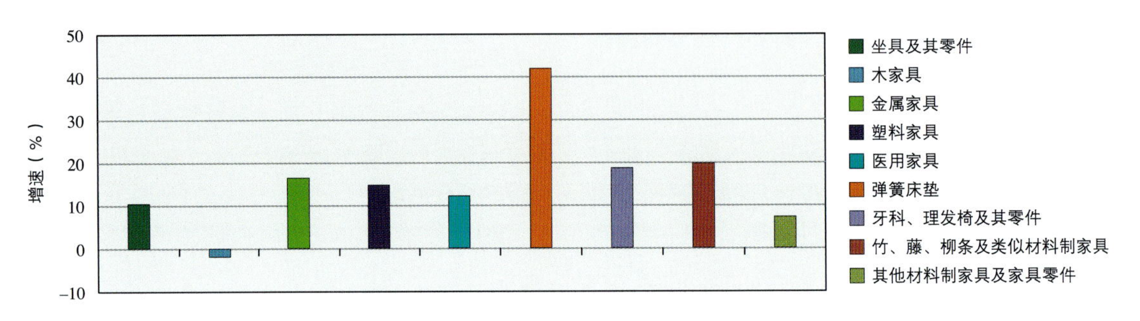

图 38　2018 年家具行业九大类商品累计出口额增速情况

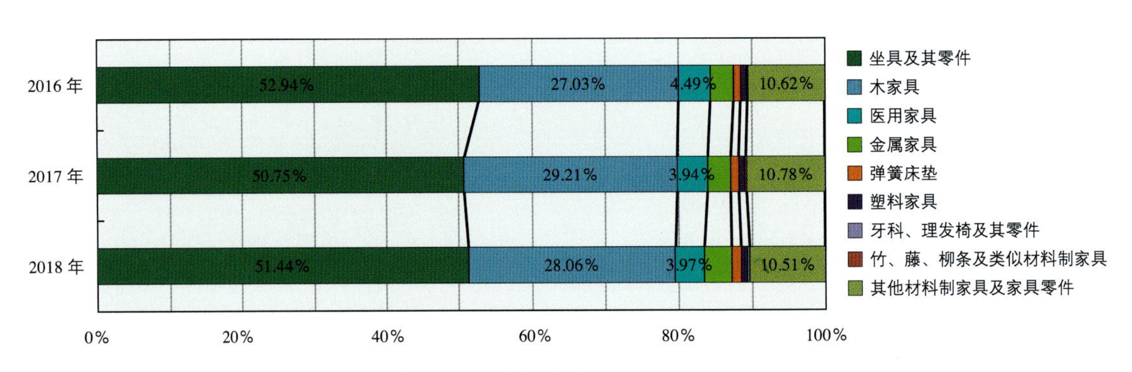

图 39　2016—2018 年家具行业九大类商品进口额占比情况

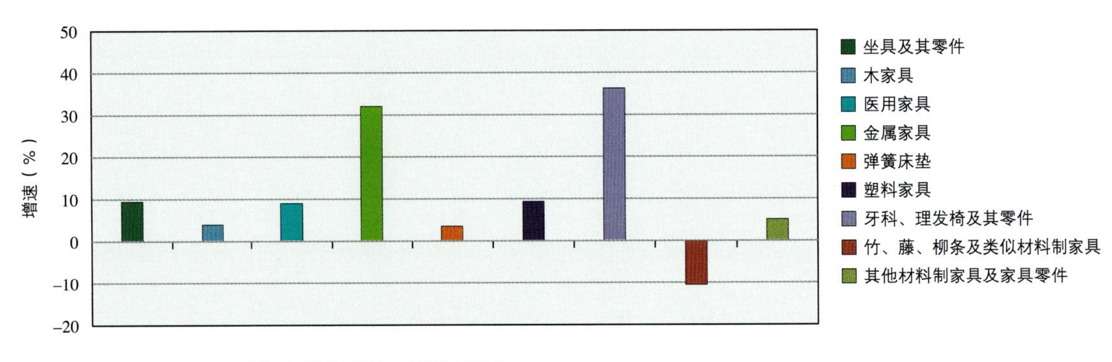

图 40　2018 年家具行业九大类商品进口额增速情况

2018 年全国家具行业规模以上企业主营业务收入表

行业名称	2018 年主营业务收入（亿元）	2017 年主营业务收入（亿元）	增速（%）
家具制造业	7011.88	6720.90	4.33
其中：木质家具制造业	4274.93	4115.58	3.87
竹、藤家具制造业	109.65	99.21	10.52
金属家具制造业	1358.09	1326.64	2.37
塑料家具制造业	98.69	80.43	22.70
其他家具制造业	1170.52	1099.03	6.50

2018 年全国家具行业规模以上企业出口交货值表

行业名称	2018 年出口交货值（亿元）	2017 年出口交货值（亿元）	增速（%）
家具制造业	1749.78	1708.46	7.97
其中：木质家具制造业	757.22	757.09	9.39
竹、藤家具制造业	21.79	18.78	4.74
金属家具制造业	507.59	505.54	6.55
塑料家具制造业	45.42	41.40	6.69
其他家具制造业	417.76	385.65	7.32

2018 年全国主要家具产品产量表

产品名称	2018 年产量（万件）	2017 年产量（万件）	增速（%）
家 具	71277	72195	－1.27
其中：木质家具	24182	24227	－0.19
金属家具	34399	35900	－4.18
软体家具	5828	5661	2.95

地方数据

2018 年各地区家具产量表

地区名	2018 年产量（万件）	2017 年产量（万件）	增速（%）
全国	**71277.36**	**72194.95**	**-1.27**
北京市	620.57	703.34	-11.77
天津市	745.25	742.17	0.41
河北省	1858.69	1636.29	13.59
山西省	3.23	3.38	-4.30
内蒙古自治区	0.00	7.26	
辽宁省	2212.56	2394.87	-7.61
吉林省	51.08	79.14	-35.45
黑龙江省	165.86	162.26	2.22
上海市	1666.73	1697.67	-1.82
江苏省	1511.31	1416.16	6.72
浙江省	21310.81	21187.98	0.58
安徽省	877.43	778.31	12.73
福建省	12960.90	14676.56	-11.69
江西省	3899.19	3867.31	0.82
山东省	1463.66	1748.90	-16.31
河南省	2284.09	2327.41	-1.86
湖北省	434.10	379.85	14.28
湖南省	493.67	437.58	12.82
广东省	14938.87	14637.54	2.06
广西壮族自治区	378.89	371.94	1.87
海南省	0.05	0.12	-59.66
重庆市	625.22	605.73	3.22
四川省	2311.47	1912.49	20.86

（续）

地区名	2018 年产量（万件）	2017 年产量（万件）	增速（%）
贵州省	192.86	193.92	−0.55
云南省	48.68	35.45	37.31
陕西省	174.03	136.34	27.65
甘肃省	6.07	5.35	13.53
青海省	1.02	2.17	−52.92
宁夏回族自治区	4.60	7.48	−38.48
新疆维吾尔自治区	36.47	39.98	−8.78

2018 年全国家具商品进口量值表

进口商品名称	进口量（万件）	去年同期进口量（万件）	进口量同比（%）	进口额（万美元）	去年同期进口额（万美元）	进口额同比（%）
94011000- 飞机用坐具	1.29	1.12	15.08	23878.86	8537.92	179.68
94012010- 皮革或再生皮革制面的机动车辆用坐具	3.60	5.30	-32.05	2497.79	2129.67	17.29
94012090- 非皮革或再生皮革制面的机动车辆用坐具	29.76	109.20	-72.75	4794.78	6072.12	-21.04
94012090- 非皮革或再生皮革制面的机动车辆用坐具	1.87(吨)			1.52		
94013000- 可调高度的转动坐具	22.09	23.81	-7.24	3135.52	2906.82	7.87
94014010- 皮革或再生皮革制面的能作床用的两用椅（但庭园坐具或野营设备除外）	0.01	0.02	-16.17	30.98	34.26	-9.58
94014090- 非皮革或再生皮革制面的能作床用的两用椅（但庭园坐具或野营设备除外）	0.28	1.29	-78.31	138.67	179.52	-22.75
94015200- 竹制的坐具	6.22	5.74	8.39	45.49	47.64	-4.50
94015300- 藤制的坐具	5.63	5.68	-0.93	209.32	186.47	12.26
94015900- 柳条及类似材料制的坐具	3.12	2.94	6.02	46.20	40.78	13.28
94016110- 皮革或再生皮革制面带软垫的木框架坐具	21.53	15.49	39.03	13546.95	11228.80	20.64
94016190- 非皮革或再生皮革制面带软垫的木框架坐具	90.15	51.23	75.97	12156.59	10255.35	18.54
94016900- 其他木框架坐具	226.78	221.61	2.33	7556.66	7762.48	-2.65
94016900- 其他木框架坐具	1.18(吨)			1.23		
94017110- 皮革或再生皮革制面带软垫的金属框架坐具	4.74	4.03	17.50	3481.02	2566.42	35.64
94017190- 非皮革或再生皮革制面带软垫的金属框架坐具	19.04	19.32	-1.44	4154.13	3287.25	26.37
94017190- 非皮革或再生皮革制面带软垫的金属框架坐具	6.34(吨)			2.03		
94017900- 其他金属框架坐具	111.98	111.53	0.40	2122.48	1861.13	14.04
94017900- 其他金属框架坐具	1.48(吨)			1.79		
94018010- 石制的坐具	0.02	0.03	-9.27	20.48	12.39	65.31

（续）

进口商品名称	进口量（万件）	去年同期进口量（万件）	进口量同比（%）	进口额（万美元）	去年同期进口额（万美元）	进口额同比（%）
94018090- 其他未列名坐具	107.80	189.71	−43.18	6267.98	7333.55	−14.53
94018090- 其他未列名坐具	69.13(吨)			76.62		
94019011- 机动车辆用座椅调角器	1162.90	1147.44	1.35	6654.53	6484.26	2.63
94019019- 机动车辆用坐具的其他零件	69670.25（吨）	84031.01（吨）	−17.09	60578.52	66638.46	−9.09
94019090- 非机动车辆用坐具的零件	23123.40（吨）	28190.56（吨）	−17.97	17813.97	17305.01	2.94
94021010- 理发用椅及其零件	0.81	0.66	22.79	126.21	66.02	91.16
94021090- 牙科用椅及其零件；理发用椅的类似椅及其零件	12.30	7.50	64.00	667.41	517.25	29.03
94029000- 其他医用家具及其零件（如手术台、检查台、带机械装置的病床等）	87.72	115.95	−24.34	13074.33	12027.16	8.71
94031000- 办公室用金属家具	17.64	16.82	4.89	2191.68	2092.10	4.76
94032000- 其他金属家具	199.25	116.80	70.58	10285.45	7374.13	39.48
94032000- 其他金属家具	1.09(吨)			1.42		
94033000- 办公室用木家具	34.54	36.76	−6.04	3463.25	3376.46	2.57
94034000- 厨房用木家具	105.00	109.96	−4.51	18319.88	21407.68	−14.42
94035010- 卧室用红木家具	12.29	18.41	−33.26	2015.72	2326.38	−13.35
94035091- 卧室用漆木家具	0.00	0.00	−17.50	5.59	4.52	23.55
94035099- 卧室用其他木家具	107.14	111.38	−3.81	20262.38	18549.37	9.23
94036010- 其他红木家具	21.43	24.34	−11.96	3683.74	4048.93	−9.02
94036091- 其他漆木家具	0.02	0.04	−36.03	27.27	9.98	173.15
94036099- 其他木家具	605.78	599.64	1.02	44545.91	39409.71	13.03
94037000- 塑料家具	160.13	220.65	−27.43	2746.92	2522.69	8.89
94037000- 塑料家具	2.59(吨)			3.00		
94038200- 竹制家具	0.27	0.35	−22.28	7.97	11.14	−28.45
94038300- 藤制家具	3.80	3.54	7.19	97.28	107.84	−9.80
94038910- 柳条及类似材料制家具	0.01	0.01	1.41	2.16	1.14	88.41
39263000- 塑料制家具、车厢或类似品的附件	2107.27（吨）	2583.43（吨）	−18.43	8822.20	8391.80	5.13
94038920- 石制家具	1.23	0.69	77.27	1844.84	1126.15	63.82
94038990- 其他材料制家具	21.15	22.55	−6.23	3740.77	3448.43	8.48
94038990- 其他材料制家具	7.22(吨)			5.12		
94039000- 家具的零件	82207.53（吨）	93616.38（吨）	−12.19	20154.01	19937.44	1.09
94041000- 弹簧床垫	10.47	9.94	5.39	3665.87	3555.68	3.10

2018 年全国家具商品出口量值表

出口商品名称	出口量（万件）	去年同期出口量（万件）	出口量同比（%）	出口额（万美元）	去年同期出口额（万美元）	出口额同比（%）
94011000- 飞机用坐具	2.65	1.41	87.91	13318.45	8236.98	61.69
94012010- 皮革或再生皮革制面的机动车辆用坐具	18.49	13.12	40.96	4681.90	2940.77	59.21
94012090- 非皮革或再生皮革制面的机动车辆用坐具	206.30	170.87	20.74	11349.85	8403.21	35.07
94013000- 可调高度的转动坐具	6204.59	5759.88	7.72	249833.31	209071.14	19.50
94014010- 皮革或再生皮革制面的能作床用的两用椅（但庭园坐具或野营设备除外）	38.36	22.14	73.28	5590.52	3788.85	47.55
94014090- 非皮革或再生皮革制面的能作床用的两用椅（但庭园坐具或野营设备除外）	543.75	524.54	3.66	51437.87	45855.03	12.17
94015200- 竹制的坐具	71.71	54.31	32.03	1183.92	836.04	41.61
94015300- 藤制的坐具	6.49	7.59	−14.55	657.67	1103.73	−40.41
94015900- 柳条及类似材料制的坐具	7.10	4.75	49.50	921.69	61.20	1406.03
94016110- 皮革或再生皮革制面带软垫的木框架坐具	1290.35	1458.33	−11.52	278855.73	284124.95	−1.85
94016190- 非皮革或再生皮革制面带软垫的木框架坐具	7144.19	6415.20	11.36	598971.37	535535.98	11.85
94016900- 其他木框架坐具	3304.30	3243.77	1.87	66863.51	76280.35	−12.35
94017110- 皮革或再生皮革制面带软垫的金属框架坐具	1866.83	1865.08	0.09	43036.97	44358.20	−2.98
94017190- 非皮革或再生皮革制面带软垫的金属框架坐具	14584.96	13099.53	11.34	436481.04	351520.35	24.17
94017900- 其他金属框架坐具	24101.26	23321.10	3.35	311006.42	286546.02	8.54
94018010- 石制的坐具	3.14	6.64	−52.69	226.54	1584.52	−85.70
94018090- 其他未列名坐具	9075.34	8877.51	2.23	139632.74	131181.52	6.44
94019011- 机动车辆用座椅调角器	2601.83	2572.59	1.14	12188.33	12538.48	−2.79
94019019- 机动车辆用坐具的其他零件	13.78（万吨）	13.93（万吨）	−1.10	142733.55	140312.89	1.73
94019090- 非机动车辆用坐具的零件	58.26（万吨）	55.39（万吨）	5.17	208730.93	190987.70	9.29
94021010- 理发用椅及其零件	313.31	298.47	4.98	12813.65	11109.13	15.34
94021090- 牙科用椅及其零件；理发用椅的类似椅及其零件	660.41	567.35	16.40	4486.81	3504.54	28.03
94029000- 其他医用家具及其零件（如手术台、检查台、带机械装置的病床等）	4817.10	4380.19	9.97	57027.30	50906.58	12.02
94031000- 办公室用金属家具	1511.50	1289.65	17.20	68137.19	57645.32	18.20
94032000- 其他金属家具	35902.90	31682.24	13.32	783097.79	674787.86	16.05
94033000- 办公室用木家具	2143.18	1988.31	7.79	119976.61	116838.16	2.69
94034000- 厨房用木家具	3536.91	3093.18	14.35	190432.35	159452.86	19.43
94035010- 卧室用红木家具	0.04	0.02	178.26	17.77	12.13	46.50
94035091- 卧室用漆木家具	0.55	0.05	1035.66	39.01	14.37	171.43

（续）

出口商品名称	出口量（万件）	去年同期出口量（万件）	出口量同比（%）	出口额（万美元）	去年同期出口额（万美元）	出口额同比（%）
94035099- 卧室用其他木家具	3292.97	3583.47	−8.11	311966.89	406115.69	−23.18
94036010- 其他红木家具	1.98	1.20	65.04	199.04	308.46	−35.47
94036091- 其他漆木家具	3.95	0.56	605.23	165.45	29.51	460.70
94036099- 其他木家具	17976.80	16936.90	6.14	726122.75	690505.39	5.16
94037000- 塑料家具	5860.59	5010.86	16.96	98721.93	86035.03	14.75
94038200- 竹制家具	723.98	626.18	15.62	10521.42	8840.26	19.02
94038300- 藤制家具	3.40	2.82	20.54	119.61	124.75	−4.12
94038910- 柳条及类似材料制家具	9.06	6.01	50.73	353.30	236.42	49.44
39263000- 塑料制家具、车厢或类似品的附件	11.45（万吨）	4.83（万吨）	136.77	43741.92	34423.55	27.07
94038920- 石制家具	121.99	115.46	5.66	14395.74	13443.65	7.08
94038990- 其他材料制家具	3818.69	3565.82	7.09	111297.09	106059.18	4.94
94039000- 家具的零件	123.09（万吨）	114.10（万吨）	7.88	355237.34	336514.94	5.56
94041000- 弹簧床垫	1070.53	838.71	27.64	71176.13	50211.95	41.75

05

编者按：本篇选择性录入了家具行业及上游原辅材料行业的专业分析文章，方便家具生产企业第一时间了解家具及产业链上游的最新成果。家具行业方面，挑选了未来行业热门领域——适老家具的发展环境及设计方向；上游原辅材料领域方面，挑选了木材与人造板领域、木器家具水性涂料涂装领域的发展现状、面临问题及发展趋势；此外，本篇还对 2019-2020 年度家具涂装色彩趋势方面进行了前瞻。通过对行业的专业分析，为家具生产企业提供最实用的行业数据及资讯。

木器家具水性涂料与涂装工艺发展现状及趋势

中国涂料工业协会理事长　孙莲英

摘要：简述了水性木器漆的发展历程，对家具行业水性木器漆的系列化产品、研究现状、使用现状及前景进行了阐述，针对家具行业水性木器漆的使用中存在的问题进行了说明，阐述了水性木器漆替代溶剂型木器漆的可行性。

引言

根据中国家具协会的数据，中国家具行业总产值突破万亿大关，连续五年成为世界家具生产和消费第一大国。随着规模的扩大，家具产业的地位也随之不断提升，目前已成为仅次于房地产、汽车、食品的第四大类消费品，在国民经济中开始占据重要地位。伴随着国家宏观调控政策的实施，配合节能减排、产业转型升级的步伐，结合家具产业集中度欠佳、自动化程度不高、环保压力日盛的现状，木器涂料成为促进家具行业转型升级、提升企业形象、扩大企业规模、提高产品附加值的关键力量之一。

当前，我国木质家具所用木器涂料仍然以溶剂型聚氨酯、硝基漆为主，这些高 VOC 的油漆在涂装过程中会释放出大量的有机溶剂。有机溶剂不仅对大气造成污染，同时也对国民的身体健康造成了不小的危害。近二十年来，无论是从技术研发领域还是从市场推广应用来讲，水性木器漆都得到了长足的发展，尽管仍然存在着应用上的一些问题影响着水性木器漆的大面积推广，但在节能减排、健康环保、人文关怀意识已经上升到空前高度的今天，水性木器漆以其巨大的环保优势必将或已经迎来发展的春天。

一、水性木器漆的发展历程

水性木器漆是以水为分散介质，以天然或人工合成高分子聚合物材料作为成膜物质，辅之以各种颜填料、助剂，经过一定的配漆工艺制作而成的混合物，它是为了区别于溶剂型木器漆而形成的一个新门类。

从 20 世纪 40 年代水性阳离子型聚氨酯树脂首次问世以来，水性木器漆经历了 70 多年的发展历程，60 年代末 70 年代初水性木器漆研制成功，1970 年水性丙烯酸－聚氨酯体系用于木质地板涂料，1995 年水性木器漆首次进入中国，2004 年亚洲最大的万吨级水性木器涂料生产基地在广东建成。

受家具行业产业布局影响，我国木器涂料生产企业比较集中的地区为长三角地区与珠三角地区。随着产品性能的显著提升、国家政策的大力扶持以及人们对生活品质的追求，我国水性木器漆在家具行业得到的认可度越来越高，同时也涌现了一大批优秀的水性木器漆生产企业，如嘉宝莉、大宝、华润、展辰、中华制漆、美涂士等。

二、家具行业水性木器漆的产品类型

传统的木质家具油漆种类在水性木器漆中几乎都可以找到，按照成膜物质种类可分为：水性醇酸木器漆、水性丙烯酸木器漆、水性聚氨酯木器漆、水性丙烯酸聚氨酯木器漆、水性环氧木器漆、水性硝基木器漆；按照组分的包装形式可分为：水性单组分木器漆、水性双组分木器漆；按照干燥固化方式可分为：水性物理干燥木器漆、水性化学交联干燥木器漆、水性 UV 固化木器漆；按照施工方式可分为：水性刷涂木器漆、水性喷涂木器漆、水性浸涂木器漆、水性淋涂木器漆、水性刮涂木器漆。按照分散在水中的形式可分为：水溶性木器漆、水分散型木器漆和乳液型木器漆。

1. 水性醇酸木器漆

水性醇酸木器漆是早期开发出的水性木器涂料，它的成膜机理类似于传统溶剂型醇酸树脂，均是由组分中的不饱和脂肪酸通过氧化固化成膜，因此水性醇酸木器漆无须额外添加成膜助剂，能设计出零 VOC 的木器漆配方，但由于存在干性较差、保光性不好、聚合物链易水解等不足，目前采用的水性醇酸树脂不再是单一的醇酸体系，目前研究的热点集中于丙烯酸或聚氨酯枝接改性、开发新型络合催干剂上。

2. 水性丙烯酸木器漆

水性丙烯酸木器漆是指以聚丙烯酸酯乳液或聚丙烯酸分散体为成膜物质配制而成的涂料。水性丙烯酸乳液一般采用乳液聚合法制备，但其乳液粒径大、光泽低、热黏冷脆，且因乳化剂的存在而影响乳液成膜的光泽度、致密性、耐水性、耐擦洗性和附着力等，不能满足高档水性木器涂料的要求。水性丙烯酸木器漆的种类通常有苯丙、纯丙、硅丙三大类，苯丙乳液因其成本低廉，玻璃化温度高，硬度建立快，耐黄变性能差，多用作打磨底漆，也可用于要求不高的装饰性涂料或临时保护涂料。纯丙乳液因其不含发黄基团、优异的附着力、出色的耐候性、良好的耐介质性能以及适宜的硬度，更多的应用于水性装饰性面漆、门窗橱柜、户外领域。

3. 水性聚氨酯木器漆

水性聚氨酯木器漆按包装形式可分为水性单组分聚氨酯分散体木器漆和水性双组分聚氨酯木器漆。其中，单组分的水性聚氨酯木器漆相比水性丙烯酸木器漆而言，具有更优异的成膜性能，能够设计出更低 VOC 的木器漆配方，其在耐介质性能、漆膜柔韧性、丰满度、手感等方面也有更加出色的表现，但润湿性、附着力不佳和成本偏高一直是限制其发展的主要因素，此外，水性聚氨酯木器漆在翻新漆领域还存在大面积脱落的风险。

水性双组分聚氨酯木器漆主要是以羟基乳液为成膜主体，以带 -NCO 基团的组分为固化剂，经一定配方设计而成的双组分水性涂料，在施工前将两者充分混合均匀，其成膜初期为物理干燥过程，随着水分的挥发，分散体或乳胶粒子凝聚，聚合物链相互扩散并发生交联反应，最终形成的漆膜具有优异的耐介质性能和较为满意的硬度，但水性双组分聚氨酯木器漆的主要缺陷是固化剂容易与水反应生成各种副产物，导致漆料活化期缩短、涂膜理化性能下降、起泡等不良现象，同时还存在成本昂贵等制约因素。

4. 水性丙烯酸聚氨酯木器漆

为了结合丙烯酸乳液和聚氨酯分散体两者的优点，提高最终产品的性价比，催生了水性丙烯酸聚氨酯木器漆。水性丙烯酸聚氨酯木器漆的制备方法主要有两种：物理共混法和乳液聚合法。物理共混法工艺简单，能够实现将聚氨酯优异的柔韧性、丰满度与丙烯酸良好的附着力结合在一起，从而实现水性木器漆更低 VOC、更高固含量以及更高性价比。但是这类丙烯酸聚氨酯木器漆往往存在两相相容性问题，容易出现漆膜发蓝、透明度不高、耐介质性能下降等弊端。

通过改变乳液聚合的聚合工艺，先合成带羧基的聚氨酯预聚体乳液，然后以此为种子乳液，加入丙烯酸类单体和引发剂进行自由基聚合制备具有核壳结构的聚氨酯－丙烯酸树脂（PUA）乳液，具有相容性较好、粒径较小、成膜性能极佳、固体含量更高和柔韧性突出等优点。

5. 水性环氧木器漆

水性环氧木器漆是由环氧树脂和亲水的改性多元胺固化剂组成的双组分木器漆，使用之前按比例混合均匀后施工，固化后形成的漆膜具有油性环氧树脂涂料的高硬度、良好的附着力和突出的耐介质性能，但也同时存在着活化期短、成本昂贵等限制因素。

6. 水性硝酸纤维素木器漆

水性硝酸纤维素木器漆是指以水性化的硝酸纤维素为成膜物质的一种木器漆，硝酸纤维素的乳化方法有两种：外乳化法和自乳化法。外乳化法是在高速搅拌下，将油相加入到水和乳化剂组成的水相中强制乳化，自乳化则是通过化学枝接改性的方式引入亲水基团后分散于水中。水性硝酸纤维素木器漆具有干速快、透明度好等优点，其存在着耐候性较差、装饰性效果不好等缺点，不能用于工业化涂装。

7. 水性紫外光固化木器漆

水性紫外光固化木器漆是指含有不饱和双键的水性化乳液在紫外光照射下由光引发剂引发自由基聚合而迅速固化的一类木器漆，它结合了水性涂料的环保性能和辐射快速固化的优点，克服了水性木器漆干燥缓慢、硬度不佳的弊端，同时相比传统 UV 木器漆又具有可表干、低气味、优异柔韧性、可人工喷涂等优势，其在板式涂装上的技术层面具有极为现实的推广前景，目前制约其发展的主要因素仍是成本。

三、家具行业水性木器漆的研究现状

1. 家具行业水性木器漆的产品研究现状

水性木器漆经过在家具行业中多年的不断探索发展，特别是近十多年的技术革新，通过涂料科研人员的努力，更多的最新科技成果不断地在水性家具木器漆领域得到应用，包括对成膜物质聚合工艺的改进、聚合物高分子结构设计、无机纳米粒子复合改性等方面。

润湿性　水性木器漆普遍存在的表面张力、润湿性、渗透性不佳等不良现象，而今可以通过微乳液聚合来改善。微乳液聚合借助于乳化剂和稳定剂作用，经超声乳化工艺，实现动力学稳定的亚微米级单体液滴分散体系的聚合，制备粒径为 10 ~ 100 纳米的乳胶粒子，由于表面张力低，对底材具有极好的渗透性、润湿性、流平性，起到良好的封闭、填充、防胀筋（源于木材遇水后膨胀）效果。

封闭性　木材是由无数不同形态、不同大小、不同排列方式的细胞组成，木材的细胞腔中通常含有树脂、树胶、单宁酸、色素、挥发性油类、水等物质，倘若木器底漆对木材的封闭性效果不好，容易导致漆膜塌陷、吐油、变色等缺陷。水性木器漆在乳液合成阶段，通过特殊的分子设计，引入能够与单宁酸发生化学反应的阳离子型单体，能够起到很好的封闭效果，该项技术已经在家具涂装中得到良好的应用。

耐水性　对于漆膜的耐水性方面，可以通过新的聚合工艺如无皂乳液聚合来消除，无皂乳液聚合是在乳液聚合过程中使用具有反应性官能团且能够参与聚合反应的乳化剂，完全不添加或仅添加微量的通常意义上的乳化剂，从而消除了传统乳液聚合中乳化剂带来的许多负面影响；同时也可以通过常温自交联技术，引入潜伏性反应基团，利用干燥过程中体系状态参数的变化来启动交联反应，从而提高涂膜的交联密度，改善漆膜的成膜性能和耐介质性能。

透明性　对于漆膜透明度，可以通过互穿网络（IPN）聚合方法使两种共混的聚合物分子链相互贯穿并以化学键的方式各自交联形成网络结构，这种网络结构一般是由一种聚合物在另一种聚合物存在下进行聚合、交联而得。这种特殊聚合物，在分子水平上达到“强迫互容”和“分子协同”效果，比核壳聚合物的相容性更好，消除微相分离，使水性木器漆具有更突出的显木纹效果。

硬度　对于漆膜硬度，可以通过有机－无机杂化，利用无机成分的高硬度、耐磨性、优异的耐候性，结合有机成分的柔韧性，进而使水性木器漆兼具有机和无机特性，提升水性木器漆的硬度；也可以通过无机纳米材料如纳米二氧化硅、纳米二氧化铝制成纳米浆料，通过物理或化学的方法对有机乳液进行改性，利用纳米材料高比表面积的特性与有机聚合物链形成多种次价键结合力，提高最终水性木器漆的硬度和抗划伤性能。

2. 家具行业水性木器漆的涂装研究现状

涂装方式　水性木器漆在推广初期，产品结构单一，多数产品只能采取刷涂、人工喷涂等涂装方式，面对家具厂家多样化的涂装方式，水性木器漆生产厂家紧跟步伐，陆续开发出了专用于浸涂、淋涂、辊涂、无气喷涂、静电喷涂等多种涂装方式的产品，保证了家具厂家在生产工艺变动不大的情况下组织生产。

干燥技术　相比溶剂型木器漆，水性木器漆的稀释剂是水，水的比热容高达 4.2×10^3 焦 /（千克·摄氏度），其挥发所需要的热量明显高于溶剂，而水分挥发还受环境湿度的影响，当环境湿度过大，水分挥发的传质推动力消失，水性木器漆就会出现慢干甚至是不干现象。为了解决上述问题，进一步推广水性木器涂料的应用，各种强制干燥技术正逐渐应用于水性木器涂料。目前用于水性木器漆的强制干燥技术主要有几种：热风干燥、红外干燥和微波干燥。

热风干燥技术主要是利用热对流的原理，可以明显加快水性木器漆的干燥速度，设备投入较小，适应性强，是目前应用较为广泛的干燥技术，但由于热风干燥过程中温度是通过热传递的方式由表及里对涂膜和板材进行加热，所以对木材和涂膜的加热速度较慢。特别是在冬季，这就势必会延长整个干燥过程所需要的时间。另外在厚涂的情况下容易发生表干里不干而造成涂膜开裂的情况。此外，热风干燥的效果也容易受到施工情况和外界环境因素的影响，如涂膜的厚度、空气的湿度以及热风的速度等。

红外干燥技术，即涂层通过吸收红外线辐射能量并转化为热量最终达到固化成膜的一种干燥技术。红外线是一种电磁波，它的波长范围位于可见光和微波之间，即 0.76 ~ 1000 微米，通常可分为远红外（4.0 ~ 1000 微米），中红外（2.5 ~ 4.0 微米）和近红外（0.72 ~ 2.5 微米）。目前红外干燥技术通常选用远红外干燥，其可穿透到涂膜内部，使涂膜内部温度升高，伴随着物料表面水分不断蒸发带走热量使其表面温度降低，造成涂膜内部温度高于表面，使涂膜的热扩散由内向外发生形成温度梯度。同时涂膜内部也存在着水分梯度而引起水分移动，含水量较多的内部逐渐向含水量较少的外部进行湿扩散，与热扩散的方向一致，从而加速了干燥的进程，但是由于温度梯度和水分梯度的存在，远红外干燥不适合干燥较厚的涂膜，涂膜越厚梯度越明显。近红外干燥技术，由于波长短、能量密度高使其具有更强的穿透性，能加快涂膜内部水分的干燥，使涂膜表面与内部干燥速度更均一，因此能在较短的干燥过程中得到较好的涂膜效果。因此涂膜厚度的控制在红外干燥中也是非常重要的，对于水性木器涂料采用“薄涂多道”的施工方法，可以减少同样厚度涂膜的干燥时间并提高涂膜的干燥质量。

微波干燥技术属于介电加热方式，微波是波长在 1 毫米至 1 米，频率在 3.0×10^2 ~ 3.0×10^5 兆赫兹具有穿透性的一种电磁波。在工业加热上只允许使用特定的频率，在我国为 915 兆赫兹和 2450 兆赫兹，其中 915 兆赫兹的微波可使水分子每秒运动 18.3 亿次，利用介质损耗的原理，分子的转动在交变电磁场受到干扰和限制，产生“摩擦效应”，结果一部分能量转化为分子热运动功能，即以热的形式表现出来，从而物料被加热。微波干燥技术具有升温极快、内外一起加热、选择性加热等特性，可以很好地弥补其他烘干设备的不足，是最快的涂装干燥技术，但微波干燥设备投入较大，设备也存在自身安全因素制约。

四、家具行业水性木器漆的使用现状和应用前景

1. 家具行业水性木器漆的使用现状

涂料作为一种半成品，只有在其得到了正确的施工应用并最终形成了具有装饰和保护效果的致密薄膜之后才能称之为成品。因此，水性木器漆的发展离不开施工应用技术的推动。没有全面系统的施工指导，缺乏专业的施工技术人员，缺少配套的涂装生产设备，水性木器漆在家具行业的全面繁荣就难以实现。所幸，水性家具木器漆生产企业正在走向专业化、标准化、规范化，为家具厂商提供了更多元化、高性价比的水性家具木器漆产品乃至更全面的涂装解决方案。

十多年来，在经历了水性木器漆曲折艰难的应用历程后，水性木器漆的生产厂家在经过应用受挫的阵痛后，正从激情狂热走向理智成熟，不断提高产品质量，保证供货稳定性，采取更为客观适宜的营销手段，新生代的涂装施工人员正在接受并将热衷于水性木器漆，为数不少的喷漆师傅已经认识到水性木器漆的优越性，部分人员则掌握了水性木器漆的具体应用技术。对于长期困扰水性木器漆流水线施工的干速问题，不少涂料企业密切配合家具厂家，为客户量身定做配套的解决方案，更多的配套产品与干燥设备（如前面已提及的热风干燥技术、红外干燥技术、微波干燥技术等）正在紧锣密鼓的研究探索中，相信在不久的将来，水性木器漆就能缓解甚至克服因不同地域、不同季节造成的温湿度变化上的应用限制。

2. 家具行业水性木器漆的应用前景

宏观政策引导　伴随着“霾”入选 2013 消费年度关键词，中国政府采取了一系列针对大气治理的举措。2013 年 3 月北京市公布 2013 年清洁

空气行动计划任务分解表，首次将挥发性有机物（VOC）纳入减排控制对象，按照该计划，新建家具、电子工业涂装项目，水性涂料等低挥发性有机物涂料占涂料使用总量比例不低于50%。2013年9月10日，国务院印发了《大气污染防治行动计划》，明确指出要加大大气综合治理力度，推进挥发性有机污染治理，严格涂料、胶黏剂等产品挥发性有机物限制，推广使用水性漆。10月来自北京市家具行业协会的消息称，为推进北京环境治理进程，一批具有污染排放的家具企业将被强令关停，23家北京家具企业被强制性调整退出，其中包括较为知名的世纪博森等。广东省政府印发了《广东省珠江三角洲清洁空气行动计划——第二阶段（2013—2015年）空气质量持续改善实施方案》，方案规定，新建家具涂装项目必须采取有效的VOCs削减和控制措施，水性或低排放VOC涂料使用比例达到50%以上。新建机动车制造涂装项目，其水性涂料等低VOC涂料占总涂料使用量比例不得低于80%，所有排放VOC的车间必须安装废气收集、回收净化装置，收集率应大于90%，新建室内装修装饰用涂料以及溶剂型木器家具涂料生产企业的产品必须符合国家环境标志产品要求。这些宏观政策上的引导无疑加速了对水性木器漆的刚性需求。

家具行业水性木器漆应用的新变化　随着人们环保健康意识的增强，国家环保法规的日趋严格，水性木器漆在家具行业的市场需求正逐步由潜在需求向刚性需求过渡，并呈现出快速上升的趋势。就水性木器漆的性能而言，丙烯酸木器漆已经完全达到硝基漆（一般为高VOC涂料）的漆膜性能和施工性能，而且在木质家具单位施工面积上的成本也优于硝基漆，且不论硝基漆因其易燃易爆、容易引发职业病等特点带来的其他防护支出。就市场现状而言，在儿童木质玩具、竹木藤器工艺品应用领域，水性丙烯酸木器漆已大部分取代硝基漆。在简单仿古家具领域，水性木器漆同样具有了不少成功应用的案例，并表现出了逐步取代的趋势，同时水性聚氨酯木器漆和水性丙烯酸聚氨酯木器漆在家装市场、儿童套房家具、门窗、衣柜、桌椅、床等领域有较广泛的应用。水性UV固化木器漆具有快速固化、坚实耐用、环保健康等优势，在板式涂装上有广阔的应用前景。

随着越来越多的大型涂料生产企业投入到水性木器漆的推广中来，水性木器漆经过了前期的整合，行业层面已经摆脱了过去参差不齐、恶性竞争的局面，水性木器漆正在逐步形成规模经济，这一良好现象将推动水性木器漆原材料成本压力的持续缓解，水性木器漆的价格也将逐步走向“平民化”，并最终占据家具行业涂料市场的主导地位。

五、家具行业水性木器漆使用中可能存在的问题

任何新事物的产生，都有着其自身发展的客观规律，水性木器漆作为一项技术创新的成果，在多年的积淀之后，基本上可以满足用户的需求，但在使用过程中也不免存在一些问题，下面将对这些可能存在的问题进行剖析：

1. 木材吸水胀筋

木材白坯表面充斥着木质纤维和导管，当水性木器漆与木材接触后，木材含水率发生变化，水性木器漆中的水分向下渗透，木材导管在吸水后会发生胀筋现象，影响木质家具工件的上色和美观，因此，头度底漆的润湿性、渗透性、封闭填充性则显得尤为重要，当然这也只能改善胀筋的程度，在头度底漆施工后，应采用严格细致的砂光工艺，注意不能砂穿漆膜表面，否则会发生二次胀筋现象。

2. 干燥速度

在水性木器漆的研究推广试用过程中，水性漆的干速慢深为家具厂商所诟病，这直接导致了家具厂商生产节拍的下降、堆放区域面积的扩大。在厂家订单充足的情况下，如何保证厂家产能的完全释放，如何尽量减少厂家生产作业区域，如何保证厂家按时出货，以及如何指导家具厂对流水线进行合理的改建，水性木器漆推广人员有着不可推卸的责任，在配备了完善的烘干设备和除湿设备之后，水性木器漆的干燥速度同样能够得以解决。

3. 工件返修

溶剂型涂料属于均相体系，当喷涂溶剂型涂料后的工件受到空气中的灰尘和漆雾的污染后，稀释剂的溶解能力足以将漆膜重新恢复到液态，便于工件返修。而水性木器漆属于分散在水中的非均相体

系，一旦水性木器漆喷涂施工后受到污染，水没有足够的能力将漆膜表面的颗粒溶解，导致水性木器漆的返修困难。在目前家具生产车间环境条件下，水性木器漆不可避免的会出现这种情况，同时在水性木器漆大面积施工时，漆雾同样会对已经施工过的施工面造成污染。所以，在水性木器漆配方设计之初，配方设计人员应该调节好产品的流变性能和干燥速度，兼顾效率和质量，同时家具厂家还应配备水性漆专用的无尘喷房，从源头上减少工件的返修率。

4. 理化性能

木器漆在水性化的诞生过程中就引入了乳化剂或亲水性的基团，在最终的漆膜中会残留这些亲水性的部分，影响了水性木器漆的耐介质性能。与此同时，单组分的水性木器漆由于没有发生交联或交联密度不够，导致最终固化后的漆膜硬度偏软，与国人对家具消费审美观念不符合。随着新的技术工艺的革新，这些理化性能也得到了明显的提升，可以满足家具行业大多数领域的应用，要指出的是，在某些耐介质性能要求苛刻、硬度要求等级非常高的家具上，短期内水性木器漆也不可能完全取代溶剂型木器漆。

六、可行性总结及展望

随着石油资源的紧张，导致油性漆价格的大幅上涨，水性漆的优势日趋显现。以水性丙烯酸体系和硝基漆对比，单位面积用漆成本已经表现出价格优势，水性木器漆已经具备了取代溶剂型木器漆的能力。

溶剂型木器漆存在的易燃易爆风险、对一线操作员工的身体健康造成的危害以及某些高职业病害岗位招工难等现象，在一定程度上也加大了家具厂商在环保、消防、安监、人力成本上的投入，这些不断出现的问题都推动着水性木器漆替代溶剂型木器漆的步伐。

表 1　硝基漆与水性丙烯酸木器漆的单位面积用漆成本对照表

涂料类型	硝基漆	水性丙烯酸木器漆
固含量 (%)	25	30
售价 (元 / 千克)	24	28
稀释剂	溶剂	水
稀释剂售价 (元 / 千克)	12	—
稀释剂用量 (%)	100~150	—
干膜厚度 (微米)	25	40
成本 (平方米)	4.11	3.64

在经过了行业组织通过各种方式不遗余力地对水性木器漆进行推广后，木器漆已经在中国掀起了一股水性化革命，但由于少数推广者存在不恰当的夸大宣传，而使用者又对水性木器漆产品知识了解不够，这就造成了两者之间信息传达的不对称，影响了水性木器漆的推广进程。如何正确的推广水性木器漆则显得尤为重要，一方面，积极争取国家优惠扶持政策，促进国家采取更为严厉的环保监管措施，在宏观层面加速家具行业转型升级；另一方面，应对家具行业从业人员进行自上而下的宣传普及，使其认识水性漆、熟悉水性漆并最终热衷水性漆，教会一线员工什么是水性漆、如何使用水性漆、使用过程中的注意事项以及如何解决生产过程中出现的问题。

我们相信，只有在国家密集政策扶持下、在涂料企业和家具厂商的通力合作下、在上下游加强联动性的前提下，才能积极稳妥地谋划出水性木器漆的发展大计。我们也相信，随着水性木器漆的新的技术创新成果基本上可以满足用户的需求，同时水性木器漆的宣传与应用培训工作已初见成效，加上人们对健康生活品质的追求和对建设美丽中国的中国梦的美好愿望，水性木器漆在涂料行业必将大放异彩。

中国木材与人造板发展现状及未来趋势

中国林产工业协会副会长　钱小瑜

改革开放40年来中国经济的快速发展，引起全球瞩目，成为世界经济史上的奇迹，中国木材工业在国家改革开放中获得了前所未有的发展机会。40年间，中国人造板产业从计划经济走向市场经济，经历了从无到有、从小到大、从弱到强，企业规模不断扩大，产品种类不断增加，技术装备水平和产品质量不断提高，实现了国内外两种资源、两个市场综合运用，由传统工业向现代工业的根本性转变，推动我国成为了全球人造板生产、消费和国际贸易第一大国。

目前，中国木材工业已经形成以大型企业为龙头、中小型企业为主体的产业格局，初步建立起以胶合板、纤维板、刨花板等人造板产品为主导的生产体系，技术装备优良，产品规格齐全，销售市场成熟，已成为能够满足国民经济发展和国际市场需求的重要产业。

一、砥砺前行，在结构调整中转型升级

1. 木材进口量持续增长

我国现有规模以上木材加工企业9153个，资产总计5404亿元，资产负债率为47.5%；2018年主营收入9165.4亿元，累计增长2%; 利润总额475.3亿元，累计下降1.5%，利润率为5.2%。

随着生活水平的不断提高，人们对木材的需求量越来越大，在国内消费增长和天然林保护的双重驱动下，我国木材进口量增长迅速，国产商品材产量基本稳定。2018年，我国生产商品木材8810.9万立方米，生产锯材8361.8万立方米。同期，进口原木5968.6万立方米（其中针叶材占69.7%，阔叶材占30.3%。见图1），是2008年进口量的2倍；进口锯材3676.6万立方米，是2008年进口量的4倍（图2）。近十年来，国内商品材产量基本稳定，但木材进口量持续攀升，国内木材消费对外依存度越来越高（图3）。

2. 人造板产量止跌回稳

我国人造板行业现有生产企业1万多家，年产量超过3亿立方米，总产值高达8000亿元人民币。近几年，我国人造板发展逐步进入了调整阶段，年均增长率从21世纪第一个十年的20%以上逐渐下降到10%以下，产量由2011年的2亿立方米平稳增长到2016年的3亿立方米后，2017年产量29486万立方米，比2016年略有下降（图4）。2018年，国际贸易摩擦不断，特别是中美贸易战涉及所有人造板产品以及家具、地板、木门等下游木制品，对中国人造板进出口造成较大负面影响，当年人造板产量为29909万立方米，其中：胶合板17898万立方米，占60%；纤维板6168万立方米，占21%；刨花板产量2732万立方米，占9%；其他人造板3111万立方米（细木工板占53%），占10%（图5）。

我国人造板工业四十年的强劲发展，不但为社会提供了大量质优、价廉的原材料，有效地解决了林区“三剩”资源的循环利用，有力地推动了速生丰产林基地建设的快速发展，同时也带动了上下游相关产业的高速发展，使我国的地板、家具、木门、音箱、木制玩具和工艺品、室内装饰、胶粘剂、装饰纸及木工机械等也都成为了世界生产大国。

3. 人造板进出口贸易结构不断优化

人造板生产的快速增长，带动了人造板进出口

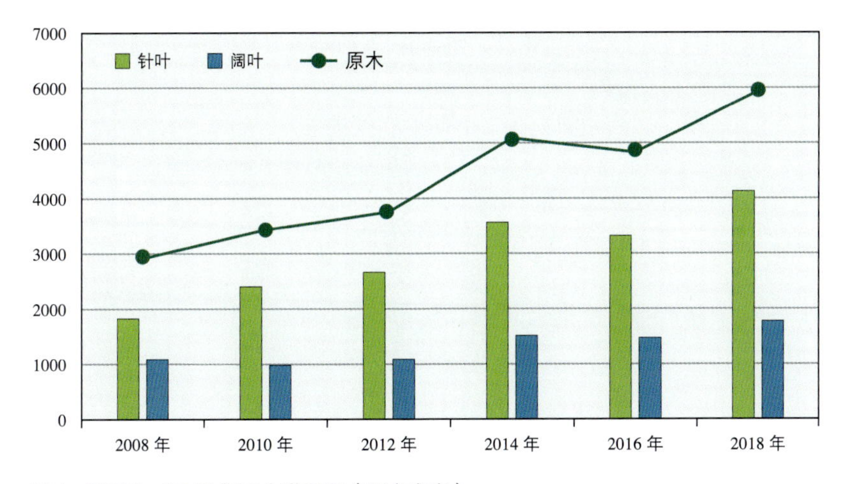

图 1　2008—2018 年原木进口量（万立方米）

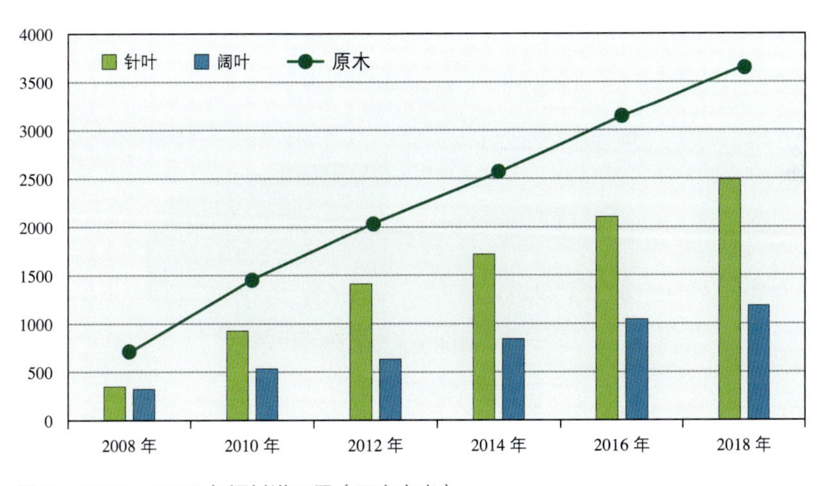

图 2　2008—2018 年锯材进口量（万立方米）

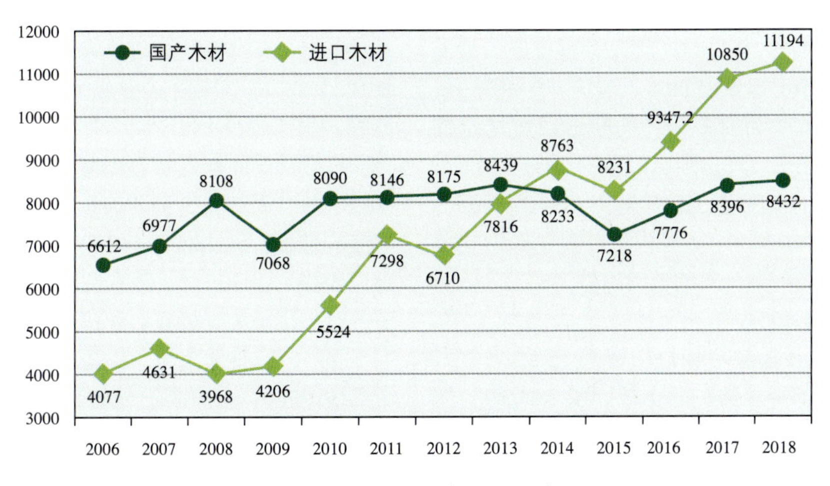

图 3　2006—2018 年国产木材与进口木材量（万立方米）

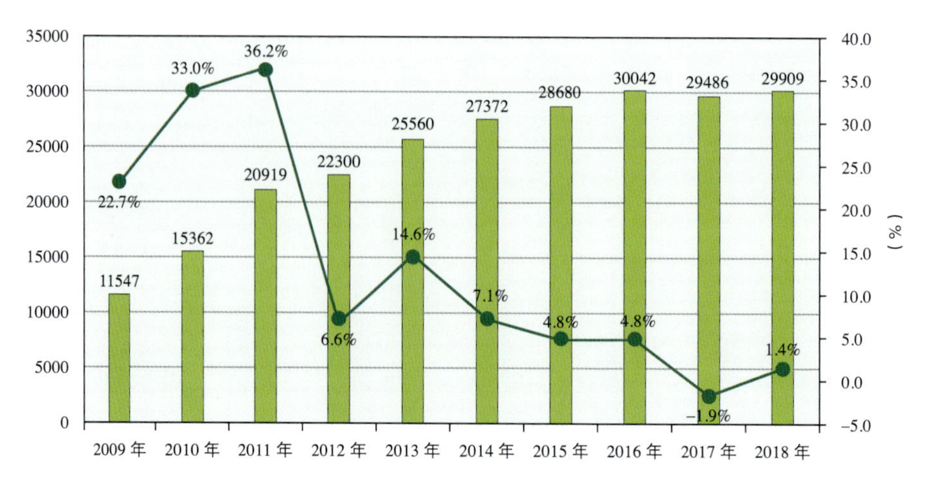

图 4　2009—2018 我国人造板产量及增幅

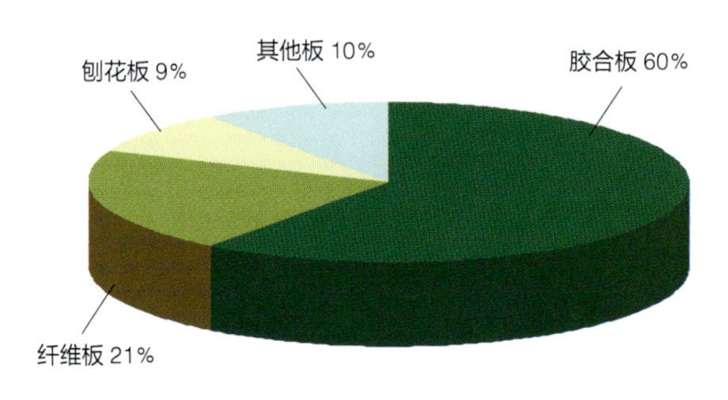

图 5　2018 年人造板产品比例

贸易的结构调整。随着国内产品质量的提高，人造板出口量持续增长，以 2001 年开始超过进口量为转折，人造板年出口量由 96.5 万立方米一路攀升，2014 年达到 1572 万立方米，同期进口量稳定在 110 万立方米左右，只占到出口量的 10%（图 6）。2018 年，我国人造板进出口总额为 73.13 亿美元，同比增长 6.51%。其中，人造板进口额为 5.40 亿美元，同比增长 2.47%；人造板出口额为 67.73 亿美元，同比增长 6.85%。

2018 年，我国胶合板进口量为 16.30 万立方米，继续延续下降趋势，同比减少了 12.13%。同期出口量高达 1133.81 万立方米，同比增长了 4.66%，占我国人造板出口总额的 81.89%（图 7，图 8）；纤维板的进口量为 19.03 万吨，同比增长 8.31%，出口量再次出现大幅下降，仅 178.99 万吨，同比减少 14.34%，成为近十年的第二低位（图 9，图 10）；刨花板进口量为 69.23 万吨，继续小幅下降，同比减少了 2.64%，而出口量实现较大幅度的增长，同比增长 14.26%，达到 23.12 万吨。进口收缩、出口扩大，再次证明我国刨花板产业已经开始与国际市场接轨，外贸竞争力不断增强（图 11，图 12）。整体来看，我国人造板对外贸易呈现进口增速放缓，出口回升趋稳的发展态势。

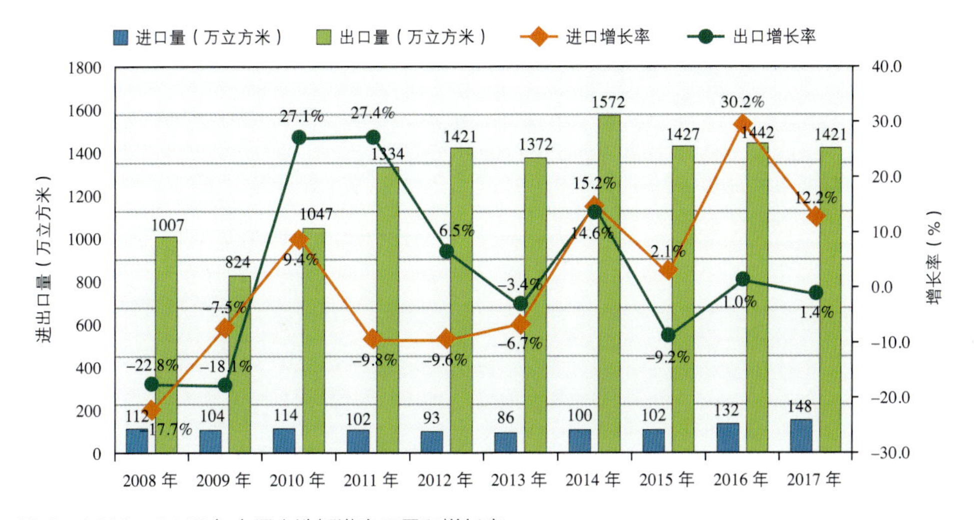

图 6　2008—2017 年中国人造板进出口量和增长率

图 7　2009—2018 年度中国胶合板进口量和增长率

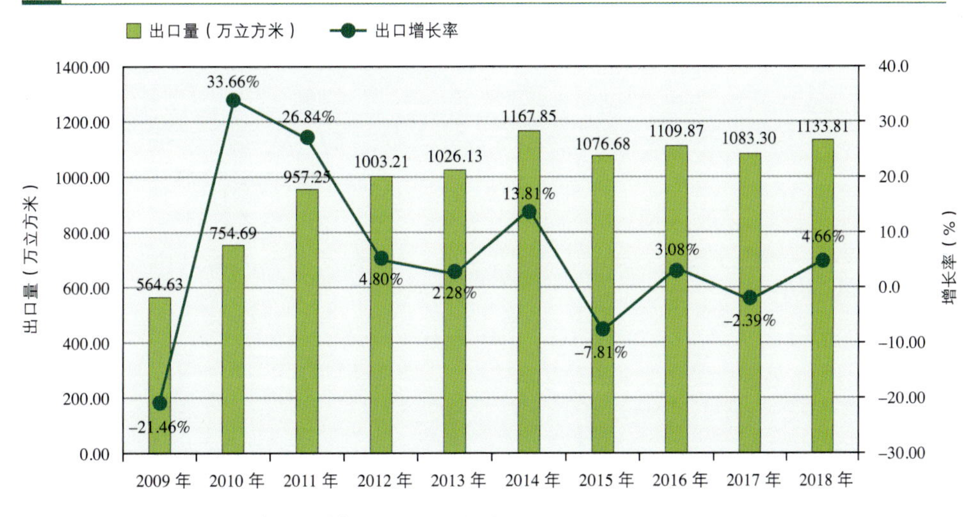

图 8　2009—2018 年度中国胶合板出口量和增长率

图 9　2009—2018 年度中国纤维板进口量

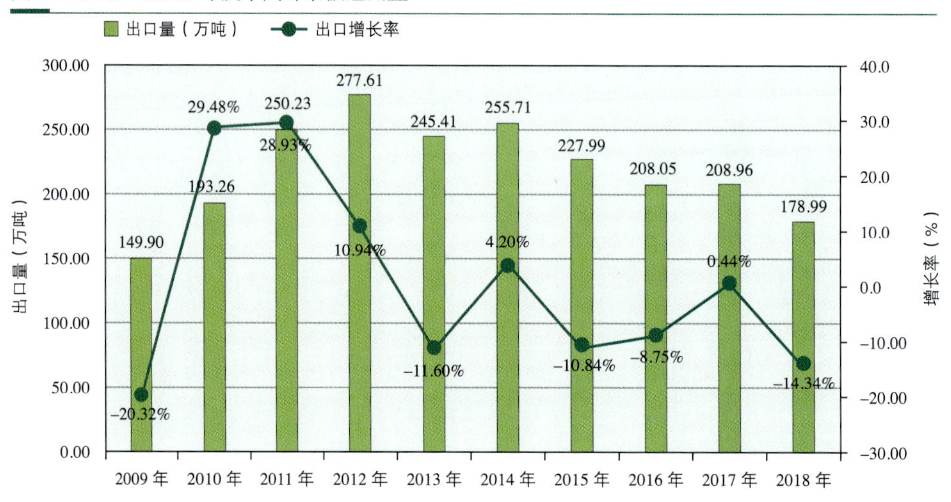

图 10　2009—2018 年度中国纤维板出口量

图 11　2007—2018 年度中国刨花板进口量

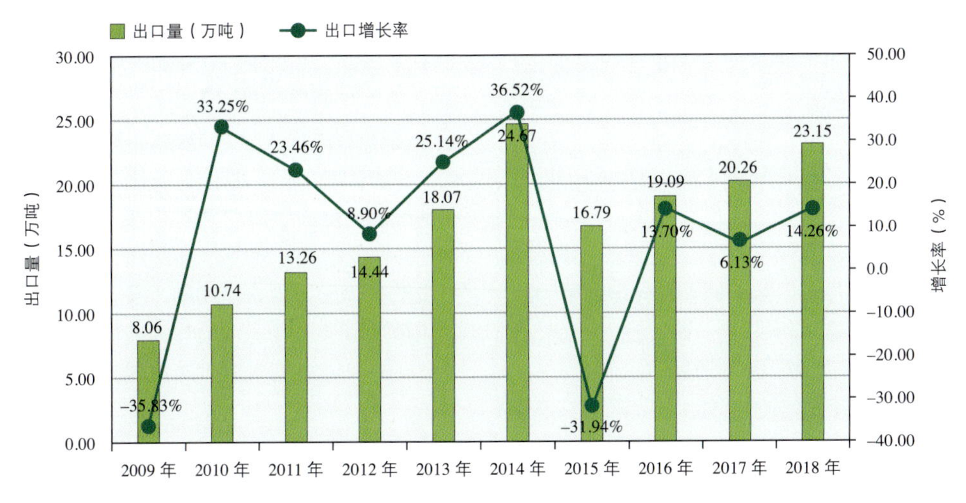

图 12　2009—2018 年度我国刨花板出口量

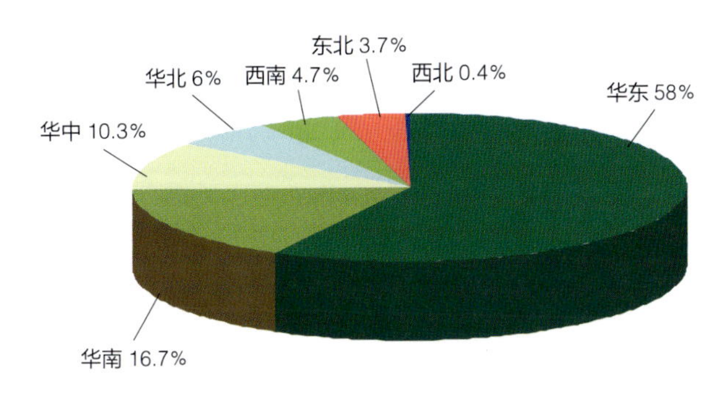

图 13　人造板企业地域分布

4．行业发展质量明显提高

近几年，随着我国供给侧结构性改革全面展开，人造板产业淘汰落后产能步伐加快。至 2018 年底，全国关闭胶合板企业 3000 多家；关闭、拆除或停产纤维板生产线 637 条，淘汰落后生产能力 2423 万立方米 / 年；关闭、拆除或停产刨花板生产线 1001 余条，淘汰落后生产能力 2075 万立方米 / 年；全国规模以上人造板企业 6400 余家，同比下降 15%，大中型企业数量增加，微小企业不断减少，行业发展质量进一步提高，改革成效显著。

同时，为逐步消除人造板生产对生态敏感区域的影响，近几年，人造板生产企业已经退出北京、天津、上海 3 个直辖市，广东、浙江等经济发达省份人造板产量也持续下降，其余地区人造板企业正向工业园区或环境承载力更高的地区转移，人造板生产企业去中心城市化和聚集园区化效应明显。至 2018 年年底，除西藏、青海、宁夏、北京、天津、上海外，其余 25 个省（自治区、直辖市）均有人造板生产，其中 7 个年产量超千万立方米。目前，我国人造板生产企业主要分布在华东、华南、华中地区，布局基本稳定（图 13）。

改革开放推动我国人造板企业装备技术水平不断提高，尤其是纤维板生产装备与世界纤维板装备技术同步接轨，处于世界先进水平；国产连续平压生产线不仅在数量和生产能力上与进口线平分秋色，而且能生产 1 毫米厚的高密度纤维板、压机运行速度高达 2.2 米 / 秒，达到世界领先水平。至 2018 年底，中国纤维板单线平均生产能力达到 8.9 万立方米 / 年，与国际纤维板生产发达国家单线平均生产规模的差距进一步缩小。

二、任重道远，企业仍需苦练内功补短板

当前，我国木材及人造板行业的发展不再是速度问题，而是产品质量、结构调整和转型升级问题，部分企业公司治理结构不健全、研发投入不足、创新能力差、人才流动大、经营管理理念落后、运作方式不规范等，使可持续发展能力受到制约，影响发展壮大。当今我国人造板产业正处于走向全球价值链中高端的关键时期，没有踌躇不前的理由，只有大步前行的选项，亟需继续苦练内功，强化品牌建设、清洁生产和社会责任，实现产业全面创新升级，才能持续挺立于全球人造板产业发展潮头。

1. 整体创新能力有待提升

人造板工业属于一般竞争性行业，目前我国人造板行业总体上还处于“微笑曲线”中底端，研发投入不足、创新能力有限，还有相当数量的企业处于产业链低端，尤其是生产胶合板的中小民营企业长期依靠低成本扩张、低层次模仿、低等级加工维持生计，产品技术含量低，产品附加值低、能耗高、经济效益不佳，市场竞争力不强，需要引起高度重视。

2. 人力成本节节攀升

近几年，受劳动力人口下降、适龄劳动力不足和最低工资标准逐年提高等因素影响，劳动力工资水平不断上升，企业用工成本连年上涨、效益明显下降，已经严重影响到人造板企业的创新与发展。

3. 人造板用材受到森林资源制约

目前，我国每年木材消耗量约为 6 亿立方米，而国内森林蓄积供给量约为 3.65 亿立方米（折合木材约 2 亿立方米），由于中、幼龄林面积的比重大，树种结构不合理，短期内自给能力差，木材进口依存度超过 55%。随着木材主要出口国的政策变化和国际木材市场价格的上涨，我国进口木材付出的经济代价越来越高，难度愈来愈大。原材料短缺，已成为我国人造板工业进一步快速发展的主要制约因素。

4. 国际贸易摩擦加剧，产品出口受阻

我国木材及人造板制成品国际贸易依存度达 40%，出口美、日、欧盟、英国和韩国等发达国家和地区的产品占出口总额的 65%。随着国际贸易保护主义倾向抬头，我国人造板产品遭受反倾销调查、关税壁垒等压力进一步加剧，各国不断通过绿色壁垒和技术壁垒对我国木材和人造板及其下游产品出口设置越来越多的限制，对我国产品出口造成巨大冲击。

5. 部分企业清洁生产、安全生产不达标

由于发展水平不均衡，我国木材工业整体达标形势依然不容乐观。在现有人造板生产企业中，还存在一定比例装备水平低、技术落后、产品质量差、能源与资源消耗大、环境保护措施不完善、安全隐患高的落后产能，对于生产过程中污染物排放的控制和综合治理还有待提高。

三、放眼未来，中国木材工业进入高质量发展新时代

随着国家进入中国特色社会主义新时代，国民经济发展正在由高速增长向高质量增长转变，不断满足社会日益增长的生态环保人造板产品需求，已经成为中国木材及人造板产业发展的基点和方向。紧跟新时代发展步伐，坚持以市场需求为导向，持续推进供给侧结构性改革，努力扩大有效供给，满足社会消费升级需求，践行清洁生产和绿色发展理念，推进产业升级成为环境友好型产业，强化安全生产观念和认识，不断提升产业发展质量，已成为业界的共识和持续实践的课题。

1. 不断创新，促进产业健康持续发展

新时代，木材及人造板企业要按照党的十九大指明的方向，持续开展制度、体制、机制、技术和管理创新，自觉苦练内功。一是建立起完善、科学、合理的现代企业制度，完善公司治理结构，使公司治理规范化、制度化；建立有效的公司内部制衡机制，提高决策的科学性。二是增强创新能力，加大研发投入，摆脱长期中低位徘徊局面，从产业链中

低端向中高端迈进。三是提高经营管理水平，特别是中小民营企业更应积极抓住信息化、“互联网+”的发展机遇，引入先进管理手段，创新商业模式，适应时代发展需要。四是自觉培育企业诚信经营，坚守契约，自觉诚信守法、以信立业，依法依规开展生产经营。五是培育和发扬敢于冒险、勇于创新的企业家精神，树立打造百年老店的信心、决心并身体力行。

2. 打造品牌，主动融入国家发展战略、抢抓发展机遇

党的十八大以来，党中央围绕“两个一百年”奋斗目标提出了系列国家发展战略，木材与人造板企业应更积极主动地融入国家发展战略和主流经济，在“一带一路”、京津冀协同发展、长江经济带发展、雄安新区建设、乡村振兴战略等区域协调发展战略中寻找新的发展机遇，在战略性新兴产业、现代服务业、军民融合产业等发展战略中找准自身定位，加强品牌建设，在供给侧结构性改革中提升产品质量；积极把握中国制造2025、互联网、大数据、人工智能与实体经济深度融合的投资机会，在中高端消费、创新引领、绿色低碳、共享经济、现代供应链建设等领域拓展商机。

3. 绿色发展，结构调整，提高行业整体竞争力

近期，国家发改委发布的《产业结构调整指导目录（2019版）》中鼓励类新增加了“木材及木（竹）质材料节能、节材、环保加工技术开发与利用”和“废弃木质材料回收工程”两个条目。木材及人造板行业相关协调部门要以国务院发布的《打赢蓝天保卫战三年行动计划》为引领，按照《产业结构调整指导目录（2019版）》提出的具体条目，加快行业相关标准编制，划清约束底线；实施行业环保设施提升专项，树立环保标杆企业，促进行业绿色转型，大幅降低污染物排放；努力优化产业布局，加速淘汰落后产能，积极发展生物质能源，提高能源利用效率；强化科技基础支撑，培育专业化服务，不断提高行业发展质量和企业竞争能力。

结束语

历经40年的高速发展，我国木材工业已经形成雄厚的产业基础、完善的产业链、成熟的产业工人和优秀的企业家队伍，为人造板行业在新时代的创新发展奠定了良好基础。就人造板行业整体情况看，预计2019年人造板产量将超过3亿立方米，达到我国人造板产量的峰值。未来几年，我国人造板产量将在峰值上下波动，以创新为动力、市场为导向、高质量发展为目标的企业并购、资产重组，将成为我国木材工业深化改革的重要标志。同时，以科技创新引领企业转型升级，运用移动互联网、物联网、云计算、大数据等智慧林业的信息技术不断拓展市场发展空间，开发新产品、发现新需求，寻找产业结构调整的新动力、新路径，通过降低成本、提升全员劳动生产率和核心竞争力来完善产业链，创建最佳商业运营模式实现企业发展战略，将成为企业竞相实现的重要目标，推动行业整体在创新中进入高质量发展区间和全球价值链中高端。

（注：数据来源于国家林业和草原局、海关总署）

养老服务体系下的适老家具设计研究

北京林业大学材料科学与技术学院教授、博士生导师　张帆
北京林业大学材料科学与技术学院博士生　史心傲

摘要：21 世纪人口老龄化问题日渐严重，养老问题备受社会广泛关注。我国养老事业起步较晚，养老服务体系还处于探索过程中，由养老问题形成的养老产业也在不断发展。适老家具作为养老产业中与老年人生活息息相关的重要部分，其设计发展在一定程度上也受到养老服务体系发展的影响。养老服务体系的不断完善刺激适老家具的设计更新，同时适老家具设计的发展也可以为养老服务体系的完善提供支撑，两者相辅相成，相互促进为老年人带来更加安全、便捷、舒适的生活。

引言

随着老龄化时代的到来，养老已经成为一个全世界都高度关注的社会性话题。我国作为世界上老年人口最多、增速较快的国家，社会养老问题更加突出[1]。虽然我国的养老事业仍处于起步阶段，但是国家和社会对于养老事业的高度关注，使得养老服务体系在探索中不断完善，由养老问题形成的养老产业也在适应中不断发展。适老家具就是养老产业中与老年人日常生活息息相关的重要部分，养老服务体系的不断完善为适老家具的发展带来了良好的社会大环境，同时不断刺激适老家具的设计更新。适老家具的发展也为养老服务体系的完善提供一定的支撑和贡献。

一、我国养老服务体系现状

养老服务体系是指老年人在生活中获得的全方位服务支持的系统。养老服务体系既包括家庭提供的基本生活设施和生活环境，也包括社区提供的各种服务和条件。根据服务主要提供主体可划分为家庭养老服务体系、社区养老服务体系和社会养老服务体系。养老服务体系具体包括养老政策指导、养老机构网络、养老资金支持、老年产品体系、老年精神关怀等多方面、多层次的服务保障系统。

我国人口老龄化具有人口基数大、人口老龄化速度快、老龄化与高龄化同步发展、老龄化与失能化共生、农村老龄化问题更为突出等特点[2]。当前由于国家、社会和个体对于养老问题的广泛关注，我国在养老服务体系建设上取得了一定的成果：相关政策法规体系的初步建立；居家养老、社区养老、机构养老模式的建立；护理服务人才队伍建设逐步完善；社会力量参与到养老服务中。

虽然由于我国人口老龄化速度较快，造成了养老服务供给不足，社区养老体系还不够完善，养老服务及管理人才缺口较大等问题，但已经为养老产品体系的发展提供了良好的环境。适老家具产品作为老年人日常生活与养老服务的载体已经具备了一定的研究成果和设计成果，养老服务体系和适老家具产品的设计发展都在不完善中相互影响、不断进步。

二、养老服务体系下的适老家具设计

适老家具作为养老产业中重要的一环与老年人的日常生活、居室环境设计、养老地产等密切相关。适老家具是为了给老年人带来更加安全、方便、舒适的生活环境，而养老服务体系便是要让老年人在生活中获得全方位服务支持的系统，因此，适老家具设计的发展与养老服务体系的完善是密切相关的。养老体系的不断完善、养老模式的不同、养老服务

及管理人员的专业化等，都对适老家具设计具有一定的影响，同时适老家具的发展也为养老服务体系的完善提供了帮助。

1. 完善的养老体系有助于适老家具的发展

随着老龄化程度的不断加重，计划生育等政策的实行，中国老年人虽然意识中有着强烈的居家养老享受天伦之乐的意愿，但是家庭养老的功能逐渐弱化，子女由于工作等原因，对老年人的生活照料和精神慰藉不能满足老年人的需求。因此，构建社会化养老服务体系，完善社区养老和机构养老服务是应对老龄化挑战的必然选择，以满足老年人不同层次的需求。养老模式的多样性为老年人的生活带来更多的可能。

我国政府发布的《中华人民共和国老年人权益保障法》《关于全面开放养老服务市场提升养老服务质量的若干意见》等法律法规及政策使老年人的生活得到了保障。虽然目前仍然有许多不完善之处，但是当老年人基本生活需求得到保障之后，就会开始追求更高的生活质量。这时老年人及其子女就会开始关注与日常生活息息相关的适老产品市场的动向，考虑购买更能为老年人生活带来安全和便利的适老家具，由此为适老家具市场提供发展的可能。适老家具的设计也会更加针对老年人的需求不断探索新的可能，从而得到发展[3]。

以步入老龄化较早的日本养老产业的成功经验来看，完善的社会保障制度“养老金 + 介护保险”通过引进市场竞争机制和细化介护服务项目，有效遏制了养老保障中家庭功能的进一步弱化，也打破了福利事业由国家包办的旧格局，开拓了社会养老保障体系的新思路，更高质、更高效地为老年人养老生活提供保障，切实减轻了老年人养老的经济方面的负担，使老年人具备购买专业适老化产品和享受养老服务的实力[4]。

笔者在参观日本的适老产品展会（2018 年日本国际福祉机器展）时，看到很多老年人的身影（图 1）。老年人会在身体可承受范围内尽可能不为他人带来负担，自主选择在市场上寻找可以辅助生活的实用的适老产品，适老家具就是其中一部分。用户的需求逐渐增加，刺激着适老家具设计的不断发展和进化以更好地适应老年人生活的实际需求。此外，在社会的共同关注下，养老产业不断发展，各个公司企业研究机构在产品类别相对完备的情况下开始注重细节的设计提升，使产品发展更加完整适度，具备专业化、精细化的特点。

图 1　展会上老年人现场体验（笔者摄于日本）

2. 不同养老模式对于适老家具的不同需求

目前养老模式主要有居家养老、社区养老和机构养老等。不同类型的老人根据自身和家庭情况会选择不同的养老模式。然而不同的养老模式存在一定的差异和特点，因此对于适老家具的需求也不相同。

居家型养老模式下的适老家具设计　居家和社区型养老模式以在自己家生活为主，居家养老空间相对私密，空间布置和室内家具部品的选择也更加个性化。根据老年人的类型不同，自理型老人家的适老家具以提升老年人生活的安全性和便捷性为主要目标，以潜在的辅助方式协助老年人完成日常生活活动（图 2）。而失能、半失能老人则在一定程度上需要辅具或他人的帮助完成日常生活活动，在家庭空间中也可能会有一定的医疗活动，因此在适老家具的设计上要考虑老年人、家属、护理人员以及医养结合的特点。居家环境下的适老家具的设计可以突出“家具辅具化、辅具家具化”的设计思想。

社区型养老模式下的适老家具设计　社区型养老以提供日间照料、生活护理、配餐、康复以及上门服务等为主，属于相对公共的空间（图 3）。家具的品类多样，除了日常起居、寝卧、就餐等功能外，还需要满足公共空间的读书、学习、会议、娱乐、康复等功能。除了考虑老年人使用之外，还要考虑护理人员与老年人之间的相互关系。如在卫生间助

图 2　居家养老卧室家具设计（设计单位：北京林业大学）

图 3　社区日托站公共活动空间（笔者摄于日本）

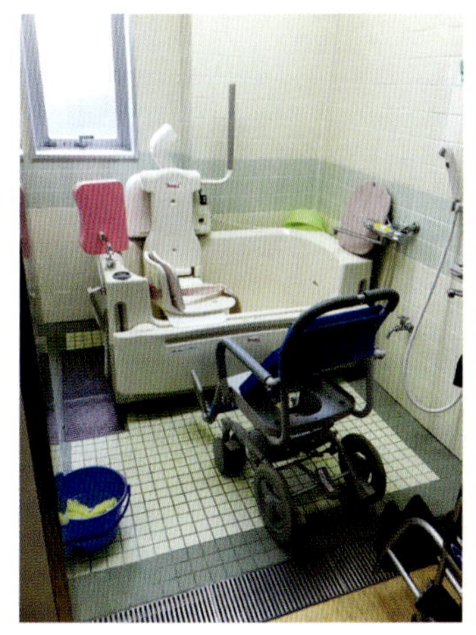

图 4 社区日托站助浴空间（笔者摄于日本）

图 5 养老机构公共活动空间（笔者摄于日本）

浴活动中，除了配备老年人使用的助浴凳，也要关注护理人员的行为，使助浴凳方便老人洗浴的同时减轻护理人员的工作负担，更加方便地协助老人洗浴（图 4）。

机构养老模式下的适老家具设计　机构养老区别于居家养老和社区养老，属于更加公共的空间，在适老家具设计的过程中，要保证老年人的独立空间，同时又能让老年人享受集体生活、社交的乐趣。老年人居住的居室空间根据入住人数的不同存在一定的差异，单人间的个性化和私密程度更强，而双人间、多人间等就要注重个人空间的分隔，以及在有限的空间范围内老年人的储物及照护问题。在集体空间或公共空间中要考虑老年人的起坐停留、小范围或集体娱乐活动需求等（图 5）。除老年人使用外，护理人员及家属访客等也可能会在此空间活动，因此要更多体现通用设计思想。机构养老空间中的家具要考虑老年人、护理人员、医疗人员之间的关系，使老年人能最大程度自己完成力所能及的事情，尽可能减轻护理人员的工作负担同时满足医疗人员医治过程的相应需求[5,6]。

“辅具家具化、家具辅具化”　由于老年人类型的不同，有自理老人、介助老人、介护老人，因此在适老家具产品开发的过程当中也要考虑对于老年人的人性化、情感化关怀，将冰冷的医疗设施以及贴有“老年”“失能”标签的医疗辅具产品家具化，通过对于家具产品的改造达到辅具的效果，为老年人带来更加具有尊严且实用的家具产品，体现潜在的人文关怀。

因此针对不同养老模式的独特需求，在养老模式不断完善的过程中会对适老家具的发展形成一定的刺激。相关企业会从各个养老模式的特点出发，不断完成相应适合的产品研发，从而扩充适老家具的市场，开发更加合适的适老家具产品。

3. 养老服务及管理人员的专业化有利于适老家具的更新

由于社会经济水平的不断发展，老年人的平均寿命相对于过去有所延长，提升老年人晚年生活质量，使其健康养老的重要影响因素就是养老服务及管理人员的专业水平、文化素质和精神面貌等。具有较高的养老服务意识，才能在养老服务中为老年人提供满意的服务[7,8]。针对不同类型的老年人及老年人的身体状况，护理人员会依据其专业知识选择不同的适老家具设施，以满足老年人的日常生活所需以及其护理所需。除了家具本身的功能之外也会在护理过程中对于新型材料有所期待，例如防止褥疮的材料，以及除臭杀菌等新型材料都能提升护理人员的工作效率，更好地为老年人提供良好的服务。

在日本，护理人员具有明确的培养目标，多层次的教育体系，多样化的课程设置以及完善的资格认证制度。1987 年日本便颁布了《社会福祉士及介护福祉士法》，“社会福祉士”与“介护福祉士”两个概念被明确定义。社会福祉士的主要工作为社会福利的咨询、建议指导和与其他专业人员进行联络协调等工作。而介护福祉士的主要工作内容是，使用专门的知识与技术对高龄者或残疾者实施护理行为，并对其他照顾人员和被照顾者进行相关指导[9]。

在笔者参观的日本的一个小规模多功能认知症养老设施中，担任护理人员的员工需要具有多重的资格认证，由于认知症老人的特殊性，其护理人员需要掌握的护理知识、医疗卫生知识及心理慰藉辅导知识也需要更加全面。除了专业的知识和技术，也可以在其工作过程中感受到他们具有强烈的服务意识。他们根据老年人的不同情况，进行室内环境布置，更多地给予老年人记忆刺激（图6），让老年人集体活动，增强其归属感。同时虽然设施内的硬件家具产品并没有选择非常先进的产品，但是依据护理人员的经验和专业的知识和技术，会为个子不够高的老年人准备脚垫（图7），来弥补座椅高度过高的不足；为使用拐杖的老人在座椅旁边添加放置拐杖的小附件（图8）。将老人们看成是自己的家人一样，定期进行卫生清理、心理慰藉与陪伴。将家具设施与服务相结合，为老年人带来更加便利舒适的生活体验。这样的过程会为适老家具市场带来真实的使用反馈。在如座高、座深、桌面尺度、家具附件等功能方面，以及产品色彩、材质、触感等方面寻找可更新的设计点，更符合老年人的人体工程学，从而推动设计出更加实用的适老家具产品供实际使用，进行进一步的测试和评价，在不断反复试验中形成更加完美的适老家具产品。

4. 适老家具的发展对养老服务体系完善的影响

在一些经济实力不能达到使用先进养老产品的家庭和养老机构，时常会看到可以称为“生活小妙招”的产品改造。如在日本一个区立长期照料养老设施中，由于使用时间较长，整个设施内的家具部品十分老旧，也没有足够的资金更换家具，因此护理人员通过手工的形式制作完成适合老年人使用的助浴凳等家具设施（图9），极大地降低了成本，同时又满足了使用功能。相反一些高端的养老机构会引进先进的适老产品，如移位设施（图10）、先进的护理床等，以更便利地满足老年人的生活需求，这样的选择极大地刺激了智能化、高科技适老产品的不断研发。以上两种不同的处理方式，也可以为适老家具产品开发的设计师和研究人员带来不同的设计研究思路——降低成本、经济适用的产品，以及高端智能先进的适老产品。政府、社会等可以从这样的产品差异中总结出养老服务的地区差异、水平差距等问题，从整体的养老服务体系中挖掘为老年人带来更加优质的养老服务的可能。

同时，市场上会出现“未来式设计”，设计师会根据现实生活的调研以及对于未来的设想，设计出相对超前的适老化产品，为养老产业提供更多的可能，以刺激养老服务体系的不断完善。因此适老家具的发展对于养老服务体系的完善也具有很大的促进作用。

三、结论和展望

养老服务的各个环节都不是相互孤立的，大到养老政策法规的出台，养老模式的不断更新完善，为养老行业的发展提供大环境的保障；小到养老服务及管理人员的专业化培训，养老生活用品如适老化家具的开发设计：切实保障老年人日常生活所需等都是相互影响、协同发展的。

养老服务的整个过程应该是软硬件相辅相成的过程。功能齐备、满足老年人生理和心理需求的适老家具产品等硬件设施能为老年人提供更加安全、便捷的生活；协助辅助护理人员更好地完成养老服务，同时还能减轻护理人员的工作负担，刺激养老服务体系的不断完善。养老家具设施不足的情况下也能通过优秀细致的服务和较高的服务意识等软件条件进行填补，使老年人感受到人性化的关怀与照顾，从而推动适老家具设计的不断发展。因此，随着老龄化的日益加重，养老服务体系和适老化家具产品都会在不断的尝试和相互促进的环境中逐渐完善进步，为老年人提供更加优质、安全、舒心的生活环境，提升其生活的幸福感。

图 6　根据老人的喜好布置的个性化房间装饰（笔者摄于日本）

图 7　在普适性的适老家具基础上进行个性化改造（笔者摄于日本）

图 8　为使用拐杖的老人增加放置拐杖的小附件（笔者摄于日本）

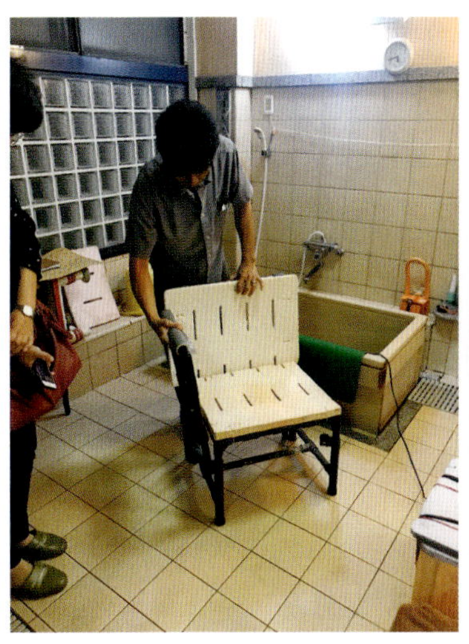

图 9　手工制作助浴凳（笔者摄于日本）

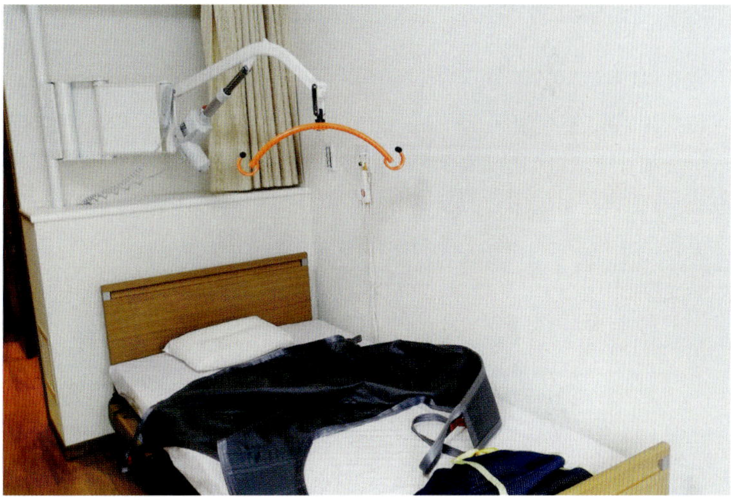

图 10　先进的移位设施（笔者摄于日本）

参考文献

[1] 刘益梅 . 人口老龄化背景下社会化养老服务体系的探讨 [J]. 广西社会科学，2011, 7: 100-104.
[2] 盛　昕 . 新时期我国养老服务体系建设存在的问题与完善路径 [J]. 学术交流，2018, 295(10): 127-133.
[3] 杨燕绥 . 老龄社会与积极的养老政策 [J]. 中国人力资源社会保障，2017, 10: 15-17.
[4] 林丽敏 . 日本介护保险制度相关问题分析 [J]. 现代日本经济，2018, 2: 87-94.
[5] 李雪莲 . 不同养老模式下的老年家具设计开发 [J]. 家具与室内装饰，2013, 1: 16-17.
[6] 梁利娟，任小颖 . 不同养老模式下的老年家具设计开发 [J]. 西部皮革，2017, 16: 98-99.
[7] 宋　雨 . 法治视域下养老机构从业人员服务意识培育研究 [D]. 合肥：安徽农业大学，2016.
[8] 吴　杰 . 日本养老服务人才培养模式及其对上海的启示 [J]. 中外企业家，2014, 24: 226-227.
[9] 林　杰，陈星玲 . 日本养老服务专门人才教育体系探析 [J]. 比较教育研究，2018, 6: 92-100.

2019—2020 时尚涂装色彩趋势

宣伟华润涂装色彩研发院 & 中国流行色协会联合发布

前言

Color is not used to describe, but to evoke a sense of feeling.“色彩不是用来描述什么的，而是用来唤起某种感觉的。”（勒·梅布西耶，瑞士，建筑）

Color is the most powerful thing that can be used to express feelings.“色彩是可以用来表达感情的最具影响力的工具。”（林恩·奥格施泰因，美，建筑）

色彩作为视觉传达的第一要素，越来越被企业所关注和重视。人靠衣妆，家具靠涂装！涂装色彩，是家具设计中最核心的一环，当涂装承载的不再是一门技艺，而是一项艺术的时候，家具，也因涂装色彩被赋予了生命。

2019—2020 时尚涂装色彩趋势，由宣伟华润涂装色彩研发院与中国流行色协会联合研究出品，作为顶级涂装色彩研究机构和中国权威色彩机构共同打造的前沿专业资讯，已成为家居时尚前沿趋势风向标。

本次趋势定案，以消费趋势为导向，探究当下主流消费群体的生活样式与生活主张，解剖消费趋势相关的潮流资讯，再结合流行色及家具设计风格的变化等，进而导出 2019—2020 时尚涂装色彩趋势。

2019—2020 时尚涂装色彩趋势总述

消费升级催生了“新精致主义”。当下整体家居精致主题不断蔓延，在追求“现代、简约、包容性”设计的同时，又强调“空间意境表现”及高级感，新精致主义的“广度与深度”不断延伸。

深邃的红色调将成为主打色，幽绿色、高贵紫、金属色也是 2019—2020 的关键色彩。

经典的高级灰在家居空间中仍占主导地位，浅灰色、深灰色占比在 2019—2020 年明显增加。

饱和深色减少，中等饱和色调增加，既不沉闷，也不傲慢，各类风格均适用。

热带雨林的花草、线条、几何图案、带有文化印记的符号，以及时尚品牌的经典元素大量应用；带肌理质感、半透质感、光泽感，刺绣、编织 / 原生态及其它功能性的材质开始盛行。

结合以上趋势方向，共呈现四个色彩主题，分别为：自愈、重新演泽、波状态、合理失控。

主题一：自愈

空间意境表现上，家具剔除了许多羁绊，变得更为纤细、简约，但又能找寻其文化根基。饰以蜡烛作为点睛之笔，将空间烘托得更加温馨。整体怀旧、大气、精致、不失自在与随意，拥有无与伦比的舒适度和亲和力。让家成为释放压力，缓解疲劳，自我修复的净土。

关键色彩上，云霭灰具有内敛、朦胧感，瓷青色透着一股安静、温润的力量，烟雾蓝、紫藤色则清雅、优美，整体以柔和、舒适的浅淡色调、浅灰色调为主。亦或通过晕染这种独特、微妙的方式相互结合、萦绕，从明到暗，由深转浅，使空间变得生动的同时，柔化了烦恼和疲倦，温润了视线与情绪。

软装搭配上，可采用飘渺、灵动、氤氲为灵感的暗纹、渐变色提花或晕染图案，带来深浅不一的斑驳色块，增添一丝慵懒与随性。蕾丝点缀在绸缎、薄纱、纯棉基底或者丝滑柔软的科技轻量面料上，达到舒适、安全、细腻的触感。此外，精致感较强的陶瓷、原木、手工编织等自然材料适合在该趋势中应用。

自愈——主题概念表达

选择氤氲绿搭配藕粉色作为空间的主色调，同时，也让家具的色彩与设计（甚至五金）与空间的背景融为一体。同时结合当下流行的编织与肌理质感非常强的面料，实现自愈主题所强调的修复、脆弱、微妙、细腻、和缓的空间感受。

色彩设计：调整好半透底色的浓度，薄喷上色调整好底材色相，干透后由底材封闭剂保护。格丽斯充分稀释后擦涂，留少量颜色增强木纹即可。

工艺设计：铜刷梳理导管，底材打磨尽量精细，每道涂装工序遵循薄涂多次的原则，润湿底材保护好每一层颜色，减少多余漆膜导致表面臃肿。

空间应用：淡奶油色的同色系特别适合打造温馨的空间氛围，再用浊色的小件家具装点，错落有致的色彩让空间更具节奏感。

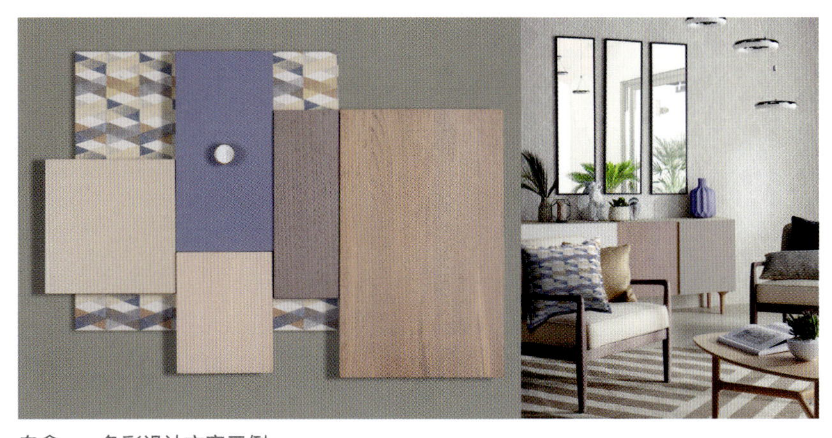

自愈——色彩设计方案示例

主题二：重新演绎

空间意境表现上，崇尚学术和思想，强调设计内核和匠心工艺，将古典语言以现代手法进行演绎。空间规划和场景上比较注重穿透力，恰到好处的留白和借景，给人以无限的遐想。家具形态和装饰细节上相对克制，点到即止。经典元素、抽象艺术以及略带光泽质感的材质，使人游走于古典与现代之间，而丝毫不觉得冲突，实现当下的快节奏与慢生活的平衡感。

关键色彩上，琉璃蓝象征着理性、精致和品味，釉底红则揭开岁月尘封的底蕴，幽绿色传递出对旧式精神的探索。沉稳的深色，浓而不艳，将暗藏于平静之下的新锐气质呈现出来。

软装搭配上，东西方文明碰撞、交汇下的图腾、符号、抽象元素等烙印在空间里，随着时光流转。刺绣、水晶、黑陶、珐琅……诉说着经典文化的渊源，带有光泽度的绸缎面料尤其能够提升空间的格调，而黄铜的金属质感搭配大理石的温润内敛，在视觉上形成一股极具现代感的艺术张力。

若挑选经典的琉璃蓝配釉底红，再加上一组黑檀色家具，中间装饰的是一幅抽象的、意境感非常强的山纹褶皱图案，通过光影的变化，能很好地营造出一种空灵流动的情绪感受。

色彩设计：先对底材进行封闭处理，干透后精砂，将调配好的着色材料均匀擦涂色板，与基材自带的木皮底色叠加形成立体式的色彩层次。

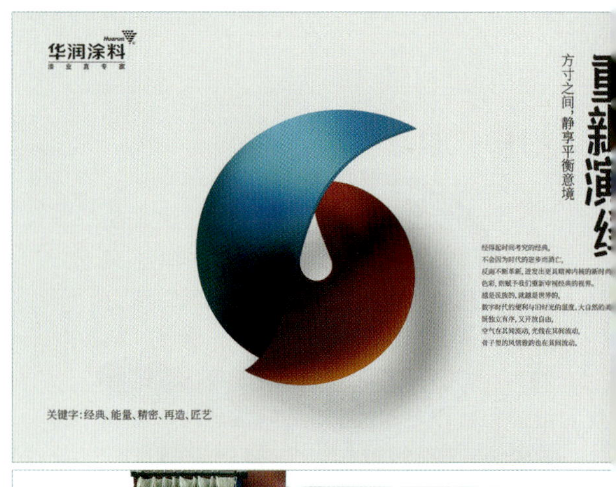

重新演绎——主题概念表达

工艺设计：高清透明底漆与全亮光面漆搭配，制作出如镜面般通透的全封闭高光效果。

空间应用：当传统的立体式拼花遇上时尚高级灰，半透的底色与高清透镜面相结合，再应用高亮光的设计，以及金属与水晶质感的衬托，凸显一股现代的新锐气息。

重新演绎——色彩设计方案示例

主题三：波状态

空间意境表现上，时刻准备迎接未来的挑战，自然会选择简约的实用主义与时髦主义并驾齐驱的家居空间作为自己的主战场。动感元素与时尚元素相融合，传递出无畏的勇气与态度。同时辅以趣味性的配件，充满活力与视觉冲击力。墙面装饰是点睛之笔，似调味品一样，在空间里加入诙谐个性。多肉等绿植的摆放，体现了对环保主义的坚守。

关键色彩上，更为潮人风的醒目色彩，以富含维他命的酸性柠檬黄、“斜杠青年”马尔斯绿为主旋律，彰显当下正在冉冉升起的年轻新势力。春日气息的若芽色和烂漫、明快的海棠粉，不论出现在哪里，呈现形式如何，都能立刻唤醒明亮色调的生命力。加入另类液体荧光色配色，更加酷炫、鲜活。

软装搭配上，有趣的几何拼图，全息涂层、反光印花，亦或是 POP 风的图案和结构打造俏皮设计。材质以亚克力、PVC、泡泡纱、棉、麻、运动型尼龙面料为主，而一些液体荧光感、高科技面料具有变色龙属性，根据光照、温度等发生改变，变幻莫测，别有一番意趣。

波状态的主题除了考虑空间色彩及图案的选择、以及家具的结构之外，重点设计了趣味性的摆件——一款经典的动态平衡雕塑，让整个空间充满活力并增添更多的生活气息。

色彩设计：新生代主流消费群体思想的开放度、活跃度，无不彰显着他们对新鲜事物或未知领域的尝试和探索的精神。从视觉上营造一种波状态下的动感冲击，亦较好地展现这股新兴力量的轻时尚与生命力。

工艺设计：通过封闭高光镜面效果尽显底材的 3D 立体视觉感，底面漆要求选择高清透产品，同时，底漆需干透后再做下道涂装，防止后期漆膜下限。涂层间打磨细致，防止漆膜脱层。

空间应用：立体式拼花适合在空间里做小面积装饰，可搭配麦灰色桃花芯家具，软装强调植物的色彩表现力以及花纹的细节，让整个空间看起来充满生机。

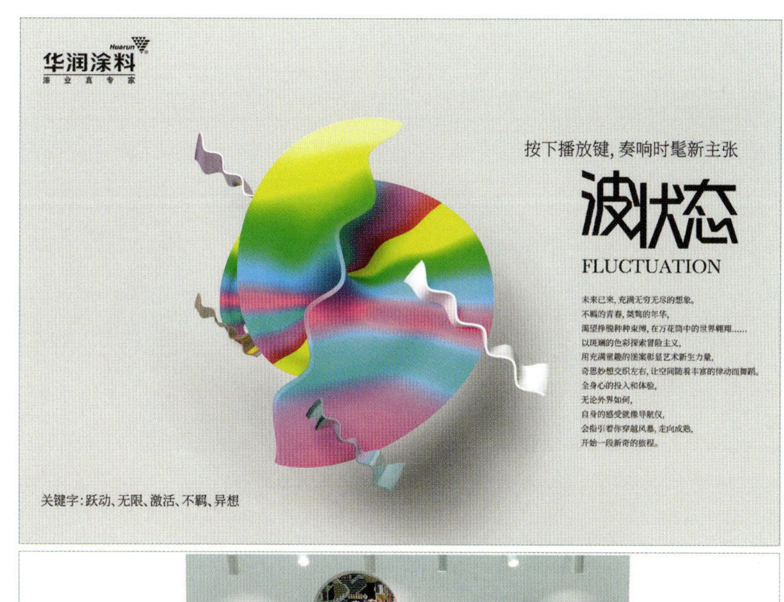

波状态——主题概念表达

波状态——色彩设计方案示例

主题四：合理失控

空间意境表现上，多元文化、思想开阔和偶尔激进的设计，前卫、大胆、华丽之中带着一股对经典追求的倔强与傲慢。既追寻世界本源，也乐于探索另类风情，不再是渴望藏身于丛林以逃避喧嚣的现代生活，而是将自然气息融入当下都市社会，兼容并蓄的时代，既对立又统一。无论是充满戏剧张力的色调碰撞，还是现代材质及面料的大胆运用，都展现出独特新颖的吸引力。

关键色彩上，高雅华贵的云锦紫、孤世疏离的流光青莲搭配核铝金色，具有强烈的个性和瑰丽的视觉冲击力。深邃丛林绿的应用，为空间注入了狂野、神秘的元素，充满了生命张力。只要找准色彩间的平衡点，打破空间的界限，就可以探索虚

合理失控——主题概念表达

拟与现实的融合，释放出奢雅与自然的绝妙魅力。

软装搭配上，采用天鹅绒、毛圈花式线、粗花呢和柔软羔羊毛，质朴与华丽兼具；扑朔迷离、大胆刻奇风格的兽纹、图腾以及原始森林图案，使针织面料更具唯美神秘感；生物可降解辅料、回收的天然纱线和合成纱线体现环保主题；仿皮草和金属元素必不可少，色彩和设计感突出的瓷砖、激光镭射、3D 建模以及各种科技的手段成为空间中不可或缺的极致细节。

合理失控的设计重点挑选了当下热门的奢品图案，应用不同调性的高贵紫的面料进行叠加，营造一种视觉错觉，再融合不同材质的组合，凸显一种摩登的、略有点张扬的时尚风潮。

色彩设计：立体色的色彩层次感需遵循多层上色的原则，且每层颜色间需适当地间隔待干，防止颜色发花。

工艺设计：选择疏密有致的胡桃木直纹，木皮不宜过薄，以避免底材处理过程中，木材天然的质感不能完美地得到呈现。

空间应用：意式风格通常选用全亚的胡桃木家具予以陈设，混搭一件高光泽的树瘤家具可平衡空间的时尚调性。搭配灰紫的金属色及奢华的魅惑紫，尽显成熟而魅惑的韵味。

合理失控——色彩设计方案示例

06

地方产业

Local Industry

编者按：2018年，家具行业继续保持发展态势，商品零售总额稳定增长，主营业务收入、利润均实现正增长。与此同时，受国内外复杂环境影响，家具行业经济效益下行风险增加，部分企业盈利水平下降，亏损企业个数、亏损额、亏损面都有不同程度增加。从地区分布来看，东部地区家具产量最大，累计完成5.71亿件，占全国家具产量的80.08%，同比下降2.34%；中部累计完成0.8亿件，占比11.21%，同比增长2.54%；西部累计0.38亿件，占比5.3%，同比增长13.9%；东北部累计0.24亿件，占比3.41%，同比下降7.84%。本篇收录了全国25个重点省（市、自治区）2018年的行业发展情况介绍，主要记录各地区行业概况、技术创新、最新成果等行业大事记、特色产业发展情况、品牌发展及重点企业情况等方面内容，供读者参考。

北京市

一、行业概况

1. 行业发展趋势

2018 年，人们对全屋定制家具的需求呈现上升趋势。此外，工业 4.0 时代的智能制造技术的渗透，家居卖场和电商巨头组团成为了行业重要的里程碑事件，这是家具行业从未有过的升级和创新。

2. 行业主要特点

- 行业运行稳中有进有变
- 北京家具产业集群崛起
- 整体装备水平显著提高
- 品牌战略效应日渐凸显
- 全方位多渠道市场布局

二、行业纪事

1. 为构建绿色家具制造体系工作做支撑

北京市家具行业协会通过深入实际的调查研究，结合产业政策、行业现状和存在问题确立疏解转移的方向以及北京市家具行业发展思路，完成《北京家具产业京津冀协同发展调研》课题、《家具行业相关运行数据、转型发展及上下游行业发展的调研》课题、《北京家具产业疏解整治促提升的调研》课题等相关工作，为政府制定下一步的产业政策做好基础性支撑工作。

2. 以展会为平台，提升北京家具品牌的影响力

组织 40 余家北京市优秀企业分别参加了广州、深圳、上海、天津等家具展，天坛、曲美、百强、荣麟、爱依瑞斯、华日、非同、世纪京泰等企业在材料应用、功能创新等方面成为展会之中的亮点，很好地诠释了北京家具的设计与品质，同时扩大了海内外广大客户对“北京品牌”的认知、认同感，极大地提升企业品牌影响力和行业形象，进一步拓展了国内外家具市场。

2014—2018 年北京市家具行业发展情况汇总表

主要指标	2018 年	2017 年	2016 年	2015 年	2014 年
企业数量（个）	880	900	1000	1020	1200
工业总产值（亿元）	320	385	390	420	400
规模以上企业数量（个）	50	59	66	66	66
规模以上企业工业总产值（亿元）	185.2	200.3	210	210.76	200
出口值（万美元）	21836.9	21200.5	28488.4	23265.9	20000.0
内销（万元）	3058060	3724900	3871511	4048772	3999800
家具产量（万件）	2403.7	2500.3	2680.6	2750.4	2864.2

数据来源：北京市家具行业协会

3. 打造北方最大、最具影响力的家具产业集群

在北京市家具产业外迁过程中，众多企业主动承担了相应的社会责任。目前，共有 200 多家企业与北京周边地区开发区签署了入驻协议，更远的则到了山东、江苏和河南等地，开启了全国布局的良好局面。特别是河北深州家具产业园，作为北京市家具行业协会与深州市委市政府共建项目，总体规划约 1 万亩，目前已有 30 家企业入驻，其中 10 家企业购买土地面积 1200 余亩，已有企业投产。此园区除承接京津冀三地的家具产业外，积极引进全国的优秀家具企业，致力于打造北方最大、最具影响力的家具产业集群。

4. 努力提升行业从业人员素质，为企业培养复合型人才

在行业转型升级的关键时期，为适应家具制造行业现代化、数字化发展的需求，推进“中国制造 2025”战略，北京市家具行业协会携手津冀鲁辽四省市家具协会联合北京林业大学共同举办了“家具数字化生产与管理技术培训班”。本次培训历时七天，师资来自于北京林业大学、南京林业大学等高校教授，深圳家具研究院、企业的高级技术主管，学员来自于企业的生产厂长、车间主任等技术骨干，课程丰富，注重理论与实践的结合，并通过晚上的课程进行讨论交流。此次培训，立足学科前沿领域，把脉行业发展方向，服务企业技术升级，目的是促进校企间产学研合作，提升行业从业人员素质，为企业培养复合型人才，推动家具行业技术革新与产业转型升级。

三、品牌发展及重点企业情况

2018 年 9 月，北京市经济和信息代局经过专家评估、公示等环节，确认了 2018 年北京市绿色制造名单。其中 14 家“绿色工厂”、1 家“绿色园区”入选。北京黎明文仪家具有限公司成功入选“绿色工厂”。黎明文仪家具有限公司此次凭借先进的工艺流程、可靠的装备保证、完善的设施条件、稳定的质量体系、精益的制造模式、强烈的环保意识和完善的环保体系成就了“绿色工厂”这一称号。

2018 年 9 月，按照工业和信息化部办公厅《关于开展 2018 年智能制造试点示范项目推荐的通知》，经各地方工业和信息化主管部门推荐、专家评审和网上公示，北京曲美家居集团有限公司荣获工业和信息化部授予的“家具大规模个性化定制试点示范”称号。

2018 年 9 月 27 日，京东与曲美家居深度合

黎明文仪深州公司奠基仪式

曲美 | 京东之家 LIVING MALL

作，全新打造的北五环中心店——曲美 | 京东之家 LIVING MALL 盛大开幕。从时尚跨界到生活“美无界”，这代表着曲美将从量变到质变，沉稳向前。而曲美京东之家也拥有着重要的战略意义，曲美通过打造家居无界零售，将在最大程度上打通线上线下，融合前沿技术，整合购物场景，打造更高效、更愉悦的家居购物体验。

四、行业重大活动

1. 开展品质消费月活动，促进消费

为满足人们对高品质生活的需求，切实做到让惠于民，同时进一步激发家居卖场的市场活力，提升北京品牌知名度，在市商务局指导下，居然之家、红星美凯龙、集美、城外诚、蓝景丽家等京城六大主流卖场及颐堤港、北京坊等时尚商圈等各综合商业体，以及曲美、天坛、意风、百强、爱依瑞斯、荣麟、非同、强力、HC28 等 102 家精选品牌、千余家门店打造了为期一整月的大型惠民促销活动。在实施过程中，得到市商务局、发改委、经信局、质监局等政府部门的大力支持。据统计，短短一个月时间，通过消费月活动的宣传推广和落地实施，覆盖人群突破 2600 万人次，参与品牌累计实现销售额达 3.5 亿元，同比增长 16%，全面实现了预期目标。消费月活动的成功举办，进一步完善了促进家居消费的体制机制，有效拉动了北京地区家居消费的快速增长，更好地推动北京家具行业的发展，提高北京家具品牌的知名度，提升北京家具品牌的美誉度。

2. 努力发挥产学研作用，为提升企业设计服务

为提升企业设计研发创新能力，世纪百强、时代文仪、东方万隆、挪亚家等企业与优秀设计师对接，就家具产业的自主设计、科技研发与未来经营思路等进行交流合作，将创新设计的产品、经营服务模式在企业落地转化。同时，利用北京家具产学研联盟优势，在人才培养、产品与技术开发、科学技术研究与成果推广、学生就业与人才引进、行业服务以及基础建设等领域继续发挥作用，已有黎明文仪、家美迪克、锦绣投资、挪亚家、傲威环亚、搭配家等多家企业与北京林业大学达成了合作意向，使产学研发挥更大作用。

北京家居品质消费月活动

上海市

一、行业概况

环保方面，2018 年是家具产业转型升级的关键年，随着国家对于环保要求的提高，上海家具生产企业逐步完成了改造升级。水性漆流水线的研发初见成效。

品牌方面，上海作为品牌之都，已全面打响上海服务、上海制造、上海购物、上海文化四大品牌战略，越来越多的家具企业意识到打造并提升自身品牌的重要性，上海家具企业则通过品牌培育努力提升企业自身品牌建设。

展会方面，每年上海的家具展会都是一场盛会，有 3 月的“设计上海”、9 月家具双展、10 月“米兰设计在上海”。全球各地的优秀展品汇集于上海，展会开拓了市场、促进了消费、加强了合作交流、推动了产业发展。

二、水性漆涂装生产线改造情况

1. 上海澳瑞家具装饰有限公司

上海澳瑞家具装饰有限公司成立于 2002 年，创始人高中华先生于 1993 年在上海创办“澳瑞家居”的前身上海富华家具厂。从 2018 年开始，为满足发展战略以及市场需求，澳瑞投入 1000 多万与北大高校科研团队合作进行了水性木器涂装生产线的改造，运用 LED 光固化技术结合地面自动盘线，固化时间缩短至 30 分钟。具有施工过程无污染，涂料可回收，几乎零排放、无噪音等特点。突破行业多项技术难点，其中硬度更是达到 3H，取得行业领先水平。

2. 上海白玉兰家具有限公司

白玉兰家具在总结了国际上已有的应用经验及自身产品所有工艺和技术要求基础上，推出了“3+1”水性涂装工艺方案（即水性工艺、油性效果、油性价格及其涂膜物理性能与油性 PU 一致，已申请国家发明专利）。经过 4 年对水性漆、喷涂设备、木材以及运用环境等各项材料性能与相关参数的潜心研究和数据积累，最终突破技术瓶颈，于 2013 年正式实现了 100% 全水性化涂装。而凭着水性漆的强大优势，也解决了甲醛、VOC 等一系列环保问题。2018 年，白玉兰水性涂装研发小组被社会

2014—2018 年上海市家具行业发展情况汇总表

主要指标	2018 年	2017 年	2016 年	2015 年	2014 年
规模以上企业工业总产值（亿元）	327.23	322.04	302.8	284.4	239.08
出口值（亿元）	58.51	67.02	70.25	73.54	74.95
销售额（亿元）	330.39	323.14	303.96	282.09	282.79
利润总额（亿元）	39.8	37.6	—	—	—
税金总额（亿元）	8.51	11.4	—	—	—

数据来源：上海市家具行业协会

保障部授予“全国轻工行业先进集体”。

三、品牌发展及重点企业情况

1. 红星美凯龙

2015 年 6 月 26 日，红星美凯龙于香港联合交易所主板挂牌上市（股票简称红星美凯龙，股票代码：01528）。2018 年 1 月 17 日，红星美凯龙于上海证券交易所主板挂牌上市（股票简称：美凯龙，股票代码：601828）。至此，红星美凯龙正式成为中国家居零售 A+H 第一股。

2018 年，红星美凯龙首次整合集团资源和业务重磅发布“红星美凯龙市场倍增战略”，就科技、设计、规模、环保、采购五大板块发布全新品牌、全新业务、全新策略及“家居黑科技”。此举对家居行业的洞察和未来趋势的把握至少领先行业十年。红星希望通过创新探索、多元链接、资源共享，启动增长的新引擎，开创市场的新格局，实现合作倍增、销售倍增、市场倍增。

红星美凯龙与腾讯率先联手发布 IMP 八大全新智慧营销产品，双方现场共同启动了家居行业“智慧二楼筋斗云计划”。该计划将赋能家居品牌商、经销商定制化搭建并深度运营基于线下门店的“智慧二楼”，深度运营私域用户。IMP 八大全新智慧营销产品可以让“智慧二楼”打破时间空间、无处不在，在最合适、最高效的时机与场景中，与目标消费者展开精准的营销互动。筋斗云所包含的流量云、内容云、工具云分别解决商家流量痛点、内容痛点和数字营销工具痛点。

2. 上海文信家具有限公司

上海文信家具有限公司是一家专业生产系统办公家具、商业空间家具、橱衣柜部件家具的制造厂商，是上海市办公家具前三强企业，2018 年销售收入 3.2 亿元。文信产品致力于研发全场景办公环境解决方案，目前已成功与 30 余家世界 500 强企业、跨国公司以及国内外知名品牌制造商达成深度合作关系。文信工厂已经达到 90% 的加工设备是进口设备，90% 的原材料是进口原材料。文信也是第一家导入数字化生产、自动化加工、智能化管理的家具企业。公司已在全国拥有了 4 家工厂，1 个物流中心，成都工厂和广东工厂已在策划阶段。

3. 诺梵（上海）家具科技股份有限公司

诺梵成立于 2003 年，一直以来致力于向优质客户提供高品质办公家具。经过 15 年高速发展，目前已跻身办公家具国内品牌金字塔的上层。诺梵于 2016 年 7 月 1 日成立教育事业部，已发展成为一个集自主研发、制造运营、空间规划和销售服务为一体的系统教育家具综合解决方案独立运营团队，既关注教育空间的发展趋势，也致力于打造最优的学习环境。

近年来，诺梵一直致力于社会公益事业发展。诺梵家具集团教育事业部向滁州市第二实验小学捐赠了课桌椅 150 套。经过不懈努力，公司在必达学校合作伙伴系列评选活动及第 13 届全国家具采购峰会上，以优质的学校家具综合解决方案和良好的客户信任度及口碑，获评“教育装备供应商 TOP10”“2018 年全国学校家具十大优秀供应商”年度大奖。

4. 新冠美集团医养家具——美勒森

新冠美集团 1997 年成立于上海，致力于为顾客提供专业商务空间和医养家具解决方案。公司拥有三大品牌“新冠美”“美勒森”和“美勒”。2017 年 12 月，值新冠美集团成立二十周年之际，正式对外发布全新医养家具品牌“美勒森”。作为医养家具行业的先导，美勒森专注中国医养家具领域，致力于提供极致人性化的医养家具和持续创新的健康产品体验。公司产品的功能设计上充分考虑了患病、半失能、失能老人的治疗需求，更从人体工学方面为老人的日常行为提供了便捷。产品选材始终秉持安全、环保的宗旨，以最大程度确保人体生命期为核心。产品以舒适、美观、安全、柔和为主，体现对老人精神层面的人文关怀。同时美勒森还与国际接轨，倾情研发人性化智慧医养家具。

美勒森医养自发布以来成交了众多优秀项目案例，其中联合泰康人寿共同打造世界级标准医养活力社区“泰康之家”，携手太平人寿共创高品质医养结合型养老社区“梧桐人家”；与浙江青蜓健康产业发展有限公司合力营造“江南养生文化村”等。2018 年被评选为“中国养老家具十大品牌”，成为中国医养家具行业名副其实的领军品牌。

四、行业纪事

1. 开展品牌培育、品牌之旅专项行动

为了增强行业企业的品牌意识，提升家具企业的品牌高度，上海市家具行业协会从 2018 年初就在上海市轻工情报研究所支持下，规划了“品牌培育”家协专场培训课，从 2018 年 4 月 13 日启动到 6 月 12 日、8 月 29 日三个阶段，共计 139 人次参加了题为“品牌管理手册”“自我评价”“持续改进”等系统课程及回家作业，根据企业对培训课的消化程度和实际需求，协会在第二阶段课后请培训老师作小课辅导，解答个性问题；并在第三阶段培训结束后，根据企业提交作业情况及部分企业的要求，特邀工信部品牌专家组孟副主任及培训老师，于 11 月下旬组团对筛选出的 5 家优秀企业进行为期两天的调研、走访、指导品牌工作，为企业申报“上海市品牌示范企业”奠定了基础。

读万卷书，不如行万里路。在开展品牌培训课的基础上，依托工信部品牌专家组、携手上海市工经联、市非遗协会、市轻工情报研究所组织 40 多家企业，于 2018 年 6 月 27—28 日举办了“中国工业品牌之旅”首航——沪青企业交流行。参观学习了青岛工信部品牌示范企业——酷特智能、容商天下、青岛啤酒、海信、海尔。在工信部品牌专家组的支持下，上海市家具行业协会携上海市工经联、市机器人协会、市电器协会于 2018 年 12 月 13—14 日组织近 30 家企业举办了“中国工业品牌之旅”—沪粤企业交流行，参观学习了广东工信部品牌示范企业——珠江钢琴、依波钟表、罗西尼钟表及慕思家居。

2.“R.E.D 红”设计展

上海市家具行业协会设计专业委员会于 2018 年 3 月起联合专业策展人、红木企业、优秀年轻设计师启动了“来聚具”——“R.E.D 红”设计展的旅程。从“来串门”到“去串门”再到“设计评审会”“设计展启动仪式”，直至 2018 年 9 月在摩登上海时尚家居展上，经过 11 位 80 后设计师与 6 家红木企业联合打造的当代红木再设计展荣获 2018 中国家具设计金点奖年度金奖，协会也因此获得 2018 年摩登态度公益奖。

2018 中国家具设计金点奖颁奖典礼

天津市

一、行业概况

截至2018年底，天津市共有家具制造企业500家，从业人员约30000人，规模以上企业30家，受国家环保政策以及其他因素影响，家具企业发展举步维艰，转型升级迫在眉睫。全市家具卖场总面积达400万平方米，其中大型家具卖场17家。

二、行业纪事

1. 走访家具产业园区，推动家具产业转移

自2017年4月，受环保政策的持续影响，天津地区的家具企业面临着停产、限产、外迁等诸多问题，天津市家具行业协会在高秀芝会长的带领下，不断走访家具产业园区，为企业转移寻找合适的地方，包括：河南、河北、江苏、安徽、山东、山西等地，建立了多个天津家具在外地的生产基地，如：天津制造江苏淮安生产基地、天津制造山东德州生产基地、天津制造河北大名生产基地、天津制造环渤海家具生产基地等。

2. 展会平台在行业发展中发挥了重要作用

2018年5月28日第五届“中国国际实木家具展览会”具有超5万平方米的展览面积，可供300余家展商同场展示；同期召开的还有木工机械、原辅材料展及首届智能制造大会。这次展览分为现代实木、津派实木、欧美实木、红木家具品鉴会、原辅材料、木工机械，从不同的侧面反映出实木家具的风采。参展商来自北京、河北、天津、山东、河南、辽宁、吉林、黑龙江、江苏、浙江、广东、四川、福建、云南、安徽，河北省家具协会、北京家具行业协会、天津市家具行业协会、马来西亚家具总会、天津市外经贸企业对外发展促进会、加拿大驻华大使馆、“芬兰木·秀于林”芬兰木业推广项目等。据不完全统计，有超过11万专业观众亲临现场，展会已经成为中国实木家具行业的“风向标”。

展会上“智能制造4.0迷你工厂实景展示”成为展会一大亮点，此次迷你工厂实景展示在全国乃至全世界都是首次。迷你工厂完整展示了实木家具从销售前端、设计画图、报价、下单，到后端生产的计料、排单、开料、包装、库存等全部销售生产流程，数字化、智能化技术和装备将贯穿产品的全生命周期以用户需求为驱动，利用物联网与物联数据信息，将智能设备与系统通过互联网协同改进生产，ERP系统、MES系统、仓储管理系统等各个系统无缝衔接，实现全工序扫码加工、零部件不落地，全工艺无图纸、无卷卡尺、无技工师傅，最终高效率、高精度、高质量地完成客户定制家具交付。

展会同期举办的“大会展时代助力天津经济腾飞”论坛由天津市商务委和天津市工商联共同主办，会上，中国会展经济研究会常务副会长储祥银、清华大学新闻传媒学院副院长陈昌凤、国家会议中心原总经理刘海莹、北京第二外国语大学经贸与会展学院院长刘大可、商务部出版社社长郭周明，天津市统战部副部长、工商联党委书记、常务副主席刘道刚，分别以《中国会展经济发展的未来》《数字媒体与会展经济》《会议的力量》《会展助推家居行业的转型》《新时代全面开创新格局》《国家会展中心（天津）项目》等为题发表主题演讲。

3. 组织企业赴国外参展，开拓国际市场

2018年3月9日，天津家具企业第二次参加

马来西亚家具展，参展展品备受外国同行好评，通过国际性的展会，家具企业获得了更多的信息和渠道，为企业迈向国际市场打下了基础。在展会期间，天津市家具协会与马来西亚家具总会达成了战略合作意向。

4. 产教融合，促进行业发展

2018 年 5 月，首届“津盟杯”大学生设计大赛由天津市家具行业协会、天津科技大学、津门定制家具专业委员会共同主办，天津科技大学等数十所大学以及蓝慕定制家具产品设计与研发中心承办。9 月 28 日，由海河教育园区管委会、天津市家具行业协会、天津科技大学联合主办的天津市家具（家居）行业产教合作调研研讨活动在天津海河教育园区公共实训中心——天津欧派大家居举行。会议为天津市家具（家居）行业产教对接委员会的成立打下坚实基础。

5. 天津市家具行业协会成立 30 周年

2018 年 11 月 18 日，天津市家具行业协会举办了第五届四次会员代表大会暨协会成立 30 周年活动。

三、品牌发展及重点企业情况

近年来，家具行业发展缓慢，竞争也愈发激烈，企业的品牌意识不断加强，天津家具企业在困境中求生存，始终坚持走自己的品牌道路，天津家具企业以实木家具企业为代表日益形成品牌规模。

1. 南洋胡氏

从 1993 年到 2018 年，作为实木家具制造者，南洋胡氏品牌历经的不仅仅是从单个工厂到拥有南北两大生产基地的自身发展，整整 25 年，它经历的也是客户家庭中一代人长大成人的人生过程。2018 年，公司获得在 CFT 家居品牌节“2018 中国家居行业年度十大实木品牌”“2018 中国家居行业年度标杆企业”“2018 中国家居行业年度影响力品牌”三个奖杯。

2. 兴叶家具

兴叶家具起源于 1991 年，属民营企业，位于天津市北辰区青光工业区，是一家专注于实木家具的大型家具企业。下辖兴叶家具产品研发设计中心、五家实木家具制造厂、一家沙发厂、一家床垫厂和遍布全国的“兴叶家具”品牌专营连锁网络。

公司旗下“胡桃新语”胡桃木系列、“颐品乌金”乌金木系列、“至纯至美”桃花芯系列家具，定制类木门、楼梯、橱柜、衣帽间等系列整体定制产品，经过了二十余年沉淀出了良好口碑。

河北省

一、行业纪事

1. 河北省政府将家具作为特色产品予以重点支持

2018 年 6 月，河北省政府出台了《促进我省特色产品高质量发展工作方案》，将家具列为全省六大特色产品之一，制定了《促进家具高质量发展》具体目标和措施，进一步推动家具产业高质量发展。方案要求，以自然、生态、健康、时尚为发展方向，以绿色化生产、个性化定制和工业设计、品牌建设为突破口，推广先进绿色喷涂、黏合工艺和新型材料，提升环境保护水平，推进互联网、物联网、大数据在生产经营中的应用，支持智能工厂或数字化车间建设，培育个性化订制新模式，强化工业设计和品牌建设，提升产品竞争力和品牌影响力，全力推进家具产业高质量发展。方案还对全省家具产业到 2020 年的产值、年均增速、培育重点企业和产业集群等提出了具体目标。

2. 蓝鸟、依丽兰获得金汐奖大奖

2018 年 3 月 20 日，深圳国际家具展第四届金汐奖名单揭晓，河北蓝鸟家具股份有限公司“菩提悦”获得最佳古典套房家具、河北依丽兰家具有限公司造床家“本言”床垫获得最佳软体寝具大奖，斩获了本届金汐奖 10 个奖项中的 2 个。本届金汐奖含金量很高，提名率为 1.5%，获奖率仅为 0.5%，河北成本届最大赢家。

3. 2018 中国技能大赛——全国家具制作职业技能竞赛（河北赛区）成功举办

在国家人社部、中国家具协会组织下，河北省家具协会联合省人社厅职业技能鉴定指导中心于 2018 年 8 月主办了“2018 中国技能大赛——全国家具制作职业技能竞赛（河北赛区）”的比赛活动，来自全省各地的百余名家具制作能工巧匠参加了比赛。比赛圆满结束时，对前 30 名选手进行了表彰、

2014—2018 年河北省家具行业发展情况汇总表

主要指标	2018 年	2017 年	2016 年	2015 年	2014 年
企业数量（个）	5400	5200	5200	5200	5300
工业总产值（万元）	7667000	7152000	6473000	6061000	5500000
规模以上企业数量（个）	136	136	136	135	133
规模以上企业工业总产值（万元）	3236300	2999352	2712000	2522559.33	2335703.08
出口值（亿元）	62.2	61.2	47.48	45.96	86799.65 万美元
内销（万元）	6480920	6040000	5470000	5400000	5100000
家具产量（万件）	1283.92	1187.71	1071.63	1058.19	979.78

数据来源：河北省家具协会

奖励。名列前茅的 7 名选手于 11 月参加在江西南康举办的全国总决赛并取得了佳绩。

4. 中国北方全屋定制及木工机械博览会成功举办

自 2011 年起，河北省家具协会克服省内展馆硬件条件不足的困难，每年坚持举办木工机械博览会和家具博览会。2018 年，石家庄国际会展中心落成，展馆条件有了很大提升，在家具企业和上游行业（机械、板材、五金、涂料等）的大力支持下，展会于 11 月 2—4 日成功举办。此次展会，在河北三江集团的支持下，首次设立了分会场，分会场设在三才正定家具市场，主会场和分会场联合展示，定制家具和成品家具相互辉映。已经非常成熟并广受欢迎的木工机械展，此次更是大获成功，很多厂家带来了最先进的生产技术和工艺、最新型的原材料、最前沿的辅助设备和软件，使展会成为上游产业与家具产业之间的一个优质高效交流交易平台，为河北家具产业增品种、提品质、创品牌、实现高质量发展发挥出积极而重大的作用。

5. 主要产业聚集区、商贸流通基地平稳发展，大型商贸活动再上新台阶

2018 年香河、正定、胜芳、涞水等地，继续依托大型展览会良好平台，不断提升产业聚集区和商贸流通基地的影响力、扩大销售市场。河北省家具协会持续加大支持力度，主办了香河、正定、涞水三地的展览会，并为展会成功举办做了大量工作。

香河家具城 “中国·香河国际家具展览会暨国际家居文化节”在香河家具城成功举办。本届展会由中国家具协会、河北省家具协会、香河家具城共同主办，主题为“‘俱’会香河·体验世界”，4 月 29 日至 5 月 1 日为期 3 天。围绕“中国北方家具商贸之都”的发展定位，遵循“科技、创新、引领、务实、发展”的办展理念，延续香河家居文化，推动香河家具产业健康发展。

正定家具生产基地 举办三才正定家具市场春秋两届（4 月第 31 届、9 月第 32 届）家具灯饰博览会。两届博览会均由河北省家具协会主办，河北三江家具集团、三才正定家具市场承办。两届博览

中国北方全屋定制及木工机械博览会

三才正定家具市场第 32 届家具灯饰博览会

会都云集了 800 余家参展企业，吸引了来自河北、山东、河南、山西、内蒙古、东北三省、宁夏、陕西、北京、天津的 3 万多名经销商前来采购，对促进正定家具产业的发展、推动正定家具产品走向更广阔市场起到了巨大推动作用。

胜芳金属玻璃家具产业基地　4 月 10—12 日，胜芳国际家具博览城、材料城举办了第 19 届中国（胜芳）特色家具国际博览会暨第 6 届胜芳国际家具原辅材料展，展出面积达 50 余万平米，3000 余家参展商参展，接待海内外专业买家人数创历史新高，3 天时间客流达到 20 万人次，来自设计、银行、物流、商贸等诸多相关行业以及企业新品发布会在内的各类活动超过百余场。9 月 18—20 日，举办了第 20 届中国（胜芳）特色家具国际博览会暨第 7 届胜芳国际家具原辅材料展，本届展会以“让世界瞩目胜芳家具——打造全球会展典范，助力企业上档升级”为主题，增加了外商定向洽谈会和胜芳家具产业升级论坛两大亮点，通过升级展会形式、内容和服务，整合家具产业链，推动产业与设计相结合，提高了胜芳家具的国际知名度和市场占有率。

涞水京作古典家具产业基地　为弘扬京作红木文化，提高“京作红木产业发源地”“涞水京作红木产业基地”的知名度，推动产业发展，8 月 17—18 日，涞水县成功举办了京作红木文化节暨麻核桃博览会，展会吸引了 2 万名经销商、红木爱好者参加。同期，涞水县还承办了第三届“工匠杯”家具制作大赛暨 2018 年中国技能大赛·全国家具制作职业技能竞赛河北涞水分赛区（中国家具协会、河北省家具协会、涞水县人民政府主办）活动，全面提升了涞水古典家具行业整体技术水平。

6. 各种培训、沙龙和论坛交相辉映，为行业发展增加新动能

为推动行业高质量发展，河北省家具协会全年举办了多次培训、论坛、沙龙等活动，主要有：3 月初，与京、津、辽、鲁等省市家具行业协会、北京林业大学联合举办了“家具数字化生产与管理技术培训班”，由北京林业大学专家授课，历时一周时间，蓝鸟、华日、依丽兰、喜德来、双李、诚德、陶然居等企业的 20 多名负责人、技术骨干参加了培训；6 月 20 日，联合水性平台在正定共同举办了“河北省家具制造企业水性涂料与涂装技术应用沙龙”，目的是为家具制造企业转型升级提供技术支持和服务，水性平台多名技术专家和河北几十位家具企业家参加了活动，活动对进一步提升全省家具产品和家具企业的环保水平、推进水性环保涂料在行业中的应用发挥了积极作用；9 月 20 日，联合酷家乐公司在石家庄举办了“2018 互联网家居创新发展论坛”，150 余名企业代表参加，论坛从新零售的角度，为破解家具企业渠道增长难题提供了新思路、新方法；11 月 1 日在石家庄举办“‘新引擎 高质量 再跃升’2018 家具行业高峰论坛”，本次论坛参与人员众多，是国内一流的行业高峰论坛，人数达 300 多人。

7. 知识产权维权援助走进家具博览会

在三才正定家具市场 4 月和 8 月举办的春秋两届家具灯饰博览会上，河北省知识产权维权援助中心工作人员进驻展会，开展维权援助活动，接受厂商咨询，回答厂商关心的知识产权问题。4 月 6 日，省知识产权维权援助中心张阳主任走进电视直播间，与正定家具灯饰博览会直播节目的主持人一起，在 30 分钟的直播时间里，通过电视屏幕开展知识产权维权援助宣传。

二、品牌发展及重点企业情况

1. 河北蓝鸟家具股份有限公司

2018 年，蓝鸟公司大力开发新产品，以高品质产品占领市场，胡桃禮、菩提悦两款新产品获得行内外及广大消费者的认可，特别是菩提悦系列，独家荣获深圳国际家具展实木类最高奖项金汐奖。同

时，公司积极谋划工业旅游线路，让广大消费者走进工厂，切身感受蓝鸟品牌，构建蓝鸟体验式购物模式，单次平均成交量达到 2000 万以上。

2018 年，蓝鸟家具绽放深圳、亮相北京，两大展览塑造蓝鸟全国知名度。建设线上旗舰店升级，实现线上线下双向引流。蓝鸟公司与红星美凯龙、居然之家达成战略合作联盟，市场开拓取得新突破，在红星美凯龙和居然之家开新店 75 家，实现在河北、山西两省地级市市场的全覆盖，北京、上海、深圳、重庆、西安、南京、青岛等一二线城市均有上店。2018 年实现产值 4.1 亿元，销售收入 4.3 亿元。总体来看，企业正常生产，微利运营。2018 年，蓝鸟公司获得发明专利 3 项、实用新型专利 6 项，全新引进意大利 CFL 全套油漆喷涂生产线，对油漆工段升级改造，在安全环保上继续投入，推进企业绿色工厂深化建设。2019 年计划销售目标增长 30%，拓展新店 100 家，实现销售收入 4.4 亿元。

2. 廊坊华日家具股份有限公司

廊坊华日家具股份有限公司坐落于京津塘高速公路中段，廊坊经济技术开发区。以生产民用、办公、宾馆、橱柜、木门系列实木家具为主，辅以沙发、床垫及其他配套产品，全国销售网点 1200 多家。公司拥有“印象胡桃”“楠木世家”“芙蓝衣柜”“靓华”“蓝蓝部落”等多个知名品牌。

2018 年，华日新研发了“悦然”“璞时”“爱驰简美”“阅檀”等系列产品，并成功推向市场。公司还成功举办了两场全国厂购会，邀请了凤凰传奇、李晓杰等明星实力助阵，全国各地的顾客朋友们深入生产一线参观，数万平产品展厅亲身体验。同时，公司逐渐加大科技研发、工业设计、信息化建设、技术改造等方面的投入，并取得了诸多成果。2018 年 5 月入选“中国轻工百强企业”榜单，8 月被工信部评为“国家两化融合管理体系贯标试点企业”，还获得了“河北省工业设计中心”“河北省林业重点龙头企业”“河北省 2018-2019 年度电子商务示范企业”等多项荣誉。

3. 喜德来家具公司转型升级迈出新步伐

2018 年，河北喜德来家具实业有限公司深化内部改革，通过调整生产布局，提升生产效率。为缩短定制产品生产周期，公司对生产中心重新布局，科学规整了三条生产线，在生产方式上大力实施了单件流生产模式的改革，产品流速明显提升，在线产品显著减少，定制纯生产周期压缩至 3 天以内。并完成了板式 F 系列改 A 系列的产品升级，还实施了试装缩减方案，由全试装转为简易试装或免试装。在推出制造业与互联网融合发展全屋定制的基础上，为配合企业转型升级，该公司增添数控加工设备，并对软件进行升级，建立了定制家具终端设计与生产无缝链接系统，覆盖销售设计、生产拆单、计划排产、加工制造、包装入库等主要业务环节，实现了技术、质量、产量上的高效衔接。2018 年，公司产值 3.2 亿元，被评定为河北省“专、精、特、新”中小企业和省级工业企业研发中心，木制床产品被评为“河北省中小企业名牌产品”。

4. 河北东明国际家居集团

东明家居集团创建于 1988 年，现已成为河北省最具规模的集家具连锁流通、家具制造、家具研究院、综合物流、地产项目为一体的集团化公司。2018 年集团资产总额达到 2.3 亿元，全年营业收入 2.5 亿元，利税总额 770 万元。

东明家居集团在 13 家连锁卖场的基础上，提升产业发展格局，筹建东明盛捷物流园项目，项目位于 308 国道与青银高速交汇处，占地 1280 亩，总投资 28 亿元，2018 年快运分拨板块已投入使用，将有效贯通生产厂家、运输物流、销售、售后等上下游产业。在建的东明·中地国际广场项目，位于邢台市东牛角，总占地 166 亩，总投资 24 亿元。集高端住宅、商业配套、休闲娱乐为一体，以超级体量打造邢台首个一站式家居 MALL。在侧翼产业加快建设的同时，东明家居集团自主品牌“东明红木坊”也在深化运营。2018 年在深圳设立产品研发中心，新产品于 2019 年 3 月亮相第 34 届深圳国际家具展。东明家居不断夯实品牌内力，2018 年受石家庄市专利保护协会委托，牵头组建“京津冀专业市场知识产权保护联盟”，并成为河北省首批“国家级知识产权保护规范化市场”单位。

5. 河北三江家具集团有限公司

2018 年，河北三江家具集团有限公司对市场内家具、灯具产品进行大规模调整以适应家具行业的发展，率先整合资源，调整产业结构，拓展商场灯

“京津冀专业市场知识产权保护联盟”揭牌仪式

饰经营面积 1 万平方米。连接一、二号厅连廊，提升购物环境，同时扩展了家具行业销售的新领域，为经销商、消费者购买家具提供更多的选择。同时，成功举办了第 31 届、32 届家具灯饰博览会，与会嘉宾和参观人数较历届展会实现新突破，各展位门庭若市，经销商争相签单，两届展会共计签单数十亿元。

6. 河北新凯龙家居商贸有限公司

2018 年，恰逢新凯龙家居成立 20 周年。自 5 月起，新凯龙开展了包括“最美员工”“最受欢迎的品牌”和征文比赛等评选等活动。2018 年 8 月 12 日，新凯龙家居机场路店四层盛大开业。经营项目包括照明、门业、防盗门、装饰公司、全屋定制、红木等，极大丰富了机场路店的经营品类，提高了经营档次。2018 年 11 月底，由新凯龙家居录制的微电影《家的温度》圆满拍摄制作完毕。新凯龙家居的工作也得到了社会各界的认可。2018 年，公司被授予邢台市非公企业党建工作示范单位、河北省民营企业服务业 100 强单位，被全国工商联办公厅授予“示范企业”的称号。

山西省

一、行业概况

2018 年，山西省的家具生产企业集中度较低，且体量有限。但家居流通市场非常可观。山西家具行业经过三十几年的发展，家具产品种类丰富，产品风格多样，产品竞争进入了品牌竞争时代。国内家具消费将呈现“两极化”的发展趋势，一端是高档家具消费方兴未艾，另一端是平价家具产品的流行。2018 年，山西省家具产业规模以上家具企业 5 家，2018 年实现工业总产值 3.13 亿元，同比增长 3.3%；实现工业销售产值 5 亿元，同比增长 5.3%；主营业务收入 4.3 亿元。

二、品牌发展及重点企业情况

近几年山西省以满堂红红木、猫王、荣泰真红木、闫和李家具、森雅轩家具为代表的企业稳步发展，市场拓展、产品开发等都有了较好的业绩。满堂红红木作为一家专门从事红木家具设计、生产、销售近三十年的综合性家具厂家，拥有一批技艺精湛的传统工艺人才，将传统的榫卯工艺、雕刻工艺与明清家具经典款式相结合，设计制作出独具特色的红木家具系列产品，在同行业内独树一帜，更以其精湛的工艺、丰富的品种、合理的价格，赢得了消费者的信赖和各界人士的喜爱。

2005 年，居然之家进驻太原；在成功签约忻州店后，成为唯一覆盖山西 11 个地市的家居流通企业。2019 年居然之家在太原北部城区签约建材集散小镇，该项目是尖草坪区 2019 年重点项目，位于向阳镇，经滨河东路、阳兴大道、新兰路可直达。作为居然之家的家装前端试点基地，项目总建筑面积 15 万平方米，集家装基础建材、辅材、仓储、物流于一体，不仅承接了家居产业的整体仓储物流，更好地为全民进行安装配送服务，而且打破太原城北家居建材行业长期以来“零、散、乱”的分布模式，为消费者提供一站式、标准化、价格更低的购物新体验。

2014—2018 年山西省家具行业发展情况汇总表

主要指标	2018 年	2017 年	2016 年	2015 年	2014 年
企业数量（个）	25	25	25	26	26
工业总产值（亿元）	5.13	5	5.3	5	5.5
主营业务收入（亿元）	4.3	4.5	4	5	4
规模以上企业数（个）	5	5	5	6	6
规模以上企业工业总产值（亿元）	3.13	3	3.3	3	3.5
规模以上企业主营业务收入（亿元）	3.3	3.5	3	4	3

数据来源：山西家具行业协会

内蒙古自治区

一、行业概况

内蒙古自治区极具资源优势，据统计结果显示，内蒙古自治区林业用地面积3181.95万公顷，森林面积1474.85万公顷，森林覆盖率为12.73%，活立木总蓄积量116859.43万立方米，森林蓄积量98163.48万立方米，这是发展家具产业得天独厚的优势。另外，二连浩特口岸还承担着欧洲国家木材进口的重任，进口量以每年16%的速度递增，并且，二连浩特市木材初加工产业格局已基本形成。内蒙古自治区的房地产的日趋平稳，家具业市场潜力巨大。

内蒙古自治区家具需求量日渐增长。近两年来内蒙古自治区家具行业以支持“一带一路”倡议和建设大数据产业为重点，正在加快建设国家大数据综合试验区的步伐。研咨询数据显示：2018年6月内蒙古家具零售价格指数本期数为100.46，本期累计数为100.32，环比数为100.02。

随着内蒙古自治区北方（乌兰察布）家居产业园的即将建成落地，乌兰察布市会成为“大北方”最大的家居供应基地。俄罗斯木材为“大制造”提供强大支撑。俄罗斯靠近中国东北部，生产的木材与国内需求的木材品种类似，再加上俄罗斯木材出口具有长期性，木材资源丰富，有利于占据地缘优

近一年内蒙古家具零售价格指数统计表

时间	家具零售价格指数（上年同期=100）（本期数）	家具零售价格指数（上年同期=100）（本期累计数）	家具零售价格指数（上月=100）（环比数）
2017年7月	100.15	100.09	100.01
2017年8月	100.22	100.11	100.08
2017年9月	100.31	100.13	100.05
2017年10月	100.51	100.17	100.13
2017年11月	100.59	100.21	100.11
2017年12月	100.41	100.22	99.95
2018年1月	100.23	—	100
2018年2月	100.24	100.24	100
2018年3月	100.22	100.23	100
2018年4月	100.31	100.25	100.02
2018年5月	100.43	100.29	100.07
2018年6月	100.46	100.32	100.02

数据来源：内蒙古家具行业协会

势的乌兰察布市进口俄罗斯木材。因此内蒙古自治区将在今后形成“大北方、大制造、大未来”的历史格局。

2018 年在全国家具市场普遍平稳的背景下，各大卖场“变”字当先，开始了多方面的调整与整顿。这种境况不是简单地通过促销就能有所改观的。如：市场定位不明晰，品牌发展策略路线模糊；营销手段匮乏，管理松散；卖场产品同质化严重等等。往年，这些问题都被隐藏在辉煌销售业绩之下，而现在的市场，使这些问题浮出水面。针对这些问题，各家具企业不得不做出调整，寻求改变。比如对卖场进行了重新装修，对布局结构进行了调整，对硬件设施予以升级，使卖场环境更舒适、更具亲和力。加强产品转换升级，降低成本，多方面寻找家具营销渠道。家具卖场一改以往定位模糊的状态，对所经营的品牌进行了调整，在产品风格款式上有意识地避免同质化。此外，卖场还加强了管理，加强了与经销商的沟通协调，使家具城的运营更顺畅。管理理念在 2018 年也进行了调整。首先，卖场要求销售业绩不良、品牌档次偏低的店面进行升级，更换代理品牌或引进更具个性、更有创意的新品。其次，卖场采取“以名牌带动普通品牌”的营销策略，并加强了活动促销的力度，通过举行“相亲会”等较新颖的促销活动来带动销售。此外，卖场以服务消费者为核心，对服务和管理进行了改善，使卖场经营更规范，更好地保障了消费者的权益。

二、品牌发展及重点家具企业介绍

1. 内蒙古金锐家具汇展有限公司

公司成立于 1997 年，在内蒙古自治区呼和浩特市、包头市下设多家大型家具名品商场，经营民用家具、酒店、办公家具、地毯、窗帘布艺等十几大类 400 多个品种。金锐是内蒙古著名商标、呼和浩特知名商标，也是内蒙古家具行业协会理事长单位。2018 年公司在营销上创新，加强员工服务意识培训、探索全屋定制家具上做出了不懈努力。

2. 包头市深港家具有限责任公司

公司于 2000 年成立，并于 2003 年在服务质量方面顺利通过了 ISO9001 国际质量管理体系认证。2018 年，深港家具共策划活动 10 余次，客流 3.2 万人次。

3. 内蒙古华锐肯特家具有限公司

公司成立于 2003 年，涉及家具生产销售、装饰装潢、银行贷款、金融投资及公益事务多个领域。华锐现拥有总资产 190 万余元，年销售 3 亿多元。

4. 内蒙古润佳家具有限责任公司

公司于 2009 年注册成立，注册资本 4000 万元，主营民用家具，产值可达 1.5 亿元，每年可实现利税 3000 万元。2015 年初，公司步入电商，在“天猫”宝贝成功注册，目前已经建立 50 多个电子商铺、拥有淘宝商城、建行、农行的电子商务购物平台。“拜思特”品牌于 2015 年 8 月份获得“中国著名品牌”封号。公司注重研发，现有 2 项发明正在复审中，3 项实用新型专利已经通过国家知识产权局的审核。

5. 内蒙古美林实业集团

公司注册于 2012 年，注册资本达 5000 万元，总资产近 5 亿元，现有员工 390 余人，是目前内蒙古地区最大的家具及装饰公司。拥有“祺林”办公家具及“红猴”民用家具 2 个品牌。“红猴”已被认定为“内蒙古著名商标”“内蒙古名牌产品”并且正在申报“中国驰名商标”。公司所建工业园注册资金 1000 万元。预计总投资 2.8 亿元，占地面积 200 余亩。一期建设的研发中心、生产车间已全部完工并投入使用。其中研发中心建筑面积 1.25 万平方米，配备专业技术团队 30 余人，生产车间 2.3 万平方米。工业园全部建成后新增就业岗位 500 余个，具备年产 10 万套家具产品的生产能力，能够满足全国市场的供需要求。

6. 赤峰白领家私有限责任公司

公司成立于 2001 年，白领丽家家居商场 2004 年底建成。总营业面积 3 万多平方米，拥有员工 200 多人，是内蒙古东部地区规模较大的专业化家具经营商场。公司是赤峰家具行业商会会长单位。

辽宁省

一、行业概况

据省统计局对46户重点家具企业统计数据显示，2018年，辽宁省家具产业实现工业总产值64.1亿元，同比增长5.6%；工业销售产值65.8亿元，同比7.7 %；出口交货值6.9亿美元，同比增长12.9%；主营业务收入65.2亿元，同比增长9.6%；产量2212.6万件，同比下降7.6%。

据辽宁省家具行业统计，2018年全省共有家具生产企业近2100家，实现工业总产值600亿元，同比增长9.1%。全省家居建材商场（市场）达550家，经营面积近765万平方米，同比分别增长3.8%和2%。

辽宁省重点家具企业结束了主要经济指标连续多年徘徊不前局面，全省家具制造业经济运行质量不断提高，运行速度稳步提升，家具流通领域品牌项目增多，布局日臻完善。辽宁家具行业步入了健康有序的发展轨道。

二、行业技术创新发展成果

积极响应国家大众创业、万众创新号召，发挥省内专业高校、科研机构、家博会等多方资源，组织原创设计，给专业设计师提供独立的创作空间。举办第五届以“设计·优物”为主题的DOD设计展，使设计师与厂家零距离对接，促进企业将设计成果转化为家具创新品牌。

辽宁全铝家具异军突起，形成以忠旺、福兴旺、鑫美润品牌为代表的全铝家具产业群，以其绿色生态和个性化定制为特色，注重环保健康，满足新时代下消费者多样化、多元化的消费需求。特别是习总书记视察辽宁忠旺集团，极大地鼓舞了辽宁家具企业用创新促发展、用工匠精神打造优质家居的信心和决心，将辽宁全铝家具做大做强。

2014—2018年辽宁省家具行业发展情况汇总表

主要指标	2018年	2017年	2016年	2015年	2014年
企业数量（个）	2100	2200	2200	2200	2200
工业总产值（亿元）	600	550	500	700	650
规模以上企业数量	46	46	101	153	168
规模以上企业工业总产值（万元）	641000	607000	902000	1966000	3261808
出口值（万美元）	69668	61712	54958	55346	58362
家具产量（万件）	2212.6	2394.6	1931.77	2158.4	1653.73

数据来源：辽宁省家具协会

召开辽宁省家具协会全铝家居工作会议

三、特色产业发展情况

着力提升和优化大连（庄河）中国实木家具基地。抓住辽宁实木家具产业的制造优势、区位优势和产业园区的空间优势，进一步整合资源，将存量企业向产业园区转移、集聚，促进中国实木家具第一品牌向高端化、国际化的目标迈进。

积极支持阜新彰武“中国北方新兴家具产业园”和沈阳“东北家具集散中心”的建设，不断创新方式、提质增效，加大招商力度。

务实推动辽西建平家具产业园、东北亚（辽宁救兵）木业产业集聚区，当地政府部门大力支持并加大投入，目前已初见成效。

加快推进大连市普兰店区申报的“中国橱柜名城”共建项目。目前已通过国家行业专家组实地考察考评。项目建成后将为辽宁家具行业发展增加新亮点，为地区经济社会发展增添新动力。

四、重点企业情况

1. 华丰家具集团有限公司

该公司是具有五十年创业史的中国一流现代化家具制造企业。公司注册资本 810 万美元，占地面积 6 平方千米，建筑面积 100 万平方米，下属 20 个工厂，职工 5600 多人，2018 年完成销售额 34068 万元，产值 35315 万元。华丰牌家具曾先后荣获“中国名牌”“中国驰名商标”“中国消费者协会推荐商品”“质量达标放心品牌”“中国首批环保产品质量信得过重点品牌”。

2. 辽宁忠旺全铝智能家具科技有限公司

公司总部设于辽宁省辽阳市，拥有从事家具研发设计、生产、销售、客服及售后等诸多岗位的优质人才 1000 余人，全铝家具生产基地占地面积 48.9 万平方米。公司引进了国际先进的现代化生产加工设备，并全面推行质量为先的监管体系、绿色制造体系、售后服务管理体系，全面保障了全铝家具产品的安全、优质、绿色生产以及高效优质的售后服务。2018 年实现销售额 6000 万元人民币。2018 年 9 月，习近平总书记来辽宁忠旺集团视察，并发表重要讲话。公司注重全铝家具产品研发设计，全年申报了 20 余项外观设计专利、新型实用型技术专利、自主研发专利，体现出辽宁忠旺全铝家具风采。

3. 大连光明日发集团有限公司

集团公司拥有资产 27300 万元，员工人数 800 余人，实现年产值 21000 万元。由集团公司投资并进行管理的企业共占地 14 万平方米，厂房 12 万平方米，引进德国、意大利多条现代化生产线，拥有各种先进机械设备千余台（套）。引进日本家具及家居产品环境检验设备，组建检测实验室一处，填补东北地区此项技术空白，产品质量环保标准均达到世界领先水平。日发光明家具已经有 6 个智能家具产品获得国家设计专利，音乐画框、智能咖啡桌等已经推向市场并获得良好的销售业绩。2018 年集团公司生产的儿童学习桌和定音鼓沙发分别荣获第十届中国（大连）轻工业博览会“中轻万花杯”创新产品金奖和银奖；日发光明家具获得辽宁省著名商标品牌。

4. 沈阳宏发企业集团家具有限公司

公司于 1981 年创建，主营木家具和软体家具。厂区占地面积为 29 万平方米，建筑面积 12 万平方米，全年实现销售额 2303 万元。为提高生产质量，公司引进 BP140 数控加工中心，铣型尺寸分毫不差，雕刻更有立体感。新上设备袋式除尘器，除尘效率高，一般可到 99%，可捕集粒径大于 0.3 微米的细小粉尘颗粒，收集的粉尘容易回收利用，满足严格的环保要求。2018 年完成出版集团共 500 多万订单、吉林新华书店 260 万订单、中铁隧道集团四处有限公司 600 多万的宝马公租房等大工程。公司开发的新产品，从颜色和款式上有了进一步的创新和提升。同时不断扩大网络销售，推广手机 APP 业务，以适应时代发展的需要。

5. 澳美雅家具有限公司

公司旗下 4 个现代化生产中心、300 多名专业人才，公司拥有 3.8 万平方米现代化家具工业园，引进德国先进的家具生产制造设备。产品出口到美国、加拿大、澳大利亚、韩国、等国家和地区。2018 年，澳美雅家具实现沙发年产量突破 6000 套，软床年产量突破 20000 套。床垫年产量突破 30000 张。公司引进德国先进的全自动床垫弹簧制作设备，并获得床垫 Bonnell 弹簧专利技术。这一技术突破，成功解决床垫压缩卷包出口世界各地的技术难题，大大提高出口装箱率，还保证了产品品质。参加 2018 沈阳国际家博会，同时举办第十届澳美雅品牌秋季新品发布会，获得圆满成功。

6. 辽宁格瑞特家私制造有限公司

公司位于沈阳市和平区，总投资 8000 万元，厂房及办公面积 40000 平方米，多功能展厅 3000 平方米，职工近 300 人，2018 年产值近亿元，主营优质商用家具和工程实施的专业化大型商用家具。主要产品包括板式、屏风隔断、油漆实木、沙发转椅、金属家具等五大系列上百个品种。具有为国内外大中型企业、政府机关、写字楼、宾馆、学校、医疗卫生等单位配套高品质商用家具的丰富经验和综合实力。

7. 沈阳市东兴木业有限公司

该公司是美国欧林斯家具中国制造基地。公司在产品工艺上，对于欧林斯、阿瓦伦、卡萨贝拉三大系列产品进一步加强研发创新，升级油漆工艺增强产品稳定性和硬度，提升产品美观度等 300 多项工艺的改进，致力打造绿色健康环保型美式高端家具。在产品种类上，推出第四代轻奢新品比弗利系列，满足更多家具爱好者对于轻奢生活体验的需求，为更多的人营造出理想的生活环境。

五、行业重大活动

1. 开启春秋双展，沈阳家博会打造更大的交流平台

为适应新时代发展，2018 年中国沈阳国际家博会开启了春秋双展，参展企业 1500 多家，展出面积近 20 万平方米，与会专业买家、业界人士达 21.3 万人次。首届春展精彩纷呈、旗开得胜。展商对展会满意度超过 95% 以上，并且已有 70% 预定 2019 年春季展会，得到家居界同仁的广泛认可，确立了中国北方家居业开年大展的地位。秋季展即第七届沈阳家博会魅力升级、再创新高。首次同时开放一、二两层 10 个展馆，总面积达到 13 万平方米，有近千家企业参展，13.3 万业内人士与会，又一次刷新沈阳家博会历史纪录。

2. 坚持规范发展，促进行业在健康轨道上不断前行

一是组织纪念“3·15”国际消费者权益日暨全省家具行业自律市场规范活动启动仪式，举行“品质消费，美好生活”诚信经营倡议签字活动，提升行业服务意识。

二是发布《辽宁省集成吊顶白皮书》，这是由协会与省市消协、国家家具质检中心及 4 家行业龙头企业共同编撰并组织发行的消费常识手册。在引导科学消费的同时，促进行业规范生产经营。

三是推进标准化体系建设工作。筹建协会标准化技术委员会，推动企业标准化体系建设；参与《全铝家具标准》《全装修产品与服务技术规范》及《浸绩胶膜纸饰面细木工板》等国家和地方行业标准的制定。组织对《智能型公寓翻转床》企业标准与国家相关标准的比对工作，促进企业标准化水平的提高。

3. 加强对外交流与合作，拓宽行业发展空间

国际方面：组织参加 2018 第 57 届米兰国际家

2018 年中国沈阳国际家博会现场

2018 年中国沈阳国际家博会领导合影

组织召开团体标准研讨会

具博览会；参加省贸促会（辽宁国际商会）举办的 2018 巴基斯坦国际建筑材料和建筑机械展览会说明会；接待日本能率协会 (JMA) 理事长、事务局长吉田正先生，洽谈展会采购项目；接待美国工程木材协会国际市场总监 Charles 一行，洽谈美国木材中国市场推广项目。

国内方面：组织企业到上海、北京、广东、浙江、天津、河南、河北、山西、吉林、江苏、黑龙江等地展会参观考察；赴国内重点家具产业基地考察学习；与 30 多个省市家具协会、产业基地及国内一线品牌企业进行行业交流，合作领域更加广阔。

哈尔滨市

一、行业情况

2018 年是哈尔滨市家具产业发展较快的一年，尤其是软体家具，通过产品更新换代和新产品研发已逐渐从本省走向东北和山东（周村），更有一些品牌走向全国。并有优质名牌出口到俄罗斯等国。

2018 年，哈尔滨家具行业规模以上企业实现营业收入 24.68 亿元，同比增长 4.8%；家具产量 20.6 万件，同比下降 3.7%。数量减少，主营业务增长，表明哈尔滨市 2018 年家具制造企业产品附加值不断提升，品牌效应得到改善，正向品牌效益型变革。

二、行业纪事

1. 第十五届（哈尔滨）国际家具暨木工机械展览会

由中国家具协会作为特别支持单位，哈尔滨市人民政府主办，哈尔滨市家具行业协会承办的第十五届哈尔滨国际家具展览会于 4 月 15—17 日在哈尔滨举办。本次展会总面积达 74000 平方米，同比增长 2.7%，参展商 518 家，同比增 2.5%，现场

哈尔滨国际家具暨木工机械展览会

总签约额 11.8 亿元人民币，比去年同期增长 7.2%，签约订单数约 11.6 万份，是历年之最。本届展会做到了充分带动哈尔滨家具制造企业转型升级，通过展会节点对 2018—2019 年二线家具市场流行趋势和发展方向指明道路。从 2004 年起，展会励精图治十五载，参展产品从单一的家具，扩展到以家具为核心联通上下游，囊括木工机械、配件、原辅材料、饰品的多品类综合专业展，成为中国北方家具行业交流的盛会，更是东北最具影响力和代表性的家具展览会。

2. 设计大赛让概念家具转化成实体家具

家具设计大赛作为展示大学生和设计师对家具乃至未来家具概念的一种呈现，是展示和培养哈尔滨市乃至东北家具设计人才的交流平台。近几年越来越多的辽宁、黑龙江高等学府参赛，为本市家具发展奠定了坚实的基础。

3. 跨界融合，共建家装一体化布局

为适应家具市场的形势变化，拓展更多的家具企业销售渠道，哈尔滨市家具行业协会与黑龙江省装家联盟中的 200 余家实体装饰公司合作，贯穿楼盘、家装联盟、硬装（建材商资源）、家具协会（家具资源）、软装（饰品资源），形成产业链配套和多元化家居风格解决方案，为本市家具制造业拓宽销售渠道。

4. 打造对俄贸易，拓展进出口渠道

哈尔滨作为东北亚对俄贸易重要交通枢纽，近年来两国家具贸易频繁，在木材、板材进出口方面交易额逐年递增。2018 年 4 月哈尔滨市家具行业协会邀请俄罗斯阿佐夫斯克区行政长官和俄罗斯鄂木斯克州经济部代表、亿达家具有限公司负责人签订了木材加工家具进出口等方面的框架协议，寻求更多的、有价值的合作，打通贸易壁垒。

5. 软体家具标准有效实施

2018 年 5 月中国家具协会发布《软体家具 床垫》团体标准，作为东北软体家具发展强势省份，软垫团体标准的发布，对哈尔滨市软体家具企业的发展指明了方向和标杆。

6. 广东——黑龙江家具产业对接

由广东省商务厅和黑龙江省商务厅共同主办，广东省家具协会、哈尔滨市家具行业协会共同承办的广东——黑龙江家具合作企业洽谈会在哈尔滨国际会展中心召开。30 家知名家具企业与广东省 20 家企业进行了认真的洽谈对接。通过此次洽谈会，两省企业对双方合资合作，南北家具企业共同发展达成了一系列共识，为下一步开展务实交流打下坚实基础。

7. 哈尔滨市原辅材料专业委员会成立

2018 年 11 月，哈尔滨市家具行业协会原辅材料专业委员会成立，会员来自黑龙江 60 余家知名原辅材料生产企业和经营企业，涵盖家具产品有关的原材料及辅助材料（包括皮革、布艺、五金、板材、涂料、黏合剂、塑料、羽绒）等。原辅材料专业委员会的成立推动本省原辅材料行业健康有序发展。

三、品牌发展及重点企业情况

由黑龙江万昊诚机械设备公司代理的南兴装备打造了全自动无人化家具生产线，为黑龙江省家具制造业完美配套。以南兴装备为代表的上游设备，方案提供商由传统模式转向智能制造、整体解决方案、工业 4.0、自动化（板件转序不落地）、数字化、无人工厂（黑科技）转变，最大化解决以上问题，提升企业市场竞争力。

喜世宝调温式火炕床垫，作为北方最早功能型床垫开创者，2018 年新推出的巴克斯系列和相守系列产品，主打私人订制，并独创了正反两面都可以使用的功能型床垫。A 面：火炕，凉席，除螨，汗蒸，理疗。B 面：贴合人体曲线设计舒适放松（内置乳胶，高密度海绵），让功能型床垫面面俱到。

江苏省

一、行业概况

2018 年，全省有家具企业 7000 多家，规模以上企业有 700 多家；从业人员达 70 余万人；全省家具商场达 1 万平方米以上市场有 297 家，总面积达 1357 万平方米。一年来，完成家具工业总产值和家具产品产量，与去年同期相比，制造和销售均呈现下降趋势，降幅达 10% ～ 20%。据江苏省商务厅统计数据显示：2018 年，江苏省家具进出口总额为 47.24 亿美元，同比增长 12%，其中出口 45.44 亿美元，同比增长 13%，进口 1.8 亿美元，同比下降 6.9%。

二、行业纪事

1. 加强环境保护工作，促进行业绿色环保发展

2018 年 1 月 1 日，《环境保护税法》正式实施，环保税开征对家居行业影响深远。认真贯彻执行国家及江苏省环保部门关于促进家具行业环境保护工作的各项政策、标准，推进生态文明建设。开展对企业环保知识的培训，动员企业增加对挥发性气体治理工作的投入，建设高效的环保治理设施。据调研，全省有三分之一的家具制造企业停业整改，徐州、苏州、无锡、常州、南通、南京等地企业投入较多经费添置环保设备，加大技改力度，转型升级。目前大部分企业允许重新投产，环境治理工作将长期推进。

2. 办好家具展会，促进企业国内外交流合作

积极为家具企业在国际国内家具展览会上申请展位，及时将国内外相关的家具展讯通报给企业，动员和组织江苏家具企业参加协办的广东东莞、上海虹桥、浦东三大家具展会，江苏省参展企业不断增加。12 月 7—9 日，江苏省家具行业协会主办的“2018 江苏家具展览会暨首届‘艺博杯’红木精品展”在南京国际博览中心举办。江苏省和上海、山东、江西、河南、河北、广东等地 150 多家家具企业参展，获得较好的声誉。展会期间，与江苏省工艺美术行业协会合作，为申报“艺博杯”参展的工

2014—2018 年江苏省家具行业发展情况汇总表

主要指标	2018 年	2017 年	2016 年	2015 年	2014 年
企业数量（个）	7500	8000	8000	6500	7000
工业总产值（亿元）	1505.66	1450.19	1374.52	1318.99	1275
规模以上企业数量（个）	700	700	700	600	600
出口值（亿美元）	45.44	40.2	36.2	36.32	98.1
家具产量（万件）	16600.04	16130.01	15472.43	14985.4	14642.76

数据来源：江苏省家具行业协会

艺家具作品评奖，传承和弘扬传统家具的工匠精神。

3. 做好家具产业特色区域和特色产品的培育工作

1 月，配合中国家具协会对江苏省睢宁县“中国沙集电商家具新兴产业园区”进行特色区域考评。5 月，配合中国家具协会在江苏扬州召开软垫家具专业委员会第二十八届年会及原辅材料展会，由江苏爱德福乳胶制品有限公司承办。会后，组织部分单位赴江苏淮安工业园区考察家具企业。

4. 做好江苏省家具行业协（商）会换届改选工作

2018 年 5 月，江苏省家具行业协会正式与江苏省经济和信息化委员会脱钩，现登记管理机关为江苏省民政厅。2018 年二、三季度，分别在泰州和苏州召开江苏省各市会长、秘书长工作会议，筹备新一届理事会的换届改选工作。8 月 31 日，在徐州市召开江苏省家具行业协（商）会会员代表大会，顺利完成换届改选工作并得到了上级领导机关的批准。

5. 加强人才引进和培养，建立高素质的员工队伍

9 月 28—29 日，江苏省家具行业协会与江苏省人力资源和社会保障厅在南通市如东县亚振家居股份有限公司联合主办“2018 江苏省家具制作职业技能竞赛”。发扬“用心以专，用心以诚”工匠精神，本次竞赛作为 2018 中国技能竞赛——全国家具制作职业技能竞赛江苏南通选拔赛，江苏省共有 50 名选手参赛，比赛前 3 名选手由江苏省人力资源和社会保障厅授予“江苏省技术能手”称号，晋升手工木工技师职业资格荣誉称号。11 月 3—6 日，比赛前 5 名选手赴江西南康参加全国总决赛并取得优异成绩，均获得“工匠之星·优秀奖”，由中国家具协会授予“中国家具行业技术能手”称号。

6. 成立专家委员会，分专业组织企业考察交流

2018 年 3 月，编辑出版《长三角家具》杂志，报道行业发展动态。成立江苏省家具行业协会专家委员会和江苏省家具行业协会定制家居专业委员会、木工机械专业委员会、进口家具专业委员会。12 月，组织 18 位实木、红木家具企业家赴柬埔寨考察木材基地。组织 21 位木家具企业家赴山东、河北参观考察红木家具企业。成功举办木材干燥技术研讨会，为行业间的技术交流与合作构筑了良好的平台。

7. 制定标准，规范家具市场

江苏省家具行业协会参与起草的《表面涂装（家具制造业）挥发性有机物排放标准》于 2018 年 2 月 1 日起实施。省内部分家具企业积极参与各项标准制定，南京海太家具有限公司总裁薛庆志参与国家标准《木家具通用技术条件》的起草工作，该标准于 2018 年 5 月 1 日实施。江苏紫翔龙红木家具有限公司总经理姜玉忠参与起草国家标准《红木》，于 2018 年 7 月 1 日起实施。苏州市家具协会红木家具专委会牵头起草的《苏作红木家具》团体标准，于 2018 年 8 月 25 日获准发布。

8. 普及消费知识，引导健康消费

履行江苏省消协家居木业消费争议专家委员会的职责，服务于企业、服务于消费者。3 月 15 日，协会工作人员来到江苏省放心消费创建办、江苏省工商局、江苏省消保委联合开展的 2018 年 3•15 互联网消费维权服务日活动现场，在线受理家居木业板块的消费者投诉、咨询与举报，维权日当天，在线处理 20 起消费投诉。

三、特色产业发展情况

1. 中国东部家具产业基地——海安

2018 年，基地新签约生产型工业项目 73 个，总投资 87 亿元，共计新建各类厂房 100 多万平方米，基地充分利用园区和各乡镇的闲置厂房承接落户，共计招租企业 86 家，出租厂房 74.5 万平方米。在市场建设和培育方面，1 号馆保持良好的经营状况，2 号馆已经建成正在招商，3 号馆主体即将封顶，4、5 馆日前已正式开工建设。东部家具原辅材料市场一期工程已开业，建筑面积 10 万平方米的板材市场已建成并部分开业，总面积 15 万平方米的 O2O 东部国际材料交易会展中心正在全面建设中，规划建筑面积 5 万平方米主营高端家具智能制造设备区主体已经封顶。

举办第三届中国东部家具博览会，成立环保服务部门，园区内所有企业均按要求安装了环保设备。在税费征收方面，园区内的家具企业已按要求每月申报并缴纳税收。在采购中心打造“家具奥特莱斯”——东部家具工厂品牌折扣中心，获得 2018 年度南通市商会优秀服务品牌。联合家具企业举办 2018 东部家具春季大型综合人才招聘会，常年运行苏州往返海安免费接送的“就业直通车”。

2. 其他产业集群

苏州蠡口家具商贸基地、常熟、苏州光福、如皋、海门红木家具产业基地，常州横林金属家具产业基地，徐州贾旺松木家具产业基地，泗阳县意杨工业园区、徐州市睢宁县和宿迁市宿城区家具电商等在各地方政府的关心和支持下不断转型升级，发展壮大。

四、重点企业情况

1. 江苏斯可馨家具股份有限公司

公司创建于 1999 年。2018 年，公司积极参加国内各大展会，亮相墨西哥、南非、约旦、迪拜，印度贸易等博览会，斯可馨 - 美国 NJ 合作的项目亮相美国高点家具展会，收获客户一致好评。积极拓展国际国内市场，斯可馨家居 ICOOL 旗舰店闪耀亮相韩国首尔，完美呈现出国际美学的风范。公司全屋定制事业部引入阿米巴经营模式，新厂房二楼和一楼修建传送带，升级装车平台。寝具事业部连同布沙发事业部、电商事业部，共同举办双十一活动，带动 10 城 24 店。

2. 南京市海太家具有限公司

公司创办于 1996 年，是中国首批专业现代办公家具制造商，2018 年南京海太家具有限公司工业设计中心被南京市经济和信息化委员会认定为南京市工业设计中心，新型智能化家具工程技术研究中心被南京市科学技术委员会认定为南京市工程技术研究中心。11 月，在南京市民营经济发展大会上被南京市委、南京市人民政府表彰并授予“南京市优秀民营企业”荣誉称号。公司助力首届中国国际进口博览会新闻中心，为中外媒体记者们创造了便捷高效的工作环境，获得央视等媒体称赞。

3. 梦百合家居科技股份有限公司

公司创建于 2003 年，现已在国内外拥有 13 家控股子公司，母公司于 2016 年 10 月在上海主板上市。2018 年，公司实现营业收入较去年同期增长 18.11%，利润较去年同期增长 40%。公司全面升级品牌战略，推出最新的品牌口号及品牌视觉形象，并延伸出全新的品牌 VI 和门店 SI，积累品牌资产。通过“寻找首席体验官”、联合制作并独家冠名纪录片《追眠记》、发布梦百合深度睡眠指数、在美国拉斯维加斯举办梦百合智能睡眠系统全球发布会以及策划举办多场全国性明星门店开业活动和全国性行业展会等方式深入传播“0 压睡眠”理念，进一步提高公司品牌社会知名度，扩大品牌影响力。

浙江省

一、行业概况

2018 年，浙江省家具产业结构不断优化，在技术、产品、设计等方面不断创新，从总体来看，全省家具行业发展“稳的格局”没有发生改变，继续保持“进的态势”，长期向好的基本面在延续。据浙江省经信委和省统计局统计，全省规模以上家具企业 870 家，2018 年实现工业总产值 963.71 亿元，同比增长 6.7%；实现工业销售产值 937.74 亿元，同比增长 5.8%；实现出口交货值 537.53 亿人民币，折合 80.03 亿美元，同比增长 5.6%；其中，主营业务收入 952.48 亿元，同比增长 7.4%；实现利税 76.22 亿元，同比下降 3.6%；其中，实现利润 34.89 亿元，同比下降 18.9%；税金 41.33 亿元，同比增长 14.7%；完成新产品产值 413.39 亿元，同比增长 7.4%；产销率为 97.31%，同比下降 0.8%；完成累计产量 2.13 亿件，累计增长 0.6%。

据浙江省家具行业协会测算，全行业 4000 家企业 2018 年完成工业总产值为 2700 亿元，同比增长 7%；家具出口 125 亿美元，同比增长 5.7%。

二、行业纪事

1. 内外销并举，稳中求进

2018 年，浙江省家具企业在巩固原有外销市场份额的同时，积极布局内销市场，取得了良好的成绩。在内销方面，圣奥、顾家、喜临门、梦神、冠臣、莫霞、丽博等成绩喜人。在外销方面，安吉转椅和海宁沙发表现出彩。

2. 设计驱动，质量为先

近年来，浙江省家具企业坚持设计驱动，加快

2014—2018 年浙江省家具行业发展情况汇总表

主要指标	2018 年	2017 年	2016 年	2015 年	2014 年
企业数量（个）	4000	4500	4500	4500	4500
工业总产值（亿元）	2700	2525.6	2000	1800	1600
主营业务收入（亿元）	2667	2010	1851	1669	1488
规模以上企业数（个）	870	812	762	739	679
规模以上企业工业总产值（亿元）	963.71	1037.56	963.51	874.78	824.31
规模以上企业主营业务收入（亿元）	952.48	976.96	886.59	811.05	766.64
出口值（亿美元）	125	118.2	103.81	104.41	100.13
内销额（万元）	1827.61	1779.56	1286.02	1142.2	1036.6
家具产量（万件）	2.13	2.16	2.17	2.11	2.12

数据来源：浙江省家具行业协会

产品的更新迭代。圣奥、顾家、喜临门、梦神、金鹭、城市之窗、利米缇思、永艺、恒林、花为媒、艾力斯特、大康、卡森、富得宝、诺贝、国森、星威、欧宜风、梦莹、莫霞、丽博、美格登、富邦、顶丰、森川、恒丰、冠臣、科尔卡诺等企业以市场需求为导向进行产品的设计创新与研发，通过对主流消费市场喜好以及主流房型的研究，指导新产品的开发。2018 年 2 月 1 日，美国时尚广场家居集团 FASHION PLAZA HOME GROUP 与富邦家居集团在中国区联合推出“FASHION PLAZA 新美荟”；柏厨的“中央公园概念厨柜”系列荣获“2018 年 IF 设计奖”；永艺的“UEBOBO 椅”继 IF 设计奖后，再获 2018 德国红点设计大奖“最佳产品设计奖”；圣奥的“Hipchair 嗨呗座椅”“Aluenti 奥伦蒂”系列分别斩获意大利 A’ Design 金奖，“SAMU 趣味沙发系列”“Haha 哈哈儿童桌椅”系列分别荣获 A’ Design 银奖和铜奖。继 G20 杭州峰会、金砖五国厦门峰会、世界互联网大会之后，“大康智造”再次亮相国际峰会舞台。

3. 科技创新，智能制造

继 2017 年圣奥联合浙江大学成立了智慧家具研究中心后，2018 年 10 月 22 日圣奥集团有限公司欧洲研发中心成立，旨在探索办公家具的发展方

永艺股份的 UEBOBO 椅荣获“IF 设计奖”和红点奖“最佳产品设计奖”

圣奥获奖作品之一“SAMU”

“大康智造”再次亮相国际峰会舞台

向，提升设计创新能力和全球服务能力。中源、星威被认定为“浙江省省级企业技术中心”；中源、大康人体工学坐具研究院被认定为“浙江省省级企业研究院”；永艺、莫霞等 8 家企业通过“浙江省专利示范企业 2018 年复核”；格莱美、浙江奥士等 23 家企业被评为“2018 年度浙江省高成长科技型中小企业”。

4. 新营销，品牌升级

通过召开年度经销商大会以及新品发布会，圣奥、顾家、喜临门、花为媒、梦神、诺贝、国森、欧宜风、莫霞、美格登、科尔卡诺、冠臣等企业邀请各地优秀经销商围绕如何提高坪效、销售技巧、客户维护等实战内容进行内部分享。2018 年 1 月 25—27 日，柏厨宣传片成功登陆美国纽约时代广场纳斯达克户外大屏。此次柏厨公开展示产品宣传片，彰显了柏厨的企业实力及征战海外的决心；梦神集团登录美国纽约时代广场大屏，为大家拜年。

顾家、喜临门、永艺、恒林、富邦、城市之窗、年年红、好人家、利豪、耐力、新诺贝、阿尔特、梦神、博泰、星威、欧宜风、艾力克、莫霞、澳利达、盛信、中源、等企业积极参加上海、广州、深圳、东莞、苏州等地举办的家具展览，展现了“好家具，浙江造”的整体形象。营销模式不断升级。截至 2018 年顾家家居已经连续三年参与天猫的超级品牌日活动，每年都以给力的优惠和优质的服务劲掀“爱家”热潮，喜临门以家居用品行业唯一品牌身份成功入选 2018“CCTV·国家品牌计划”。在“双 11”活动中，顾家、喜临门在“2018 年淘宝天猫“双 11”住宅家具热销店铺排行榜”分别位居第四、第五名，以优异的战绩圆满收官。圣奥、顾家、喜临门、花为媒、豪中豪、梦神等企业也在电商领域不断发力，利用互联网优势，大幅提升资源配置效率。

除了在品牌宣传上投入大、下苦功以外，浙江省家具企业在售后服务也有了很大的提高。圣奥、顾家、海鹏家具等企业为消费者提供免费上门清洗、维修、保养等优质的售后服务，收获了客户的广泛好评，加强了品牌与消费者之间的黏性。富邦美品荣获“全国百佳质量诚信标杆示范企业”荣誉。

5. 资本涌入，行业关注度提升

中源家居于 2018 年 2 月登陆主板，股票代码“603709”，证券简称为“中源家居”。至此，全省已有喜临门、永艺、顾家、卡森、富邦、格莱特、永强、帝龙、大丰、恒林、中源 11 家公司分别在上海、深圳、香港、法国证交所上市。

6. 不忘初心，勇担社会责任

顾家发起“欢乐顾家”公益行动，关爱弱势孤儿；金鹭前往贵州省黔东南州实施“精准扶贫”行动，向榕江县捐赠 5 万元的医疗床；卡森成立“卡森困难职工帮扶基金”和“浙江卡森医疗救助慈善基金”，连续三年向海宁市慈善总会捐赠共计 38 万元，用于企业困难职工帮扶和其它社会公益事业；艾力斯特连续多年参与“永嘉鹤盛镇老干部送健康”“平阳榆洋镇老人院慰问送健康”“瓯海三垟乡微心愿认领”等公益慈善活动。截至 2018 年年底，圣奥慈善基金会累计实施慈善公益项目 130 余个，慈善捐助共计 7000 余万元，受益人数超过 5 万人。2018 年 11 月，浙江省家具行业协会理事长、圣奥集团董事长倪良正先生作为浙江省家具企业家的代表，荣获“浙江省非公有制经济人士新时代优秀中国特色社会主义事业建设者”。

巨桑家居热忱公益二十载，从 1999 年开始，开拓进取的同时也不忘回报社会，2018 年 10 月 31 日捐资玉山县官溪学校用于丰富教学物资和爱心助学。仪式上，杨以勇代表巨桑家居向玉山县官溪学校捐赠 30 万元现金。护童投资 500 万元按 CNAS 标准为中国儿童建设的儿童学习桌椅检测中心，于 2018 年 4 月 25 日正式投入使用。

三、特色产业发展情况

1. 杭州市——中国办公家具产业基地

根据杭州市统计局和海关统计数据，全市 81 家规模以上家具企业，1—11 月实现工业总产值 162.12 亿元，同比增长 3.6%；工业利税总额 22.09 亿元，同比增长 4.0%；工业利润总额 14.44 亿元；同比增长 4.7%。完成新产品产值为 56.73 亿元，同比增长 15.5%。杭州市家具制造业出口交货值 52.57 亿元，2017 年 1—11 月出口交货值为 49.05 亿元，同比增长 7.2%。

2. 海宁市——中国出口沙发产业基地

海宁家具行业共有生产企业 170 余家，从业人员 4 万余人。根据统计局对全市 43 家规上企业统计，截止 2018 年 12 月，海宁市家具行业累计实现工业产值 85.11 亿元，同比增长 12.9%，利税 6.82 亿元，同比增长 10.1%，利润 2.85 亿元，同比下降 9.5%。因统计口径关系，加上未统计在家具行业的一些集团企业的产值，预计 2018 年全年家具行业累计实现工业总产值将超 110 亿元。根据海关资料显示，截至 2018 年 12 月，海宁市家具及制品累计出口 63.41 亿元，同比增长 3.5%，出口总量占全市第三。另外，成品沙发累计出口 57.02 亿元，同比增长 4.6%；布沙发出口 35.82 亿元，同比增长 8.6%；皮沙发出口 21.21 亿元，同比下降 1.4%；布沙发套出口 6.91 亿元，同比下降 10%；皮沙发套出口 4.21 亿元，同比增长 9%。

3. 安吉县——中国椅业之乡

浙江安吉是“中国椅业之乡”，是全国最大的办公椅生产基地。2018 年，安吉椅业拥有 176 家规上企业，亿元以上企业有 55 家，其中在上海证券交易所主板上市企业有 3 家；2018 年，安吉椅业销售收入达到 394 亿元，规上企业销售收入 220.3 亿元，同比增长 13.8%，占全县规上企业销售收入总额的 39.0%，利税贡献值在全县主要行业中排名第一；并且从占用土地平均税收（亩均税收）来看，安吉椅业产业以亩均 25 万元的水平位列全县第一。目前拥有恒林、永艺、永裕、嘉瑞福、利豪、富和、大康、和也、中源 9 家省级企业设计中心、40 家省级高新技术企业研发中心、9 家省级研究院和 8 家省级企业技术中心。永艺、中源、大康荣获“第三批国家绿色工厂”荣誉称号。永艺荣获国家两化融合管理体系贯标试点企业。“安吉椅业板块”正在稳定快速地发展。

4. 玉环市——中国欧式古典家具生产基地

玉环家具已形成品种繁多、配套齐全、产业链条完整的集群经济，尤其是欧式古典家具，其档次和工艺水平处于全国领先地位。2018年全市家具总产值43.12亿元，其中自营出口6.28亿元。自2004年荣获中国新古典家具精品生产（采购）基地，2017年通过“中国欧式古典家具生产基地”复评后，2018年10月又通过“国家级家具产品质量提升示范区”验收。

5. 中国红木（雕刻）家具之都——东阳市

经过多年发展，东阳木雕红木家具产业已形成了东阳经济开发区、横店镇和南马镇三大产业基地，东阳中国木雕城、东阳红木家具市场和南马花园红木家具市场三大交易市场。目前，东阳市现有木雕红木家具企业有1336家，全年产值超过200亿元，从业人员有10余万人；其中销售额超2000万元以上的企业由2016年的36家增加到现在的200多家。以整改促转型提升，彻底突破产业结构“低小散”、环境污染与资源分配不均等制约产业转型发展的瓶颈，践行绿色发展、科学发展。为了推进产业健康持续发展，东阳市先后建成了中国木雕博物馆、国际会展中心、浙江广厦学院雕刻艺术设计专业以及东阳市职业教育中心等平台，并结合木雕小镇建设，建成了木材交易中心、木文化创意设计中心、中国东阳家具研究院以及国家木雕及红木制品质量监督检验中心、国家（东阳木雕）知识产权快速维权援助中心等平台。为引导产业集聚，大力拓展发展空间，目前，已建成的红木小微园有南马万洋众创城、南市红木产业创新综合体，共占地200多亩，建筑面积达28万平方米。

四、品牌发展及重点企业情况

2018年度浙江名牌名单

序号	产品名称	申报企业名称
	新增工业产品	
1	厨房家具	浙江美生橱柜有限公司
2	休闲椅	安吉县龙威家具有限责任公司
3	办公椅	浙江德慕家具有限公司
4	电动床	麒盛科技股份有限公司
5	定制衣柜	索菲亚家居（浙江）有限公司
6	钢质家具	海盐汇通智能家居股份有限公司
7	木雕红木家具	浙江浪人工艺品股份有限公司
8	折叠桌椅	浙江新亚休闲用品有限公司
	复评工业产品	
1	舞台机械	浙江大丰实业股份有限公司
2	自动开启天窗	浙江大丰实业股份有限公司
3	多功能课桌椅	育才控股集团有限公司
4	沙发	中源家居股份有限公司
5	沙发	慕容集团有限公司
6	木家具	浙江昌丽家居有限公司
7	木质家具	浙江省诸暨市斯宅家具制造有限公司
8	红木家具	浙江兰福家具有限公司
9	木雕红木家具	浙江卓木王红木家具有限公司
10	木雕红木家具	浙江大清翰林古典艺术家具有限公司
11	国祥红木	国祥红木家具有限公司
12	木雕红木家具	浙江万家宜家具有限公司
13	家具	浙江诺贝家具有限公司

2018年，全省共有美生、麒盛科技等8个品牌（产品）被新认定为浙江名牌；育才、中源等13个品牌（产品）通过复评；浙江圣奥集团上榜浙江出口名牌名单。

圣奥集团　圣奥集团以办公家具为主营业务，同时经营民用家具、置业投资等，是浙江省家具行业协会理事长单位。公司拥有多层情景体验的健康办公体验馆及近20万平方米的绿色生产基地。2018年，集团销售38.1亿元，税收3.44亿元，其中家具销售22.5亿元，实现了22%的增长。公司荣获国家工信部“两化融合”管理体系评定和“浙江制造”认证。在第15届世界品牌大会上，“圣奥”品牌以58.72亿元的品牌价值荣登中国500最具价值品牌，成为办公家具行业唯一的入选品牌。

公司作为行业内首家省级专利示范企业，荣获“国家级工业设计中心”等称号，拥有办公家具行业首个通过CNAS认证的实验室，并在德国柏林设立圣奥欧洲研发中心，积极引进、培养国际设计人才。公司累计申请专利846项，当前持续使用专利391项。携手浙江大学成立智能家具研究中心，通过与前沿领域的密切合作，实现传统办公家具向“智能空间”的跨越。

公司制定五年滚动战略规划，推进阿米巴自主经营模式。通过积极推进“机器换人”战略，布局“智慧工厂”。公司作为美国室内空气质量Greenguard认证企业，始终秉持高标准环保要求。集家具研发、展示体验、家具历史展览、检测、信息发布、教育培训、文化交流等于一体的25万平方米圣奥健康办公生态园将树立在杭州机场高速边。公司办公家具国内营销网点达124家。截止2018年末，公司产品远销世界112个国家和地区，服务了140家世界500强企业、227家中国500强企业，包括中石油、中石化、阿里巴巴、腾讯、中央电视台、中国工商银行、可口可乐、法拉利等。公司始终不忘初心，积极履行社会责任。2011年成立了圣奥慈善基金会。支持社会力量办学，捐资1亿元支持西湖大学建设。截至目前，累计慈善捐助1.6亿元，实施项目130余个，受益人数逾5万人。

顾家家居股份有限公司　公司主要从事客厅及卧室家具产品的研究、开发、生产与销售（股票代码：603816）。目前，顾家家居远销120余个国家和地区，拥有4500多家品牌专卖店，为全球超千万家庭提供美好生活。2018年先后收购德国顶级家居品牌Rolf Benz、美式家具品牌“宽邸”、出口床垫品牌“Delandis玺堡”，还签约超模何穗成为布艺时尚官。于11月独家冠名“2018天猫双11狂欢夜”，与千万用户共同见证“顾家家居沙发销量突破1000万套”的感恩时刻。顾家家居坚持以用户为中心，创立行业首个家居服务品牌“顾家关爱”，为用户提供一站式全生命周期服务。

喜临门家具股份有限公司　2012年7月17日，喜临门家具股份有限公司在上海证券交易所成功上市（股票代码：603008），成为“中国床垫第一股”。在随后的六年里，喜临门业绩一路攀升，营收持续快速增长。2018年前三季度实现营业收入29.6亿元，同比增长44.78%。喜临门目前拥有浙江绍兴、河北香河、四川成都、广东佛山、河南兰考五大生产基地和绍兴袍江出口基地，全国有2100多家门店遍布700多个城市。2018年海外市场泰国生产基地已启动，喜临门正在迈入全球化布局。

2018年是喜临门的“品牌年”。乘着“2018 CCTV国家品牌计划”的大船，喜临门将公司品牌战略定位提升到“保护脊椎”的大健康角度。自2013年起，喜临门每年携手权威机构发布《中国睡眠指数报告》，为提高国人整体睡眠质量提供解决方案。2018年6月23日，喜临门床垫获香港执业脊医协会认证；同年9月9日，喜临门躺着开的“保护脊椎”战略发布会于上海隆重召开，实现了品牌战略的历史性新突破。

永艺家具股份有限公司　公司成立于2001年，是国家高新技术企业，产品主要涉及办公椅、按摩椅、沙发及功能座椅配件，是目前国内最大的坐具提供商之一。2015年1月23日，公司在上海证券交易所主板挂牌上市（股票简称：永艺股份，股票代码：603600），是国内首家在A股上市的座椅企业。公司注册资金达3亿元，拥有员工4000余名和三大生产基地（占地面积近45万平方米，建筑面积82万平方米）。公司是国家办公椅行业标准的起草单位之一，是业内首批国家高新技术企业之一，是中国家具协会副理事长单位、浙江省椅业协会会长单位。公司全面推行精益制造，并大力推行机器换人，在品质控制上采用FMEA、SOP、CTQ、FPY等手段，成为安吉县“机器换人”示范单位、浙江省精细化管理示范企业，其中办公椅生产线被世界五百强客户定为行业标杆生产线。

浙江大丰实业股份有限公司　公司主营业务为文体设施的系统集成，目前共形成了舞台机械、灯光、音视频、电气智能、座椅看台、装饰幕墙、智能天窗等多个门类、多个系列、多种规格的产品体系，产品广泛应用于文化中心、剧（院）场、演艺秀场、主题乐（公）园、体育场馆、电视台、多功能厅、会展中心、文化群艺馆、图博馆、学校等文、广、体、娱等场所，股票代码603081。公司2018年实现营业总收入12.95亿元，同比上升2.29%；归属于上市公司股东的净利润2.02亿元，同比增长2.02%。

浙江恒林椅业股份有限公司　公司是一家集办公椅、沙发、按摩椅、系统办公环境整装、美学整装全屋定制家居及配件的高新技术企业，自成立以来专注于坐具行业，是国内领先的健康坐具开发商和目前国内最大的办公椅制造商及出口商之一。根据海关总署全国海关信息中心及中国轻工工艺品进出口商会统计，2008—2017年，公司办公椅年出口额稳居同行业第一。凭借雄厚的技术实力和卓越的产品品质，通过了欧洲、美国和日本等国家和地区知名采购商的严格认证，与全球知名企业IKEA

（宜家）、NITORI(尼达利)、Office Depot（欧迪办公）、Staples（史泰博）、SourceByNet、Home Retai（家悦采购集团）、MGB（麦德龙）建立了长期稳定的合作关系。

中源家居股份有限公司　公司产品主要包括手动功能沙发、电动功能沙发、扶手推背沙发、老人椅等功能沙发和部分普通沙发，并主要销往国外。2018 年 2 月 8 日，公司成功在上交所主板上市（股票代码：603709）。根据第三季度报告，公司 2018 年 1—9 月实现营业总收入 6.3 亿元，同比上升 8.13%；归属于上市公司股东的净利润 4876 万元，同比降低 13.62%。公司通过对工厂生产组织、工序布局、物料计划、原材料库等供应链管理关键环节进行改善及优化，同时将 ERP 信息系统与生产系统紧密结合，在人均效率、人均产值、品质管控、订单交付周期等方面取得提升及改善；对信息化建设的战略规划及执行策略进行持续优化，成为浙江省第一批上云标杆企业。

五、行业活动

1. 首届杭州国际家具展

以“活力、时尚、设计”为主题的杭州国际家具展于 2018 年 6 月 29 日如期开幕，总展出面积为 10 万平方米，观展人次达 6 万人次，共有 405 家优秀企业参展。本次展览签约意向经销商 1000 家，完成约 4 亿元的签单额。其中，迪凯馨的一款悬浮床垫现场完成一笔 600 万的大单。本次展会得到了本省顾家、圣奥、喜临门、年年红、梦神、金鹭、富邦、恒林、永艺、花为媒、莫霞、艾力斯特、丽博、利米缇斯、欧宜风、天源、巨桑、飞龙、明堂、顶丰、恒丰、科尔卡诺、冠臣、盛信、迪欧、川洋、老木匠、汉玛思、好人家、力丹、禾丰奥蜜尔、利豪、五星、振东、钟意莱、华盛惠业、达文伯艺、迪凯馨、华康、冠美、丽邦、丽树、旭东、中信、东捷等企业以及嘉兴王江泾县政府的大力支持，还有来自省外的慕思、木品木、巨高、皖宝、斯可馨、台森、吉斯、晓月等品牌的积极参与。

2. 全国家具制作职业技能竞赛浙江东阳赛区选拔赛

在中国家具协会、浙江省人力资源和社会保障厅的领导下，由浙江省家具行业协会、东阳市人民政府共同主办的“2018 年中国技能大赛——全国家具制作职业技能竞赛浙江东阳赛区选拔赛”于 9 月 19—20 日在东阳中国木雕城国际会展中心成功举办。来自杭州市、东阳市和磐安县等全省各地 35 家企业 134 人报名参赛。经统一理论考试，127 人合格并参加了实际操作比赛。浙江省共有 13 名选手进入全国总决赛，同时也是获奖选手最多的省份。其中大清翰林、御乾堂、明清居、美林圆台的四位选手居全国十强之列。

安徽省

一、行业概况

自2018年4月第三届一次理事会以来，安徽家具行业发展进入了新的发展阶段。行业发展由高速转变为中高速，发展动力由要素驱动转变为创新驱动，家具行业结构不断优化升级。2018年，面对复杂多变的国际形势，全省家具行业坚持创新驱动、内外销并举的发展策略，发挥品牌骨干企业的创新引领作用。全省家具行业经济指标呈现出全面低速发展、规模企业中坚力量、结构性调整的三个特点。

二、行业发展特点

1. 家具市场年轻化已成趋势

现如今，安徽家具行业发展趋势愈发呈现出多样化的特点，因此家具企业需要做好市场细分来获得突破方向。现阶段，家具行业正逐渐向年轻化过渡，也成为未来的几个主流方向之一。由80后、90后主导消费群体对生活品质的追求带动了个性化风潮。家具空间及产品从尺寸到颜色再到材质、图案，用户对自己家具产品拥有绝对控制权。

2. 产业集群化效应明显

依据中国家具协会制定的《中国家具行业特色区域荣誉称号的管理办法》及《中国家具新兴产业园区的管理办法》，安徽省家具行业培育、共建了一批家具行业产业集群，使得个集群的发展取得了明显成果。其中安徽省六安市叶集中国中部家居产业园尤为突出，得益于区政府优厚的招商政策（新引进首位木竹加工、家居产品制造产业固定资产投资1000万以上3000万以下部分，按2%给予补助；3000万元以上1亿元以下部分，按6%给予补助；1亿元以上2亿元以下部分，按12%给予补助；2亿元以上部分，按15%给予补助）。到2018年，叶集中国中部家居产业园初步形成以板材加工市场为主线，以家居制造核心，以人造板生产为基础，产业链配套的良好发展体系。实现年销售收入200亿元，木材加工产业占全区比重90%以上。

3. 产业结构优化初具规模

环保问题对于安徽省的生产型企业来说是一记重拳，而且是一场持久战，尤其是全省家具企业在环保、技术、设备、生产工艺等方面较为落后，这是家具企业必须面对的问题。行业正在优化产业结构，淘汰落后产能，所以环保政策的不断落实，将会有一大批落后的工厂被叫停，以确保在消费升级的时代背景下，适应更高品质的市场诉求。

三、品牌发展及重点企业情况

1. 淮北兆基实业有限公司

公司成立于2001年，现有兆基家居、淮北房产超市、安徽木依缘商贸有限公司、安徽福养生物科技有限公司、淮北鞋城等公司。总占地面积229亩，建筑面积11.22万平方米，注册总资金1亿元，固定资产5亿元，职工1000多人，年营业额5亿多元。集国内外200多个知名品牌，上万款精品系列，先后被全国、省部等相关部门授予荣誉称号，曾获全国诚信示范市场、中国质量万里行质量示范单位、质量信誉服务AAA级示范单位、中国家具行业优秀企业奖、中国家具协会杰出贡献奖、全省就业先进单位等称号。

旗下“淮北房产超市”经过国家发展改革委员会对中小城市综合改革试点的全面总结和第三方评估，被列为《中小城市综合改革试点经验案例》。淮北房产超市于2015年4月正式运行，规划总面积12150平方米。目前，入住房产超市的企业已有70余家，荣获2018年国家发改委创新奖等。

2. 中至信家具有限公司

公司于2014年8月26日正式成立，现拥有3000多人的工程技术、设计、营销及生产员工团队和42万平方米的大型生产基地，年产值逾3亿。

3. 志邦家居股份有限公司

公司成立于1998年，是专业化橱柜企业，经过16年的不断发展，目前拥有35万平方米超大规模现代化橱柜制造基地，年产能达36万套整体橱柜。2017年6月30日，志邦股份在上交所A股成功上市。

4. 合肥客来福家居用品有限公司

公司成立于1998年，厂房面积达3万多平方米，拥有世界一流的全电脑控制的电子开料机、全自动封边机、打孔机等德国HOMAG公司的家具加工设备。公司拥有员工近400人，年产值过亿。

5. 合肥皖宝集团

集团创建于1985年，是一家致力于家居产品研发和生产的现代化企业，产品涉及床垫、家具、聚氨酯海绵、广告等多个行业。

6. 合肥蓝天家具制造有限责任公司

公司始创于1996年，是专业家具制造企业。总部设在合肥蓝天美高工业园，占地120亩。公司拥有800多名员工，其中管理人员及工程技术人员达160人之多，专业技术骨干及生产一线熟练工600余人。2018年销售额2.8亿元，实现利税6700万元，2019年公司销售目标3.4亿元，利税8300万元。

7. 安徽金宝马家具集团有限公司

公司引进香港“伟煜美家居国际有限公司”，在原有酒店工程家具生产的基础上，借助伟煜美全屋定制家具的优良品质和信誉，全面扩大高品质家具生产能力，为消费者提供针对性极强的个性化服务。

8. 安徽龙之杰家具制造有限责任公司

公司于1999年成立，以销售保险柜、密集柜起家，如今企业版图涵盖档案家具、校园家具、办公家具、置业投资等领域，龙之杰的OFFICE事业稳健发展，年年取得30%以上的销售增长率。2018年的营业收入已经达到8235.14万元，政府采购合同总金额也达到了1771.48万元。

9. 安徽省徽派家私有限责任公司

公司是一家专业“工程定制”家具企业，成立于2006年7月5日。公司现有员工200余人，公司占地100余亩，拥有现代化厂房55000平方米，总投资1亿元，其中二期工程2019年建成投产，一、二期可实现年产值3亿元。公司将以每年不低于50%的增长率为发展目标。

10. 安徽月娇家具有限公司

公司位于阜阳市颍泉区工业园内，公司占地2.5公顷，其中标准厂房、仓库、展厅等建筑面积1.5万平方米，职工300多名，年产值近2亿。

福建省

一、行业概况

近几年，家具行业处在大变革转型升级的关键时期，福建省家具行业的发展也由原来的高速增长逐渐向中高速增长转变，生产方式和产品质量也由中低端向中高端发展。2018 年福建省家具行业总体发展较为平稳，家具行业实现总产值 1100 亿元，同比增长 4.76%，其中规模以上企业 356 家，工业总产值 577 亿元，同比增长 5.7%；利润总额达 37.3 亿元，同比增长 23.5%；税金总额 11.79 亿元，同比下降 9.7%。2018 年全省家具出口 310 亿元，同比增长 15.9%；进口 15 亿元，同比增长 102.6%；完成产量约 12961 万件，同比下降 11.7%。企业数约 5500 家，从业人员近 40 万人。

生产布局上，仍然保持福州、厦门以生产板式家具（办公、民用、校用）为主，莆田以生产中式古典工艺家具为主；漳州、泉州以生产出口美式实木家具、钢管家具、酒店家具、软体家具为主；闽侯、安溪等地以生产竹、藤、铁工艺家具为主；三明、南平、龙岩以生产竹木制品为主的格局。

二、特色产业发展情况

1. 仙游

莆田市仙游县红木雕刻工艺精湛，先后被授予“仙作红木家具产业基地”“中国古典家具收藏文化名城”“国际木文化研究与实践基地”等称号，仙游古典家具制作技艺被列入国家级非物质文化遗产保护名录，仙游“中国古典工艺博览城”获评国家 4A 级旅游景区。2018 年全县工艺美术产业实现产值 400 亿元，同比增长 5.3%（其中规模企业 166 家，规模产值 260 多亿元，同比增长 5%，占规模工业产值的 42% 左右），创税 1 亿多元。

2014—2018 年福建省家具行业发展情况汇总表

主要指标	2018 年	2017 年	2016 年	2015 年	2014 年
企业数量（个）	5500	5500	5500	5300	5500
工业总产值（亿元）	1100	1050	950	880	810
主营业务收入（亿元）	1060	1030	940	865	795
规模以上企业数量（个）	356	341	330	331	320
规模以上企业工业总产值（亿元）	577	546	465	433	400
规模以上企业主营业务收入（亿元）	554	524.7	460	426	393
出口值（亿美元）	46.50	42.50	34.66	37.98	37.43
家具产量（万件）	12961	14796	15123	13500	11000

数据来源：福建省家具协会

2. 漳州

近几年来，漳州市家具行业发展平稳。产业体系日臻完善，集群效益显现，区域优势明显。2018年漳州家具行业规上工业产值133.61亿元，同比增长6.64％，销售产值131.46亿元，同比增长6.52%，出口交货值56.48亿元，下降6.27%，工业增加值38.95亿元，同比增长6.17%。

3. 闽侯、安溪

闽侯、安溪县均为“中国藤铁工艺之乡”，政府大力扶持藤、铁工艺产业发展，藤、铁工艺家具产值及出口额逐年上升。闽侯县家居工艺品2018年总产值达90亿元，其中出口9.05亿美元，同比增长19.8%。2018年安溪县家居工艺产业发展总体平稳，全产业链产值150亿元，增长15.38%；工艺品电商全年交易额45.73亿元，增长28.93%，企业自营出口总额16.51亿元，增长2.61%。

4. 三明

三明市是福建省重点林区，生产的商品木材以及人造板产量均居全省之首。永安作为三明市的“中国竹笋之乡”“中国竹子之乡”和“全国林业改革与发展示范区”，竹资源十分丰富（全市拥有竹林面积102万亩）。2018年，全市竹业总产值达75.5亿元，同比增长14%，连续两年林竹企业税收突破亿元。

三、行业纪事

1. 加强服务平台建设，引导行业技术水平进一步提高

2008年组建了“海西家具技术研发服务平台”和“福建省家具产品质量检验检测服务平台”，至今已为多数会员企业提供检测需求和解决生产技术难题。

2015年底，成立“福建省海西家具产业发展研究院”，为企业在战略定位、经营管理、技术创新、工业设计等方面提供专业化的公共服务。

2016年，建立六个“学会服务工作站”，通过完善的合作机制，围绕企业科技需求，组织专家积极为企业提供产学研合作及各类技术服务。2018年已开展了3项技术服务项目。

2. 举办设计及技能大赛，提升行业创新水平

2018年10月，由福建省仙游县人民政府、福建省家具协会、福建省古典工艺家具协会主办的2018年中国技能大赛——全国家具制作职业技能竞赛（福建分赛区）选拔赛在仙游举办，通过竞赛培养、挖掘人才，推动仙游古典家具产业转型升级、做强做优。

2018年10月，由永安市政府、清华大学主办的《竹·境20+计划》项目于2017年正式启动，协会参与该项目活动的开展。项目成果在2018年国际（永安）竹具博览会上展示，让更多的人了解中国竹文化及永安竹产业，用现代设计的方式来推动产业高质量发展。

3. 注重行业标准化工作，促进企业品牌建设

福建省家具协会注重参与并引导企业参与行业标准的制修订工作，参与全国家具行业标准化工作会议。积极参与《定制家具 通用设计规范》《家具工业术语》等数十项国家标准、行业标准的审定。2017年，福建省家具协会质量标准化技术委员会成立，计划对《竹家居制品通用技术条件》等团体标准进行后续的申报制定工作。2019年2月，完成福建《竹家居制品通用技术条件》团体标准的评审工作，并于2019年4月发布实施。

4. 积极组织、参加研讨会，有效应对中美贸易摩擦

2018年中美贸易战全面爆发，对福建省家具产业出口产生较大影响。为帮助出口企业了解相关法规政策，2018年5月，“质”造家居产品研讨会召开，有关专家作“美国和欧盟家具化学准入标准”“家具及工艺品召回分析与风险规避”主题演讲，邀请福建省商务厅公平贸易局作中美贸易摩擦分析及相关扶持政策宣讲。在福建省商务厅组织召开的各类座谈会上，各行业商（协）会代表介绍了中美贸易摩擦对本行业的影响，省商务厅表示将采纳各行业商（协）会反馈的主要问题和提出的可行建议，出台有效措施和政策，帮助出口企业更好应对贸易摩擦。

四、品牌发展及重点企业介绍

1. 厦门优客居品牌管理有限公司——喜梦宝

喜梦宝拥有 30 年专业从事松木家具研发、设计、生产、销售和服务一体化经营的现代化家具生产企业。企业现拥有厦门海沧、漳州角美生产工业园共占地 50 余万平方米，员工超过 1500 人，拥有从德国、中国台湾引进的全套的实木家具、床垫、沙发和海绵生产线，配有世界顶级环保 UV 漆涂装设备，年生产能力达上千万件家具。

喜梦宝拥有独立的产品开发设计团队，聘请了中国香港、日本、中国台湾等地的高级技术人员和管理专家，采用获得国际森林委员会 FSC 认证的上乘木材，从原木运输、价格、流通直至消费者的全程监控，并依据欧洲 E1 标准、德国 GS 认证标准、国际 ISO9001 建立质量管理标准体系。2018 年，喜梦宝从德国引进了五面十排钻孔机、高速四面刨、雕刻机以及双端剪钻等先进机台设备，使产品始终处于标准的稳定状态。

2. 福州新兴家居用品有限公司

2018 年，福州新兴家居用品有限公司在福建连江县琯头生产基地，斥巨资打造了一个 4500 平方米的精品竹生活馆。

3. 福建金竹竹业有限公司

福建金竹竹业有限公司成立于 2011 年 9 月，注册资本 5000 万元，总投资达 1 亿元人民币。公司主要产品有家具、花箱、花架、栏杆、室内外重组竹地板、桥梁板、型材板、墙面板、马厩板等。公司购进先进的重组竹生产设备，采用先进的生产工艺，不断研发创新。在销售模式上采用定制的方式，满足了不同类型和层次消费者的需求。同时，将竹文化引入茶空间设计理念，设计以竹材为主的茶空间家具。目前，公司已获得国家发明专利 8 项，实用新型专利 76 项。2017 年被评为国家高新技术企业、2018 年被评为福建省名牌农产品、福建省林业产业化龙头企业、福建省知识产权优势企业、国家林业标准化示范企业。

五、行业重大活动

2018 年 7 月，福建粤港家居产业园开工奠基仪式在漳州市漳浦县隆重举行。该项目着力打造一个集研发、生产、品牌孵化、成品展示和贸易为一体的福建省省级规模最大、面向国际市场的示范性专业家居产业集群，是粤港福建家居商会带领会员企业产业转型升级的一项重大举措。

近年来，国家环保要求越来越严，在国家相关环保政策出台的背景下，福建省也陆续出台相关政策。2018 年 9 月，福建省环保厅颁布了《福建省工业涂料工序挥发性有机物排放标准》。新标准的出台和实施，对福建家具企业既是挑战又是机遇，促进企业转型升级、行业优胜劣汰，进一步规范福建家具行业的健康发展，同时完善了福建家具行业大气排放物的地方标准体系。

2018 年 10 月，由国际竹藤组织、福建省家具协会等单位联合举办的“2018 国际（永安）竹具博览会”在福建永安隆重开幕。国内外知名人士共 300 多人参加博览会。本届竹具博览会以“中国竹·品永安”为主题，通过研讨交流、成果展示、产品展销、书画摄影展示等活动，进一步增强永安竹产业核心竞争力及品牌建设。

2018 年 11 月，由中国工艺美术协会、中国家具协会、福建省家具协会等单位联合举办的第六届中国（仙游）红木艺雕精品博览会在仙游成功启幕。本届博览会以“打造仙作供应链，引领行业新发展”为主题，旨在推动全国红木文化产业转型升级、创新发展，更好地服务“一带一路”建设。

福建粤港家居产业园开工奠基仪式在漳浦隆重举行

2018 国际永安竹具博览会

第六届中国（仙游）红木艺雕精品博览会

六、存在问题

国际贸易摩擦升级，出口经济遭受冲击加大。2018 年下半年，美国实施的 2000 亿商品征税清单中，家具涉案金额 110 亿美元，椅子涉案金额 100 亿美元，成为受影响最大的产业之一。福建省是家具出口大省，美国作为福建省家具出口最大的市场，占比约 47%。中美贸易战的爆发，目前虽未全面征税，但对福建家具出口企业产生的影响已显现：企业订单减少，出口难度加大，间接将导致订单、产业外移，大量中低端产品订单转移到不受贸易战涉及的东南亚等地区，对福建家具产业将造成较大影响。

产业结构调整，环保压力加大。家具行业逐渐成为环保的重视基地，国家出台的环保标准、政策，采取的一系列环保整治措施，都对行业施加了压力。2018 年 4 月，福建省环保厅又编制出台了《福建省工业涂料工序挥发性有机物排放标准》，进一步提高了环保准入门槛。

人才稀缺、人力成本倍增。专业人才稀缺，高技术人才、设计人才匮乏，影响行业智造升级；另外，人口红利消退，全国劳动力锐减，低成本产业工人无限供应的时代一去不复返，企业用工面临极大挑战。

人民币汇率不断变动，导致企业出口商品的利润下降。物价、运费、原材料、人工等综合成本的上涨，压缩了企业利润空间。产业链不够健全，原辅材料和配件渠道不够畅通，也造成生产经营成本提高，削弱企业竞争优势。

自主创新能力不足，产业结构性矛盾较为突出。全行业科技研发资金投入较少，自主设计研发能力较弱，家具产业中高技术含量、高附加值的产品比重偏少，制约了行业发展。而欧美等发达国家的品牌家具早已向功能化、环保化、时尚化方向发展，福建省家具在环保、工艺和质量等方面与国际先进水平仍有一定差距。

江西省

一、行业概况

2018 年江西省家具行业主要经济指标持续快速增长。据不完全统计，生产企业约 8000 余家；家具生产企业主营收入约 1900 亿元；全年累计完成家具产量 3899.19 万件，全国排名第四位。行业拥有主营收入超 10 亿元的重点企业 2 家；超 5 亿元的重点企业 6 家；超亿元的重点企业 42 家；规上企业 1180 家。

江西省家具行业大力实施品牌战略。企业产品结构不断优化，打造了一批质量过硬，深受消费者欢迎的知名品牌，截至 2018 年年底，全行业荣获中国名牌产品称号 1 个、中国驰名商标 14 个、江西省名牌产品 126 个、江西省著名商标 125 个。

二、行业纪事

1. 产业优化升级

根据江西省工信厅对传统产业优化升级“1+8”行动工作方案的要求，省家协组织完成了编撰《江西省家具产业优化升级实施方案（2018—2020）》，提出了有利于行业健康发展的建议措施和意见，并通过了省工信厅组织的专家评审认证，得到了省工信厅的认可。家具产业作为江西省的传统产业之一被列入《江西省传统产业优化升级行动计划（2018—2020 年）》之内，并于 2018 年 6 月 7 日以省政府办公厅赣府厅字【2018】60 号文下发通知到各市县（区）人民政府、省政府各部门，要求认真贯彻执行。

2. 标准优化完善

2018 年 11 月，江西省生态环境厅出台了《江西省地方标准挥发性有机物排放标准（第 6 部分家具制造业）征求意见稿》，省协会立即发文到家具生产集中的 3 个产业基地、组织学习讨论，征求意见和建议，并根据收集到的意见和建议，行文至省生态环境厅，代表行业表明态度和提出意见与建议，部分建议被采纳。

3. 中国（赣州）第五届家博会

2018 年 6 月 21 日，中国（赣州）第五届家博会在南康家居小镇隆重开幕。本届家博会采取“主会场 + 分会场”和“线上线下同步”的方式举办，主会场首次并将长久性落户于南康家居小镇。中国（赣州）第五届家具产业博览会创下了近百家国际国内一线品牌参展、观展人数超 100 万、交易金额破

2014—2018 年江西省家具行业发展情况汇总表

主要指标	2018 年	2017 年	2016 年	2015 年	2014 年
家具产量（万件）	3900	3760.79	2508.75	2162.10	1440.92
出口值（万美元）	—	91671.69	71223.45	93669.84	80782.09
进口值（万美元）	—	178.04	1473.72	561.92	193.30

数据来源：中国轻工业信息中心

100 亿的 3 个“100”记录。

4. 技能竞赛

2018 年江西省家具协会与南康区政府联合，积极申报省级、国家级赛事，争取到了 2018 年江西省“振兴杯”手工木工职业技能竞赛暨中国技能大赛——全国家具制作职业技能大赛“汇明家居杯”江西分赛区选拔赛的省级二类赛事，并于 6 月 19—20 日在南康家居特色小镇成功举办。

同时，2018 中国技能大赛——全国家具制作职业技能竞赛总决赛的国家级二类赛事于 11 月 4—6 日在南康家居特色小镇的家居博览中心成功举办。全国 11 个分赛区的 73 名选手云集总决赛现场同场竞技，充分展示了全国家具行业一流技术人才的操作技能和深厚扎实的理论功底。

三、特色产业发展情况

江西家具产业作为全国家具产业集群的后起之秀，全省家具产业集群特色明显，产业链日渐形成较为完整。中国中部家具产业基地的南康区素有“中国实木床，三分南康造”的美誉；中国金属家具产业基地的樟树市生产的金属办公家具产量占全国同类产品产量总数的三分之一以上；中国校用家具产业基地的南城县生产的校用家具产量占全国同类产品产量总数的三分之一左右。

2016 年南康家具产业基地家具总产值就实现了千亿产业的目标，截至 2018 年年底，南康家具产业基地家具主营收入达 1591.3 亿元；樟树市金属家具产业基地的金属家具主营收入达 223.60 亿元；南城校用家具产业基地的校用家具主营收入达 60 亿元。这三个产业基地都成为当地的经济发展主要支柱和重要支柱，成为当地政府重点支持和发展的特色产业。

2018 年年底，全省共建成省级企业技术中心 5 个，拥有高新技术企业 22 户，共有专利产品 1500 余项。2018 年南康区建成和在建标准厂房超 1000 万平方米，341 家规上企业已经或即将入驻新厂，2000 余家企业安装废弃治理设施。南康家具产业集群逆势增长 25%，突破 1600 亿元。

四、品牌发展及重点企业情况

1. 江西汇明家居科技集团

汇明集团创始于 1999 年，是全国最大的板式家具出口企业之一，拥有从木材经加工到产品，再由废料到板材经加工到产品的能力，实现了循环利用的目标，是南康区按照“规转股、扶上市、育龙

2018 中国技能大赛——全国家具制作职业技能竞赛总决赛合影

头、聚集群”的发展路径，主攻工业着力打造的首家百亿企业。

汇明集团发展战略由三大项目组成。第一是赣州爱格森人造板有限公司，拥有全球第三条、国内第一条循环利用生产线，对废旧木材料、废旧模板和废旧家具可以直接回收，策应“中国制造 2025”，打造了全省第一个人造板生产无人智能化车间。项目总占地面积 150 亩，总投资约 8 亿元，实现了当年引进、当年开工、当年基本建成并投产的一家智能制造企业，于 2017 年 5 月 10 日正式出第一张板，同年完成生产产值 1.4 亿元，税收 100 万元。2018 年实现主营业务收入 2.74 亿元，税收 596 万元，获得国家高新技术企业称号。

第二是赣州汇明木业有限公司，拥有年产 320 万套板式家具生产线，成品年出货柜 6000 个以上，出口额达 2 亿美金以上。2018 年出口额达 1.31 亿美金，缴税 6355 万元，获得国家高新技术企业称号。

汇明集团德国迪芬巴赫压板机线

第三是江西汇明生态家居科技有限公司，项目总投资 20 亿元，以南康区政府 21 万平方米标准厂房为依托，整合南康数十家家具企业抱团发展，打造国际化大型综合性家居企业，拥有国内实木家具数字化生产线，2018 年生产总产值 2.67 亿元，缴税收 2044 万元，获得国家高新技术企业称号。

2. 唯妮尔家居股份有限公司

公司隶属唯妮尔集团，注册资金 1 亿元人民币，项目占地 75 亩，投资总额达 2 亿元人民币。唯妮尔家居股份有限公司是一家集设计开发、生产销售、品牌打造为一体的大型现代化全屋定制家居制造企业。公司引进德国先进的自动家具生产流水线（HOMAG），其投资规模居江西省定制家具行业前列。公司率先在江西省板式家具制造领域导入 MES 系统，实现了从自动化直接过渡到信息化，为将来升级“无人化工厂”（工业 4.0）打下扎实的基础。

3. 江西省裕港家具工程有限公司

江西省裕港家具工程有限公司坐落于江西省南昌小蓝经济开发区，是一家专业生产办公家具的厂家。产品设计新颖合理，工艺精湛严谨，用料细致考究，不断推陈出新。2018 年，实现销售额 5000 万元，为了公司更好的发展与壮大，在武阳创业园购置了 35 亩的土地，自建 40000 余平方米的家具产业中心。产业中心集家具设计、生产、销售、展示于一体，极大地提升公司的企业形象和家具生产能力，为公司的持续发展打下坚实的基础。

山东省

一、行业概况

2018 年是山东家具行业进入转型升级关键阶段，产业正由高速增长逐步转向高质量发展，提质增效成为产业的发展重心，行业总体发展平稳，增速继续放缓。2018 年山东家具生产企业 4200 余家，实现主营业务收入约 1835 亿元，同比增长 7.1%，产业结构逐步优化，产业配套能力和上下游合作程度明显提升，龙头品牌企业发展势头良好，实木、机械、板材等产业集群特色明显，原创设计企业融合鲁作工艺与现代设计，代表山东原创品牌打响知名度，中小型企业顺应产业升级趋势，准确定位，积极探索适合自身发展道路。

1. 产业结构逐步优化，产业配套能力和上下游合作程度明显提升

品牌企业融合中小企业过剩生产能力，打造综合产业园区，实现生产能力量级提升，木工机械产业创新能力增强，青岛、济南作为木工机械生产基地为全行业提供技术支持，部分品牌精准定位，定点突破走向全国及国际市场。定制家具得到快速发展，高档家具比重不断提高，国内地产精装房定制增长迅速。

家具生产企业机械化程度大幅提升，企业引进高端数控设备、实现生产线优化整合，水性漆、环保升级技术也得到广泛应用，低端作坊式生产和落后产能逐步淘汰，人均劳动生产率不断提高。行业“两化融合”继续推进，标杆企业有：青岛海燕、青岛良木、济南赖氏、青岛一木等。截至目前，山东省家具产业省级企业技术中心有：青岛一木集团公司、山东大唐宅配家居有限公司、山东新郎欧美尔家居置业有限公司、淄博宝恩家私有限公司、东营艾兰仕家具制造有限公司。

2. 产业集群综合实力进一步增强

2015 年淄博周村被授予“中国软体家具产业基地”，至此全省国家级产业集群达到 7 个，此外还有 1 个省级特色小镇——菏泽天荣牡丹创意家居小镇，1 个省级产业集群——山东实木家具生产基地（高密）。9 大集群产业带动效应明显，家具产业已成为

2011—2018 年山东省家具行业主要经济指标年度对比表

主要指标	2011 年	2012 年	2013 年	2014 年	2015 年	2016 年	2017 年	2018 年
企业数（家）	4150	4200	4200	4250	4300	4500	4500	4200
主营业务收入（亿元）	945	1085	1210	1332	1460	1584	1713	1835
规模以上企业数（家）	477	501	528	536	544	553	—	—
规模以上主营业务收入（亿元）	606.23	702.10	820.8	858.45	922.2	920.2	—	—
出口额（亿美元）	17.43	19.45	23.53	24.45	25.07	26.35	27.75	—

数据来源：山东省家具协会

部分地方经济的主导产业。集群内公共服务平台建设加快，如宁津公共喷涂平台、菏泽天荣牡丹创意家居小镇设立电子商务服务平台，为集群产业快速发展起到有效推进作用。

3. 家具产业园区发展迅速

为适应国家环保政策要求，规范企业绿色生产，山东省各地市积极规划和和建设标准化家具产业园区，目前已建设或拟建设的产业园区主要有：临沂国家林产工业科技示范园区、菏泽郓城家居产业园区、淄博周村产业园区等。其中，临沂国家林产工业科技示范园区作为全国林产工业科技示范园区，将通过园区创新驱动示范引领作用，提高产业集中度，实现产业转型升级，发展循环经济，为全国林产工业发展树立示范标杆，建成全国重要的高档家居制造基地和最大的高端品牌板材生产基地，使国家林产工业科技示范园区成为全国高端木业的示范区和标志区。菏泽郓城家居产业园区已建成标准化厂房总面积 8 万平方米，承接来自北京及济南的家具生产企业 20 余家。

二、行业纪事

1. 举办第 15 届青岛国际家具展

6 月 16—19 日，第 15 届青岛国际家具展成功举办，展会共 10 大展馆，面积 13 万平方米，900 多家参展企业，专业观众达 10 余万人。作为全国家具业北方第一展，展会吸引了来自山东、河北、河南、江苏、天津、北京、东三省等地的众多家具品牌亮相，除了品牌多、规模大外，在品质上再次升级蝶变，无论实木家具还是软体家具、定制家具，在创新设计、工艺品质、形象展示等方面均实现了巨大突破，赢得了来自家具制造企业、流通卖场、机械及原辅材料、设计服务机构等全产业链各领域的广泛赞誉，继续为山东家具品牌拓展市场提供有效对接平台。

2. 建立平台资源，组织交流及培训基地

3 月，山东省家具协会广东设计工作站座谈会在东莞厚街召开，与会各设计公司就如何推动设计在山东家具企业更好落地、做好与企业的沟通交流，更加精准服务于企业等问题进行了深入交流。7 月，山东省家具设计培训基地在山东工艺美院挂牌，突出了家具企业对学科教学内容的意见和反馈对于高效人才培养的重要性，通过校企合作才能更快更准地推动山东设计人才的培养与发展。

3. 组织 2018 山东家具职业经理人联谊会及峰会

2 月 4 日，由山东家具青年企业家俱乐部组织

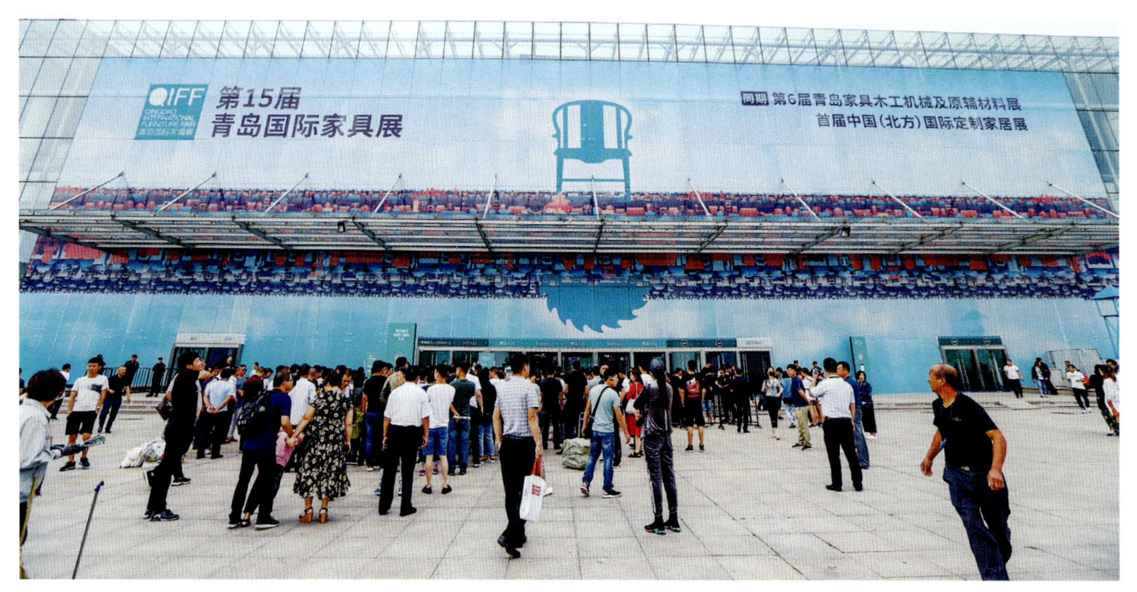

第 15 届青岛国际家具展

的山东家具职业经理人迎春联谊会在济南举办，联邦家私山东公司、佳诚家具、宝恩家私、诚信家具、信和家具等近40位职业经理人出席了本次活动，联谊会就企业中层的力量、经理人的职业精神及价值提升维度、如何做好团队的领导力、工厂思维与品牌思维、认知提升与格局突破等议题展开讨论。4月28日，山东家具青年企业家俱乐部在泰安举办了“五岳峰会·泰山论道”座谈会，并发起了“山东家具品牌崛起践行公约”，向社会公开承诺，带动区域品牌崛起，彰显了青年企业家的责任和担当。

4. 举办第三届家具产业供给侧创新与发展技术峰会

6月16日，2018山东家具产业链品牌联盟会议在青岛召开。会议总结了联盟成立以来的主要工作，选举产生了新一届联盟执行主席单位、主席团成员名单。8月8日，由山东省家具协会主办，山东家具产业链品牌联盟共同承办的第三届家具产业供给侧创新与发展峰会在临沂举办。峰会邀请知名油漆喷涂、涂装设备、环保除尘、智能设计、砂光连线、木工胶剂、照明管理、水性环保等企业专家进行技术和信息分享。对上游供应环节板材、电动工具、胶黏剂、木工机械等新产品进行展示。

5. 举办首届“华日杯”家具制作大赛山东赛区比赛并组织参加总决赛

9月17—18日，首届“华日杯”家具制作大赛山东赛区比赛在中国实木家具之乡——宁津举办。共有来自全省9个地市40多家家具制造企业近70名选手参赛，竞赛工种为手工木工，比赛作品是制作四腿八叉凳，该作品设计制作体现了纯手工榫卯结构制作的传统技艺。11月4日，全国总决赛在江西南康举办，来自全国11个赛区的近百名选手参加比赛，山东淄博高俊红木家具有限公司杨国祥荣获2018年中国技能大赛——全国家具制作职业技能竞赛工匠之星·金奖。

6. 山东省家具协会六届三次理事扩大会议暨“同心·共荣”协会30周年庆典成功举办

11月17日，山东省家具协会六届三次理事扩大会议暨“消费升级 制造破局”家居行业创新发展论坛在济南成功召开，同期举办“同心·共荣”山东省家具协会30周年庆典。创新发展论坛上，行业专家、学者及企业家代表论坛分别从产业改革、消费升级、企业发展和战略定位等方面通过论坛交流和主题对话的形式进行了分享。协会30周年庆典上，对为行业做出卓越贡献的企业家进行了表彰。为了加快山东家具产业上下游之间的准确对接和企业的发展步伐，增强山东家具企业与全国知名家具商城的信息交流，协会在庆典现场举办山东家居全国卖场联动启动仪式和山东家具产业链品牌联盟“品质宣言”，进一步提升山东家具品牌的全国知名度。

三、特色产业集群情况

1. 中国木艺之都——菏泽曹县

曹县位于山东菏泽，它是全国著名的“木艺之都”，曹县庄寨镇是主要板材加工集散地，目前已形成以桐木、杨木为主的林木加工产业集群，初

山东省家具设计培训基地在山东工艺美院挂牌

第三届家具产业供给侧创新与发展峰会

山东省家具协会六届三次理事扩大会议现场

步形成了木材加工总量逐年扩张、产业日趋做强的蓬勃发展态势，全镇共有各类木业生产企业1700家、个体加工户5000户，从业人员6万人。曹县庄寨镇木业产业主要产品从生产初级的压合板、刨花板等发展到现在中高档细木工板、密度板、贴面板、阻燃板、胶合板、刨花板、生态板、细木工板等1000多个品种，注册商标600个，初步形成了以木材加工、板材生产、家具制造为主导，胶黏剂、木工机械、设备维修为配套的较为完善的产业体系。部分企业延伸产业链，深入家具、木门、橱柜桐木工艺品、木制家具、高档家具配件等终端产品制造，木业机械、胶黏剂等产品发展迅速，产业链条完善，从原材料购进、解板加工、一直到包装出口，生产经营链条已细化到20多个环节。随着产业规模的扩大和产业集聚度的提高，特别是该镇高度重视企业环保治理，产业基础更加稳定，在全国同行业始终占据着重要位置，影响力越来越大。目前全镇有市级林业产业化龙头企业10家、山东省林业产业化龙头企业5家、全国林木产业标准化示范企业1家。

2. 智能制造电商融合产业园——菏泽天荣智能家居小镇

天荣智能家居小镇位于菏泽市牡丹区，始建于2017年，规划占地3.6平方千米，计划总投资120亿元，是天华集团以新旧动能转换为引擎、以电子商务为依托、在“互联网＋实体经济”背景下探索出的新实体经济，以实现生产智能化、产品定制化、销售电商化、品牌高端化和产业融合化为发展目标。山东省委书记刘家义在2018年、2019年3月两次视察天荣家居小镇。

天荣智能家居小镇占地5600亩，目前已完成投资20亿元，规划建设了加工制造、物流仓储、材料加工、核心展示、生活配套、文化旅游等九大功能区域。建成投产了50万平方米的家居生产车间，包括12个独立工厂、4座智能车间，引进德国、中国台湾等世界领先的生产设备3800余台、15条水性漆涂装线、25套中央除尘系统，实现了生产车间和家居产品零甲醛、零污染。研发生产美式、欧式、新中式和全屋定制家居等七大系列共500余种产品，荣获多项国家级外观设计专利。产品70%网上销售、20%实体店销售、10%外贸出口，线下实体店多达240余家，遍布全国18个省市，实现了线上与线下、虚拟与实体、创新与创业的有机结合。2018年实现销售额16亿元，其中“双11”网上销售额突破6000万元。

四、品牌发展及重点企业情况

1. 烟台吉斯家具集团有限公司

2018 年，公司对内继续深化和完善企业内部改革，对外根据市场形势的变化，积极调整经营发展战略。2018 年度共实现销售产值 117037.4 万元，实现利润 10632.5 万元。“吉斯慧智能家居”面向全国大布局，新增了“吉斯睡眠体验中心”“好梦坞”运动系列、吉斯慧智能客厅及卧室系列。从传统卖家具转变为经营健康睡眠理念。“吉斯慧”获得山东省第二届“省长杯”工业设计大赛银奖和“金线条产品时尚设计奖”。

2. 青岛裕丰汉唐木业有限公司

公司成立于 2006 年，是一家以整体厨衣柜为核心业务的定制家具企业，公司旗下品牌“优菲”，以全屋木作类家具定制为核心业务，为房地产开发商提供精装修房一站式解决方案。2018 年年销售收入达到 15 亿元。公司引进德国豪迈柔性生产线，由德国舒乐公司全线设计规划，将全球领先的 SAP 企业管理系统与造易 MES 生产管理系统相结合，形成现代化生产基地。优菲拥有独立的研发中心，专注于住宅产业化收纳系统的研发和应用，先后被认定为市级技术中心、国家高新技术企业等，累计拥有百余项知识产权专利成果。

3. 山东鑫迪家居装饰有限公司

公司主营家居装饰，位于滕州市经济开发区，现有职工 1700 余人，主要生产经营整体衣柜 4 万套、免漆浮雕工艺门 18 万套、实木工艺套装门 15 万套。产品遍布全国各地，规模实力居全国同行业前三位。2018 年公司拥有总资产 7 亿元，实现销售收入 7.5 亿元，利税 0.91 亿元。先后被评为及授予“中国木门特级企业”“国家林业龙头企业”“国家高新技术企业”。目前，公司已发展全国标准专卖店 2300 余家，并在北京、上海等一线城市建立品牌运营中心，旗下“鑫迪家美”“尚品本色”品牌的设计与生产已跨入同行业先进行列，产品远销美国、俄罗斯、利比亚、加纳、安哥拉等国家，被俄罗斯索契冬奥会和 APEC 峰会（雁栖湖）作为指定木门供应商。

4. 青岛喜之林家具有限公司

公司成立于 1997 年，具有 10 多年欧美日韩出口家具经验，近年来国内市场发展迅速，公司实现了两翼齐飞。近两年，公司引进德国、意大利、台湾生产的高精度现代化生产设备 800 余台件，拥有 20 多条流水生产线，年产能 20 万件（套）。率先通过 ISO9001 国际质量体系认证，取得“绿色环保认证”证书，被评为“环球优质制造商”。

5. 山东大唐宅配家居有限公司

公司创立于 2002 年，是山东定制家居的优秀企业代表，公司占地 200 亩、建有 16 万平方米的标准化厂房，注册资本 5000 万元，员工 1000 余人，现总资产 5 亿元，年产各类高档家居 20 万件，400 多家连锁加盟店遍布全国 20 多个省区市。2018 实现销售收入 4 亿元。公司拥有省级技术研发中心，7000 平方米的实验室及培训中心，引进国际先进的德国豪迈生产线与自主研发的软件系统有机结合，与广东三维家软件等公司达成战略合作，全面打造全屋家居前后端一体化。

6. 山东宜和宜美家居科技有限公司

公司创办于 2014 年底，是由济南星辉数控机械有限公司发起投资的互联网全屋软装家具定制品牌，提供全屋软装购买服务，首创全屋软装定制按照平方米计价模式。公司利用星辉数控板式自动化生产线全国普及的优势，整合全国包括新疆在内的 75 家生产单位，运用成熟的 CV 软件，实现数字化管控后台；通过标准化生产线建设，建立柔性化生产系统，实现 150 千米生产配送半径圈，实现设计生产无缝对接，压缩定制周期，2016 年首次登“双 11”便创下破亿佳绩，成功跻身天猫美家类目前十，并取得了全屋软装类目排名第一的佳绩。2017 年 9 月，宜和宜美斩获由安永、复旦共同颁发的“2017 中国最具潜力企业”，并成为当年度唯一获得该奖项的家居品牌。

河南省

一、行业概况

2018年，河南家居行业增速由原来的高速增长向中高速增长转变，但生产方式正在从中低端向中高端转变，家具产品也在向中高端发展。家居新零售将成为行业新特点。据统计，2018年河南家具行业规上企业主营业务收入同比增长18.1%；产成品存货同比增长4.8%；利润总额同比增长31.8%，工业增加值增长速度为3.8%，产品产量累计2284.1万件，比去年同期增长-1.9%。

二、特色产业发展情况

1. 实木家具

实木套房家具是河南省家具产业的重要品类，清丰抓住承接京津冀产业转移的机遇，一举改变河南省在全国实木品类排名，初步奠定了河南实木套房家具在全行业的地位。其表现在：一是河南实木套房企业践行“深圳设计、河南创造”这一品牌运营模式，拓宽了市场，增强实力，积蓄了发展后劲；二是踊跃参加全国和地方展会，尤其是2018年5月，尉氏和清丰抱团参加郑州首届实木家具展览会，集中展示河南实木的整体形象和未来发展潜力，提高了河南家具在全行业的影响力；三是重视原创设计，到深圳找设计的企业呈上升趋势；四是全国各地经销商络绎不绝来到河南考察订货，河南制造深受全国二三级市场的热烈欢迎。

2. 软体家具

河南软体家具市场份额有增无减，未受定制等家具冲击，尤其是沙发、客房及餐厅家具，延伸挤占了套房家具份额。近几年来，河南软体家具抓住这一机遇，走出低质、低价恶性竞争的怪圈，瞄准三级市场90后和白领阶层，借鉴发达地区软体家具品牌运作模式和河南实木发展经验，突破新产品研发、专卖店设计和软装陈设瓶颈，得到了卖场、经销商和消费者认可，缩小了与发达地区的差距。

3. 园区

中国中部（清丰）家具产业基地——河南省濮阳市清丰县　2008年以来，清丰县确立家具主导产业，累计签约家居企业196家，46家企业进驻标准化厂房，127家落地建设，其中105家建成投产。建成承接京津冀家居产业转移园区9个，占地1万亩，标准化厂房29万平方米，年产家具210万套，销售收入达220亿元，用工近3万人，清丰家具成为河南省最大的家具产业集群。2018年年底，全县共有家具企业近610家，其中超亿元企业48家，年销售额220亿元，从业人员3万余人，家具产业占据了清丰经济发展的“半壁江山”。清丰县不断加大家居品牌培育力度，通过举办“首届中国·清丰实木家具博览会”“中国技能大赛——全国家具制作技能大赛河南分赛区选拔赛”等活动，清丰家居的知名度和影响力大幅提高。

中国钢制家具基地——河南省洛阳市庞村镇　庞村是河南最早的产业园区，也是在全国钢制家具领域最具有影响力的钢制产业基地。钢制家具产业是庞村镇的支柱产业，拥有从业人员4万人，企业516家，工业总产值180亿元，年产钢制家具3000万件（套），全镇财政收入的90%、农民人均纯收入的80%均来自该产业。拥有4个中国驰名商标（莱特、花都、高星、九都）、5个河南省名牌产品和38个河南省著名商标。近两年，新增国家高新技术企业2家（高星、通心）、河南省科技小巨人1家（花都）、河南省科技型中小企业36家、市级研发中心10家、市级工程技术中心2个（花都、通心），授权发明专利、外观及使用新型专利113项。

中国中原家具产业园——河南省新乡市原阳县 中国中原家具产业园（原阳金祥）项目由河南省川渝商会家具分会承办，众多家具制造企业联合成立了河南川渝金祥家具有限公司具体运营。园区总占地面积5000亩，目前建设面积达到3000亩，建成投产1800亩，在建1200亩，建成厂房面积150万平方米。园区落户家具企业84家，其中投产企业63家，在建签约企业21家，直接吸纳就业10700人。园区建设基础好，集群效应凸显。2013年4月河南省发改委批复为2013年河南省第一批A类重点项目；2014年3月中国家具协会授予“中国中原家具产业园”称号。

中国兰考品牌家居产业基地——河南省开封市兰考县 目前，兰考县产业集聚区入驻“四上”企业134家，其中上市公司投资12家，新三板挂牌企业6家。围绕“2+1”主导产业，初步形成“两品牌一基地一园区”的产业发展格局，即品牌家居、绿色畜牧产业化品牌，循环经济产业示范基地，兰考科技园区。在品牌家居产业方面，以大自然、欧派、索菲亚、喜临门、曲美、皮阿诺6家上市企业为引领，恒大家居小镇耀然呈现；TATA木门、鼎丰木业、郁林木业、三环华兰等一批龙头企业活力四射，万华禾香、艺格木门等10多家企业建设如火如荼。兰考县基础雄厚，木制技艺独具匠心，是河南省高档家具及木制品出口基地之一，家居制造及木业加工产业迅速成为业内发展的“焦点”。兰考县产业集聚区在2017年度全省产业集聚区综合排序中前进66个位次，上升至21位，荣升为二星级产业集聚区。

中国（信阳）新兴家居产业基地——河南省信阳市羊山新区 国际家居产业小镇（以下简称小镇）位于信阳市产业集聚区羊山新区，总规划面积15.16平方千米。2018年，家居产业实现主营业务收入26亿元，工业企业实现总产值20亿元、出口2515万美元，缴纳税收2128万元，分别是2017年的1.14倍、2.46倍、6.6倍和4.2倍，全年完成固定资产投资23亿元，实现了发展质量和效益的双提升。目前，小镇已累计签约项目92个，落地61个。投产运营企业在增多。目前，又有6家企业投产和2家商贸企业开业运营，小镇投产企业和运营商贸企业分别增至26家、4家，年初投产运营企业达到30家的目标已经实现。

尉氏县产业集聚区现代家居企业基本情况 尉氏县产业集聚区位于豫东平原、开封市西南部，是河南省首批确立的180个产业集聚区之一，总规划面积26.7平方千米，已建成16.4平方千米，分东、西两区。东区主要布局纺织服装主导产业，西区主要布局现代家居、健康医疗设备主导产业。尉氏县是全国绿化模范县、林业生态示范县，林木资源非常丰富，有林地面积25万多亩，林木4500万株，活立木蓄积量170万立方米，丰富的林木资源为发展家居制造产业提供了原材料保障。目前，已形成了以盛世邦瑞、三佳欧上、华亿木歌、五维空间、京通华丰等为代表的家具板块；以立邦涂料、金盛达石材、华中洁卫浴、梦之门木业、嘉和木业为代表的家装板块；以智慧家电产业园为代表的家电板块，共同构成了家具、家装、家电为主的现代家居全产业链。

投资16亿元的成达木业和东湖木业，主要生产高、中密度纤维板，产品畅销全国各地，成为板材行业的领跑者；投资3.5亿元的嘉和木业，生产的木地板远销欧洲；投资4.3亿元的邦瑞家具，主打产品在红星美凯龙、居然之家等大型家居卖场销售业绩逐年攀升；投资3亿元的华中洁卫浴，销售网络覆盖10多个国家和地区；总投资85亿元的河南金盛达国际建材产业园已投产；投资8.6亿元的立邦涂料中国中原生产基地已正式投产，目前是立邦在亚洲占地面积最大的涂料生产基地，产品供给中国中部六省。截至目前，现代家居产业园共入驻企业58家，实现年产值120亿元，利税13亿元，吸纳就业1.2万余人。

尉氏县产业集聚区家具产品主要以实木家具为主，采用花梨木、金丝檀木、水曲柳、橡木等高档木料，家具样式有明清现代式、欧式、美式等系列，产品销往全国29个省份。特别是近几年来，园区实木家具产业增长迅猛。园区鼓励并全力支持家居企业进行技术创新及新产品研发，用不断的创新来提高企业的核心竞争力、树立企业自身品牌。目前园区一半以上木业企业设有自己的研发中心，每年研发投入占企业销售收入的13%。

三、品牌发展及重点企业情况

1. 生产企业

河南省雅宝家具有限公司 公司成立于 1997 年，是河南省家具行业龙头企业。近两年，在整体家居行业市场低迷的状况下，依旧实现了增长，2018 年创造就业岗位 1000 多个，创税 1000 多万，销售额较 2017 年环比增长 15%。至 2018 年累计申请专利 400 多项。雅宝是河南家具产业转型升级最成功的一家板式家具生产企业，抓住上合会议在郑州召开契机，拿到会议桌椅订单，短短几年内一举成为全省最大的办公家具生产企业。

河南省大信整体厨房科贸有限公司 公司 1999 年组建，是国家标准 GB/T11228—2008 的制定者之一，独资兴建中国首家厨房文化博物馆，为世界了解中国厨房文化和中国厨房文化走向世界提供了原点和注解。大信专业从事全屋定制、家用橱柜、衣柜、厨房电器、水槽、水家电及五金功能件的生产、研发及供应的企业，目前在全球拥有超过 1800 家大信设计服务中心。大信是《整体厨房国家标准（GB/T 11228—2008）》《全屋定制标准（JZ/T1—2005）》《整体橱柜行业售后服务标准（SB/T 11013—2013）》参编企业。

大信是国家首批服务型制造示范企业、国家智能制造试点示范项目企业、国家高新技术企业，企业发展模式被清华大学纳入中国工商管理案例中心。2018 年 11 月，企业入选在中国国家博物馆展出的《伟大的变革——庆祝中国改革开放四十周年成就展》，是中国家居行业唯一入选企业。大信的企业原创产品设计成就斐然，产品设计获得德国红点奖、世界 TIA 原创设计品牌大奖、红星奖、金勾奖第一名，实现产品原创设计“大满贯”。

除此之外，河南本省优秀家具品牌还包三佳欧上家具、亿佳尚品家具、京华丰家具、括质尊家具、木之秀家具有限公司、清丰福金家具、濮阳皇甫家家具、大自然室鑫家具等。

2. 零售企业

福蒙特家居中心 福蒙特家居中心始建于 2007 年，建筑面积近 30 万平方米，定位为中部大型家具工厂直销基地。全国各地有 3000 余家具厂商入驻经营，提供家居产品 10 万种。

河南中博股份有限公司 河南中博家具中心于 1992 年 10 月建成开业，占地 300 余亩，经营面积近 40 万平方米，入驻商家近千个，年交易额数百亿元，是省会起步最早、规模最大的专业家具品牌展示与营销中心。2010 年 1 月郑汴路中博家具名店街被正式命名为首批“郑州特色商业街”。

郑州华南城·好百年精品建材家居交易广场 商场可营业面积为 13 万平方米，商场业态主要囊括了精品建材、成套家具、定制家具、客厅餐厅用品、办公家具、智能家居、休闲配套、装修设计办公等。结合深圳好百年集团成熟的家居市场运营优势和品牌优势，促进河南家具的持续发展。

四、行业纪事

1. 郑州展会

2017 年郑州展会组委会向社会和行业发布消息，郑州展会正式更名为中国郑州国际实木家具展览会，满足河南家具产业发展需求，尉氏实木和清丰实木抱团参展。2018 年 5 月，中国郑州首届国际实木展览会成功转型升级。目前，板式套房家具市场萎缩严重，有限的乡镇市场难以满足现代化板式生产线和众多小企业生产销售需求，市场继续倒逼企业转型升级。

2. 首届中国清丰实木家具博览会

2018 年 11 月 23—25 日，首届中国清丰实木

2018 年中国技能大赛——全国家具制作职业技能竞赛河南分赛区选拔赛

家具博览会在清丰会展中心举办，首届展会为期 3 天，展览规模达 5 万平方米，展位约 100 个，展品以中高端实木家具为主，将为上下游采购商、供货商提供交流、合作、共赢的高效平台。

3. 2018 年中国技能大赛——全国家具制作职业技能竞赛河南分赛区选拔赛

2018 年 10 月 17 日，2018 年中国技能大赛——全国家具制作职业技能竞赛河南分赛区选拔赛在河南清丰举行。本次大赛由河南省家具协会、濮阳市总工会、清丰县人民政府主办，由清丰县工业和信息化委员会、濮阳市家具协会、清丰县总工会、清丰县产业集聚区承办。本次大赛对清丰家具产业的文化价值和艺术魅力有质提升，对清丰家具产业的进一步发展发挥积极的促进作用。

首届中国·清丰实木家具博览会

湖北省

一、行业概况

2018年，全省规模以上企业201家，实现主营业务收入约272亿元，同比增长15%，全省家具生产企业主营业务收入481亿，同期增长12%。随着湖北企业的逐步完善以及全面建成小康社会的改革推进，部分外出务工的家具从业人员驻留湖北家具企业，将会很大程度提升湖北家具业的发展。

二、特色产业发展情况

湖北是在全国各省市最早建设家具新兴产业基地的省份，华中（潜江）家具产业园早在10年已开始建设，后相继有汉川金鼓城、红安融园、监利香港家居产业园的建设，都助推了湖北家具业的发展。在特色产业园的发展下，湖北又新增以下家具产业园：

1. 天门益新家具产业园

天门益新家具产业园，总计划投资96亿元，产业占地规模逾万亩，是以产业链集约化发展的新型生态产业园，园区规划建设既兼顾了产业资源使用效率的集约化提升，也兼顾了产业与城市发展的社会化效益融合。招商推介会成功吸引了广东、江西等省市的近300家企业，目前天门高铁南站、武汉外环进出口站、园区内医院、学校、宾馆、餐饮及物流行业等配套设施和园区专属的8个千吨级泊位和4个汉江千吨货运码头均已建成。

2. 监利香港家居产业园

监利香港家居产业园今年3月隆重举行“香港家居红木园”奠基及入园签约仪式。入驻监利香港家居产业园的红木园项目，是以广东中山三乡古典家具行业协会牵头包含广东中山、广东新会红木家具企业，主要从事继承中国红木家具传统的各类红木产品的制作，是一个具有工匠传承、高附加值的细分产业集群。他们的入驻必将引导智能家具、定制家具、厨柜家具以“园中园”方式抱团入园，为监利家居集群的尽快形成规模、创出品牌贡献巨大推动力量。红木园项目占地2000亩，建筑面积135万平方米，预计投资20多亿元，建成投产后将实现销售收入300多亿元，利税 60多亿元，将有核心骨干企业50多家、孵化中小企业300多家入驻，年产各式红木家具3000万件套。香港家居红木园的入驻是香港家居产业园招商工作的新发展、产业集群构建的新探索。未来的湖北监利不仅仅拥

2014—2018年湖北省家具行业发展情况汇总表

主要指标	2018年	2017年	2016年	2015年	2014年
主营业务收入（亿元）	481	428	360	300	260
规模以上企业数（个）	201	198	175	163	107
规模以上企业主营业务收入（亿元）	272	236	193.50	187.70	138.20

数据来源：湖北省家具协会

有数百家家具企业的生产基地，还将拥有中部地区最具特色的家具小镇和更加细分的家具产品生产小集群，成为中部五省家居购物与工业旅游目的地。

3. 大悟家具产业园

在省、市有关政府的领导支持下，中南（大悟）国家家居产业园已经批准建设，将在革命老区大悟打造新的家具产业基地。相信不久的将来，湖北家具业的蓝图上又将增添一颗红星。

三、品牌发展及重点企业情况

1. 企业深度融合发展

当前，家具行业同业融合，异业互补，多行跨业已成为新的发展动力和方向。武汉超凡家具公司把装饰公司、定制家具生产企业、设计师请进公司，召开新品发展会及开拓市场专题会。湖北亿度家私有限公司与广东“美尼美”定制家具公司，联合在湖北开发生产定制家具产品，开启湖北首家鄂广定制家具合作，互补发展。

2. 借力品牌企业成就行业优势

欧亚达商业控股集团与国美电器、湖北居然之家分公司与苏宁易购实行战略合作，借助新零售和产业融合新模式，平台互通，实现跨业、创新发展。

3. 龙头企业稳中有进

品牌企业经过多年的快速发展，对市场规范和推动行业发展起到了一定的效应，随着龙翔床垫武汉第二生产基地正式投产运营，老地方、米迪、菲凡新厂的投入使用，为企业的产品生产提供了坚实的保障基础。

4. 产品新系列陆续上市

近年，湖北省新中式实木家具生产企业正在兴起。湖北菲凡家具制造股份有限公司研发推出“好梦嘉”柚木新中式实木家具，通过品牌宣传及展会的推广，已批量进入市场。湖北天森家具开发生产的乌金木新中式“铭舍”系列，通过新品发布会闪亮登场，已进入市场，实现了湖北家具业向中高档家具产品的升级。

四、行业重大活动

1. 组织学习开展调查研究

随着改革进入深层次后，对行业、企业带来某些暂不适应方面，对行业共性问题、企业个性问题集中向政府有关部门汇报，争取有关政策支持，省市协会联合举办“家具中小企业发展”论坛暨融资洽谈会，尝试银企合作。

根据省内家具行业技术进步的需要，在武汉成功召开“上海国际木工展”推介会，部分企业赴上海参观木工机械设备展，了解、学习木工机械智能化发展信息。根据国家对环保的要求，在嘉鱼县通过并发布了《湖北省家具行业环保公约》。

2. 展会促进厂商融合，助推产业发展

在省、市政府有关部门的关心和支持下，第四届武汉国际家具展的成功举办，为广大生产企业提供沟通展示的平台，参展企业在发展经销商的同时产品得到提升，成功推动鄂产、汉产家具的转型升级，扩大省外市场。

3. 搭建多样平台，引导企业开拓市场

金马 CBD 举办的春、秋两季产品订货会，深受企业欢迎，参展企业有了很大收获。随着企业产品档次的提高、产品质量的升级，引导品牌企业入驻欧亚达、居然之家、月星、红星市场，占领更多市场份额。

4. 增强品牌意识，牢抓质量兴企思想

2018 年全省有 13 家企业申报湖北省名牌产品并进入评审阶段，是历年申报省名牌产品企业数量最多的一年。湖北民圣工贸发展有限公司联合《消费日报》《品牌观察》和红安县政府签订联盟进行“斯柯图”家居艺术品牌的推广，扩大了产品在全国的影响力。

武汉市

一、行业纪事

1. 武汉国际家具展中部家具市场首选平台

第四届武汉国际家具展览会暨木工机械展 4 月 12 日在武汉国际博览中心成功举行。依托黄金区位，打造中部最高级别家具展览会。自 2015 年以来，武汉国际家具展已成功举办三届，顾家工艺、港源等大量名牌闪耀现场，成都、南康、东阳、胜芳等全国著名家具产业基地先后组团亮相，为中部六省湖北、湖南、江西、安徽、河南、山西的家具消费市场提供需求，为参展企业提供最新鲜有有效的市场讯息，紧追家居产业转移，布局中部区块链。

本届家具展品中，经济实用性家具占 80%。千款极具性价比的家具不仅受到了中部经销商热捧，现场零售量也相当可观。南兴、先达、星辉、理想、极东等知名木工机械企业前来参展。在中部大兴家具产业园承接家具产业转移的背景下，提供了一站式设备、配件供方市场。家具物流成为本届展会的重要构成，九道湾网络科技、江西豪瑞物流、广东龙行天下物流、武汉湘汨多来润物流等，成为本届展会重要的协办单位。

第四届武汉国际家具展览会

2014—2018 年武汉家具行业发展情况汇总表

主要指标	2018 年	2017 年	2016 年	2015 年	2014 年
企业数量（个）	900	960	1080	1150	1200
工业总产值（亿元）	70	78	80	85	90
主营业务收入（亿元）	60	65	65	—	—
规模以上企业数量（个）	20	20	20	30	35
规模以上企业工业总产值（亿元）	16	18	20	25	25
规模以上企业主营业务收入（亿元）	10	15	15	25	25
内销（亿元）	70	80	85	90	100

数据来源：武汉家具行业协会

2. 行业安全隐患大排查

武汉家具协会对全市 27 个建材家居（商）市场消防安全管理情况抽查中发现的安全隐患问题，要求按照查处的隐患及时全面彻底整改。及时举办第 17 个安全月消防安全知识讲座，请市普消宣传服务中心于 6 月举办消防知识培训，督促 27 个家居市场落实整改责任义务，以此提高全市家具（居）行业抗御火灾的能力。

3. 行业发展论坛暨融资洽谈会

8 月 24 日，全市 60 多名行业领导，在汉口北的金马凯旋集团总部大厦会，共同出席“省、市家具行业中小企业发展论坛暨融资洽谈会”，一起聆听《中国家具报道》总编辑段麒所作的中国家具行业现壮与趋势发展讲座，聆听了广发银行关于中小企业银行贷款的有关情况推介说明。此次学习，转变了企业的经营思维，同时参会企业征地建厂，增加设备，强化环保，已在逐步实现企业产品调整、转型与升级的目标中解决资金难题。

4. 金马凯旋入选湖北民营企业 100 强

2018 湖北民营企业 100 强入围门槛最低为营收 19.11 亿元，武汉市金马凯旋家具投资有限公司成为武汉家具唯一一家入选企业。武汉金马凯旋凭借自己的实力，不断强化宣传，打造家具市场。2018 年 4 月金马凯旋家居 CBD 第六届家博会暨春季批发采购节盛大开幕。同年年 7 月，金马凯旋家居 CBD 华中精品办公家具馆品牌双选会盛大举行。

5. 联乐与京东物流、腾讯新闻合作，助推家居产业升级

联乐集团是中国家具企业参与首个《弹簧软床垫》行业标准的起草单位之一；历经 33 年发展，联乐集团已完成以现代生活家居服务为龙头的多元化产业布局。京东物流华中区、腾讯新闻将依托智能供应链、智能门店科技、人工智能、大数据及数据可视化等多个领域的应用实践和技术创新无缝整合，联手联乐家居打通家居产业链，在华中区开拓无界零售家居创新模式。通过腾讯、京东的消费大数据定制陈列的联乐家居实体店，京东物流华中区接入整个家居建材行业的供应链体系，营造适合该区域的家居消费场景，为消费者营造智慧化、全系化的家居消费体验。同时，京东物流华中区、联乐家居与腾讯新闻还将在华中地区创新尝试 AR 线下互动广告、微视红人榜等新型营销手段，满足年轻一族更加张扬的个性需求。

二、品牌发展及重点企业情况

1. 强强联手一站式家居购物新体验

2018 年欧亚达家居与海尔集团正式签订战盟合作协议，与国美零售进行全面战略合作，打造家电家居一站式购物新体验。9 月，欧亚达家居首家奥特莱斯“体验式消费 + 品牌折扣”亮相汉阳王家湾商圈。今日头条 2018 家居行业大数据显示，欧亚达家居荣获湖北用户最关注家居卖场品牌。11 月，欧亚达家居荣获 2018 年度“全国建材家居诚信经营示范市场”称号。

欧亚达家居始创于 1992 年，致力于全国大型商业连锁平台的打造，已跻身全国建材家居流通领域第一梯队。欧亚达中高端家居连锁商场超 70 家，遍及武汉等 50 余个大中城市。从高端家居购物中心到业界首创泛家居城市商业综合体，为消费者提供家居建材、商业人居、艺术文化、休闲娱乐等一站式高品质家居生活体验。

2. 超凡家具品牌建设技改双丰收

3 月，超凡家具参加深圳国际家具展全新产品亮相，新产品（莫兰迪）的研发并成功上市，6 月，借力明星（黄日华）助阵企业举办的大型厂购会，把新产品的采购势头推向高潮，完成订单超亿元。企业环保理念增强，水性漆生产线试生产，大力推进数控智能设备。

湖南省

一、行业纪事

1. 浏阳家具产业园六大功能区逐步建成

浏阳现代家具产业园是湖南家居产业实现规模化、品牌化、现代化发展的重大平台，是中南地区最具成长性的家居生产、交易、展示中心。为加快家具产业链快速形成，浏阳高新区进一步加快硬件建设、完善功能配套、助推产业升级，2018 年投入 1.8 亿元进行基础建设，完成开元大道改造、春泉路、家具大道等 13 个重点项目建设。15 万平方米爱晚家居建材原辅材料市场、16 万平方米的家具孵化生产基地、47 万平方米的星辰家具集中区都陆续开工建设和投入使用；具有传承家居产业文化、展示发展历程的家居文创园也将启动建设，届时，和 20 万平方米的现代家具城一起，按照规划，园区家具展销、原辅材料、生产制造、物流配送、总部商务和综合配套六大功能区将有序建成。

园区目前是四个大型产业项目。一是浏阳国际家具城。2016 年 1 月 1 日，一期 15 万平方米商铺全线运营。2017 年 11 月，二期 5 万平方米的博览中心也投入运营，并成为湖南省第四届家具博览会的核心展馆。目前总经营面积达 20 多万平方米，进驻商户 300 余家，家具品牌达 800 多个，其中有慕思、芝华仕、梦洁等一线知名品牌 150 多个。浏阳国际家具城，在零售业务方面，已成为长沙地区最具影响力的家具市场；在批发业务方面，也逐渐成熟完善。

二是湖南家谐家具产业孵化园，项目占地 158 亩；建筑面积 18 万平方米，其中 3 层、4 层标准厂房 15 万平方米、配套物业 3 万平方米；投资 3 亿元，预计 2019 年下半年全面投入生产。现已报名家具制造企业 50 家，全面投产后预计年产值 7 亿元。

三是爱晚家居材料城，项目占地约 110 亩，投资约 3 亿元，市场面积 13 万平方米，是中南地区大型一站式家居建材综合批发市场，设计打破传统纯铺经营，铺面一铺三层，集经营、仓库、办公一体，预计 2019 年下半年开市营业。

2014—2018 年湖南省家具行业发展情况汇总表

主要指标	2018 年	2017 年	2016 年	2015 年	2014 年
企业数量（个）	3280	3400	3650	3500	3000
工业总产值（亿元）	530	550	502	465	450
主营业务收入（亿元）	550	570	540	500	469
规模以上企业数量（个）	115	120	115	100	92
规模以上企业工业总产值（亿元）	280	310	290	268	252
规模以上企业主营业务收入（亿元）	320	330	320	296	280

数据来源：湖南省家具行业协会

四是浏阳永安星辰家居产业园，项目总规划约2000亩，总投资超20亿元，计划建设成集研发设计、原材料供应、制造生产、产品展示、仓储物流、总部办公、销售网络于一体的智慧型综合家居产业园区，未来将着力打造成一个配套齐全、产业链完善的现代化产业集群。一期规划约400亩，计划投资约5亿元，总建筑面积约47万平方米，计划2019年全面建成。

2. 长沙定制建材博览会亮点纷呈

2018年4月13—15日，“2018中部（长沙）建材新产品暨全屋定制博览会”在湖南国际会展中心开展。本次长沙建博会展览面积达5万平方米，标准展位2600多个，汇集了来自全国各地700多家企业的上千种新产品。同时，展会面向湖南、湖北、广东、江西、贵州、广西等各省、市、县市场招商、加盟，仅开幕式当天的专业观众人数就达到4万多人次。本次建博会分室内展馆、室外展馆两部分。其中，室外展馆为木工机械展区，展览面积近1万平方米。各类机械设备整齐排列，汇集了70多各国内知名木工数控机械设备品牌，集中展示了建材家居产业上游制造最新技术。室内馆则以建材家居智能技术系统、全屋定制产品、建材家居原材料及各类门窗、集成灶等产品为主。内容涵盖智能家居、智能电器、智能顶墙、整体橱柜、卫浴、集成墙板、豪华别墅大门、板材、家居饰品等产品。

为进一步提升长沙建博会专业水平，通过展会平台加快推进我国建材家居产业转型升级。2018长沙建博会更是吸引了宁乡市煤炭坝门业产业园、浏阳市永安星辰家居产业园、汨罗市门业聚集区、江西萍乡门业聚集区等特色园区和特色产业聚集区参展。

二、重点企业情况

湖南省家具行业协会会长单位——晚安家居，2018年总产值超10亿元，床垫车间拥有床垫界最高端设备如美国家柏思绗缝机 、美国礼恩派弹簧机和联柔机等，以及全国最长、最先进的500米自动化流水线，保证103道工序，专职的PMC部门对生产进行严格管控，使消费者买得放心、用得安心，年产量达50万张。此外，公司还举办了丰富的活动。2018年3月17日，“晚安·芒果樱花节”在晚安家居文化园盛大开幕，这是晚安家居文化园第二次举办以“樱花”为主题的大型盛事。2018年10月13日，由晚安·中国红木馆主办，湖南省家具行业协会、晚安家居、晚安家纺及湖南省珠宝玉石首饰观赏石协会协办的“伍与伦比·传世珍藏”晚安·中国红木馆五周年庆典开幕式在晚安家居文化园隆重举行。

浏阳家具产业园整体规划图

长沙定制建材博览会

广东省

一、行业概况

2018年，广东省家具行业经济基本面向好，在国家全面供给侧改革的形势下，实施“增品种、提品质、创品牌”的三品战略及绿色发展初见成效。呈现出以下特点：全面继续低速发展，出口首次出现负增长，规模企业结构性调整仍在继续，平均单价高于全国，探索发展新零售模式，从供给侧和需求侧两端发力，上市公司引领定制家具发展，品牌建设促进企业迈新台阶，创新驱动促进行业稳步发展，制作大赛弘扬红木家具工匠新精神，设计引领促进制造与设计融合，人才培养推动产品设计新水平，会展经济促进开拓国内外市场，重点会议促进行业健康稳步发展。

据不完全统计，2018年全省家具销售总值4350亿元（下同），比上年4220亿元增加3.1%，净增长130亿元，行业继续低速发展。内销3040亿元，比上年2880亿元增加5.6%，净增长160亿元，行业扩大内销成效显著。

1. 家具出口，自2011年以来首次出现负增长

据海关统计，2018年全省家具出口193.74亿美元，比上年同期197.73亿美元减少2.0%，净减少3.99亿美元，约占全国家具出口的36.1%，与全国增幅相比7.62%少了9.64个百分点。出口产品单价逐步提升。

2. 规模企业，结构性调整仍在继续

据统计部门数据，2018年全省家具行业规模企业约1454家，主营业务收入2073.1亿元，比上年2193.9亿元减少5.5 %，净减少120.8亿元，约占全国的24.3%。企业平均产值14257.91万元/家。占据全行业的半壁江山，继续发挥行业发展的中坚力量。

据统计部门数据，2018年全省家具行业规模企业总产量14938.87万件，比上年同期14631.60万件增长2.1%，净增加307.27万件。约占全国的21%。企业平均产量10.27万件/家。其他家具大幅增产，金属家具、木质家具有升有降。

3. 优质优价，平均单价高于全国

全省家具行业规模企业平均单价1387.72元/件，比上年1498.82元/件下降7.4%。其中，木质家具、金属家具、其他家具平均单价分别为2084.96、533.65、1837.24元/件，比上年1995.01元/件增长4.5%、642.43元/件减少16.9%、2341.04元/件

2018年广东省家具行业主要经济指标一览表

主要指标	2018年	2017年	同比增长（%）	净增长	占比（%）
总值（亿元）	4350	4220	3.1	130	100
出口（亿美元）	193.74	197.73	–2.0	–3.99	30.1
内销（亿元）	3040	2880	5.6	160	69.9

数据来源：广东省家具协会

2018 年广东省家具行业规模企业主营业务收入一览表

主要指标	2018 年	2017 年	同比增长（%）	净增长	占比（%）
总值（亿元）	2073.1	2193.9	–5.5	–120.8	100
木质家具（亿元）	1196.6	1212.9	–1.3	–16.3	57.7
金属家具（亿元）	333.1	386.7	–13.9	–53.6	16.1
其他家具（亿元）	543.4	594.3	–8.7	–50.9	26.2

数据来源：广东省家具协会

2018 年广东省家具行业规模企业总产量一览表

主要指标	2018 年	2017 年	同比增长（%）	净增长	占比（%）
总产量（万件）	14938.87	14637.54	2.01	–301.33	100
木质家具（万件）	5739.21	6079.67	–5.6	–340.46	38.4
金属家具（万件）	6241.96	6019.25	3.7	222.71	41.8
其他家具（万件）	2957.70	2538.62	16.5	419.08	19.8

数据来源：广东省家具协会

减少 21.5%。平均单价比全国 983.75 元 / 件高了 41.1%，是浙江省 452.45 元 / 件的 3 倍，是福建省 445.22 元 / 件的 3 倍多，产品结构性调整仍在继续，逐渐淘汰低值产品，“优质优价”趋势越来越明显。

二、行业纪事

1. 渠道创新，探索发展新零售模式

发挥全国各地专业家具市场“实体店、体验店”作用，发挥线上线下互动的协同效应，探索发展“新零售”模式，结合互联网、大数据等技术的运用，建立全方位的泛家居服务体系，利用网络布局优势及企业品牌影响力，为消费者提供设计、配套、安装、售后等“一站式”优质服务，拓展互联网零售业务。积极加大三、四级市场的开拓力度、扩大内需，内销增长 5.6%。绿色家具、新中式家具、多功能家具、定制家具、智能家居的发展取得成效。

2. 市场导向，从供给侧和需求侧两端发力

着力实施三品战略，改善营商环境，着力提高家具产品的有效供给能力和水平，更好满足人民群众消费升级的需要，实现家具行业更加稳定、更有效益、更可持续的发展。骨干企业深度挖掘用户需求。适应和引领消费升级趋势，针对新锐中产阶层、休闲住宅、开放二胎、小户型居室、单身公寓、度假主题酒店、民宿、快乐办公、健康养老、医院升级等新的家具市场需求变化，加强家具新材料、新构建、新装置、新功能的开发和应用，加强家具产品开发、外观设计、产品包装、市场营销等方面的创新，开展个性化定制、柔性化生产，丰富和细化家具种类，推动中国制造向中国设计、中国智造转变。

3. 上市公司，引领定制家具发展

广东省的全国前三位定制上市公司引领了定制家居行业的发展。定制家具行业迎来渠道变革、行业整合、客流迁移等多种挑战，广东省家具定制上市公司顺应市场变化，深挖整装、精装市场，全方位推进渠道变革，全年营业收入合计达到 250 亿元，实现速度型与效益型同步推进。其中，欧派家居在全国家居行业率先突破百亿，全年营业收入 115.1 亿元，同比增长 18.5%。索菲亚营业收入预计达 70.9 亿～ 73.9 亿元，同比增长 15% ～ 20%。尚品宅配营业收入 66.5 亿元，同比增长 24.8%。

4. 品牌建设，促进企业迈新台阶

广东质量品牌评审专家委员会认定 33 件广东省名牌产品：深圳长江家具公司、南海新达高梵实

业公司、广州市百利文仪实业公司、中山市中泰龙办公用品公司、江门健威家具装饰公司、广州市欧亚床垫家具公司、中山市华盛家具制造公司、中山市迪欧家具实业公司、东莞市慕思寝室用品公司、广东省宜华生活科技股份公司、汕头市华莎驰家具家饰公司、嘉宝莉化工集团股份公司、佛山市亚洲国际家具材料交易中心公司、广东东泰五金精密制造公司、东莞市兆生家具实业公司、东莞市华立实业股份公司、东莞市大宝化工制品公司、佛山市美神实业发展公司、广东耀东华家具板材公司、佛山市源田床具机械公司、佛山市鑫诺家具公司、广东志达家居实业公司、广东美涂士建材股份公司、佛山市虹桥家具公司、佛山市迪奥比家具公司、广东星徽精密制造股份公司、佛山市穗龙家具公司、深圳市家乐威顿家具公司、江门市东健粉末涂装科技公司、中山四海家具制造公司、中山国景家具公司、中山派格家具公司、广州市大鹏家具公司。广州尚品宅配家居股份公司生活方式研究中心获“全国轻工行业先进集体”称号。东莞市慕思寝室用品有限公司获“广东年度经济风云榜年度创新奖”称号，广东宜华生活科技股份有限公司董事长刘壮超获“广东年度经济风云榜经济风云人物”称号。

5. 创新驱动，促进行业稳步发展

标准升级，推动绿色家具创新发展座谈会，绿色家具产业联盟审定并发布了《绿色家具产品通用技术条件》《绿色家具产业联盟企业评价规范》。广东·中山（东升）首届办公家具文化节在东升镇举行，发布了重视改善办公环境的“中山宣言”，展示家具产业集群发展潜力。智·创未来 2018 乐从家居创新设计活动，中国轻工业联合会、中国家具协会授予乐从镇“中国家居商贸与创新之都”牌匾。“广东家居设计谷”项目在龙江镇启动，将开展各项设计品牌活动，推广设计文化，形成独特设计氛围。

中国轻工业联合会与台山市政府为广东首个“中国工艺美术产业基地”授牌。伍炳亮黄花梨艺博馆在大江镇开馆，1000 余款黄花梨系列臻品罗致其间，集中展现“型精韵深，材艺双美”的艺术特色。源田睡眠文化博物馆在南海区开馆，成为广东省第一家睡眠文化博物馆。伍炳亮明清家具研究院在大江镇揭牌，将开展传统家具设计创新、技术研发、标准研究、文化研究和产业研究。广东开林家具公司德式 4.0 工业办公园落户四会县。

6. 制作大赛，弘扬红木家具工匠新精神

全国家具制作职业技能竞赛是国家级二类竞赛，设 11 个分赛区，其中，广东深圳、江门分赛区由地方政府、省行业协会主办。共评出“工匠之星”金奖 2 名、银奖 4 名、铜奖 14 名和“工匠之星奖”41 名。获广东省人力资源和社会保障厅授予“广东省技术能手”5 人，获广东省家具协会授予“广东省家具行业技术能手”20 人。颁发手工木工职业资格高级工证书 62 人，技师 1 人。举行广东赛区成果展，展现获奖选手精湛技艺，体现中国传统文化中的大国工匠精神。

广东深圳、江门分赛区选派 9 名选手参加全国总决赛全部获奖。其中，银奖 1 名，获国家人力资源和社会保障部授予“全国技术能手”荣誉；铜奖 2 名，获中国轻工业联合会授予“全国轻工行业技术能手”荣誉；优秀奖 4 名，获中国家具协会授予“中国家具行业技术能手”荣誉；工匠之星奖 2 名，获中国家具协会授予“中国家具行业工匠之星”荣誉称号。广东省家具协会获“优秀组织奖”。

7. 设计引领，促进制造与设计融合

第九届“省长杯”工业设计大赛家具专项赛以“新时代·新设计”为主题，围绕新时代广东省制造业发展需求，开发小居室家具，创享多维度空间，加快工业设计创新，促进制造与设计融合，促进全省实体经济发展和现代化经济体系建设。省直赛区共征集初赛作品 2348 件，初赛评审入围复赛作品 398 件，复赛收到实物作品共 236 件，评出产品组、概念组获奖作品共 60 件。其中，一等奖 2 件、二等奖 10 件、三等奖 18 件、优胜奖 30 件。推荐 60 件作品参加总决赛，取得绿色设计奖 1 件、最具创新设计奖 2 件，优秀作品 57 件的好成绩。举办家具专项赛优秀作品展、颁奖典礼、《纪念邮册》和《作品集》首发式、设计论坛等系列活动，推动“新中式·小居室”成为家具设计主流方向。

8. 人才培养，推动产品设计新水平

第 10 届广州家居设计展以“中华寻”为主题，以新视角来诠释当代设计与工艺新理念，展现中国新生代设计力量及新一代设计匠人的精神。设计十

年回顾与展望主题论坛、设计师颁奖典礼、家具行业设计年会、广东省家具协会华笔奖系列设计大赛颁奖、家居设计流行趋势发布、林业学院研究成果论坛、标准升级推动绿色家具创新发展座谈会等活动，以卓越的设计理念及先进的科学工艺开创新兴设计风潮。

系列家具设计大赛继续举办红古轩杯新中式家具、健威杯板式家具、丽江杯公共座椅、荷花杯酒店家具、百利杯·全国大学生办公家具、志达杯家居面料、宜华杯健康养老家具等系列设计大赛，广东省家具行业摄影大赛，吸引了来自全国各地的家具企业、设计机构的设计人员和相关院校的师生踊跃参加，参赛作品水平不断提高，为推动行业设计创新、吸引人才、培养人才、发现人才发挥重要作用。

举办第 17 期广东省家具行业设计人员培训班，来自全省家具企业及设计机构、大专院校教师等 58 人参加培训，7 人取得了优秀学员证书，部分学员取得家具设计师技术职称。

广东省手工木工高级工、技师等级企业技能人才自主评价工作在新会区举行，22 名来自江门市家具制作企业的技能人才参加考评，为技师队伍培养、发掘、评价常态化打下基础。江门市传统家具行业培训班在大江镇举行。江门市工艺美术技能人才培训讲座在新会区举行。振兴传统工艺学术论坛——广作家具传统技艺研讨会在大江镇举行，会议探讨广作家具传统技艺的历史溯源，进一步强化江门地区保护、传承与发展广作家具传统技艺的地位和作用。

9. 会展经济，促进开拓国内外市场

第 41 届中国（广州）国际家具博览会开启新一轮的高质量发展，创新设立全屋定制智能家居馆、设计潮流馆、轻奢馆和出口专馆，分两期举行，吸引了全球超过 4100 家优质参展商，展览规模 75 万平方米，来自 200 多个国家和地区超过 19 万名专业观众到会。

第 42 届中国（上海）国际家具博览会以“全球家居生活典范”为主题，45 万平方米展览规模，把民用家具、饰品家纺、户外家居、办公家具、家具生产设备，全产业链上下游一网打尽，为 2000 多家海内外顶尖家具品牌与 10 万名专业观众，献上一场质感与灵感共融的家具家居盛典。

第 39、40 届国际名家具（东莞）展览会以创新为主旋律，全方位打造大家居展会。第 33 届深圳国际家具展览会致力打造具有广泛影响力的国际设计展会。第 35、36 届国际龙家具展览会以消费升级、人们对美好居家生活的追求为主线。第 25、26 届亚洲国际家具材料博览会（AIFME）新材料、新工艺、新设备、新设计、新产品数量大幅度增加。第 13 届中国（乐从）红木家具艺术博览会围绕“中式家具的过去、当下与未来”主题，将中式红木家具的演变过程体现得淋漓尽致。中国（中山）红木家具文化博览会暨大涌红木文化节以“穿越古今，引领时尚”为主题。第二届中国（台山）传统家具文化节暨“椅·知大江”中国传统家具明式椅子设计制作工艺大赛颁奖仪式举行。中国（三乡）第五届古典家具文化节紧扣“穿越盛唐庙会 +10 大亿元主体馆展”主题。工匠精神·薪火相传——伍炳亮黄花梨艺博馆中国传统家具艺术大展在大江镇举行。

10. 重点会议，促进行业健康稳步发展

第十五届广东家具行业经济工作会议以“新时代·高质量发展：形成广东家具行业绿色新优势”为主题，提出 2018 年应对措施，全面实施“增品种、提品质、创品牌”的三品战略，继续掀起“绿色家具、创新发展、提升品质、引导消费”的绿色家具浪潮，形成广东省家具行业绿色发展新优势。

第十六届广东家具行业经济工作会议以“优质优价　促进广东家具行业高质量发展对策”为主题，深刻领会习总书记关于“发展是第一要务，人才是第一资源，创新是第一动力”讲话精神，坚持以“新时代·高质量发展”为发展理念，以“优质优价”作为高质量发展的突破口，促进广东家具行业高质量发展。

家具行业中美贸易摩擦应对策略座谈会为全面掌握中美贸易摩擦对全省家具出口企业的影响情况，分析形势，有针对性地开展应对工作，会议提出了四点策略建议：调整布局、减少依赖，内外并举、线上线下，优质优价、设计创新，争取移除、争取同盟等。

广州市

一、行业概况

2018年，广州家具行业全年较盛行的热词是："轻奢""环保""新零售"，从生产到使用，从厂家到消费者，盛吹轻奢风，推动"新零售"，倡导环保理念。

二、行业纪事

1. 新中产引领轻奢风

2018年，广州家具掀起了轻奢风尚。伴随着新中产的崛起，轻奢主义打破时尚边界，蔓延至整个家居界。定位中高档、带有独特品味的轻奢家居产品受到了前所未有的热捧。不论是欧美家具、中式家具，还是现代家具，都在标榜轻奢。其中，既包括老牌的联邦家私等，也包括杰西卡HOME等时尚家具品牌。除了成品家具，定制军团中的索菲亚、尚品宅配等都有轻奢新品推出。受轻奢主义盛行的影响，轻奢家具和轻奢定制开始走俏。

2. 环保是永恒的主题

2018年，家具环保再度成为公众关注的焦点。消费者在选购家具产品时，越来越重视产品的原材料环保安全问题，从而倒逼整个家居行业必须围绕环保加速变革。《环保法》正是我国第一部专门体现"绿色税制"、推进生态文明建设的单行税法。环保税实行的是定额税率，即多排多缴，少排少缴。环保税负的差异，最终将带来产品价格、生产规模等差异，倒逼家具企业转型升级。

3. 智能引出新零售风口

新零售依然是家居行业的年度热词，借助卖场、定制品牌和家装公司的不同演绎，衍生出了更多的集合玩法，值得关注的智能风尚便是制造业。2018年3月的广州家博会，用无数的黑科技证明了一点——在智能制造面前，想象力颠覆了传统的模式。金田豪迈等制造企业，在展现全新智造设备的同时，也带人们提前走进了未来工厂的各种智能场景而吸引了众多的制造者。

4. 家具制作职业技能竞赛再次成亮点

广州市家具行业协会参与主办了2018年中国技能大赛——全国家具制作职业技能竞赛石碁红木小镇杯·广州番禺选拔赛。举办本次竞赛，旨在提升家具行业职工的劳动技能和技术素质，展示我国硬木家具的手工制作技艺，弘扬大国工匠精神，推动广州乃至全国红木家具产业的发展和提升，为广州番禺石碁打造"红木特色小镇"品牌奠定知名度与美誉度基础。竞赛顺利圆满，达到预期。

5."整装"待发将迎新的定制模式

2018年是充斥压力与变数的一年，同时也是不乏创新与充满希冀的一年。新中产释放的消费红利，围绕着整装的流量之争，资本的合纵连横以及商业模式的创新，让整个行业的格局发生了巨大变化。"整装元年"的2018年，除了欧派、索菲亚、尚品宅配等定制企业先后涉足整装，以碧桂园、恒大、万科为代表的地产公司，也在加快整装的拓展步伐。

三、品牌发展及重点企业情况

海太欧林集团 是中国首批办公家具制造商。集团立足于高端办公家具市场，服务网络覆盖国内外。目前拥有国内领先的南京、广州、佛山三大生产制造基地。此外，广清工业园正在积极筹建中。全面引进德国、意大利、日本等先进的生产设备，包括CNC加工中心、激光封边机、SCM开料锯、AMADA数控冲床等生产线。

2018年，南京工业园先后被认定为南京市工业设计中心、江苏省工业设计中心，广州工业园被认定为广州市工业设计中心。集团公司新型智能化家具工程技术研究中心被认定为南京市工程技术研究中心。2018年度，集团荣获“中国办公家具十大领军品牌”“全国政府采购家具十大领军企业”“全国家具行业质量领军企业”“中国绿色办公家具十大品牌”等奖项。南京市委、市政府授予集团“南京市优秀民营企业”荣誉称号，集团发展迈上新台阶。

集团医用医养家具品牌海达康在第41届中国（广州）国际家具博览会正式亮相，大健康产业成为集团发展战略重要一环。第13届广州设计周，集团西雅图沙发荣获“红棉中国产品设计奖”，ONLEAD也成为设计周推荐品牌。2018年11月，集团助力首届中国国际进口博览会，为其新闻中心提供了设计人性化的优质办公家具。

海太欧林集团

四川省

一、行业概况

2018年，在环保要求升级、上游房地产行业持续低迷、原材料成本和经营成本持续上升、销售多元化导致竞争更加激烈、用户品质化和个性化需求增多等因素的共同影响下，四川家具产业进入激烈的震荡期。全年全省家具产业总值1016.3亿元，与2017年基本持平。震荡期的四川家具产业发展呈现出了很多新事物、新变革和新尝试，整个行业在快速变化的转型期探索、发展。

二、行业纪事

1. 行业整体发展平稳与“马太效应”并存

近几年来，四川家具产业转型升级的步伐越来越快，并呈现出震荡发展态势。总体来看，得益于四川家具产业三十余年的产业发展基础、市场地位口碑，以及多年深耕渠道的雄厚积累，在快速变化的市场环境及不利形势影响下，行业整体维持了较为平稳的发展。如今，整个行业正在日益呈现出强者愈强、弱者愈弱的“马太效应”。大中型家具企业及一大批有思想、有理念、有方法并且后来居上的家具企业通过提前布局、紧随市场发展趋势、运用创新经销理念等方式稳步占据更多的市场份额，而部分产品滞后、管理滞后、理念滞后的家具企业正在这轮大震荡中逐步消亡。长期来看，这种趋势将有利于四川家具产业集中度的提升。

2. 环保检查持续严格进行

2018年，随着《家具环境标志产品技术要求》的正式实施，行业推进全面的“油改水”，以及政府和政策层面的监管不断加强，四川家具企业普遍感受到了环保督察的雷霆之风。在各种严厉措施的监管之下，许多家具产业园区和大部分四川家具企业都展开了各项自查自纠工作，企业通过厂房改造、技术改造等方式，普遍提升了自身的环保水平。

3. 定制家具高速增长

近些年来，在消费升级的大市场环境下，定制家具在行业内的发展风光无限。2018年，四川家具企业继续新增或扩大定制家具生产线，同时也表现出产品线从单一的衣柜或厨柜向全屋配套扩张的新态势，进一步提升了定制家具的竞争优势，也使得定制家具成为行业整体低迷下能够高速增长的板块。

2014—2018年四川省家具行业发展情况汇总表

主要指标	2018年	2017年	2016年	2015年	2014年
企业数量（个）	3530	3890	4050	4110	4320
工业总产值（亿元）	1016.30	1033.40	1018.63	961.88	904.87
规模以上企业工业总产值（亿元）	798.46	771.22	740.56	701.05	620.40
出口值（亿美元）	3.24	2.98	2.71	2.32	2.28

数据来源：四川省家具行业商会

4. 行业电商空前发展，产业融合与跨界发展模式凸显

在互联网经济的推动下，消费习惯已经发生了巨大的变化。一方面，一些大型家具企业及家具商场开始试水“新零售”，将互联网大数据、人工智能等运用到经营销售中；另一方面，随着与房地产、家装、家电、建材等行业的融合渗透，更多的四川家具企业开始不断扩大业务和服务领域，针对行业上游抢夺资源，大家居概念逐步深入人心。

5. 家具展会服务平稳发展

2018 年 6 月 6—9 日，第十九届成都国际家具展在中国西部国际博览城和世纪城新国际会展中心同时举行。“一展双馆”的展出模式，再次彰显了中西部第一大展的巨大魅力。展出总规模达 30 万平方米，近 3000 家国内外企业参展，展期共接待专业采购商近 29.8 万人次。成都家具展上推出的“成都国际家居设计周”这一国际性活动，得到了行业内的广泛关注。2018 年，四川省家具行业商会、成都八益家具城继续举办“四川家具 2018 春季订货会”“四川家具 2018 夏季订货会”，并首次举办“四川家具 2018 首届秋季博览会”，与成都家具展相映生辉，共同为展销四川家具品牌形象，推动四川家具产业发展发挥重要作用。

三、品牌发展与重点企业情况

1. 成都八益家具集团

2018 年，公司通过改善硬件条件，优化服务水准等措施，保障了商场的稳定、有序经营。同时，八益集团继续成功承办了四川家具 2018 春、夏两季订货会，取得了较好的成效。

2. 全友家私有限公司

2018 年，公司保持了稳中有进、持续稳定健康发展的良好局面。2018 年 1 月 6 日，公司获得 2017 年度“中国家居产业家具领军品牌”称号；1 月 16 日，经中环联合（北京）认证中心综合评审，公司服务能力达到五星级，获五星级认证证书；4 月 22 日，由公司独家冠名的 2018 扬州鉴真国际半程 3.5 万人马拉松赛在扬州举行；7 月 13 日，公司向马尔康市捐赠 120 万，成立“全友教育帮扶基金”，在工业园举行签约仪式；8 月 23 日，公司举办“绿色希望”帮困助学金发放仪式，29 名员工受助；11 月 20 日，在四川省民营经济健康发展大会上，公司荣获“四川省优秀民营企业”称号。

3. 明珠家具股份有限公司

2018 年，公司先后通过了五星服务认证、CNAS 国家实验室认可、欧盟标准检测，荣获了“成都市市长质量奖”的荣誉称号。同时，明珠家具重点打造的“新设计”：无所不备，无处不美的全屋生活方式设计惊艳落地；“心品质”：红色引领，绿色“质”造，198 道工序层层锻造匠心突围；“新声量”：深耕国内，拓展海外，时尚家居品牌绽放世界舞台；“星服务”：0 元设计，终身维护，五星售后服务全程保驾护航。

4. 成都天子集团有限公司

2018 年 3 月，天子家私举行新品发布，以“变”的方式开发生产新品，全力拓展市场，得到市场的良好反馈。6 月，依托“成都国际家具工业展览会”举行了招商活动，吸纳了新一批合作伙伴加入。

5. 成都南方家具有限公司

2018 年 4 月 22 日，公司组织大型团购活动“万人团购——抢工厂”；5 月 22 日，南方家居完成对睿驰家居电商平台战略投资，完成从传统企业向“新零售”领域的布局；6 月 7—9 日，参加“第十九届成都国际家具展览会”，进一步提升了公司的形象和影响力。

6. 四川省永亨实业有限责任公司

2018 年，永亨继续保持了年平均发展不低于 30% 的增速。公司以“国家高新技术企业”为依托，组建了以智能办公家具为主导的永亨科技集团，并且获得了“省级绿色制造示范单位”的荣誉。公司建设并投产了永亨第三个生产基地——“智能智造中心”，不仅拥有世界最先进的数控技术和精密机械等智能设备，基本上实现智能制造，而且在智能设计、智能管理和智能服务上，也得到进一步提升。

贵州省

一、行业概况

在全国经济持续、稳定发展的大背景下，贵州省家具协会在各级政府部门、各地家具协会商会、各地企业的支持下，本着为行业发展，为企业服务的精神，积极开展工作。

目前，贵州省家具行业迎来了前所未有的大好发展时机，2018 年贵州省家具行业生产技术不断提高、企业数量不断增加、经营管理水平不断提升、行业规模不断扩大、品牌影响力不断增强。经贵州省家具协会调查统计，2018 年全省 1180 家家具生产企业中，规模以上生产企业实现工业总产值 134 亿元，其中贵阳市为 58.65 亿元，比去年同期增长 25%，全省家具行业工业总产值将达到 172.5 亿元以上，未来几年，贵州省家具行业还将持续以 25% 以上的速度增长。预计到 2020 年全省家具产业总产值将达到 280 亿元，市场容量将实现 1000 亿元。

二、行业纪事

1. 搭建市场平台，助推产业发展

2018 年，贵州 · 贵阳国际家具博览会升级为“第三届贵州家具展 ·8 月家居节”。本届展会由贵州省家具协会、贵州省门窗协会共同主办，并且与贵阳市房地产协会主办的“第二十届贵阳房地产交易展示会”同期举行。创新性地将家具、房地产、家电、门窗、建材、装修、家具原辅材料、木工机械、银行等融为一体，打造属于贵州专属的大家居盛会。

本届展会吸引了来自山东、广东、江西、四川湖北等地的 500 余家企业参展，有家具、门窗、家电、家装、建材等数个大类、百余个品种、千余个品牌的产品，展出面积近 60000 平方米，是贵州历史上最大的一次家具及家居类联展。大自然床垫、科美瑞定制衣柜、奥尔登定制家具、欧普照明、海尔电器、益万家门业、菲林格尔地板等众多知名品牌参与本次家居节，并给出大幅度的优惠力度。此外，建设银行、民生银行也在现场为消费者现场办理无息贷款。

2. 助力企业解决金融问题

2018 年，贵州省家具协会与中国建设银行贵阳京瑞支行开展合作，向参加第三届贵州家具展 ·8 月家居节的消费者和参展企业提供多种金融支持方案。在展会结束后，还召开了“普惠金融、学习企业法规”促进企业发展的会议，为贵州本土企业、经销商和广大消费者带来更多的金融支持以及税收、财务、法律等方面的建议。

3. 加强沟通交流跨界合作

加强与国内外同行的沟通交流，也是促进本土企业快速成长的方式之一。近年来，为了拓宽视野，交流观念，学习国外省外先进的生产企业和商场管理、营销理念等，贵州省家具协会组织参观考察团，前往美国、俄罗斯、加拿大、法国、意大利、澳大利亚、新西兰、越南、中国台湾、广东、北京、上海、重庆、四川、浙江、福建、江西等地考察交流，使众多的会员企业有机会与国内外同行交流学习，开阔了视野，也大力宣传了贵州家具行业，使不少的企业逐渐理清思路，在学习过程中找准自身发展的目标。同时，广州、佛山、东莞、北京、成都等地政府及企业来贵州考察，举办了多场家具交流会、洽谈会。

4. 践行社会责任

贵州长田国际家具产业城在加快自身建设的同时，也不忘践行企业的社会责任。2016 年，产业城承担了黔南州惠水县异地扶贫搬迁的基础设施建设工程，与此同时，产业城为搬迁移民举办技能培训，培训合格后，安置在园区企业工作，得到了省市县各级政府的肯定和支持，汪洋副总理还专程来产业城视察异地扶贫搬迁工作。

2018 年，产业城利用家具产业一条龙的优势，结合乡村振兴战略、加快产业扶贫的推进，协助解决异地搬迁移民的教育医疗等相关问题，主动承担起贵州省“扶贫攻坚”工作中企业应该承担的社会责任，对家具产业城的发展起了极大的推动作用。

三、特色产业发展情况

2011 年 11 月，贵州长田家具产业城一期工程正式动工，它是贵州省内一个集家具研发设计、生产、销售、物流、商业、文化产业、旅游为一体的产业集群，是贵州省重大工程和重点项目“五个一百”工程项目之一。目前占地 760 亩一期工程已全面建成，现已入驻企业 43 家，年产值近 3.5 亿元。

2018 年，随着家具产业城商业中心的投入使用，集培训、就业、研发、生产、销售、仓储为一体的综合平台也已经形成。未来将加强与全国家具生产企业、配套产品企业、木工机械企业沟通，将全国各地的家居产品引进产业城，打造贵州首个具有一定规模和影响力的家居产品批发商业中心，使得产业城的商业销售模式更丰富。

四、品牌发展及重点企业情况

近年来，随着人们对品牌、质量、环保意识的不断提高，品质已经是人们在生活中越来越关注的话题，同时也是企业生存和发展的基本保障。2018 年，贵州省名牌榜单公布，贵州省家具企业有三家单位榜上有名，分别是大自然床垫科技股份有限公司、贵州奥尔登家居有限公司、贵州合众家具有限公司。

2018 年举办“2018 贵州省泛家居行业百强诚信经销商”评选活动，促进了行业健康发展，同时促进生产企业与经销商对接，提高市场销售份额，扩大贵州泛家居品牌的影响力。

陕西省

一、行业概况

2018年，陕西家具行业整体平稳运行，行业区域性整合呈现持续创新态势。伴随着消费趋势的转变，陕西省家居流通业发展又上新台阶，家具品质消费日益提高，促进家居流通业市场调整新格局。全省规模以上家具企业增速高于轻工业，家具制造业产销率同比持平，家居流通业交易销售额提升5%。

二、行业纪事

2018第十七届西安国际家具博览会由陕西省人民政府批准，陕西省工业和信息化厅、陕西省商务厅支持，西安华展展览有限公司、西安曲江千秋展览策划有限公司、广州华展展览策划有限公司联合承办。展会历经17年发展，向中西部乃至全国家具相关行业提供了精彩盛会和创新风向。本届博览会设5大展馆，展出面积近60000平方米。展会期间，600多家知名企业携带上千种新品惊艳亮相，吸引观众63312人次，现场签订订单额达6000万人民币，意向订单预计超3.2亿元人民币，66%以上参展商均反馈找到了意向合作经销商，良好的效果得到了行业内的一致认可。

展会展品种类繁多，主要有民用家具、定制家居、红木家具、办公家具、木工机械、原辅材料、家居饰品、机械设备及其他各类家具专业期刊、图书、家具设计软件/企业管理软件等。展会同期举办了第八届西安国际红木古典家具展览会、第十七届西安国际木工机械及原辅材料展览会、第三届西安国际定制家居及门业展览会。同时，第十七届西安市家具设计大奖赛、2018品牌家具企业新品发布会等精彩活动也在展会现场隆重举行。

三、品牌发展及重点企业情况

1. 福乐家具有限公司

公司成立于1992年，是西北地区家具行业规模最大的集科研、生产、经营于一体的综合性企业之一，所生产的“福乐牌弹簧软床垫”是国家“A级”产品和陕西省、西安市名牌产品。2015年，“福乐”商标被认定为“中国驰名商标”。这是中国西北

2014—2018年西安市家具发展情况汇总表

主要指标	2018年	2017年	2016年	2015年	2014年
工业总产值（万元）	6323	4887	4302	5551	3850
主营业务收入（万元）	5328	3840	2899	5051	3398
内销额（万元）	5328	3840	2899	5051	3398
家具产量（万件）	1317	697	550	964	464

数据来源：陕西省家具协会

地区家具行业首个“中国驰名商标”。

2. 西安源木艺术家居有限公司

公司成立于 2004 年，总部位于西安市西北家具工业园内，占地 50 亩，员工 200 多人，是西北地区乃至全国一流的现代化实木家具生产基地企业。公司旗下品牌是源木禅家具，专注于宁静家的设计、研发、生产与应用，开创了引领性的禅家具新品类，在全国多家特色酒店、书院、学堂、寺庙、私人住宅等广泛应用。

2018 年，源木禅家具银川、济南、无锡、昆明等地新店纷纷落成，进一步扩大了国内市场。在人才培养方面，源木禅家具与西北农林科技大学校企合作，成为西北农林科技大学家具设计专业毕业生实习观摩基地，为西北农林科技大学捐款 20 万元用于人才培养，并成功举办了第一届“源木杯”家具设计大赛，其优秀作品《玄绛椅》也获得了第十一届广州家居设计展华笔·全国家居设计大赛新锐作品奖。源木禅家具在传统文化技艺的表现上也受到了国学机构的一致赞扬，并于 2018 年成为南怀瑾先生创办的太湖大学堂、老古书屋指定家具品牌。

西安市

一、行业概况

随着西安城市扩容和落户政策放宽，带动了家居消费相关行业的发展，给西安家具行业带来了利好消息。近年来，在市场杠杆的调整下，西安家具行业优胜劣汰，总体延续了稳中趋优的态势，结构持续优化，质效稳步提升，逐步迈向高质量发展。目前全市家具企业近 700 家，中小企业居多，规模以上企业 50 余家，大中型家具卖场近 20 家，年销售额约 30 多亿元。

二、品牌发展及重点企业情况

1. 陕西明珠国际集团

西安家具流通业依然活跃，各大卖场精彩纷呈，商业模式不断创新。明珠国际集团依托中国原点新城，践行“一带一路”，联合十余家相关组织机构、厂家代表共同成立了“一带一路”大家居产业联盟，搭建“共创、共建、共享”的国际商贸大平台，实现大家居产业国内国际贸易的大联通，推动了西北地区家具建材流通行业的发展。

2. 西安大明宫实业集团

公司历经 25 年的发展，从摊位制市场到集团连锁发展，大明宫携手厂商、经销商共创辉煌，品牌影响力、商业运营力不断提升，已经完成 3 省 22 个项目的布局。响应国家“一带一路丝绸经济带贸易建设”的号召，大明宫与俄罗斯斯拉夫世界商贸集团签署“一带一路”贸易战略合作，进一步拓展国际贸易。

3. 陕西南洋迪克家具制造有限公司

西安家具生产企业在市场压力推动下，结构不断优化，逐步从价格竞争走向品牌竞争，产品质量不断提高，原创设计大幅提升。南洋迪克家具始终坚持自主研发和原创设计，关注专利保护，对每一款产品申请专利，不断完善品牌保护体系和专利保护监控网络，加大专利维权力度。2018 年，南洋迪克起诉外地一家企业家具设计专利侵权一案，经法院审判，原告南洋迪克胜诉，获赔 140 万元经济补偿。

2014—2018 年西安市家具行业发展情况汇总表

主要指标	2018 年	2017 年	2016 年	2015 年	2014 年
企业数量（个）	690	690	710	710	710
主营业务收入（万元）	205000	202000	197700	186600	181180
规模以上企业数量（个）	58	58	58	58	58
规模以上企业主营业务收入（万元）	141000	137000	130800	121200	117760

数据来源：西安市家具协会

4. 红木雅居阁

红木雅居阁是西安红木家具重点品牌，在红木家具的文化、工艺、价值和服务等方面带动了西安古典家具行业的发展。公司创立全国智能生活体验馆，成为新时代下红木销售品牌的领跑者，将红木家具、智能设计、智能家居等集于一体，成为引领智能家庭的新模式，被西安市工商行政管理局评为“西安市著名商标企业”。

三、行业纪事

2018 年 6 月 23 日，第二十三届美国阔叶木外销委员会东南亚及大中华区年会在西安圆满落下帷幕，本次年会由西安市家具协会协办。年会吸引了西安及海外的知名家具制造商、建筑师、室内设计师、工程技术人员等 350 多名代表，以“低碳生活之美，因美国阔叶木而持续”为主题，共同分享并探讨美国阔叶木热处理工艺等最新技术及其在设计应用中的巨大潜力。这次年会给西安家具行业带来了技术和设计的新理念，打造低碳环保家具将成为未来发展新趋势。

甘肃省

一、行业概况

甘肃由于经济发展比较落后，处于内陆西部，交通运输成本高，信息滞后，技术力量薄弱，资金实力较差，家具生产企业相对较少，而且大多发展速度缓慢，效益不佳。2018 年以来，随着经济下行和环保检查整顿压力加大，环保和管理成本不断增加，一些小微家具企业及排放不达标的企业相继关门、转产，甘肃家具企业转型升级迫在眉睫。

二、行业特点

随着甘肃省高校公寓家具需求旺盛以及中小学课桌椅的大量更换，学校家具需求日渐增多，一些有实力的外省企业闻讯进入甘肃市场取得了良好的业绩。一些有远见的甘肃本地企业也率先引进和购置了先进的生产线和设备，利用本地生产和售后服务优势，大力开拓和占领市场，产品得到了消费者的一致好评，受到了院校师生的认可。

由于甘肃省内许多城市流通行业饱和，销售企业过剩，企业生存艰难、低价竞争恶性循环，导致许多销售企业连年亏损，进退两难。许多企业处于微利或亏损的挣扎状态，整个行业竞争日趋残酷，竞争态势越来越激烈，而缺乏对行业了解的人仍然在盲目投资，无序进入。甘肃省的两大城市——兰州、天水，家具销售已严重过剩。在选取全国 50 个典型城市为样本的统计数据显示，天水市 BHEI 指数为 645.98，位于 36 个销售处于红灯区域城市的第 2 位，兰州市 BHEI 指数为 307.68，位于 36 个销售处于红灯区域城市的第 14 位。

三、品牌发展及重点企业情况

由于甘肃省家具制造业的技术设备落后，规模以上家具生产企业寥寥无几。家具行业以销售为主，对广东、四川、浙江、江西等地的产品依赖度

2015—2018 年甘肃省家具行业发展情况汇总表

主要指标	2018 年	2017 年	2016 年	2015 年
企业数量（个）	6601	6915	5826	5658
工业总产值（万元）	120000	128056	118621	105856
主营业务收入（万元）	1000000	1080000	1019000	965800
规模以上企业数（个）	3	4	4	3
规模以上企业工业总产值（万元）	14800	15000	10600	7304
规模以上企业主营业务收入（万元）	15100	16600	10820	6212.3
家具产量（万件）	69097	73519	69858	62562

数据来源：甘肃省家具行业协会

高，本地研发能力、设计能力、创新能力非常薄弱。在这种严重落后的行业背景下，一些企业开始觉醒，将重点放在生产环节，注重对企业的升级改造，在打造地方品牌上下工夫。

在国家改善西部地区教育薄弱环节，加大对教育硬件设施投入力度的利好政策下，一些企业抓住机遇，大力发展。甘肃龙润德实业公司注重技术创新，加大公司的研发能力，建设设计团队、研发团队，创办公司实验室，获得教学及公寓家具外观专利 6 项。公司引进激光数控折弯机、激光数控切割机、机器人焊接等先进设备，购置全智能化生产流水线。公司新建四个生产车间并提升改造了学校家具的生产线，使公司产品质量得到了显著的提升，已在甘肃、宁夏、新疆、西藏等地打开了市场。甘肃国安家具有限公司加强企业管理，注重研发，经多年实践，取得了“实木抽拉式幼儿床”实用外观型专利，为企业长远发展助力。

四、特色产业发展情况

随着兰州新区建设日新月异，许多产业已初见成效。甘肃家具行业协会和兰州新区积极沟通，计划在新区建设一个中等规模的家具产业园，分两期建设，一期计划用地 1000 亩，二期计划用地 3000 亩。产业园区的建成可以有效解决众多生产企业车间小、库房小的突出矛盾，可以促进产业升级改造，提升本地许多生产企业的竞争力，提高劳动效率，安置更多人员就业。

近年来，甘肃一些带有浓重地方色彩、民族特色、传统工艺的家具企业开始复苏发展。在众多地方特色的企业中，临夏州雅韵红木家具有限公司、天润藏式工艺家具开发有限公司、天水黄河雕漆工艺有限公司的一些民族特色产品、雕漆系列产品深受市场的青睐，效益逐渐提升，前景广阔。

五、行业纪事

甘肃省家具行业协会在 2017 年 12 月 15 日按照省民政厅文件要求完成了与政府主管部门脱钩，选出了完全由企业负责人组成的协会领导进行管理。在新的协会领导班子领导下，2018 年 8 月，广大企业积极参与公益捐赠活动，2018 年雅加达亚运会 20 公里竞走冠军王凯华也踊跃参与协会捐赠。

协会利用中国家具协会网站、《中国家具通讯》、“甘肃轻工网站”、《甘肃轻工》等平台，反映行业情况；与省消费者协会联合，为重点家具生产企业及兰州各大家具卖场各类品牌的经销商、导购员分批次举办了新版《消费者权益保护法》《产品质量法》《甘肃省消保条例》培训。

六、发展前景及展望

甘肃省家具企业要紧紧依靠地理优势、技术优势、服务优势占据本土市场。立足甘肃，面向西北，特别是利用青藏线的优势向青海、西藏发展，向新疆、宁夏以及内蒙古的西部发展。

要积极响应国家的大政方针，抓住“一带一路”的商业契机，向西发展，将产品向西亚的一些国家如俄罗斯、哈萨克斯坦、乌兹别克斯坦、塔吉克斯坦、吉尔吉斯斯坦等国家推进。

在创新发展的过程中，突出文化元素的注入，加强丝绸之路概念的介入，借鉴敦煌壁画元素的应用，大力发展带有浓厚地方色彩、民族特色的产品。振兴传统优势工艺的发展，例如，促使天水雕漆厂的雕漆家具的振兴，再创辉煌。

07

产业集群

Industry Cluster

编者按：截至 2018 年底，中国家具产业集群共计 51 个，其中新兴产业园区 13 个。2018 年，中国家具协会命名“中国沙集电商家具产业园”，与大连市普兰店区政府共建“中国橱柜名城”。此外，中国轻工业联合会与中国家具协会对中国家具商贸之都（乐从）和中国家具制造重镇、中国家具材料之都（龙江）进行复评，根据当地的产业发展情况和发展政策，分别更名为中国家居商贸与创新之都（乐从）和中国家具设计与制造重镇、中国家具材料之都（龙江）。本篇收录了我国家具行业 31 个产业集群 2018 年的发展情况。同时，所有产业集群分为八大类：传统家具产区、木制家具产区、金属家具产区、办公家具产区、贸易之都、出口基地、新兴家具产业园及综合产区。通过归类比较，便于读者更好地掌握每类集群的发展情况，做出综合判断。

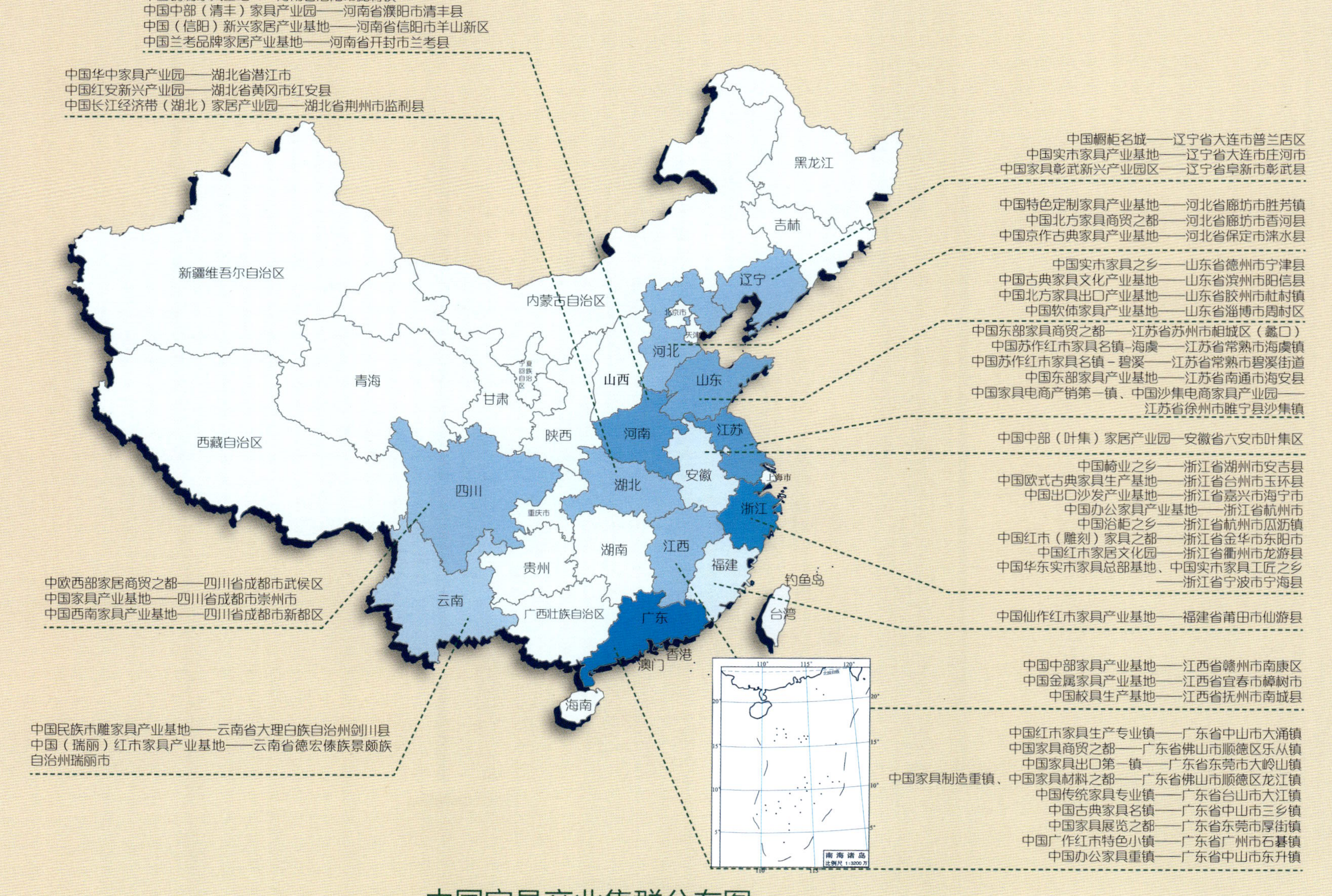

中国家具产业集群分布图

中国家具产业集群分布汇总表

序号	时间	名称	所在地
1	2003 年 3 月	中国红木家具生产专业镇	广东省中山市大涌镇
2	2003 年 8 月	中国椅业之乡	浙江省湖州市安吉县
3	2004 年 3 月	中国家居商贸与创新之都	广东省佛山市顺德乐从镇
4	2004 年 8 月	中国实木家具之乡	山东省德州市宁津县
5	2004 年 9 月	中国家具出口第一镇	广东省东莞市大岭山镇
6	2005 年 7 月	中国西部家具商贸之都	四川省成都市武侯区
7	2005 年 8 月	中国家具设计与制造重镇、中国家具材料之都	广东省顺德龙江镇
8	2005 年 9 月	中国特色定制家具产业基地	河北省廊坊市胜芳镇
9	2006 年 12 月	中国实木家具产业基地	辽宁省大连市庄河市
10	2007 年 3 月	中国北方家具商贸之都	河北省廊坊市香河县
11	2007 年 5 月	中国欧式古典家具生产基地	浙江省台州市玉环县
12	2008 年 1 月	中国传统家具专业镇	广东省台山市大江镇
13	2008 年 5 月	中国古典家具名镇	广东省中山市三乡镇
14	2009 年 6 月	中国东部家具商贸之都	江苏省苏州市相城区（蠡口）
15	2009 年 12 月	中国民族木雕家具产业基地	云南省大理白族自治州剑川县
16	2010 年 4 月	中国板式家具产业基地	四川省成都市崇州市
17	2011 年 4 月	中国出口沙发产业基地	浙江省嘉兴市海宁市
18	2011 年 6 月	中国中部家具产业基地	江西省赣州市南康区
19	2011 年 7 月	中国古典家具文化产业基地	山东省滨州市阳信县
20	2011 年 7 月	中国北方家具出口产业基地	山东省胶州市杜村镇
21	2011 年 7 月	中国华中家具产业园	湖北省潜江市
22	2011 年 7 月	中国家具彰武新兴产业园区	辽宁省阜新市彰武县
23	2012 年 4 月	中国办公家具产业基地	浙江省杭州市
24	2012 年 4 月	中国金属家具产业基地	江西省樟树市
25	2012 年 10 月	中国浴柜之乡	浙江省杭州市瓜沥镇
26	2012 年 11 月	中国苏作红木家具名镇 - 海虞	江苏省常熟市海虞镇
27	2012 年 11 月	中国苏作红木家具名镇 - 碧溪	江苏省常熟市碧溪街道
28	2012 年 12 月	中国家具红安新兴产业园	湖北省黄冈市红安县
29	2012 年 12 月	中国西南家具产业基地	四川省成都市新都区
30	2013 年 4 月	中国（瑞丽）红木家具产业基地	云南省德宏傣族景颇族自治州瑞丽市
31	2013 年 4 月	中国仙作红木家具产业基地	福建省莆田市仙游县
32	2013 年 8 月	中国红木（雕刻）家具之都	浙江省金华市东阳市
33	2013 年 8 月	中国东部家具产业基地	江苏省南通市海安县
34	2014 年 3 月	中国中原家具产业园	河南省新乡市原阳县
35	2014 年 9 月	中国京作古典家具产业基地	河北省保定市涞水县
36	2014 年 11 月	中国钢制家具基地	河南省洛阳市庞村镇
37	2014 年 12 月	中国红木家居文化园	浙江省衢州市龙游县
38	2015 年 4 月	中国家具电商产销第一镇	江苏省徐州市睢宁县沙集镇
39	2015 年 5 月	中国长江经济带（湖北）家居产业园	湖北省荆州市监利县
40	2015 年 5 月	中国校具生产基地	江西省抚州市南城县
41	2015 年 5 月	中国中部（清丰）家具产业基地	河南省濮阳市清丰县
42	2015 年 10 月	中国软体家具产业基地	山东省淄博市周村区
43	2015 年 11 月	中国（信阳）新兴家居产业基地	河南省信阳市羊山新区
44	2015 年 11 月	中国中部（叶集）家居产业园	安徽省六安市叶集实验区
45	2015 年 11 月	中国家具展览贸易之都	广东省东莞市厚街镇
46	2016 年 7 月	中国华东实木家具总部基地、中国实木家具工匠之乡	浙江省宁波市宁海县
47	2017 年 4 月	中国广作红木特色小镇	广东省广州市石碁镇
48	2017 年 7 月	中国兰考品牌家居产业基地	河南省开封市兰考县
49	2017 年 8 月	中国办公家具重镇	广东省中山市东升镇
50	2018 年 1 月	中国沙集电商家具产业园	江苏省徐州市睢宁县沙集镇
51	2018 年 6 月	中国橱柜名城	辽宁省大连市普兰店区

2018 中国家具产业集群发展分析

2018 年，受国内外复杂环境的影响，家具行业经济运行稳中有变，变中有忧，经济效益下行风险增加。中国家具产业集群与家具行业整体发展走势一致，部分集群盈利水平下降。同时，优势集群以消费升级为导向，以创新为驱动，发展效益表现良好，两化融合程度不断提升，智能制造发展速度加快，新技术、新材料等在集群区域落地，新产品、新业态等不断涌现。这部分集群内的家具产业主营业务收入产生突破，品牌建设成效显著，固定资产投资持续增长，成为家具产业集群发展的标杆。

一、集群概况

根据《中国轻工业特色区域和产业集群共建管理办法》，中国家具协会在中国轻工业联合会的指导下，在行业内积极稳妥地开展产业集群建设，产业集群数量不断增加，发展质量稳步提升，产业类型涵盖广泛，集群分布科学合理。

至 2018 年底，中国家具产业集群共计 51 个，其中新兴产业园区 13 个。2018 年，中国家具协会命名“中国沙集电商家具产业园”，与大连市普兰店区政府共建“中国橱柜名城”。此外，中国轻工业联合会与中国家具协会对中国家具商贸之都（乐从）和中国家具制造重镇、中国家具材料之都（龙江）进行复评，根据当地的产业发展情况和发展政策，分别更名为中国家居商贸与创新之都（乐从）和中国家具设计与制造重镇、中国家具材料之都（龙江）。

受地理区位、产业资源、历史文化、市场需求和政策支持等因素的影响，中国家具产业集群主要分布在东部沿海地区，并逐渐向中西部拓展。其中辽宁、河北、山东作为老牌的工业基地，分别有 3、3、4 个家具产业集群；江苏、浙江是繁荣的经济重地，分别有 6、8 个产业集群；广东是发达的开放口岸，建设 9 个产业集群；福建有 1 个产业集群；河南、安徽、湖北、江西等是中部崛起的重要力量，分别有 5、3、3 个产业集群；四川是川派家具的重要基地，具有 3 个产业集群；云南有丰富的木材资源，有 2 个产业集群。

中国家具产业集群类型及数量

产区类型	产区个数（个）	产区名称
传统家具产区	12	大涌、大江、三乡、剑川、阳信、海虞、碧溪、瑞丽、仙游、东阳、涞水、石碁
木制家具产区	6	宁津、庄河、玉环、崇州、南康、普兰店
金属家具产区	3	胜芳、樟树、庞村
办公校具产区	2	杭州、东升
商贸基地	5	乐从、武侯、香河、蠡口、厚街
出口基地	4	安吉、大岭山、海宁、胶西
新兴产业园区	13	潜江、彰武、红安、海安、原阳、龙游、监利、清丰、信阳、叶集、宁海、兰考、睢宁
其他产区	6	新都（本土制造及产业园兼备）、周村（软体家具）、沙集（电商基地）、南城（校用家具）、龙江（家具制造及家具材料兼备）、瓜沥（浴柜家具）

备注：中国家具协会参与命名或共建

除中国家具协会命名与共建的产业集群外，各省市积极培育具有地方特色的家具产业集聚区。

在北京家具企业外迁过程中，北京市家具行业协会与河北省深州市委市政府共建深州家具产业园，目前已承接 30 家企业入驻。

天津地区家具企业为解决停产、限产和外迁等问题，建立了天津制造江苏淮安生产基地、天津制造山东德州生产基地、天津制造河北大名生产基地、天津制造环渤海家具生产基地等。

在当地政府的支持下，辽宁务实推动辽西建平家具产业园、东北亚（辽宁省抚顺市救兵乡）木业产业集聚区等的建设，已初见成效。

江苏家具产业集群集中，苏州光福、如皋、海门红木家具产业基地，常州横林金属家具产业基地，徐州贾旺松木家具产业基地，泗阳县意杨工业园区、宿迁市宿城区家具电商等集群在地方政府的支持下不断转型升级，发展壮大。

福建省闽侯、安溪县均为“中国藤铁工艺之乡”，2018 年，闽侯县家居工艺品总产值 90 亿元，出口 9.05 亿元，比增 19.8%；安溪县家居全产业链产值 150 亿元，比增 15.38%。三明市是福建省重点林区，2018 年，竹业总产值达 75.5 亿元，比增 14%。福建粤港家居产业园已开工奠基，集研发、生产、品牌孵化、成品展示和贸易为一体。

山东家具产业集群充分发挥带动效应，中国木艺之都（菏泽曹县），临沂国家林产工业科技示范园区、菏泽郓城家居产业园区、菏泽天荣牡丹创意家居小镇、山东实木家具生产基地（高密）承接产业转移，建设公共服务平台等为产业快速发展起到积极推动作用。

湖北天门益新家具产业园吸引了广东、江西等省市的近 300 家企业，大悟家具产业园也获得了省、市政府的支持。

湖南浏阳现代家具产业园是当地家居产业实现规模化、品牌化、现代化发展的重大平台，集园区家具展销、原辅材料、生产制造、物流配送、总部商务和综合配套六大功能区为一体。

贵州长田家具产业城集家具研发设计、生产、销售、物流、商业、文化产业、旅游为一体，推动贵州家具产业加快发展。

二、发展特点

2018 年，中国家具产业集群积极响应国家政策，从环保提升、标准建设、规划制定、区域品牌等多方面开展产业集群转型升级工作，取得了十足进展。

1. 引领企业向高质量发展

将互联网、大数据等技术逐步应用于家具行业，推动传统产业改造提升。广泛推进智能制造生产线、数字化车间的建设，引导企业采用国内领先、国际一流的生产设备；促进先进制造业和现代服务业融合发展；打造行业互联网平台，拓展销售渠道。

2. 制定了完善的发展规划

部分产业集群通过行业专家，制定合理的产业规划，调整集群内的产业结构，引导集群内平台建设、完善品牌宣传机制等，走向科学发展。如海安制定《海安家具产业“十三五”发展规划》，仙游制定《仙游县工艺美术产业“十三五”发展专项规划》，大涌制定《中国红木特色小镇建设发展规划》，宿迁发布《关于开展宿城区木制家具质量提升行动的实施意见》，为引领产业健康发展，起到了积极的推动作用。

3. 积极开展转型升级

建设环保平台，如公共喷涂车间，降低生产过程的环境影响；建设电商平台，积极拓展销售渠道，形成线上线下联动的销售格局；建设家具学院，为行业培养专门人才；建立检测中心，保证产品质量，如国家木制家具及人造板质量监督检验中心沙集实验室顺利通过国家评审，设立沙集电商家具检测站；制定集群标准，以高标准引领产业发展。加大设计研发，设计引领集群发展，如“广东家居设计谷”（龙江），侧重打造家居设计产业的聚集区。

三、面临问题

产业集群经过多年的积累，具有深厚的产业基础，产生了良好的集聚效应，是助推地方经济发展的重要动能和支撑。近年来，受内外部因素的影响，家具产业集群的传统优势降低，创新发展能力还未形成，出现发展后劲不足，发展受到制约等问题。主要表现在：

1. 集群创新能力不足

创新是传统产业改造提升的重要手段，是新兴产业加快发展的关键途径，是制造业转型升级的有效动能。我国家具产业集群，尤其是部分长时间积累自发形成的产业集群，由于企业规模小，行业发展视野不足，创新动力缺乏，导致创新能力不足。集群内企业的设计研发投入，新模式的实施，新技术的推广等在集群内不够深入。

2. 企业管理能力有待提升

高效的企业管理有助于增强企业的运作效率，形成明确的发展方向，激发员工的工作潜能和树立良好的品牌形象。集群内部分龙头企业已经建立了现代化的管理体系，而大部分中小型企业还需要形成科学的发展战略，构建精准的营销路径，树立良好的品牌形象。

3. 集群内人才短缺

人才是行业发展永恒的话题，构成了企业最重要的软实力，同时也是制约企业发展的关键因素之一。部分企业凭借良好的待遇、先进的模式和开放的上升空间吸引行业内甚至跨行业的优秀人才，但产业集群内企业以中小型为主，“创二代”还未完全担当企业责任，管理人员、技术人员和生产工人都是稀缺资源，成为发展的重大掣肘。

4. 环保建设能力有待提升

绿色发展已成为国家重大的发展战略，环保建设能力已成为家具产业集群发展的基本要求。部分地区的环保解读能力较低，环保政策不能及时落地；环保技术有待提升，先进设备应用不足；部分环保工序产生新的环保问题，如废气处理过程中又产生了臭氧。

四、发展方向

1. 高质量发展

党的十九大报告提出“促进我国产业迈向全球价值链中高端，培育若干世界级先进制造业集群”。家具产业集群要提升产业的整体水平，推动互联网、大数据、人工智能等新技术与家具产业深度融合，在中高端消费、产业链发展、服务型制造和新模式应用等方面培育新的增长点，形成新动能，建设现代化的家具业。

2. 绿色发展

随着新《环境保护法》《环境保护税法》等的出台，国家出台了一系列政策和措施，引导制造业在内的国民经济绿色发展。家具产业集群要明确绿色发展要求，加强绿色发展监管，建设绿色发展平台，引导家具行业按照尊重自然、顺应自然、保护自然的理念，走可持续发展之路。

3. 开放发展

政府工作报告中多次强调扩大对外开放，实现合作共赢。国家着力建设“一带一路”，打造开放型世界经济。家具产业集群要引领企业做好对外开放工作，积极参与到“一带一路”建设中，努力拓展国内和国际市场，推动形成产业集聚、经济提升、市场扩大的发展格局。

五、中国家具协会能提供的集群服务

家具产业集群是行业发展的重要支撑，积聚了中国家具行业的主要力量。产业集群工作是中国家具协会推动行业发展，提升服务能力的抓手。中国家具协会将继续利用自身的资源、信息、平台等，与行业专家、产业集群所在当地政府、协会等，共同开展产业集群服务，提升产业集群发展质量。

1. 制定完善的产业发展规划

完善的发展规划是集群健康发展的基础，中国家具协会将在集群布局规划，平台建设，产业链建设等方面提供规划服务。帮助产业集群建设集政策、生产、研发、检测、金融等平台；成为集原材料、加工、营销、物流、售后等于一体的科学集群。

2. 政策宣贯、团体标准制定

国家引导制造业高质量发展，推动家具制造业在内的传统产业转型升级。中国家具协会参与工信部《产业转移指导目录》的修订，参与总理基金项目《建材领域大气污染治理及调控政策研究》子课题《家具行业大气污染特征与减排技术研究》，参与环保部《家具制造业大气污染物排放标准》项目，主导国标《清洁生产评价指标体系 木家具制造业》的制定，参与环保部《家具制造业排污许可证申请与核发技术规范》行业标准起草工作，开展《定制家具》等5项团体标准的征订、宣贯工作，其中《软体家具 床垫》成功申报工信部“百项团体标准应用示范项目”等。中国家具协会将利用自身的资源和信息，为产业集群提供政策宣贯、标准制定等服务。

3. 招商引资

新兴家具产业园符合国家的发展政策和趋势，发展势头良好。但产业园要做好长远定位，注重资源积累和能力建设。其中招商引资是推动集群内科学布局和产业链建设的重要一环。中国家具协会具有广泛的会员基础，部分会员在扩大产能的过程中需要建设新的产业基地，协会通过不同形式为产业集群和企业提供平台，对接企业与产业集群的需求，推动实现共赢发展。

4. 品牌推广

品牌推广有利于提高品牌知名度、扩大品牌影响力、提升品牌价值、企业竞争力和生命力。中国家具协会在服务产业发展的过程中建立了官网、微信等平台，举办展会和多项行业大会，出版《中国家具年鉴》《中国家具》和《通讯》等书籍和杂志；通过视频、平面、网络、展会、会议等模式，积极推动新产品、新技术、新模式等落地。

中国家具产业集群
——传统家具产区

传统家具是家具行业的重要组成部分，近年来，在传承古典文化，弘扬工匠精神，推动消费升级等方面，实现了跨越式发展，成为推动行业进步的积极有生力量。目前，全行业有红木家具生产企业 2 万多家，形成了广东大涌、广东大江、广东三乡、云南剑川、山东阳信、江苏海虞、江苏碧溪、云南瑞丽、福建仙游、浙江东阳、河北涞水和广东石碁等传统家具产业集群，为满足人民日益增长的美好家居生活需要做出了积极贡献。

2018 年，行业依然面临原材料短缺和转型升级的压力，各产业集群从高质量发展、文化传承和设计创新等方面寻求突破，取得了较好的成果。主要表现在：①大涌、大江、瑞丽、仙游、东阳、涞水、三乡等地举办文化节、博览会，弘扬传统文化，打造区域品牌；②东阳、大涌等地积极参与红木产业相关的标准建设，引领产业升级，推动高质量发展；③东阳、涞水、仙游等地通过举办 2018 年中国技能大赛—全国家具制作职业技能竞赛分赛区选拔赛、培训班等，培养选拔专业技能人才，满足企业发展需求；④随着新兴技术在家具行业的广泛应用，传统红木家具产业也开始逐步利用网络等现代技术，发展数字化经济，打造传统家具行业新的增长点。

福建 / 仙游

2018 年，仙游古典工艺家具产业实现产
400 亿元，其中规模以上企业 166 家，
模产值 260 多亿元；实现利税 1.5 亿
同比增长 5%。仙游县人民政府与京东
团合作，在福建仙游建立京东（仙游）
字经济产业园；成立仙作集体品牌保护
导工作小组，出台《仙作集体商标使用
范》；举办“2018 年第六届中国（仙
红木艺雕精品博览会”等活动。

广东 / 大涌

2018 年，大涌镇红木家具企业达 558
其中规模以上企业达 11 个，工业总产值
57957 万元。2018 年，大涌启动了《大
中式硬木家具》团体标准制定工作，并完
中山市红木家具产业标准联盟试点验收
作；召开了 2018 中国（中山）红木家具
化博览会，举办了“智造·乐购”2018
中山市旅游商品创意设计大赛红木专场
届中国红木特色小镇旅游商品评选活动。

江苏 / 海虞

海虞镇拥有红木家具生产企业及作坊
家，从业人员 6000 多人，以金蝙蝠、
艺、汇生等为龙头企业。2018 年，全镇
作红木家具行业企业 87 家，规上企业
家。完成工业总产值 157410 万元，实
出口额 1037 万美元，比上一年略微增长

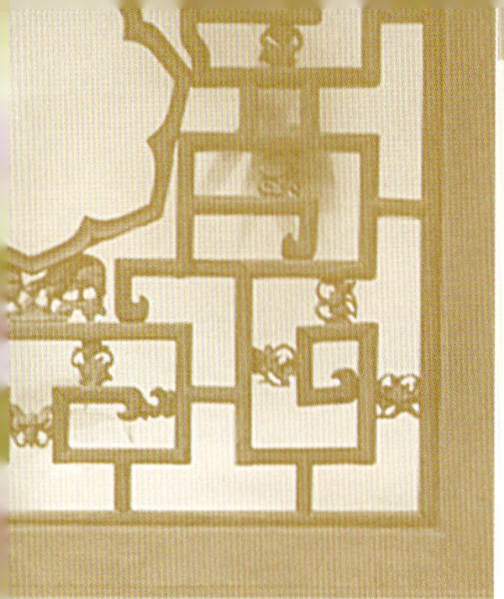

云南 / 瑞丽

瑞丽现有红木园区共占地 150 亩，红木家具企业 60 多家，规范的红木加工基地有姐勒工业园区、弄岛工业园区。瑞丽已由木材中转站向红木家具制造基地转型，2018 年召开了第 5 届中国—南亚博览会暨第 25 届中国昆明进出口商品交易会，举办了第 7 届“神工奖”红木家具精品大赛，开展了德宏州“英才兴边”计划。

浙江 / 东阳

东阳木雕红木家具企业从 2014 年的 3000 多家压缩到 2018 年的 1336 家，其中规模以上企业由 2014 年的 36 家增加到现在的 200 多家；全年产值从 2014 年的 142 亿元增加到 2018 年的 200 多亿元。2018 年，制定《红木家具》和《深色名贵硬木家具》“浙江制造”团体标准；举办第四届中国（东阳）木雕红木家具交易博览会等活动。

广东 / 大江

大江拥有传统家具生产企业 131 户，其中规模以上企业 32 户。2018 年，全镇传统家具业实现产值 40 亿元，年生产主导产品 21 万套。预计 2019 年，全镇传统家具业实现产值 42 亿元，年生产主导产品 25 万套。2018 年，大江镇联合中国家具协会成功举办了第二届中国（台山）传统家具文化节。

广东 / 石碁

石碁镇是广作红木家具制作技艺发源发展传承地，孕育番禺永华、家宝红木、番禺华兴等红木界优秀典范。2018 年年底，红木小镇的市莲路两侧已形成以永华红木、家宝红木、金舫红木为龙头的近 60 家红木企业集聚带，拥有红木产业从业人员近万人，年产值达到 30 多亿元。

河北 / 涞水

2018 年，涞水古典家具产业年产值达 15 亿元，销售收入达 16 亿元。举办了第五届涞水京作红木文化节和第四届文玩核桃博览会暨首届京东拍卖麻核桃文化节活动。涞水正在建设中国京作古典家具艺术小镇，“涞水京作木雕”被国家工商总局受理注册为地理标志商标。

广东 / 三乡

三乡三大古典文化市场年销售总额超过 15 亿元。据不完全统计，三乡镇古文化市场有 20 多万平方米的商铺、过千户商家、数万个品种的商品，还有 300 多家古典家具加工厂和作坊，包括仿古家具生产企业，全镇从业人员过万。

中国红木家具生产专业镇——大涌

一、基本概况

1. 地区基本情况

大涌镇位于广东省中山市西南部，面积 40.6 平方千米。现常住人口 7.54 万人，其中户籍人口 3.03 万人，有海外侨胞约 3 万人。先后荣膺中国红木产业之都、中国红木家具生产专业镇、中国红木雕刻艺术之乡、中国牛仔服装名镇、国家卫生镇、广东省教育强镇、中国千强镇、全国环境优美乡镇、中国家具优秀产业集群等称号。2018 年 5 月，大涌镇被广东省发展改革委员会列入第一批省级特色小镇创建对象名单。

2. 行业发展情况

大涌红木家具产业经过四十多年的发展，已经形成了规模化、专业化、科技化和现代化的产业集群，红木家具生产和销售企业多达 1000 多家。作为全国拥有“中国红木家具生产专业镇”“中国红木家具雕刻艺术之乡”“中国红木产业之都”三个国家级荣誉的专业镇，大涌是我国最大的红木家具生产和交易集散地之一。红木家具产业配套完善、要素集聚，从木材的集体采购、真空烘干，到产品的造型设计、精雕细刻、人工打磨、环保上漆，再到产品的高科技检测、网络化销售，已经形成相对稳定、相互配套的产业链条和产业集群。

大涌镇在行业规范和标准化建设方面为全国红木家具产业发展做出了巨大贡献，完成了从联盟标准到行业标准再到国家标准的发展历程，承担 QB/T 2385—2008《中国深色名贵硬木家具》行业标准与 GB28010—2011《红木家具通用技术条件》国家强制标准的制修订工作，先后被国家质检总局授予中国标准创新贡献奖、中国轻工业联合会科学技术进步奖。

大涌拥有先进的现代木材干燥设备，良好的干燥技术使大涌红木家具可以适应不同纬度地区的温湿度，使大涌红木家具市场得以大范围地拓展。为了确保大涌红木家具行业的可持续发展，早在 2007 年，大涌商家先后在东南亚、非洲、南美洲等地区相继建立了木材采购基地。近年，通过创建中国红木特色小镇，大涌镇正不断优化红木家具产业生态，推动产城融合。

3. 公共平台建设情况

2001 年以来，大涌镇应红木家具产业发展需要，先后成立中山市红木家具工程技术研究开发中心、中山市大涌产业发展服务中心、中山市红木家具研究开发院、中山市大涌镇生产力促进中心、中山市中广测协同创新中心、中山市红木家具知识产权快速维权中心、红木家居学院众创空间、红木科技创新服务中心 8 个公共服务平台，通过加强与行业的专家学者、高校及科研机构合作，为本地企业提供红木家具研发设计、检验检测、品牌推广、引进并推广新技术等。其中，2018 年 8 月，大涌镇人民政府与中国林业科学研究院木材工业研究所共建红木科技创新服务中心。

二、经济运营情况

2018 年，大涌镇地区生产总值 43.28 亿元，同比下降 9.1%，其中工业增加值 16.84 亿元，同比下降 19.9%，第三产业增加值 23.86 亿元，同比下降 1.9%。工业总产值 33.62 亿元，同比下降

16.04%，其中规模以上企业工业总产值 26.37 亿元。2018 年，大涌镇税收收入 5.7 亿元，同比增长 12.1%。进出口总值 4.93 亿元，同比下降 10.5%；出口总值 4.65 亿元，同比下降 4.5%。

2016—2018 年大涌镇红木家具行业发展情况汇总表

主要指标	2018 年	2017 年	2016 年
企业数量（个）	558	777	735
规模以上企业数量（个）	11	11	10
工业总产值（万元）	57957	67740	101838

三、品牌发展及重点企业情况

大涌产品以内销为主，中小型企业比重较大，龙头企业有太兴、红古轩、东成、鸿发、合兴奇典居、地天泰、忆古轩等企业。

2017 年以来，大涌镇先后列入第二批全国特色小镇、首批广东省特色小镇创建名单，第一批省级特色小镇创建对象名单，为牢牢把握大涌作为全国第一个国家级红木家具产业集群、以“红木”为主题的国家级特色小镇、广作家具的代表地区之一等产业优势，大涌镇从以下渠道不断提升“大涌红木”“中国红木特色小镇”区域品牌的知名度和美誉度，将品牌效益惠及整个产业集群。通过举办中国（中山）红木家具文化博览会、中国（中山）新中式红木家具展，吸引全国各地的经销商、消费者及游客前来参观，将经济效益和社会效益辐射到产区；借首届中国国际进口博览会的东风，组织企业组团参加中国（上海）国际红木文化博览会，为大涌红木家具企业及区域品牌创造更高档次的宣传良机；利用红博城大型红木文商旅综合体，在汇集大涌本地名优红木家具企业，形成大涌红木家具品牌汇的同时，将之创建成国家 AAAA 级旅游景区，打造传播以红木文化为主的中国传统文化场景，并不定期举办各种文化主题活动，进一步制作中国红木特色小镇宣传片；印制中国红木特色小镇宣传册、宣传台历，不断吸引全国各地游客前来参观旅游，以文化旅游助推“大涌红木”“中国红木特色小镇”的品牌培育，在大众中逐渐建立“买红木，到大涌”的消费意识。

四、2018 年发展大事记

2018 年 3 月，中山市红木家具行业协会被国家标准委批准为第二批团体标准试点单位，并采用“政府 + 行业协会 + 专业机构 + 企业”的创新模式，启动了《大涌中式硬木家具》团体标准制定工作，并完成中山市红木家具产业标准联盟试点验收工作。2018 年 8 月，由中山市质尚企业服务有限公司运营管理的红木家居学院众创空间被中山市科技局认定为 2018 年第二批中山市众创空间。

五、2018 年活动汇总

2018 年 3 月 13—20 日，以“穿越古今，引领时尚”为主题的 2018 中国（中山）红木家具文化博览会在中国（大涌）红木文化博览城举行，展会面积超过了 3 万平方米，吸引了全国 200 多家红木知名企业参展，前来参观的客商和游客多达数 10 万人次，其中专业卖家 12000 多人，同比增长 9%，有效带动了大涌红木销售行情的整体上扬，并有效带动了大涌第三产业发展。2018 年 7—9 月，大涌镇举办“智造·乐购”2018 年中山市旅游商品创意设计大赛红木专场暨首届中国红木特色小镇旅游商品评选活动。2018 年 8 月 9—13 日,2018 中国（中山）新中式红木家具展在中国（大涌）红木文化博览城举行。

六、面临问题

一是大涌红木家具企业家经营管理理念普遍保守、安于现状，产业整体创新发展存在较大难度。二是大涌“红创二代”青黄不接，新一代企业主大部分由外地来大涌工作的师傅成长起来，且随着业务的发展，将企业外迁的可能性较大，人才和资金的支撑不够稳定。三是红木家具产业的扶持主要依赖于市级及以上的财政支持，对于本镇产业具体发展契合度不高，亟待强化有关扶持奖励机制，进一步强化政府导向，激励企业做大做强。四是土地资源不足，限制了红木产业大型项目投资和落地。五是镇级财政力度比较薄弱，宣传力度较另外两大红木家具生产基地欠优势。

中国传统家具专业镇——大江

一、基本概况

1. 地区基本情况

大江镇位于“中国第一侨乡”“中国电能源产业基地”——广东省台山市最北部，全镇总面积69.8平方千米，现辖21个村（居）委会，常住人口5万多人，旅居世界各地的乡亲8万多人。自2008年1月8日，成为全国首个由中国家具协会等六家单位参与共建的“中国传统家具专业镇”以来，大江镇迅速出台了一系列政策，推动了传统家具产业的迅猛发展。现已形成了以集群发展为特点、坚持“型艺材韵”标准、坚持“高尖端”路线、家具制造与家具材料相配套、生产与研发相促进的产业格局，形成了集原材料供应、家具生产加工、产业配套、展销的完整产业链。

2. 行业发展情况

近年来，台山市与大江镇两级政府抓住市场发展的契机，努力推动传统家具生产企业的发展。旧高铜线大江境内两旁，传统家具门市、工厂如雨后春笋般相继开张。2018年，大江镇联合中国家具协会成功举办了第二届中国（台山）传统家具文化节，吸引了全国各产区一百多家红木家具生产企业参加。

3. 公共平台建设情况

大江镇通过“大江传统家具人才引育计划”，旨在引进和培养一批传统家具业内高层次人才、技术骨干（优秀技师教员）、销售人才和实用新型人才。为实现目标，大江镇政府通过一系列的方案和保障措施来支持公共平台的建设。其中，引导骨干企业建立5间“创意工作室”，工作室将为技术骨干开展技术研修、技术攻关、技术技能创新和带徒传技等创造条件，推动技术骨干实践经验及技术技能创新成果加速传承和推广。其中以伍氏兴隆家具有限公司为首，已经建立了一个传统家具国家级技能大师工作室和人才培训中心 。

除此之外，以中国台山国际文旅展贸城为平台，建立7个传统家具展销中心，中心为吸引全国最优秀、最顶级的传统家具产品汇聚大江，打造京作、苏作、广作文化交流平台。同时，通过举办传统家具行业高峰论坛和定期邀请伍炳亮大师和业内领军人物举办讲座双管齐下，提升大江传统家具行业人才综合素养，引领大江传统家具行业创造出更多有思想、有文化、高附加值的优秀作品。

二、经济运营情况

截至目前，全镇拥有传统家具生产企业136户，其中年销售2000万以上企业29户，培育出了伍氏兴隆、国胜、俊辉、金裕、孖指、永隆、会龙、华艺、恒升等一批传统家具精英企业，产品畅销国内外。2018年，全镇传统家具业实现产值42亿元，年生产主导产品25万套。

2016—2018年大江家具行业发展情况汇总表

主要指标	2018年	2017年	2016年
企业数量（个）	136	136	133
规模以上企业数量（个）	29	29	28
工业总产值（万元）	424366	437022	436617
主营业务收入（万元）	334550	334217	332745
出口值（万美元）	88522.56	88661.13	88458.56

三、品牌发展及重点企业情况

1. 品牌发展措施

加强媒体宣传　2008 年 2 月，邀请中央电视台到大江拍摄《入木三分看红木》节目，并在该台经济频道播出；同年 10 月又邀请中央电视台在大江举办“仿古家具电视超人赛”，大江镇国胜木厂获得冠军，比赛实况于该台国际频道播放，闻名国内外，进一步宣传了台山、宣传了大江。

加强推广推介　积极组织企业到北京、重庆、深圳、江门等地参加各类展销活动，进一步提高了传统家具的知名度。此外，还通过举办传统家具文化节、木工雕刻大赛等一系列大型活动，提高大江传统家具品牌影响力。

加强规划和包装　近年来，为进一步促进传统家具行业的发展，市、镇两级提出了“打造传统家具一条街，促进中国传统家具专业镇建设”的构想，通过统一规划门店建设，加强宣传包装，引导企业走品牌发展之路。

加强基础设施建设　积极争取有关部门的支持，对省道旧高铜线大江段进行路面维修工程，并重新建设排水系统，营造良好交通环境；同时，聘请专业公司对省道旧高铜线大江段两旁进行卫生保洁，营造良好卫生环境。

加强载体建设　为促进行业发展，大江镇积极争取江门市、台山市两级政府的支持，将新高铜线两旁的土地规划调整为传统家具产业集中区，为行业发展提供良好载体。总投资超 2 亿元的黄花梨博物馆和总投资超 60 亿元的红木艺术展览城分别于 2017 年和 2018 年相继落成投入使用，为行业发展注入了新的动力和活力。黄花梨博物馆占地面积 55 亩，集中展示伍炳亮大师从业以来的 1000 多件黄花梨精品；红木艺术展览城占地面积超 560 亩，定位为“亚洲最具价值鉴藏级传统家具展销中心”，配套有仓储物流城和木材交易市场、高标准酒店等项目，与“黄花梨博物馆”相得益彰，共同构成最具地域特色的传统家具产业中国高端展示及销售中心。

2. 重点企业情况

伍氏兴隆家具有限公司成立于 1987 年，是大江镇 31 家规模以上企业中一家极具地方特色的明式红木家具重点企业。以生产高仿明清紫檀，黄花梨等珍贵高端的红木家具为主。董事长伍炳亮先生获奖作品多不胜数，作品以“型精韵深、材艺双美”的艺术特点深受国内传统家具资深专家学者、收藏家的肯定与推崇，多件精致作品先后被中南海、北京故宫博物院、中国国家博物馆、恭王府等各大博物馆争相收藏，并在深圳文化博览会、全国工艺美术精品展览会、全国红木家具精品品鉴会等各类展会中屡获殊荣。其中 2016 年伍炳亮的作品“明式海南黄花梨大号月洞门架子床”从参评的千余件作品中脱颖而出，斩获最高奖项——“中国工艺美术文化创意奖特别金奖”，这也是伍炳亮自 2007 年参加文博会以来，连续第十次蝉联这一奖项的最高荣誉，创下“十连冠”的记录。

四、2018 年活动汇总

1. 举办传统家具产业技术骨干培训班

2018 年 4 月，在 2017 年评选出 12 名产业技术骨干的基础上，根据《大江镇传统家具高层次人才与产业技术骨干管理办法》的有关要求，多次组织产业技术骨干举办传统家具产业技术骨干培训班。在理论教学的基础上，以传承中国传统家具手工技艺为目标，注重以“传、帮、带”形式，传授传统家具制作技艺与造型设计。同时，还着重讲解了机械雕刻与手工雕刻的区别，以丰富受训人员的制作技艺知识，提升传统家具鉴赏能力。

2. 举办大江镇传统家具营销知识讲堂暨传统家具鉴赏和知识竞赛

2018 年 5 月，大江镇传统家具营销知识讲堂在台山江山多娇国际文旅展贸城举行。知识讲堂邀请五邑大学经济管理学院何浏教授担任主讲人，为大江传统家具从业人员介绍营销技巧并讲解红木特色小镇建设的市场策略研究。同时，大江镇传统家具鉴赏和知识竞赛正式拉开序幕。通过综合考查参赛选手的传统家具理论知识水平和口才表达能力，评定传统家具“销售人才”奖。通过举办传统家具营销知识讲堂暨传统家具鉴赏和知识竞赛，有效提高了大江传统家具从业人员的销售水平，促进不同家具企业间营销人员的交流。

3. 举办大江镇传统家具行业培训班

2018 年 8 月，台山市大江镇人民政府联合江门市工艺美术协会和江门市非物质文化遗产传统工艺工作站举办台山大江传统家具行业培训班。分别邀请了广东省家具协会会长王克、广东省工艺美术大师杨怀宇、江门市职业技能鉴定指导中心评价研发部部长阮柏来主讲，组织台山大江镇相关从业人员近百人参加。

4. 举办第二届中国（台山）传统家具文化节

2018 年 12 月，由中国家具协会、台山市人民政府主办，大江镇人民政府承办的第二届（台山）传统家具文化节在江山多娇国际文旅展贸城隆重举办。举行“椅·知大江”中国传统家具明式椅子设计制作工艺大赛和入围决赛的参赛作品展览会。本次大赛共有 108 家来自全国各地的企业报名参加，其中入围企业有 85 家。最终，由台山市大江镇鸿达红木工艺厂获得金奖，银奖由台山市大江镇荣盛古典家具红木厂、东阳市盛世九龙堂红木家具有限公司共同获得，铜奖得主则是台山市大江镇德辉家具、台山市大江镇金裕明清家具和江六造坊家具设计工作室，余下 79 家入围决赛的参赛企业获得“工艺之星”称号。

中国古典家具名镇——三乡

一、基本概况

1. 地区基本情况

三乡北靠五桂山脉，南邻珠海澳门，105 国道、广珠公路贯穿镇内，珠三角城际轻轨、京珠、太澳、西部沿海等高速公路方便畅达，距离广珠澳大桥 20 余千米，周边机场、港口环绕。三乡镇港澳台商企业数量位居全市前列，历年累计吸收港澳台等外商投资 20 亿美元，累计投资额度位居全市第二。

三乡四面青山环绕，形似“聚宝盆”。自然环境得天独厚，经济繁荣，城市化程度高，先后获得国家卫生镇、全国环境优美镇、中国古典家具名镇、全国特色景观旅游名镇、广东省文明单位、广东省文明村镇、广东生态示范镇、广东旅游特色镇等荣誉称号，旅游、居住、创业俱相宜。

2. 行业发展情况

中式、西式古典家具生产、销售重镇 三乡古旧家具市场的客源主要来自日本、美国、加拿大、澳大利亚、欧洲、台湾、香港、澳门、珠三角等。近年来，随着国内经济的迅速发展，来自珠江三角洲的一批收藏爱好者逐渐增多。与此同时，本镇的一些企业家眼光独到，看中了海外的欧美古典家具市场，设立工厂，引进人才和技术，以贴牌和自创品牌方式，批量生产欧式风格的仿古家具，大量出口到欧美等地。三乡镇的古典家具品种因此更加丰富。

古典家具产业已经成为三乡镇的优势产业 在中国家具市场中，三乡以“中国最大的明清古旧家具集散地”而享誉世界，三乡的欧美古典彩绘家具企业群在全球业内知名度最高、整体实力最强。多年来，三乡镇政府对古典家具产业提供政策鼓励和支持，使国内外近千家古典家具商家和生产企业纷纷落户三乡。

三大古典文化市场容量大 三乡成规模的专业古文化市场有巨龙国际古玩博览城、华财古玩城和三联明清古典家具市场，年销售总额超过 15 亿元。据不完全统计，三乡镇古文化市场有 20 多万平方米的商铺、过千户商家、数万个品种的商品，还有 300 多家古典家具加工厂和作坊，包括仿古家具生产企业，全镇从业人员过万。

欧美古典家具生产实力强劲 三乡形成了年产值 23 亿元的欧美古典家具企业集群，以家具彩绘特色著称，全镇有几十家西式彩绘古典家具生产厂家，拥有 20 多个自有品牌以及 100 多项自主知识产权、外观专利和技术专利。以中山市齐家家具有限公司、中山恒富家具有限公司、中山华福工艺家具有限公司、中山市恒海家具有限公司、中山兴华家具木器有限公司等为代表，在国内形成了实力强劲的彩绘家具生产基地。产品远销日本、中东、美国、加拿大、澳大利亚、欧洲等国家和地区。目前，各生产厂商纷纷创立自己的品牌，拓展国内市场。

二、活动汇总

1. 以“文化节”为平台，全力打造中国古典家具名镇

近几年，三乡镇因势利导，聚集优势，引导产业上台阶，促进产业跨越式发展。成立了中山市三乡古典家具行业协会，与中国家具协会等 11 个单位签署协议，共建“中国古典家具名镇”，2009—2011 年连续三年成功举办了中国（三乡）古典家具

文化节暨招商洽谈会，吸引了数十万名国内外业界精英和游客，充分展示了三乡古典家具产业的实力和古典家具文化的魅力。

2.“中华古典家具网”是中心的重要载体

2010年，三乡镇成立了中山市三乡古典家具产业集群信息服务中心，该中心重点工作是推动古典家具行业发展，着力强化技术、培训、品牌、销售、流通、融资、市场调研、策划推广、价格走势以及供求信息等产业配套服务。主要由行业信息平台和企业、政府、协会网站集群两大层面构成，网站在未来将着重建设在线信息服务与在线交易，提供一套便捷易用的自助建站服务。

3. 三乡重点打造古典家具科技平台

调动三乡镇中式古典家具和西式古典家具大型骨干企业力量，提升机构的综合实力，加强和高校、专业机构的合作，启动电子商务、3D导购和展示等项目，使三乡古典家具公共平台更具专业性和实操性。未来，三乡镇古典家具产业的发展将继续走整合资源的道路，充分发挥巨龙国际古玩博览城、华财古玩城和三联明清古典家具市场三大市场的增长级作用，强化明清古旧家具集散地功能，壮大中式仿古家具及欧美古典彩绘家具企业群，促进古典家具产业与文化产业、旅游产业的协调互动发展，使三乡古典家具产业实现新的飞跃。

三、存在问题

1. 设计能力不足

三乡古典家具是以出口为主，虽然在过去为国外商家做OEM的过程中积累了丰富的控制品质和个性化设计的经验和技巧，但产品为了切合中国大陆市场仍需要进行适当的转换，而且生产方式也需要转换。

2. 企业规模偏小

三乡现有古典家具生产企业规模普遍较小，除了部分规模较大的西式彩绘生产企业，其余的大部分企业与手工作坊都缺乏大生产能力。生产小规模和发展大市场的目标之间存在矛盾。

3. 原材料限制

名贵木材的成材周期漫长是造成稀缺和名贵的原因，而各国的环保政策加剧了这种倾向。名贵木材与高档仿古家具价格的迅速攀升过程中，仿古家具生产企业面临了严峻的考验。由于名贵木材价格的居高不下，导致仿古家具生产企业的资金量需要数倍增加，限制了企业生产规模的扩张。同时，昂贵的价格影响有支付能力的需求，限制了整个行业的市场规模。

4. 企业合作意识弱

三乡的古典家具企业之间的合作氛围还远不及东莞、顺德等地的家具产业。产业链要焕发强大生命力，共赢意识和游戏规则的形成非常重要。这有赖于企业间合作的不断尝试和磨合以及政府力量的推动。

5. 品牌建设任重道远

对于三乡古典家具行业来说，品牌建设有两层含义：一是当地生产企业的家具产品的品牌建设；二是专业家具市场自身品牌的建设，两者之间又存在一定的关联性。入驻产品的品牌化有利于提高专业市场的档次和形象，而专业市场大品牌的形成又反过来为产品品牌提供展销的平台。品牌的建设意义重大，但就目前的情况来看，三乡镇品牌的建设需要一个漫长的过程。

中国苏作红木家具名镇——海虞

一、基本概况

1. 地区基本情况

海虞镇地处长江之滨，1999 年由原王市、福山、周行镇和福山农场合并而成，全镇总面积 109.97 平方千米。近年来被授予全国重点镇、国家卫生镇、全国环境优美镇、中国休闲服装名镇、全国小城镇建设示范镇、中国人居环境范例奖、全国发展改革试点小城镇、全国首批试点示范绿色低碳重点小城镇、全国特色小镇、中国苏作红木家具名镇、中国苏作红木产业转型升级重点镇、中国家具行业先进产业集群等荣誉称号。

2. 行业发展情况

海虞镇政府精耕“苏作红木”区域名片，培育特色产业集群，深挖文化底蕴内涵。目前全镇拥有红木家具生产企业及作坊 153 家，从业人员 6000 多人，孕育出了金蝙蝠、明艺、汇生等知名品牌，具有工艺美术名人和高级工艺师、工艺美术师等 20 多名的设计团队。产品远销海外，进入美国白宫、扎伊尔等十多个国家的总统府，并先后被中南海紫光阁、钓鱼台国宾馆等选用，被誉为东方艺魂、文化瑰宝。

3. 公共平台建设情况

海虞苏作红木家具商会　商会现有会员单位 38 家，从业人员 2000 多人，拥有先进的木材干燥设备及先进的木工机械设备一千多台套，生产品种达 1200 多种，生产规模在国内红木家具行业中名列前茅。商会不定期的组织企业参加雕刻、木工等职业技能赛，参展全国各地的精品博鉴会、品鉴会，组织企业考察各大产区并进行学习交流，引导企业提高新产品研发能力和工艺水平。

中国红木家具文化研究院　研究院成立之后，加强了国内外红木家具的信息交流，为扩大对外的交流建立了平台。先后组织金蝙蝠、明艺、耀晨、永泰、耀龙等企业走出国门亮相世界级艺术博览会，在国际文化交流活动中取得了重要收获；组团海虞红木参展北京、上海等地的重要展会，取得了广泛认可。运用公众号“匠心苏韵”，宣传海虞苏作红木产业，挖掘红木文化内涵。

二、经济运营情况

2016 年，海虞红木行业工业总产值、利税、出口额等指标都较上一年有约 6%~7% 左右的增长；2017 年，产值出口额等有小幅的增长；2018 年，完成工业总产值 157410 万元，完成出口额 1037 万美元，比上一年略微增长。

2016—2018 年海虞家具行业发展情况汇总表

主要指标	2018 年	2017 年	2016 年
企业数量（个）	87	87	87
规模以上企业数量（个）	25	25	25
工业总产值（万元）	157410	157390	157300
主营业务收入（万元）	75920	74900	74800
出口值（万美元）	1037	1036	1035
内销（万元）	126710	126690	126620
家具产量（万件）	32.59	32.39	31.79

三、品牌发展及重点企业情况

1. 常熟市金蝙蝠工艺家具有限公司

该公司创建于1966年，生产的“金蝙蝠”家具荣获江苏省著名商标、江苏省名牌产品称号及江苏省工艺美术百花奖；“金蝙蝠”牌红木家具1998年进入北京中南海紫光阁，1999年进入钓鱼台国宾馆。

2. 江苏汇生红木家具有限公司

该公司生产的红木家具在20世纪80年代就远销美国、日本、香港、新加坡等国家和地区，与美国的林氏公司保持着年销售80万美元左右的合作关系。获首届中国传统家具明式圈椅制作木工技能大赛铜奖。

3. 常熟市明艺红木家具有限公司

该公司成立于1992年，有多项产品的设计获得了专利。产品于2015洛杉矶艺术博览会中国国家展展出，获首届中国精品红木坐具设计创新奖等多个奖项。

4. 常熟市海虞镇佳福红木家具厂

该公司创建于1998年，生产的红木家具获第三届“金斧奖”中国传统家具设计制作大赛逸品奖。现正在把传世名画《清明上河图》用传统的红木雕刻工艺“画”在大叶紫檀上。

四、2018年发展大事记

在红木家具行业普遍不景气的大背景下。企业发展的模式循着市场变化，更加注重设计、技术、管理、人才、品牌、文化等综合素质的整体提升。创新设计方面，有的企业淘汰陈旧设备，以一部分新型的机器代替纯手工，既节约了时间又减少了成本；有的把书画等文化艺术与红木家具相结合，开拓了艺术方面的潜在客户。

为了把优秀传统文化的海虞红木发扬光大，海虞镇政府搭建“创意、创样”平台。一方面与南京林业大学签订了产学研合作发展机制；另一方面，顺利完成了红木技艺片《苏作匠心》的拍摄制作，在时长约12分钟的技艺片中，由点带面地阐释了苏作家具的技艺以及海虞红木的产业发展与规划。

五、2018年活动汇总

2018年5月，海虞镇工会、研究院、红木商会联合举办海虞镇第二届红木雕刻大赛，来自于各红木企业的参赛选手近20人参加了此次角逐；6月，红木商会组织会员十多人赴山西考察晋作家具；8月，研究院协助镇安监办、消防办对海虞镇近60家红木企业进行安全消防培训；11月，由海虞镇政府牵头，研究院和红木商会共同组织6家企业参展中国国际（上海）红木文化博览会。

六、面临问题

虽然海虞红木产业发展历史较长，但大部分企业规模都不大，以小微企业为主，在全镇工业格局中占比较小，与国内其他红木专业镇存在一定差距。海虞红木企业大多从家庭作坊演变而来，思想相对保守、滞后，相对缺乏积极的开拓精神，产品仍以中低档为主，产品“小而全”，企业“小而散”，作坊式管理较普遍。产品设计创意人才短缺，行业创新能力相对不足；从业人员年龄结构偏大，文化结构偏低，整个行业人力资源队伍建设后继乏人。海虞运用先进的木材处理办法和加工设备的红木企业相对较少，对生产工艺的改进和开发应用不多，企业生产管理模式落后，大多采用传统的市场营销手段。在全国各大红木产区产能大发展、市场大覆盖的现状下，海虞红木产业相对滞后。

七、发展规划

1. 提升产品创意理念、提高人员技术素质

以南京林业大学“产学研”合作发展为机制，加强企业设计人员等的技能培训，提升产品的创意理念，调整产品结构，不断进行技术改造和革新，努力开发红木现代加工制造技术，全面带动苏作红木企业整体素质的提高。

2. 搭建市场平台，加强宣传力度

规划红木产业园，利用红木精品展示中心这一市场平台，通过红木文化科普馆、公众号等载体，加强对外宣传力度；协助企业对外招商，深层次的挖掘市场，开拓市场，为其发展壮大提供有力的空间，力争打造成一个旅游示范基地。

中国（瑞丽）红木家具产业基地——瑞丽

一、基本概况

1. 地区基本情况

瑞丽市地处云南省西南部，隶属于德宏傣族景颇族自治州。陆路距州府芒市 99 千米，距昆明 890 千米。1952 年，经中央人民政府政务院批准瑞丽县。1992 年 6 月 26 日，经国务院批准撤县设瑞丽市。瑞丽被评为中国首批优秀旅游城市、东方珠宝城、全国唯一的“境内关外”管理——姐告、口岸明珠、国家级风景名胜区、国家级非物质文化遗产——孔雀舞、文化先进县市、省级卫生城市、文化名镇——畹町、AAAA 级风景名胜区莫里雨林景区。

2. 行业发展情况

2013 年 4 月 10 日，瑞丽市人民政府和中国家具协会共建“中国（瑞丽）红木家具产业基地”以来，瑞丽红木产业初步形成了原料进口、设计创意、生产加工、展览销售为一体的完整产业链。瑞丽红木家具产业在发展战略与中长期规划、品牌建设、新技术应用、市场建设、公共技术平台和信息化建设中，市委、市政府已把红木家具产业作为瑞丽工业的特色产业和文化产业，为红木家具产业的发展提供了积极的政策支持。为把瑞丽的红木产业做大做强，政府已将红木产业移居到第二期轻工业园区，现红木园区共占地 150 亩，为企业的发展提供了更广阔的天地。

瑞丽经过几十年的沉淀已完成了由名贵木材“中转站”向西部“红木之都”的角色转换，逐步形成集原料采购、产品设计、加工生产、销售服务于一体的红木文化产业体系，当前瑞丽红木产业逐步成为文化产业发展的重要组成部分。瑞丽已成为当前云南红木文化产业发展的前沿市场和全国重要的红木原料集散地。

2016—2018 年瑞丽红木家具行业协会家具行业发展情况汇总

主要指标	2018 年	2017 年	2016 年
企业数量（个）	60	60	60
规模以上企业数量（个）	20	20	23
工业总产值（万元）	45	45	60
规模以上企业工业总产值（万元）	28	28	30
家具产量（万件）	18	18	20

3. 公共平台建设情况

德宏州瑞丽红木家具行业协会有会员单位 51 家。协会为完善公共宣传服务平台，充分利用电视、报刊等宣传工具，加大了红木家具产业的宣传力度，为塑造瑞丽红木形象发挥了积极的作用。

二、品牌发展及重点企业情况

瑞丽市德冠恒隆红木家具有限公司、瑞丽市涵森实业有限责任公司，瑞丽市彩云南木业有限公司、瑞丽市志文木业有限公司等企业发展快、产区建设规模不断扩大、人员不断增加。其中德冠恒隆、涵森、志文已获得云南省名牌产品称号。部分企业荣获云南省著名商标。瑞丽市万宝红红木家具有限公司、瑞丽市志文木业有限公司获云南省第十三批林产业省级龙头企业的殊荣。

三、2018年发展大事记

2018年6月14日上午，“第5届中国一南亚博览会暨第25届中国昆明进出口商品交易会”在昆明滇池国际会展中心举行。瑞丽红木文化馆得到了州、市领导和金华会长等领导亲临现场指导工作。德宏州参展团共计381人，参展面积共1503平方米。

2018年9月29日，2018年中国·瑞丽“神工奖”颁奖典礼成功举办。“神工奖”是中共瑞丽市委、市政府、瑞丽各相关行业协会为推进瑞丽雕刻设计艺术而精心打造的一个奖项，已成为瑞丽市珠宝、红木产业的一张名片。本次红木家具雕刻设计大赛共评选出金奖10名，银奖20名，铜奖30名，最佳工艺奖3名，最佳创意奖3名。

2018年11月2—4日，由德宏州文产办主办的德宏州“英才兴边”计划之红木创意人才培训班在瑞丽凯通酒店举行，参会人员共计100余人。

四、面临问题

1. 外部环境排斥，原料瓶颈问题日显突出

近年来，受国际、国内环境因素影响，缅甸政府调整发展方式，加强对红木等稀缺资源的管控力度，严控红木原料交易，这在一定程度上增加我国红木市场的投资成本、运营风险，从源头上阻碍红木原料交易，严重制约了因区位优势而占据红木集散优势的红木产业发展。

2. 内部市场挤压，区域竞争发展不断加剧

第一，随着国内经济下行压力加大，国内市场红木类消费需求收缩明显，购买力持续走低，销量下降、价格下跌、效益下滑，给红木文化产业带来了严峻挑战；第二，长期以来红木行业因其营销模式简单、升值空间大而使整个产业规模不断壮大、存量日趋丰富、行业扩张迅速，品牌竞争、价格竞争等同业竞争加剧，一定周期内稳定的市场需求与迅猛发展的卖方市场形成了强烈的反差，同时受产业自身发展规律的影响，红木市场发展压力增大；第三，国内、省内区域间竞争发展不断加剧，德宏州红木市场所具有的比较优势越来越小，红木产业发展前沿阵地的地位和作用正在受到挑战和挤压。

3. 面临转型升级，产业自身发展压力增大

从瑞丽红木市场各要素看，红木市场主体是在作坊式、家族式基础上形成和发展起来，而非现代企业经营模式。红木市场主体单一，总量多而散，体量小而弱，缺乏大型骨干红木文化企业集团，存在资源分散、资金分散、技术分散和经营分散等问题，市场综合竞争能力较弱。红木资源的产品化停留在简单的初加工，深度开发不够，文化附加值不高，产品多样性不足。

中国仙作红木家具产业基地——仙游

一、基本概况

1. 地区基本情况

仙游县地处福建东南沿海中部，隶属于莆田市。县境东接莆田市区，西接永春、德化，南连泉州市泉港区、惠安县、南安市，北介永泰，东南濒临湄洲湾，挨天然良港秀屿港，接肖厝港。海岸线长 5 千米，区域总面积 1835 平方千米。从县城至福州交通里程 152 千米，至莆田市区 42 千米，至泉州 85 千米，至厦门 192 千米。

2. 行业发展情况

2018 年福建省古典工艺家具产业实现产值 400 亿元，同比增长 5.3%（其中规模企业 166 家，规模产值 260 多亿元，同比增长 5%，占规模工业产值的 42% 左右）；创税 1.5 亿元，同比增长 5%。福建省仙游县先后荣获世界中式古典家具之都、中国古典工艺家具之都、仙作红木家具产业基地、中国古典家具收藏文化名城、全国红木古典家具产业知名品牌创建示范区等称号。“仙游古典家具制作技艺”被国务院列入国家级非物质文化遗产保护名录。

二、发展措施

1. 满足中低消费群体的产品，提高市场占有率

引导企业进行专业化生产、分工协作，改变自产自销的现状，鼓励中小企业走“专、精、特、新”的发展道路，推动中小企业与大企业协作配套，打造利益共同体的企业“航母”。引导企业改变以往“坐商”的经营模式，走出去拓展市场，培育大量的经销商，组建营销联盟、中介机构，到全国各地、东南亚各大城市开办直营店、专卖店，扩大产品营销，拓展销售渠道。引导企业牢固树立做古典工艺家具就是做文化、做艺术、做精品的观念。开发旅游消费品市场，为仙游旅游业增添内容与收益，鼓励更多有条件的企业建立工艺旅游示范点，推动工艺美术旅游。

2. 转型升级必然会产生技术创新

生产技术创新中，建立几家大型的专业木材烘干中心，统一为行业企业服务；产品创新中，引导企业制定产品规划，形成相对完整的产品线；通过研发创新，进行产品结构的升级和转型。培育“仙游设计”“仙游创意”“仙游制造”等产品；管理创新上，向现代板式家具生产企业学习，包括 ERP、条形码、识别芯片等，实现信息化管理，进一步控制材料消耗和成本。根据多品种、小批量、个性化定制、手工操作等特点更好地设计工艺流程。

3. 突破原材料制约的瓶颈

通过精挑细选、因材施工，提高木材利用率，使现有名贵材料生产出来的产品价值最大化，保障企业在成本上涨的情况下正常发展；加快开发利用替代木材，加大对替代木材的材性、制作工艺、烘干技术等方面的研发投入力度，为企业开发利用新的可替代木材提供技术支持；引导企业使用新材料的同时，通过产品的性价比，引导消费者转变原有观念，让更多的消费者认可、接受新材料生产出来的产品；通过合法有效的途径把更多稀缺的红木原材料引进“仙作”市场，确保“仙作”产业的原材料供应；建立红木种植基地，成立名贵植物研究所，

开展名贵植物栽培试验研究、技术指导、推广等科技攻关，制定和完善一系列相关的标准和技术规范，促进大面积种植名贵树木，为产业长远发展提供资源保障。

三、2018 年发展大事记

仙游县人民政府与京东集团合作，在福建仙游建立京东（仙游）数字经济产业园，建设 1 个平台——全球工艺美术品展示交易公共服务平台，3 个中心——全球工艺美术大数据中心、京东电商生态产业集聚中心、仙游产业创新中心，1 个研究院——中国“仙作”工艺美术产业研究院，以期破解“原材料、营销、品牌品质、人才、供应链金融”五大问题，推动仙游工艺美术产业转型升级高质量发展。

成立仙作集体品牌保护领导工作小组，出台《仙作集体商标使用规范》，加强“仙作”集体商标的管理和使用规范，通过政府背书和行业龙头企业入驻形式，全面解决产品假冒伪劣等质量问题，提升仙作产品公信力和竞争力。

四、2018 年活动总汇

2018 年 11 月 8—12 日，由中国工艺美术协会、中国家具协会主办的“2018 年第六届中国（仙游）红木艺雕精品博览会”在海峡艺雕旅游城举办。本届博览会设有 1 个主会场（5 万多平方米）、2 个分会场（三福艺术馆、鲁艺红木园分会场），展览总面积达 13 万平方米，设立了红木艺雕精品展、新时代红木中式家居装修装饰展、仙作古家具展、百佛展等特色展区，直接参展企业超过 1000 家，展出各种红木精品家具、工艺品 30000 多件。此外，还举办了“中国红木家具质量提升创新县”授牌仪式、2018 年中国技能大赛——全国家具制作职业技能竞赛（福建分赛区）、莆田市第二届“海峡艺雕杯”手工木工职业技能竞赛、红木家装“全屋定制”市场研讨会、红木行业发展趋势暨核心竞争力研讨会、仙作工艺新品发布暨线上线下拍卖会、“2018 年度仙作十佳项目”评选、李耕画派作品展、百名网红带你逛红博会、仙作战略合作签约仪式等活动。

五、存在问题

“仙作”产业在发展中也存在着问题：企业做品牌、做实业的观念意识不强，各企业主要以“单兵”作战为主，缺乏“仙作”的全局理念；目前仙游县大部分企业仍然是以家族经营的管理模式为主，缺乏现代化企业管理体系，管理粗放落后，企业市场定位模糊，小而散、小而全；企业主要依靠扩大生产来提升交易额，整个市场差异化的营销体系尚未成熟，产品品牌的软实力欠缺；部分企业重材轻艺，产品文化艺术附加值不高，产品利润中主要依靠木材涨价，产品自身的附加值较低。名贵红木资源将日益稀缺，海黄、越黄、小叶紫檀已是一木难求，大红酸枝供应情况也不容乐观，传统红木产业将面临“无米之炊”的局面；当前原木交易市场缺乏统一管理，全县虽然有多家原木经营企业，但多数硬件比较简单，经营水平、交易规则相对原始，整个行业缺乏一个集仓储、交易、信息资讯于一体的市场平台，造成原木交易成本上升，无形中提高了原木价格；以上诸多因素造成红木原材料价格的大幅上涨，生产厂家成本也大幅增加，势必造成很多缺乏营销渠道和品牌支持且资金实力不足的红木企业被淘汰。

中国红木（雕刻）家具之都——东阳

一、基本概况

1. 地区基本情况

东阳市地处浙江省中部，属长江三角洲经济区域，是国务院批准的对外开放城市和浙江中部的历史文化名城。东阳市市域总面积 1747 平方千米，总人口 83 万。东阳文化悠远，被誉为著名的教育之乡、建筑之乡、工艺美术之乡、文化影视名城（三乡一城）。

2. 行业发展情况

2018 年，东阳市以中央环保督察为契机，大力推进红木家具行业环保整治，通过规范提升、整合重组、关停淘汰，倒逼传统产业转型升级。东阳市木雕红木家具企业从 2014 年的 3000 多家压缩到 2018 年的 1336 家，其中销售额超 2000 万元以上的企业由 2014 年的 36 家增加到现在的 200 多家；全年产值从 2014 年的 142 亿元增加到 2018 年的 200 多亿元。通过近年的规范提升，东阳市红木家具行业初步形成了“家数精减、主体升级、产业规范”的新格局。

2016—2018 年东阳市红木家具行业发展情况汇总表

主要指标	2018 年	2017 年	2016 年
企业数量（个）	1336	2150	2756
规模以上企业数量（个）	207	207	123
工业总产值（万元）	200	200	157
商场销售总面积（万平方米）	200	200	200
商场数量（个）	6	6	6

3. 公共平台建设情况

经过多年发展，东阳木雕红木家具行业已形成东阳经济开发区、横店镇和南马镇三大产业基地，东阳中国木雕城、东阳红木家具市场和花园红木家具城三大交易市场，市场面积达 200 万平方米。为了推进产业健康持续发展，东阳市先后建成了中国木雕博物馆、国际会展中心等展示平台，并结合木雕小镇建设，建成了木材交易中心、木文化创意设计中心、中国东阳家具研究院以及国家木雕及红木制品质量监督检验中心、国家（东阳木雕）知识产权快速维权援助中心等平台。

为引导产业集聚，大力拓展发展空间，加快推进红木小微园建设。目前，已建成的红木小微园有南马万洋众创城、南市红木产业创新综合体，共占地 200 多亩，建筑面积达 28 万平方米。特色小镇和小微园将成为产业集聚发展的主要平台。

二、品牌发展及重点企业情况

东阳木雕红木家具龙头骨干企业发展态势良好。截至 2018 年 12 月，全市木雕红木家具行业拥有浙江省级名牌 11 个，金华市级名牌 25 个，东阳市级名牌 22 个；浙江省著名商标企业 6 家，金华市著名商标企业 22 家，东阳市知名商标企业 27 家。以下为东阳市红木家具龙头企业情况：

1. 东阳市明堂红木家具有限公司

该公司是一家古典家具制造企业，占地面积 160 亩，工业园区内研发、生产、生活、办公、产品展示分区功能齐全，系家具行业标准生态工业园。

多年来，公司产品销量在全国同行业中连续多年遥遥领先，设计作品屡获大奖，不断荣膺浙江省名牌产品、东阳市红木家具龙头企业等荣誉称号。

2. 浙江中信红木家具有限公司

该公司是一家高端红木家具生产企业，建立于 1997 年，占地面积达 20 余万平方米，拥有员工 1000 余人。在多年的发展中，其被授予浙江省名牌产品、东阳市木雕红木家具龙头企业等荣誉。

3. 浙江卓木王红木家具有限公司

该公司成立于 1983 年，公司面积达 20 万平方米，以园林式建筑形态精心打造，典雅精致。旗下有五大子品牌，已形成集提供中式装饰、红木家具、红木软装及配套产品全方位解决方案的平台型生态公司。

4. 浙江大清翰林古典艺术家具有限公司

该公司坐落于雷弄山脚下，江南园林风格建筑，环境宜人。经过多年的发展和积累，形成了以“德”为核心的企业经营文化，以“易”为核心的企业创新思想，汇集了大批人才和技术工匠。公司设计的产品在业界独树一帜，获得多项大奖，品牌知名度享誉全国。

5. 东阳市御乾堂宫廷红木家具有限公司

该公司是一家专业生产大红酸枝红木家具的综合企业，拥有三个生产基地，先后荣获浙江省著名商标、浙江省知名商号等荣誉称号。

三、2018 年发展大事记

1. 制定“浙江制造”团体标准

为加强行业标准化工作，由东阳市红木家具行业协会向浙江省品牌建设联合会申报的《红木家具》和《深色名贵硬木家具》“浙江制造”团体标准在 2017 年相继被批准立项。在充分调研行业和企业情况的基础上，2018 年，东阳市红木家具行业协会组织东阳红木家具龙头骨干企业、省内优秀红木家具企业和相关事业单位开展标准制定工作。目前，《红木家具》和《深色名贵硬木家具》“浙江制造”团体标准均已发布实施。“浙江制造”标准以达到“国内一流、国际先进”水平为目标，质量指标远高于现行的国家标准及行业标准，“浙江制造”标准的制定将对扩大东阳红木家具行业影响力、推动产业发展具有重要意义。

《红木家具》“浙江制造”团体标准发布会

2. 举办中国技能大赛——全国家具制作职业技能竞赛

在中国家具协会、中国轻工业职业技能鉴定指导中心的指导下，浙江省家具行业协会、东阳市人民政府联合主办了2018年中国技能大赛——全国家具制作职业技能竞赛浙江东阳赛区选拔赛。本次选拔赛于9月19—20日举行，有来自杭州市、东阳市、磐安县等全省各地的134名选手参赛，其中有13名选手晋级参加总决赛，4名选手跻身全国十强，其中银奖1人，铜奖3人。中国技能大赛在东阳连续两年的成功举办，不仅传承和弘扬了东阳红木家具雕刻艺术和传统家具制作技艺，更强有力地推动了木雕及红木家具产业的发展繁荣。

四、2018年活动汇总

1. 举办第四届中国（东阳）木雕红木家具交易博览会

2018年5月31日至6月3日，第四届中国（东阳）木雕红木家具交易博览会在浙江东阳举行。本届博览会在东阳中国木雕城国际会展中心设置四个展厅，总面积达16000平方米。博览会期间还举办了各项行业活动，包括“2018中国红木家具大会——红木智造2025专题论坛”、第三届“中国的椅子”原创设计大赛启动仪式、3D动态版《清明上河图》首秀、“嗨夏东阳”木雕红木魅力游、东阳红木家具市场超级团购等。

2018年中国技能大赛——全国家具制作职业技能竞赛浙江东阳赛区选拔赛

2. 中国传统家具设计与创新论坛

2018年7月28日，举办中国传统家具设计与创新论坛，邀请南京林业大学古典家具与红木工艺研究所所长、南京明式家具研究学会副会长吕九芳教授和当代著名家具设计师乔子龙分别做主题演讲。

3. 开展行业培训

2018年7月及9月，东阳市人力资源和社会保障局及东阳市红木家具行业协会共同举办了东阳市红木家具行业手工木工中级技能培训，共计70多人参加，60人考试合格，并取得中级职业资格证书。

4. 举办首届“红创二代”新品展

2018年11月15—18日，首届“红创二代”新品展正式亮相第十三届东博会，该展区由中国东阳家具研究院、市委人才办主办，东阳市红木家具行业协会青年企业家委员会承办。“红创二代”新品展区是由21位年轻的东阳红木家具企业接班人设计创作的红木家具新品的首次集中展出，结合产品现场讲述品牌创业故事，阐述设计理念和经营理念，分享产品文化与匠人精神，成为本届东博会的一大亮点。

5. 东阳红木家具企业组团参展

2018年，东阳市红木家具行业协会积极组织优秀企业参加中国国际家具展览会·第三届摩登上海时尚家居展、国际名家具（东莞）展览会、中国国际（上海）红木文化博览会、杭州国际家具展览会、中国（深圳）国际红木艺术展暨中式生活博览会、昆明南亚东南亚国际木文化博览会、中国义乌国际森林产品博览会等展会，展示了新中式、新古典、古典等各式精美红木家具，展现了东阳不同风格家具的魅力。

中国京作古典家具产业基地——涞水

一、基本概况

1. 行业发展情况

涞水古典红木家具已有300多年的历史，是“中国京作古典家具发祥地”之一，是“中国京作古典家具产业基地”。近年来，涞水红木行业年销售收入以30%的增速增长，产品在京津冀及蒙、晋、鲁等地市场份额不断增加。目前，涞水京作红木家具制销企业400余家，熟练技师近千人，从业人员上万人。2018年产值达15亿元，销售收入达16亿元。涞水与其他产区相比，虽然规模还较小，但独有的区位优势、京作红木传统文化优势及享有的京津冀协同发展战略优势，使涞水红木产业发展潜力巨大，后发优势明显，正成为承接北京产业转移和外溢的首选地。

2016—2018年涞水县家具行业发展情况汇总表

主要指标	2018年	2017年	2016年
企业数量（个）	413	420	420
规模以上企业数量（个）	8	8	8
工业总产值（万元）	156000	162000	159800
规模以上企业工业总产值（万元）	13500	14400	13900
内销（万元）	184000	200000	198000
家具产量（万件）	2.8	3.2	3

2. 中国京作古典家具艺术小镇

根据中共河北省委、河北省人民政府《关于建设特色小镇的指导意见》，河北尚霖文化产业园投资有限公司牵头、协会配合，在县城北部规划了中国京作古典家具艺术小镇。小镇着力打造中国京作古典家具文化产业高地、环北京医疗养生度假目的地、国家4A级精品旅游区。建设京作古典家具产业园区、京作古典家具创意展示区、京作古典家具文化体验区、京作古典家具产业综合配套区、国际乡村营地公园、拒马河生态文化公园六大功能板块。

项目建成后，将成为全国北方最具特色的古典家具、艺术品、工艺品展示、销售市场，京郊传统文化创意基地、儿童科普教育基地、京郊新兴特色旅游目标地以及北方最具特色的古典家具文化旅游目的地。

目前，小镇被中国城镇化促进会列入全国首批103个特色小镇培育名单；被河北省人民政府评定入围“河北省首批特色小镇”30个创建类小镇名单；小镇概念性规划已编制完成。正在进行小镇项目所在地（东租村）征地拆迁及样板区（170亩）、回迁区（235亩）的可研、立项及详规编制工作，2019年力争启动小镇样板区和回迁区建设。

二、品牌及重点企业情况

目前，涞水已先后推出隆德轩、森元宏、永蕊缘、万铭森、乾和祥、艺联、易联升、艺宝、精佳、华清壇、古艺坊、琨鑫、庆贤堂、珍木堂等多个品牌。河北古艺坊家具制造股份有限公司成功挂牌石家庄股权交易所，是河北省高新技术企业。隆德轩、森元宏、万铭森、永蕊缘、艺友、艺联在石家庄股权交易所孵化版挂牌。

1. 涞水县隆德轩红木家具有限公司

该公司成立于2008年，占地面积20亩，总资产1.2亿元，注册资本3000万元。年生产能力3000件/套。公司努力创建具有涞水特色的古典红木家具系列，“隆德轩”品牌深受红木消费者喜爱。2018年销售收入达1亿元，产值达7500万元。

2. 涞水县万铭森家具制造有限公司

该公司创立于2014年，注册资金500万元，年生产红木家具3000件，主要生产大果紫檀及老挝红酸枝红木家具，建筑面积1万余平方米，占地20亩。2018年销售收入达0.8亿元，产值达5000万元。

3. 河北古艺坊家具制造股份有限公司

该公司始创于1996年，现占地43亩，有中式家具专业技术人员270名，省内外拥有独立家具专卖机构27家，公司下辖三个自主品牌，“古艺坊”主营现代中式榆木家具；“和安泰”主营古典红木家具；“元永贞”主营高档民用家具。2018年销售收入达1.5亿元，产值达8000万元。

4. 涞水县永蕊家具坊

该公司是一家专业制作、修复各式明清硬木家具的手工企业。2010年永蕊家具坊的参展作品《梅花画案》在展会上被中国工艺美术学会授予工艺特色奖。2018年销售收入达0.5亿元，产值达2500万元。

5. 涞水县森源仿古家具厂

该公司创建于1997年，占地15亩，主要生产书房、客厅、卧室系列红木家具及各种工艺品，家具制作材料以红酸枝为主，风格以明式、清式家具风格为主。生产的家具一直保持传统的优秀工艺技术，特别是榫卯结构与烫蜡工艺。2018年销售收入达0.5亿元，产值达3000万元。

三、2018年发展大事记

3月6日，故宫博物院宫廷部研究员周京南一行到涞水就京作红木家具制作发展情况调研。3月13日，富华国际集团董事局主席陈丽华一行到涞水考察。3月18日，涞水县核雕木雕艺术学馆首期培训班在涞水京作古典家具艺术小镇“鸿韵满堂”开课。涞水县核雕木雕艺术学馆在涞水县文化产业发展领导小组指导下，由涞水县文玩核桃协会发起，在涞水县古典艺术家具协会、涞水县电子商务协会、河北省收藏家协会的大力配合下成立。学馆旨在为京作核雕、木雕产业传承、发展提供培训平台，使更多的雕刻爱好者掌握一技之长、带动就业、增收致富。

5月27日，中国红木材质保障工程战略合作高峰论坛2018年河北站万铭森分会场隆重召开。在大家的共同见证下，万铭森与中国红木材质保障工程完成了现场签约，这标志着材保工程在涞水正式落地。

6月5日，河北工艺美术协会会长李平思一行到涞水就红木家具、文玩核桃产业进行考察、调研。6月14日，京东集团执行总裁兼首席公共事务官蓝烨一行到涞水京作古典家具艺术小镇考察。

7月2日，2018年中国技能大赛全国家具制作职业技能竞赛工作会议在北京召开。河北涞水再次入选成为2018年中国技能大赛全国家具制作职业技能竞赛举办地之一。7月4日，江西省家具协会会长何炳进一行到涞水古典家具艺术小镇参观考察。“涞水京作木雕”被国家工商总局受理注册为地理标志商标。

8月18日，成功举办2018年中国技能大赛——全国家具制作职业技能竞赛涞水红木小镇杯·河北涞水选拔赛暨第五届涞水京作红木文化节、第四届文玩核桃博览会暨首届京东拍卖麻核桃文化节。11月8日，参加2018年第十八届中国（北京）国际红木古典家具精品博览会。

四、面临问题

企业规模小，无法形成强企优企的引领、带动作用；创新、技术力量弱，制约产业优化升级；专业人才缺，产业发展动力和后劲不足；企业运作不规范，缺乏科学管理现代企业的观念和方法；品牌产品少，低价竞争阻碍了家具行业的发展。

中国广作红木特色小镇——石碁

一、基本概况

1. 行业发展情况

广州市番禺区石碁镇是广州地区重要的广作红木家具制作技艺传承发展发源地之一。改革开放初期，石碁人抓住“三来一补”贸易政策机遇，在传承广作红木家具工艺的同时也在传统广作红木家具的基础上改良创新，形成“古典 + 实用”的创新工艺，在改革开放初期，民间一直流传着“顺德一把扇，番禺一把椅”的美誉。

石碁镇作为广州地区重要的广作红木家具制作技艺传承发展发源地，孕育了如广州市番禺永华家具有限公司、广州市家宝红木家具有限公司、广州市番禺华兴红木家具有限公司等红木界优秀典范。截至 2018 年年底，沿红木小镇的市莲路两侧已形成以永华红木、家宝红木、金舫红木为龙头的近 60 家红木企业集聚带，拥有红木产业从业人员近万人，年产值达到 30 多亿元。红木小镇聚集带是广州首条红木产业带，发展潜力巨大。

2. 石碁红木特色小镇

按照国家关于打造特色小镇的有关要求，结合广州市番禺区红木家具产业集聚发展优势，石碁红木特色小镇更新改造项目分两期实施，一期项目为南浦村改造，二期项目为石碁村、官涌村、永善村改造。石碁红木特色小镇建设将融入著名教育家、书法家麦华三，一代武术宗师黄啸侠，民间文化艺术张天师诞，历史悠久的同安社学等人文历史文化元素，以市莲路为纽带，打造工业、商业、服务业、旅游业、文化产业融合发展的特色产业区域。

石碁红木特色小镇临近高铁站，15 分钟直达庆盛高铁站，40 分钟可达香港、深圳、佛山、东莞等珠三角重点城市，转换高铁 3~4 小时内基本覆盖南中国主要城市。地铁上盖，2 站达大学城、6 站达琶洲，半小时通达广州中心城区。交通的便捷尽享南中国顶尖“脑力”支撑，广东省 12 所重点高校云集于大学城；充沛、优质的人才资源提供；可与传统红木一派地区中山、江门、福建等地进行产学研联动，利于红木产业相关木材研究人才、工艺美术大师、匠人的交流，吸引大师工作室、木材研究检测、培训机构等进驻石碁红木小镇，为石碁红木产业集群发展提供强力支撑。

目前，以南浦村约 0.66 平方千米作为红木特色小镇建设启动区，在积极实施微改造的基础上加快推进村级工业园改造和旧村改造，同时加大产业发展扶持力度，力争建成国内具有一定影响力的中国广作红木特色小镇。

二、行业大事记

2014 年 6 月 18 日，广州市番禺区石碁古典红木家具行业协会成立。在第一次会员大会上，选举广州市番禺永华红木家具有限公司副总经理邱志坤为会长。

2015 年，广州市番禺区石碁古典红木家具行业协会出台了番禺石碁红木家具联盟标准《红木家具标签标识及说明》；出台“一牌一卡一证一书”（标签牌、质量明示卡、合格证、使用说明书）规定，合理设定行业产品质量“门槛”，避免以假乱真、无序竞争现象，同时为进一步加强石碁红木家具产业服务竞争力，提升维权水平，打造红木家具行业诚信标杆。

2017 年 1 月，广州市番禺区石碁镇人民政府向中国家具协会申报“中国广作红木特色小镇”荣誉称号，并得到中国家具协会支持与鼓励，同年 9 月签署《中国广作红木特色小镇共建协议》，并向石碁镇颁发“中国广作红木特色小镇”牌匾。

2018 年，广东省级非物质文化遗产之一的广式家具制作技艺参与了广州市非遗项目展示活动，给民众带来了传统木工手艺和红木家具榫卯结构的展示，进一步推广广作红木家具制作的独特魅力；凭着红木家具产业集群的自身优势，与中国家具协会合力组织举办了中国技能大赛——全国家具制作职业技能竞赛石碁红木小镇·碧桂园杯广州番禺选拔赛，通过选拔赛挑选优秀选手参加中国技能大赛江西总决赛。

2018 年 7 月，南浦村红木小镇一期成功引入碧桂园集团，进行合作建设。新红木平台——石碁红木特色小镇将以全新的面貌呈现。未来，石碁红木特色小镇不仅围绕红木文化传承和红木制作与销售进行发展，还将以“广作红木国际艺术展示窗口”“广府艺术文化旅游名片”和“华南地区首个智能家居创新平台”的身份呈现，成为广州市番禺区东部崛起战略产业载体。

随着粤港澳大湾区的发展、石碁镇旧村改造的进行和红木特色小镇的建设，石碁红木家具制造产业集群的未来将会越来越好。2018 年，石碁“广式硬木家具制作技艺”先后成功列入省、市、区三级非物质文化遗产代表性项目名录，这是红木家具制造产业集群内每一位成员努力的成果。“广式硬木家具制作技艺”列入非物质文化遗产代表性项目名录有助于对红木制作技艺的支持与传承，也鼓励了传统红木企业进行技术创新。

中国家具产业集群
——木质家具产区

木质家具是家具行业中最重要的子行业，产量、主营业务收入和利润连续多年居行业首位。国家统计局数据显示，2018 年，全国木质家具规模以上企业数量 4156 家，同比增长 5.72%，占全行业规模以上企业数量的 65.97%；累计完成产量 2.42 亿件，同比下降 0.19%；累计完成主营业务收入 4274.93 亿元（同比增长 3.87%），占家具行业主营业务收入的 60.97%；累计完成利润总额 259.82 亿元（同比增长 5.84%），占家具行业利润总额的 61.01%；累计完成出口交货值 757.22 亿元（同比增长 0.02%），占家具行业出口交货值的 43.28%。木家具累计完成出口额 134.89 亿美元（同比下降 1.77%），占家具行业出口额的 24.27%；累计完成进口额 9.23 亿美元（同比增长 3.58%），占 28.06%。

2018 年，家具行业部分企业经营压力有所增加。家具 6300 家规模以上企业中，亏损企业 788 家，同比增长7.80%；亏损面 12.51%，同比增加0.9个百分点。木质家具亏损面为 11.72%，同比增加 0.51 个百分点。

从地区看，2018 年木质家具产量前五位的地区依次是广东、江西、浙江、福建、四川，其中广东累计产量 5739.1 万件（同比下降 5.59%），占全国木质家具产量的 23.73%；江西累计 3241.51 万件（同比下降 3.93%），占 13.4%；浙江累计 3162.22 万件（同比增长 9.30%），占 13.08%；福建累计 3068.50 万件（同比下降 4.1%），占 12.69%；四川累计 1539.88 万件（同比增长 20.48%），占 6.37%。山东宁津、四川崇州、江西南康、浙江玉环和辽宁庄河等木质家具产区在行业保持健康发展的过程中贡献了很大的力量。

总体来看，木质家具是家具行业的重要部分，2018 年受到内外部环境变化的影响，整体增速放缓。但可以明显看到，新技术涌现，新材料在研发，新模式在落地，木质家具行业正在走向高质量发展之路。

江西 / 南康

南康拥有中国驰名商标 5 个，家具市场面积 260 万平方米。2018 年，家具产业集群继续保持高增长态势，产业集群总产值达 1640.5 亿元，同比增长 26.19%；主营业务收入 1591.3 亿元，同比增长 26.29%。2018 年，南康打造全省首个家具工业设计中心，组建家具打样中心，打造了全球首条数字自动化实木家具智能制造车间，此外，还举办了中国（赣州）第五届家具产业博览会。

四川 / 崇州

崇州市现有板式家具生产及配套企业600余家，相关从业人员6万余人。2018年园区家具及相关配套产业规模以上企业达到34家，工业总产值81.8亿元，同比增长11.5%，行业占比29.1%；主营业务收入88.43亿元，同比增长11.3%，行业占比29.4%；利润总额3亿元，税收4.26亿元。

山东 / 宁津

宁津共有家具生产企业3078家，规模以上企业数量266家，从业人员达到4.7万人，形成了1个家具园区、7个特色乡镇、180余个专业村的集群格局。宁津既有集设计、研发、生产、销售于一体的企业600多家，也有只生产一件产品甚至某件产品零部件的小企业、小加工业户2400多家。

浙江 / 玉环

玉环拥有家具企业289家，规模以上企业35家，家具产量95万件。2018年，玉环市“国家级家具产品质量提升示范区”验收通过；新建飞龙家居广场、玉环·国际精品家具城、一心家居广场，总建筑面积达20万多平方米。

中国实木家具之乡——宁津

一、基本概况

1. 地区基本情况

宁津县位于山东省西北部冀鲁交界处，东邻乐陵市，南连陵县，西与北以漳卫新河为界，与河北省的吴桥、东光、南皮三县隔河相望。区划面积833平方千米，人口48万，是中国五金机械产业城、中国实木家具之乡、山东省实木家具示范县、山东省优质木制家具生产基地、山东省实木家具产业基地、中国民间艺术（杂技）之乡和中华蟋蟀第一县。

2. 行业发展情况

宁津家具产业兴起于20世纪90年代，起始由加工业户自发形成，后经政府引导，逐步由小到大、由弱及强发展成为全县的富民产业和支柱产业。如今在宁津，家具产业已呈遍地开花之势，全县共有家具生产企业3078家，从业人员达到4.7万人，形成了1个家具园区、7个特色乡镇、180余个专业村的集群格局。

产业初具规模，影响力不断提升 2004年，宁津县被中国轻工业联合会与中国家具协会授予“中国桌椅之乡”特色区域荣誉称号，先后被评为“山东省优质木质家具生产基地”和“山东省出口木质品及家具质量安全监管示范区”；2011年家具产业被列入山东省30个过百亿元省级产业集群，获得中国家具产业链模式创新金奖；2012年被中国轻工业联合会和中国家具协会联合授予“中国实木家具之乡”特色区域荣誉称号；2013年，宁津家具产业集群被中国家具协会授予“中国家具行业优秀产业集群”。2014年宁津县家具产业基地被省轻工业协会授予“山东省实木家具产业基地”称号，这是山东省唯一获批的家具产业基地，成为市政府列入重点培植的47个工业产业基地之一。2017年宁津县被授牌为“中国轻工业特色区域和产业集群创新升级示范区”。为进一步加快新旧动能转换，加快传统产业提档升级，宁津县申请成为环保倒逼中小企业转型升级试点县。

产品种类齐全，市场覆盖广 宁津家具以实木为特色和优势，产品包括餐厅、厨具、酒店、卧房、套房、办公、软包家具以及实木门等八大类上千个品种，形成了经典中式、简约欧式、现代中式、英式田园乡村、美式系列、后现代实木、明清古典等多种典型风格，其定位为中高端市场，在全国大部分省会级城市及经济发达城市均建立了直营旗舰店或代理店，在全国近千个大中城市都可见到“宁津家具”的踪影，其中餐桌餐椅占到长江以北市场份额的50%以上，家具产品还远销美国、韩国、德国等30余个国家和地区。

产业链条完整，分工协作强 经过多年的发展，宁津家具产业链已经形成了从木材经营、“白茬”加工、零部件配套、油漆购销、成品组合到产品销售的产、供、销一体化有机产业链。在这条完备的产业链中，既有集设计、研发、生产、销售于一体的企业600多家，也有只生产一件产品甚至某件产品零部件的小企业、小加工业2400多家。同时，围绕家具生产又衍生出一系列家具原辅料供应链，形成了规模庞大的木（板）材供应市场，仅张大庄镇就有100多家木材板材经销户，年经销量超百万立方米。

聚集效应明显，整体优势大 宁津家具产业已形成“1区、7镇、180块”的特色区域布局，呈现出“家具产业园区带动乡镇聚集区、乡镇聚集区辐射专业村”的整体格局。“1 区”即县家具产业园区，聚集了华诺、宏发等 20 余家龙头骨干企业；“7 镇”是指七个专业乡镇，入区企业达到 2400 多家，聚集了全县 80% 以上的家具生产企业；“180 块”是在全县范围内形成的 180 余个家具工业特型村，清明寺、齐东、齐西、张斋、郭相、小曹等专业村以生产加工“白茬”为主，家家户户是工厂，每村近 90% 以上的劳动力均投入到这一产业中。

2016—2018 年宁津家具行业发展情况汇总表（生产型）

主要指标	2018 年	2017 年	2016 年
企业数量（个）	3078	3500	3453
规模以上企业数量（个）	256	258	232
主营业务收入（万元）	1152800	1174000	1127200
出口值（万美元）	2750	2800	2879
内销（万元）	1107800	1130500	1090600
家具产量（万件）	850	880	750

2016—2018 年宁津家具行业发展情况汇总表（流通型）

主要指标	2018 年	2017 年	2016 年
商场销售总面积（万平方米）	12	8.5	8
商场数量（个）	54	56	50
入驻品牌数量（个）	105	90	88
销售额（万元）	50000	48000	47000
家具销量（万件）	50	53	42

2016—2018 年宁津家具行业发展情况汇总表（产业园）

主要指标	2018 年	2017 年	2016 年
园区规划面积（万平方米）	112	88	40
已投产面积（万平方米）	55	35	15
入驻企业数量（个）	170	105	37
主营业务收入（万元）	430000	292500	156700
利税（万元）	109000	84000	35400
出口值（万美元）	830	780	190
内销额（万元）	415000	280900	151400
家具产量（万件）	289	230	135

3. 平台建设情况

宁津家具产业集群以宁津家具梦工场为引领，加快家具产业“五中心一平台”建设，推动信息技术、产品设计研发、生产制造高度融合，融入智能家居理念，打造中国实木家具个性化定制生产基地。宁津家具梦工场是山东省首家家具创意主题孵化器、创客空间，占地 3000 多平方米，共包含“五区两中心”，分别是：光影展示区、公共服务区、智能家具区、品牌展示区、联合办公区、设计中心、电商中心，是集创新创业、研发设计、品牌孵化、精品展示于一体的家具产业创新龙头。

二、品牌发展及重点企业情况

宁津县家具产业规模以上企业全部建立了研发设计中心，产品档次显著提高。家具企业更加注重品牌建设，目前拥有“兴强”“万赢”“吉祥木”“德克”4 个山东省名牌产品和“美瑞克”1 个山东省著名商标。三江木业的“可可图斯”美式套房、汇丰家具的“左岸尚东”欧式套房、金楸林家具的“金楸林”英式田园套房及贵族系列套房、鸿源家具的“斯贝迪曼”法式套房、利德木业的“欧丽尔”欧式套房、大亨木业的“欧帝森”实木门等品牌家具已经成为全国一线城市的畅销品牌。

1. 山东华诺家具有限公司

公司由廊坊华日家具股份有限公司投资 19.5 亿元建设，主要生产木门、办公酒店家具、软体沙发等产品，年可实现销售收入 10 亿元，创造就业岗位 4000 多个。

2. 宁津县三江木业有限公司

公司是一家拥有自营进出口权的技术密集型家具企业，产品获得全国 13 个家具质量检测机构认证，成为绿色家具名牌产品，出口韩国、日本等地。

3. 宁津宏发木业有限公司

公司是一家专业从事餐桌、餐椅生产的企业，是“全国民营企业重点骨干企业”，原材料由德国、法国直接购进，产品主要出口澳大利亚、欧美、东亚、阿拉伯等国家和地区，年可生产各种高档餐桌椅 50000 套。

4. 山东德克家具有限公司

公司是全县家具行业的龙头示范企业之一，主要生产高档实木餐桌、餐椅，产品先后荣获“山东名牌”“绿色环保产品”“消费者满意产品”等荣誉称号。

5. 山东鸿源家具制造有限公司

公司是宁津家具行业的龙头示范企业之一，拥有从台湾引进的先进生产设备 180 台套，专业生产星级酒店客房、餐厅及办公家具，产品于 2006 年荣获“山东名牌”称号。

三、2018 年发展大事记

园区规划建设了总建筑面积约 112 万平方米的乡镇家具产业园区，园区实行统一规划、统一建设，统一安装环保设施，可容纳 300 家左右的中小企业入驻，项目 2019 年将全部实现投产。

四、2018 年活动汇总

成功举办 2018 年中国技能大赛——全国家具制作职业技能竞赛华日杯·山东赛区比赛，比赛由山东省轻工集体企业联社、宁津县人民政府、山东省家具协会主办，共有来自全省 9 个县市区 40 多家家具制造企业的近百名选手参赛。

中国欧式古典家具生产基地——玉环

一、基本情况

1. 地区基本情况

2017 年 4 月 11 日，经国务院批准，玉环撤县设市。近年来，玉环围绕打造先进特色制造业基地目标，大力拓展发展空间，形成了汽摩配、水暖阀门、家具、工程机械、金属制品、眼镜配件、药械包装、机床等特色产业集群，成为全省重要的制造业基地，先后获得“中国阀门之都”“中国汽车零部件产业基地”“中国欧式古典家具生产基地”等 11 个国字号区域品牌。玉环连续十几年跻身“中国综合实力百强县”行列，2017 年名列“中国综合实力百强县”第 27 位。2018 年全市工业总产值 1663.87 亿元，同比增长 6.4%，财政总收入 92.4 亿元。

2. 行业发展情况

家具是玉环特色产业，经过 30 多年玉环家具人的艰苦创业和政府的大力扶持，已形成品种繁多、配套齐全、产业链完整的集群发展模式，尤其是欧式古典家具，其产品质量和工艺水平处于全国领先地位。先后荣获“中国新古典家具精品生产（采购）基地”“中国欧式古典家具生产基地”“中国家具行业优秀产业集群”等称号，产品远销俄罗斯、中东等 70 多个国家和地区。

3. 公共平台建设情况

搭建商贸平台 建好玉环·国际精品家具城，发挥玉环家具博览会的宣传影响和集聚效应，为企业立足浙江、稳扎国内市场、拓展国际市场提供商贸平台。同时，玉环·国际精品家具城项目申请“浙江省工业旅游示范基地”，打造“家具＋旅游”发展新模式。

建立“互联网＋”平台 坚持内外销并举，建立企业联合销售体，创建国内品牌营销体系，创新“线上＋线下”新模式，加快建立企业“线上”营销网站，突显企业特色，拓宽国内外市场。目前，32 家规模以上企业已建立企业官网，并且进驻淘宝、天猫、京东等平台，开拓网上市场。

2016—2018 年玉环家具行业发展情况汇总表

主要指标	2018 年	2017 年	2016 年
企业数量（个）	289	292	292
规模以上企业数量（个）	35	38	36
工业总产值（万元）	461200	496500	490500
主营业务收入（万元）	427400	481600	433200
出口值（万美元）	17270	19670	20500
内销（万元）	343800	368645	363400
家具产量（万件）	95	100	100

二、品牌发展及重点企业情况

制定名牌、著名商标等品牌培育规划，加大对各级品牌和规模企业的培育，同时突出打造好、保护好、宣传好区域品牌，积极发挥现有“国”字区域品牌带动效应。玉环现已涌现出“宫廷壹号”“大风范”“国森”“欧宜风”“好人家”等在全国具有较高知名度的家具品牌。截至目前，行业拥有浙江省名牌产品 7 个、浙江著名商标 4 个、省出口名牌 4 个、台州市名牌产品 15 个、台州市著名商标 11 个、台州市出口名牌 5 个。

1. 浙江新诺贝家具有限公司

公司聘请了意大利、法国著名设计师主持设计，建立起一支168人的设计、研发团队，投入了巨额研发经费进行产品的开发，使新诺贝家具保持了强大的市场竞争力。开发蜂窝填充料产品等技术，取得各类外观专利62项；先后荣获浙江省诚信企业、浙江省名牌产品、浙江省著名商标、浙江省知名商号、台州市非公企业党建示范点。

2. 浙江大风范家具有限公司

公司专注高端沙发31年，自主打造的“大风范”品牌在全国家居十大品牌评选中连续多届夺冠，是国内高端欧式家具领军品牌。公司与科思创（德国拜耳）、紫荆花（香港叶氏）三家行业领先企业，成功地联合研发出欧式实木家具的创新型水性涂装系统解决方案。

3. 玉环国森家具有限公司

“国森”家具中西合璧，传统与现代融合。公司先后获中国驰名商标、浙江省名牌产品、全国十大欧美家具品牌等荣誉称号。

4. 浙江欧宜风家具有限公司

公司精心打造“欧宜风”的品牌文化，先后获“中国轻工百强企业”“浙江省著名商标”“专利示范企业”“全国十大欧美家具品牌”等荣誉称号。

三、2018年发展大事记

1. 通过“国家级家具产品质量提升示范区”考核验收

2018年10月15日，“国家级家具产品质量提升示范区”考核验收专家组通过听汇报、查资料、看实地、走企业、访协会等方式，对玉环市“国家级家具产品质量提升示范区”创建工作进行全面考核验收。经专家组集体商定，组长宣布玉环市“国家级家具产品质量提升示范区”验收通过。

2. 打造家具市场升级版

新建飞龙家居广场、玉环·国际精品家具城、一心家居广场，总建筑面积达20万多平方米，将为玉环家具企业拓展国内外市场提供展示平台。

3. 技术创新

浙江大风范家具有限公司自主研发纯天然植物饰面油，获得国际检验证书并拥有专利，已全面应用到大风范所有家具中，为家具环保再一次做了飞跃性提升，是目前家具行业中独家自主研发，并使用到自己产品的企业。

四、2018年活动汇总

1. 加强行业培训

举办或组织企业参加商标、名牌创建培训、外贸业务培训、劳动法规培训等达20次，以提升企业经营管理水平。

2. 组团参展观展

组织45家企业分别参加广州、东莞、杭州、上海国际家具展览会，进一步扩大玉环家具的影响力。组织30多位企业负责人赴意大利米兰观展，了解世界家具业最新设计潮流和发展趋势，为新品设计提供灵感。

3. 关注慈善事业

引导企业致富回报社会，积极参与社会公益事业，2018年向市慈善总会共捐款108万元，为“玉环慈善会”捐款活动献上了一份爱心。

五、面临问题

玉环家具行业在转型升级的征程中面临的主要问题是：企业规模小，无法形成强企优企的引领带动作用；创新技术力量弱，制约产业优化升级；专业人才缺，产业发展动力和后劲不足；企业运作不规范，缺乏科学管理现代企业的观念和方法；品牌产品少，低价竞争阻碍了家具行业的发展；出口形势严峻，缺乏能与国际接轨的外贸体制和相应的管理运作方式。

中国板式家具产业基地——崇州

一、基本概况

1. 地区基本情况

崇州市位于四川省成都市的西部 25 千米处，位于成都市半小时都市圈内，是成都市“大城西战略”的重要组成部分。

2. 行业发展情况

家具产业是崇州市的传统优势产业，也是崇州市大力发展的重点产业之一，中国家具协会在 2009 年 9 月授牌崇州“中国板式家具产业基地”。2010 年，家具产业作为成都市十大重点产业之一。根据《成都市家具产业集群发展规划》，崇州被设定为成都市家具产业集群发展基地。崇州市工业大部分集中于省级开发区——成都崇州经济开发区。园区设立有专业的国家级家具产品质量监督检验中心，2014 年成功创建“四川省知识产权试点园区”和“四川省家居产业知名品牌示范区”，现正在申报创建“国家级产品质量提升示范区（家具类）”“新型工业化产业示范基地”和“国家级循环经济产业园区”。

现阶段，崇州市已拥有包括本土成长的家具生产龙头企业全友家私、明珠家具，以及业内领军企业索菲亚、尚品宅配等各类家具企业 600 家以上，相关从业人员 6 万余人，主要从事板式、实木、藤编、艺雕、钢木家具的研发、生产及销售。

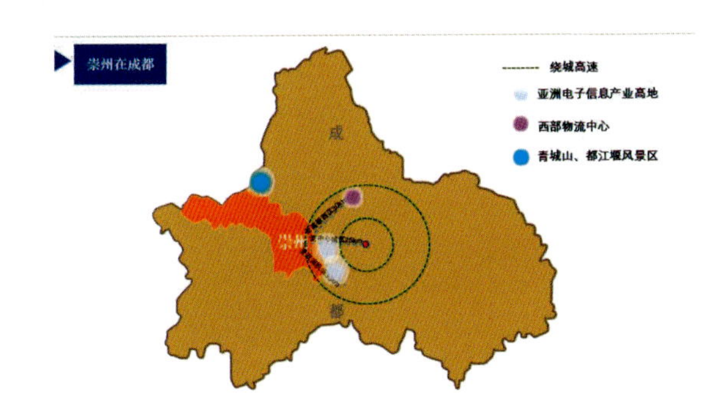

二、经济运营情况

崇州家具规模以上企业主要集中在崇州经济开发区。2018 年园区家具及相关配套产业规模以上企业达到 34 家，工业总产值 84.37 亿元，同比增长 11.5%，行业占比 29.1%；主营业务收入 81.83 亿

2016—2018 年崇州（经开区）家具行业发展情况汇总表

主要指标	2018 年	2017 年	2016 年
企业数量（个）	600+	381	350
规模以上企业数量（个）	34	33	31
规模以上企业工业总产值（万元）	843654	898000	758000
规模以上企业主营业务收入（万元）	818296	884300	733000
出口值（万美元）	667	—	—
内销（万元）	814296	884300	733000

2016—2018 年崇州家具产业园行业发展情况汇总表

主要指标	2018 年	2017 年	2016 年
园区规划面积（万平方米）	2041	1864	1864
入驻企业数量（个）	671	658	—
家具及配套生产企业数量（个）	292	—	—
利税（万元）	72600	—	—

元，同比增长 11.3%，行业占比 29.4%；利润总额 3 亿元，税收 4.26 亿元，规上从业人员 2.7 万人。总体上，崇州家具产业保持了逐年增长的良好运行态势。

三、产业发展的特征

1. 龙头带动，促进产业集群发展

贯彻大企业、大集团的集群发展思路，着力加强带动作用大、示范效应强、发展前景好的龙头企业的培育。目前，全友、明珠、索菲亚、喜临门、尚品宅配等规模以上企业为骨干的产业集群，涵盖民用家具、酒店家具、教学家具、办公家具、户外休闲家具等门类，形成了集群发展的态势。

2. 配套发展完善，产业链条齐备

按照沿链引进、配套发展的要求，大力加强家具产业上下游配套企业的引进建设。园区家具产业园现有包括奥普集团、帝龙新材、华立股份、前锋集团、美涂士涂料、柯乐芙、飞扬集团、美中美涂料、东信铝业、联友泡沫等为代表的上下游企业，产业融合度逐步提高，基本可以完成主要生产资料的采集本地化，是西南地区家具产业配套条件最完善的区域之一。

3. 创新驱动，注重产业发展内生动力

近两年来，各家具企业生产线技术改造累计投入资金达到 9 亿元以上。全友、明珠、华立、柯美、索菲亚等公司产品生产线已基本实现全程数控化生产，全友、明珠还建立了国家级企业技术中心。在国家质量监督检验检疫总局指导下，投资 1 亿元兴建的四川唯一一所国家家具产品质量监督检验中心可就近服务企业。

4. 聚焦供需，匹配构建创新生态

围绕主导产业创新发展需求，与中科院、中科

定制家居企业代

索菲亚

尚品宅配

本土家居企业代表

全友家居

掌上明珠

国家级质检中心

国家家具产品质量监督检验中心

（全国第三家，西部第一家）

信息公司在智慧家庭领域开展合作，建立成都人工智能产业技术研究院，与四川大学高分子材料工程国家重点实验室共建的“成都市绿色建材人工智能新材料产业研究院”正进行磋商。同时，发挥政策的激励引导作用，扶持企业加强投入，建立完善自身研发机构，大力开展智能化技术改造；发挥园区高层次人才工作站作用，做好企业引进培育高端创新人才的服务保障和优惠政策落实工作；探索设立工业产业发展引导基金和主导产业专项发展基金，拓展企业融资渠道。

5. 开拓新的市场极，电商换市效果明显

全友、明珠通过自建电商平台、进入天猫平台等方式，充分利用假日经济、打折促销、团购优惠等契机，开展线上线下互动，拓展销售渠道。2018年，全友、明珠网销量就达到15亿元以上。企业越来越看重新的销售渠道，启动或筹备实施电商网销，抢占网络市场。政府在青年（大学生）创业园建立了电商大厦，引进专业电商创业项目，帮助企业拓展电商销售渠道。

四、发展规划

崇州家具产业新的规划发展思路将调整为：聚集品牌企业加盟园区，以建成全国一流的现代板式家具产业基地为先导，与周边地区保持错位发展，逐步以“全友”“明珠”等知名品牌企业为核心，着力发展以新式智能家居制造骨干企业为主导，中小企业专业分工配套的家居产业集群，把崇州构建成为西部领先、全国一流、国际知名的“中国现代家居名城”。

1. 推动产业集群成链发展

采取“腾笼换凤”的方式，适度引进拥有高端研发设计能力、专利技术、核心品牌的龙头企业和关键配套企业，进一步拉长做粗产业链条；遴选一批规模体量大、品牌优势强、市场前景广的企业作为培育对象，在政策上给予“一对一”倾斜性扶持，支持企业开展兼并重组、股份改造和上市，壮大龙头企业集群规模，提升家具产业整体竞争优势。

2. 构建设计为主导的新产业形态

根据崇州所在区域原有的产业基础和周边地区家居产业的需求，着力推动家居设计及相关延伸配套产业，加快设计成果转化，营造文化创意氛围，打造家居设计生态集群园区。以园区为项目载体，崇州市家具行业商会为纽带，园区企业为支撑，构建以西部家居创意设计中心为主导的研发设计基地，为崇州家具企业乃至西部家居行业承接业务，培养本土原生设计力量，最终达到自主研发。

3. 推动“两化融合”步伐

发挥全友、明珠等企业“两化融合”的示范效应，引导企业实施全产业链信息化改造，推动企业制造自动化、产品智能化、管理数据化；把握信息技术与传统家居产品逐步融合趋势，支持企业开发和推广“智能家居”产品；扶持企业自建或租用电子商务平台，拓展市场份额；支持企业利用网络平台大力开展个性化定制、柔性化生产，提升产品和服务的竞争力。

4. 推动质量品牌建设

充分发挥国家家具产品监督检验中心作用，建立崇州市家具行业标准联盟，支持企业主导或参与行业标准、国家标准以及国际标准的制定，提升在行业内的话语权；支持企业申报国家级、省级和成都市级各项荣誉称号，加强崇州“中国板式家具产业基地”的宣传推广力度。

5. 推动配套能力建设

以普洛斯物流项目、隆腾建筑装饰材料市场等为载体，积极引进高水平专业物流企业，降低企业运营成本；完善单元级生活配套区建设，优化商贸业布局，植入信息、科技、金融、创意设计、评估、咨询、法律、广告服务等新型服务业态，优化企业发展生产生活配套环境。

6. 围绕集群着力增强综合承载能力

尽快完善崇州新 18.8 平方千米区域的总体新规划、控制性详细规划和相关配套规划编制工作，落实新增可用于现代智能家居规划范围，做好项目收集和招商推介，确保及时引进新一批影响力、辐射力、带动力强的龙头项目和强链、补链项目，不断做大产业集群规模。

中国中部家具产业基地——南康

一、基本概况

1. 地区基本情况

南康地处江西省西南部，居赣江上游，是赣州市三个市辖区之一。全区国土面积为 1722 平方千米，人口 86 万，是全国文明城市、中国甜柚之乡、中国木匠之乡、全国最大的实木家具生产基地。拥有全国第 8 个对外开放口岸、全国第 1 个内陆国检监管试验区、全国第 5 个国家家具产品质量监督检验中心等国字号平台，是中国（赣州）家具产业博览会主办地、全国电子商务示范基地。南康区位优越、交通便利，除黄金机场及规划建设中的高铁站外，境内有 2 条铁路、3 条国道、4 条高速公路，形成了立体网络式交通格局，距南昌、广州、深圳、厦门均为 4 小时左右车程。

2. 行业发展情况

南康家具产业起步于 20 世纪 90 年代初，历经 20 多年发展，形成了集加工制造、销售流通、专业配套、家具基地等为一体的产业集群，是南康的首位产业、扶贫产业和富民产业。南康家具产业已成为全国最大的实木家具生产基地、国家新型工业化产业示范基地、全国第三批产业集群区域品牌示范区，2009 年起连续 9 年被中国家具协会评为“全国优秀家具产业集群”，2017 年被国家林业局授予“中国实木家居之都”，国家质量监督检验检疫总局批准南康成为全国 16 个创建国家级家具产品质量提升示范区之一。拥有中国驰名商标 5 个，江西省著名商标 88 个，江西名牌 41 个，家具市场面积 260 万平方米，建成营业面积和年交易额在全国位居前列。

3. 公共平台建设情况

南康市外贸服务中心、金融、木材烘干等全产业链的配套公共服务平台建设如火如荼，平台建设步入国际化。

二、经济运营情况

2016 年南康家具产业集群实现营业收入 1020 亿元，同比增长 22.9%，实现工业增加值 255 亿元，同比增长 18.6%；2017 年产业集群继续保持高速增长态势，家具产业集群总产值 1300 亿元，同比增长 27.4%；工业增加值 332 亿元，同比增长 30%。2018 年，家具产业集群继续保持高增长态势，产业集群总产值达 1640.5 亿元，同比增长 26.19%；主营业务收入 1591.3 亿元，同比增长 26.29%。

2016—2018 年南康区家具行业发展情况汇总表（生产型）

主要指标	2018 年	2017 年	2016 年
企业数量（个）	7548	7548	7548
规模以上企业数量（个）	465	369	189
工业总产值（万元）	16405200	13000000	10516000
主营业务收入（万元）	15913000	12600000	10100000
出口值（万美元）	—	14272	6781
内销（万元）	—	12585728	10093219
家具产量（万件）	—	8390.4853	6728.8

2017—2018 年南康区家具行业发展情况汇总表（流通型）

主要指标	2018 年	2016 年
商场销售总面积（万平方米）	200	180
商场数量（个）	18	16
入驻品牌数量（个）	268	203
销售额（万元）	1480000	1390000

2016—2018 南康区家具行业发展情况汇总表（产业园）

主要指标	2018 年	2017 年	2016 年
园区规划面积（万平方米）	1362.94	1362.94	1362.94
已投产面积（万平方米）	890	890	830
入驻企业数量（个）	585	178	63
家具生产企业数量（个）	492	164	56
配套产业企业数量（个）	29	14	7
工业总产值（万元）	2065312	1995923	1227809
主营业务收入（万元）	1993026	1986686	1225248
利税（万元）	191020	246409	111902
出口值（万美元）	20973	11843	8497
内销（万元）	1848817	1915631	1174266

三、2018 年发展大事记

1. 研发设计引领产业加速转型

打造工业（家具）设计中心　为解决家具产业附加值不高、原创性不足问题，高标准快速度打造全省首个家具工业设计中心，通过设计中心以点带面，进一步提升了南康本地家具企业向研发设计要效益的意识。2018 年以来，设计中心柔性汇聚的近 100 家设计机构、院所和近 1000 名设计人才，50 多家深圳知名设计企业已和南康家具企业“结对子”，为南康 200 多家家具企业提供高端工业设计服务，研发原创设计作品近 3000 件，申请专利近 1000 项，并和西班牙、意大利等国家城市工业设计协会（设计院校）“强强联手”，实现全球设计资源“不求所在，但求所用”。

组建家具打样中心　为解决家具从图纸设计到样品出样耗时长、缺专业打样师以及打样成本高等问题，在龙回工业园建立了首家大型网红家具打样中心——分寸制造所，不仅节约打样成本、缩短打样时间，还可针对现有工艺水平、生产设备性能等提供定制化服务。

2. 智能制造提升产业发展层次

打造了全球首条数字自动化实木家具智能制造车间。由中国航天科工集团航天云网公司、江西英硕智能科技有限公司、中国科学院自动化研究所、北京理工大学、北京工商大学组成联合科研团队，对雅思居实木家具生产线最大程度进行优化，同时引进国际先进管理理念，通过 6S 管理标准，打造了南康家具企业首个“数字自动化 +6S 管理”样板工厂——雅思居智能化、数字化样板车间。以此为样板参照，对龙回 150 亩家具集聚区入驻企业进行提升。同时，策应“中国制造 2025”，引进了国内最专业的实木家具标准生产线，打造“机械化、智能化、定制化”的标准车间，为规模以上企业入园进区提供可参考、可复制、可推广的样板，66 家企业正在推进智能制造，200 多家企业实施“机器换人”。

3. 完善“南康家具”集体商标使用办法

“南康家具”品牌价值已突破 100 亿元，2018 年 5 月 6 日，“南康家具”集体商标完成公告，这是全国第一个以县级以上行政区划地名命名的工业集体商标。南康家具企业有中国驰名商标 5 个，江西省著名商标 101 个，江西名牌产品 32 个，目前正在完善制定“南康家具”集体商标的使用细则，通过“南康家具”集体商标 + 企业品牌的“母子商标”形式，形成品牌叠加效应，进一步提升南康家具区域品牌影响力。

4. 聚集高端要素打造特色小镇

高起点规划、高标准建设家居小镇，以“城市客厅”、4A 景区的环境和品位，展示世界五大洲特色木屋建筑群，聚集世界一流的研发设计、跨境电商、智能智造、品牌运营的知名机构和高端人才，融合教育、文化、旅游、金融和互联网，构筑世界家居创新创业的孵化园、生态园，搭建南康家具向高质量迈进的新载体、新平台。2018 年 5 月，南康家居小镇在国家发改委庆祝改革开放 40 周年研讨会上，被评为全国最美特色小镇 50 强第 12 位。目前，意大利、芬兰等世界顶级的设计团队和营销机构纷纷入驻；阿里巴巴、京东全国最大的线上线下体验馆落户小镇；获得了全球最大的 B2B 跨境电商 ARIBA 中国唯一授权；红星美凯龙等 50 家国内一线渠道品牌企业成功落地。

5. 助推赣州港繁荣

赣州港实现了“多口岸直通、多品种运营、多方式联运”，成为了盐田港、厦门港、广州港、大铲湾港的腹地港，常态化运行 19 条内贸、铁海联运班列线路和 19 条中欧（亚）班列线路，50 多个国家和地区的木材通过赣州港进入南康，家具等产品发往全球 100 多个国家和地区。2018 年，家具生产出口企业 36 家，同比增长 89.47%，累计出口 170056 万元，同比增长 100.06%；木材进口企业 46 家，累计进口 50762 万元，同比增长 40.88%。

6. 抓好“拆转建”联动

2018 年 1—10 月，全区共拆除家具厂棚 1892 处，近 360 万平方米。抓好“拆”的同时，顺势推进“转”，2018 年以来，全区 341 家规模以上企业选定了标准厂房，切实解决企业转型发展面临的最大瓶颈难题，完善了《南康区家具产业集聚区标准厂房生产设备指导标准》，以设备升级推动产业升级，134 家企业的入园规划设备清单进行联审并获得通过。同时，2018 年家具产业信贷通共计为 119 户家具企业推荐发放家具产业信贷通贷款（含新贷、续贷及增信企业），发放贷款金额累计 2.68 亿元，较好地解决了企业“转、建”的资金难题。

7. 展销平台持续提升

2018 年 6 月 21—27 日，在南康家居小镇举办的中国（赣州）第五届家具产业博览会创下了近百家国际国内一线品牌参展、观展人数超 100 万、交易金额破 100 亿的 3 个“100”记录。为了全面展示家具产业发展成果、发展趋势，南康区政府共组织了 107 家全国知名品牌企业，70 家本地知名企业如期布展到位，展览展出面积 6.1 万平方米。

同期，“2018 年中国技能大赛——全国家具制作职业技能竞赛”总决赛在南康召开，来自全国 11 个分赛区的 73 名选手云集特色小镇同场竞技，充分展示了全国家具行业一流技术人才的操作技能和深厚扎实的理论功底，为南康家具产业“匠心匠艺”树立了方向、提供了示范。

中国家具产业集群
——金属家具产区

金属家具是仅次于木制家具的第二大家具细分产业，在产量、主营业务收入、利润和进出口等方面，占据着重要的地位。国家统计局数据显示，2018年，金属家具规模以上企业1025家（占规模以上家具企业总数的16.27%）；累计完成产量34398.63万件，同比下降4.18%；累计完成主营业务收入1358.09亿元（同比增长2.37%），占19.37%；累计完成利润总额99.84亿元（同比增长3.43%），占23.44%，利润率为7.35%；累计完成出口交货值507.59亿元（同比增长0.41%），占29.01%。金属家具累计出口85.12亿美元（占15.32%），同比增长16.22%。

2018年金属家具产量主要集中在浙江、福建、广东三地区，上述地区累计金属家具产量占到全国的八成以上。其中，浙江累计产量13507.55万件（同比下降2.93%），占全国金属家具产量（下同）的39.27%；福建累计产量9106.85万件（同比下降12.8%），占26.47%；广东累计产量6241.96万件（同比增长3.72%），占18.15%。

国家统计局数据显示，2018年家具6300家规模以上企业中，亏损企业788家，同比增长7.80%。金属家具制造累计亏损面为12.59%，同比减少0.49个百分点。

在产业调整期间，金属家具企业需要面对多种内外部因素，除浙江、福建、广东等地区外，江西樟树、河南庞村及河北胜芳等金属家具产业集群具有一定的原材料优势、区位优势和产业集聚优势，为金属家具企业提供了良好的发展环境。

河北 / 胜芳

中国胜芳全球特色家具国际博览中心是全球最大的以特色定制家具为主体的单体卖场，投资 11 亿元、占地 650 亩、建筑面积 100 万余平方米。2018 年，胜芳家具企业数量达 3613 家，工业总产值达 638 亿元，产量 12003 万件。2018 年，举办了中国（胜芳）特色家具国际博览会，发起中国特色家具产业集群联盟。

河南 / 庞村

钢制家具产业是庞村镇的支柱产业，该产业拥有 1 个中国名牌产品（花都保险柜）、4 个中国驰名商标（莱特、花都、高星、九都），2 家高新技术企业（高星、通心）。2018 年，举办了洛阳钢制家具首届（兆兴杯）喷涂技能大赛。

中国特色定制家具产业基地——胜芳

一、基本概况

1. 地区基本情况

胜芳镇位于河北省霸州市，京津冀经济圈的中心地带，距离雄安新区直线距离仅 40 多千米，京雄铁路、首都新机场南出口高速、津保高铁、津保高速、京津塘高速形成三大轴线，构成核心内三角。坐拥两大主轴的胜芳作为京南重要交通枢纽的地位日益提升。2018 年第十四届中国中小城市科学发展指数研究成果暨“2018 全国综合实力千强镇”榜单发布的千强镇中，胜芳强势上榜，位列中国综合实力千强镇第 155 位，真正走出了一条“胜芳特色定制家具产业发展新模式”。未来的胜芳在京津冀协同发展，深入实施雄安新区快速发展的大背景下，全力建设京津雄节点城市，打造科技成果转移转化先行区、传统产业转型升级引领区、临京区域产业发展协作区，在对接京津、服务雄安上实现高质量发展。

2. 行业发展情况

2018 年的中美贸易战对市场变化极为敏感的家具行业带来了极大影响，家具企业出口受到波及，同时强大的经济下行压力也严峻地考验着各市场竞争主体的承受力，与下行压力相对应的是家具行业中各种成本的明显上涨，如环保成本、原辅材料成本、物流成本、人工成本、研发成本、营销成本等等。进而导致广东、四川、江西、江浙地区等传统家具产业集群市场持续低迷，收入下降，企业面临新困境。

在各大家具产业基地迷茫、痛苦转型的市场环境下，胜芳特色定制家具产业呈现欣欣向荣的景象，在胜芳家具行业协会的主导下，以中国胜芳全球特色家具国际博览中心的龙头带领下，胜芳特色定制家具产业协调区域内产业资源统筹优化，打破内部竞争的壁垒，整合产业基地优势，打造出胜芳特色定制家具品牌优质的声誉。在国际市场同类产品中，一举拿下全球特色定制家具品类 65% 的市场份额，年销售额占到国内同类市场的 70%。

3. 公共平台建设情况

2018 年，胜芳加快推动特色定制家具产业上档升级战略。做好集群布局规划，促进家具产业链闭环形成，与高等院校、咨询等专业机构合作，搭建公共服务平台，提供设计研发、质量检测、电子商务、培训教育、贸易对接等多项服务。在这期间，中国胜芳全球特色家具国际博览中心起到了主导性作用。作为总投资 11 亿元、占地 650 亩、建筑面积 100 万余平方米的全球最大最强的特色定制家具类单体卖场，中国胜芳全球特色家具国际博览中心依托雄厚的产业基地、自身庞大的规模体量以及辐射全球的营销网络，打通了家具产品上下游的联通

2016—2018 年河北胜芳家具行业发展情况汇总表（生产型）

主要指标	2018 年	2017 年	2016 年
企业数量（个）	3613	2800	2690
规模以上企业数量（个）	3401	2655	2512
工业总产值（万元）	6380000	5910000	5090000
主营业务收入（万元）	4622100	4258400	4006300
出口值（万美元）	365000	381000	316000
内销（万元）	533000	501000	4416000
家具产量（万件）	12003	10166	8738

2016—2018 年河北胜芳家具行业发展情况汇总表（流通型）

主要指标	2018 年	2017 年	2016 年
商场销售总面积（万平方米）	53	50	40
商场数量（个）	6	6	6
入驻品牌数量（个）	3018	2800	2560
销售额（万元）	5940000	5570000	5090000
家具销量（万件）	10980	9860	8200

2016—2018 年河北胜芳家具行业发展情况汇总表（产业园）

主要指标	2018 年	2017 年	2016 年
园区规划面积（万平方米）	3000	3000	3000
已投产面积（万平方米）	2100	2100	2100
入驻企业数量（个）	1540	1261	932
家具生产企业数量（个）	1355	1140	819
配套产业企业数量（个）	136	120	113
工业总产值（万元）	4010000	3600000	2900000
主营业务收入（万元）	4010000	3600000	2900000
出口值（万美元）	134000	129000	101000
内销（万元）	2750000	2280000	1890000
家具产量（万件）	3100	2500	1900

环节，从而一举实现了从钢铁冶炼—轧板—制管—玻璃生产—石材、面料加工—机塑配件—家具制造—物流配送系列化分工、专业化合作的完整产业链。中国胜芳全球特色家具国际博览中心真正发展成一座集市场交易、商务会展、科研开发、信息交流、物流配送于一体的超级航母。

二、品牌发展及重点企业情况

胜芳家具在胜芳家具行业协会的促进下，以中国胜芳全球特色家具国际博览中心为核心，形成稳固的产业集群。胜芳家具企业参加全国性、国际性家具展会，到 2018 年，参加各类展会企业达 3200 多家，拥有三强家具、永生家具、宏江家具等一批国内知名家具企业和 40 多个省级著名商标。常年参加展会为各大企业赢得世界各地的好评和广大客户的认可，2018 年胜芳家具总产值突破 630 多亿元。

中国胜芳全球特色家具国际博览中心是中国特色定制家具采购总部基地，也是全球最大的以特色定制家具为主体的单体卖场。现卖场已入驻国内 3000 多家企业，年销售额接近 600 多亿元。经营产品品类丰富，包括民用家具、酒店家具、校用家具、办公家具、户外家具、会所家具、医护家具、

胜芳国际家具材料城

定制家具等 8 大品类的 8 万多种单品样式，及各类家具生产设备及配件辅料等。

三、2018 年发展大事记

1. 中国（胜芳）特色家具国际博览会

2018 年 4 月 8 日，第十九届中国（胜芳）特色家具国际博览会暨第六届胜芳国际家具原辅材料展成功举办，展会覆盖 120 多个国家和地区，参展企业超过 2600 余家，来自世界各地的采购商 13 万人。本次展会从办展模式上进行颠覆式的革新，一举把胜芳展从传统贸易型展会提升为与国际接轨的专业化规模展会，“展会 + 庙会 + 美食节”的模式更是开家具展会跨界先河。

2018 年 9 月 16 日，第二十届中国（胜芳）特色家具国际博览会暨第七届胜芳国际家具原辅材料展盛大开幕。展出总面积达 53 万平方米，吸引了 3000 余家商户。期间，组织了转型升级论坛、外商定向洽谈会等一系列活动。

2. 中国特色家具产业集群联盟

2018 年 9 月 18 日，由胜芳家具行业协会和周村区家具行业协会发起的中国特色家具产业集群联盟在中国胜芳全球特色家具国际博览中心隆重举行，联盟会议吸引了全国各大主流家具产业集群成员的参加，并通过了中国特色家具产业集群联盟签约仪式。

2018 年，胜芳国际家具博览城正式更名为中国胜芳全球特色家具国际博览中心，更名后的中国胜芳全球特色家具国际博览中心将承担更多推动胜芳家具产业发展，提升胜芳家具产品质量，扩大胜芳家具市场份额，树立胜芳家具品质保障的新使命。

中国钢制家具基地——庞村

一、基本概况

钢制家具产业是庞村镇的支柱产业，该产业起步于 20 世纪 80 年代，在 21 世纪初形成一定规模，已有 30 多年的发展历史，大致经历了原始积累（1984—1988）、资本裂变（1989—1997）、快速发展（1998—2001）和整合提升（2002 年初开始）四个阶段。该产业从业人员 4 万人，拥有企业 516 家，工业总产值 180 亿元，年产钢制家具 3000 万件（套），全镇财政收入的 90%、农民人均纯收入的 80%均来自该产业。

产品拥有钢制资料柜、金融设备、图书设备、校用设备、办公家具、民用家具和防盗防火门等 9 大类 1000 多个品种，喷塑流水线 368 条，大型数控设备 160 套，通过 ISO9000 国际质量体系认证的企业 116 家，遍布全国各大中城市的销售网点达 1500 多个，产品出口欧盟、北美洲、澳洲、中东等 50 多个国家和地区。

钢制家具产业集聚区成为“河南省优秀工业园区”“中国钢制家具产业基地”和“中国百佳产业集群”，连续两次被评为“全省最大的钢制家具出口基地”，钢制家具产业发展成绩显著。

近年来，庞村镇党委政府积极组织企业家外出学习，努力打造产品品牌、企业品牌和产业链竞争品牌，全力开拓电子商务领域，各企业纷纷增添新设备，研发新产品，在经济下行压力加大、钢制家具市场低迷的大环境下，逆势发展、转型升级，初步形成了以钢制家具为支柱性产业链的现代化产业体系。

二、品牌发展及重点企业情况

该产业拥有 1 个中国名牌产品（花都保险柜）、4 个中国驰名商标（莱特、花都、高星、九都）、5 个河南省名牌产品和 38 个河南省著名商标，名牌及著名商标数量居全省各乡镇前列。近两年，新增国家高新技术企业 2 家（高星、通心），河南省科技小巨人 1 家（花都），河南省科技型中小企业 36 家，市级研发中心 10 家，市级工程技术中心 2 个（花都、通心），授权发明专利外观及使用新型专利 113 项。截至 2018 年底，庞村共有九都、神盾、千鸣、豪鹏、凯龙达、京乐等 20 家河南省科技型中小企业。

三、2018 年发展大事记

2018 年 7 月，组织 56 家企业参加由洛阳市总工会、工信局、区管委会、洛阳市钢制家具协会联合主办的首届（兆兴杯）喷涂技能大赛，科飞亚公司荣获一等奖，兆信公司荣获二等奖、鑫辉和华之杰公司荣获三等奖。2018 年 10 月 29 日组织莱特、三威、花城、通心、宇宝、科达等龙头企业参加首届中国国际进口博览会。

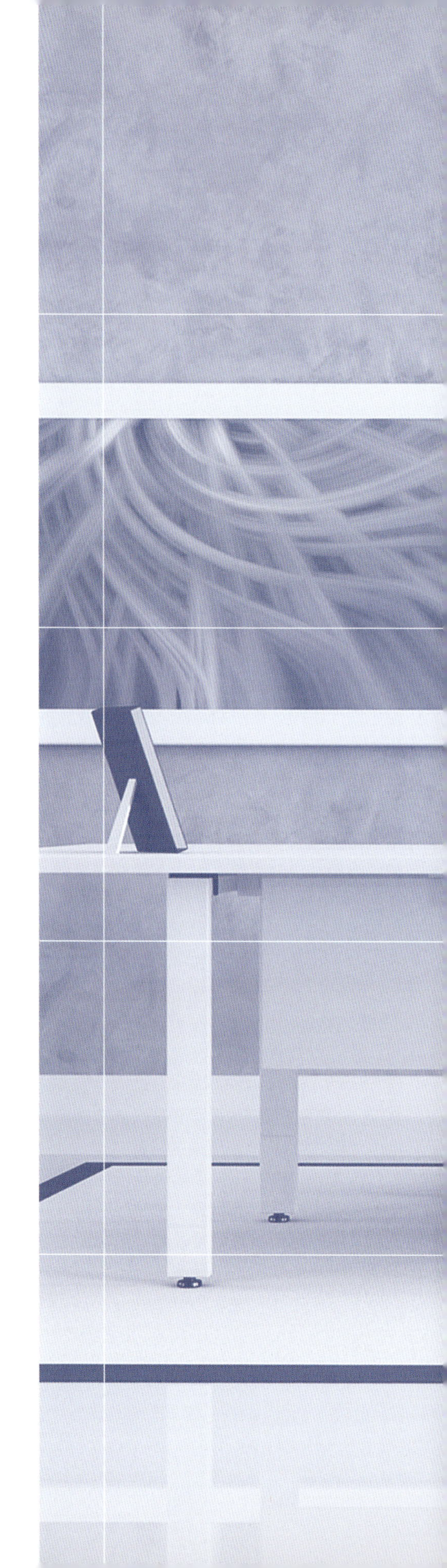

中国家具产业集群
——办公家具产区

国家统计局数据显示，2018 年全年，中国出口办公用金属及木家具 3654.68 万件，同比增长 11.49%；出口值 18.81 亿美元，同比增长 7.81%；进口量 52.18 万件，同比下降 2.61%；进口值 5654.93 万美元，同比增长 3.41%。

浙江杭州和广东东升是中国办公家具产业集群，具有雄厚的产业基础和庞大的规模产量，聚集着一批具有先进的设计、生产和研发能力的大型企业，代表着中国办公家具产业的龙头力量，在全国办公家具产业中具有重要地位。

受社会环境及技术变革的影响，办公家具发展呈现以下特点: 一是办公家具引领行业的智能制造水平。办公家具行业拥有世界领先水平的智能机器人等设备，掌握先进的生产技术和工艺，如实木弯曲生产工艺等。二是环保水平行业领先。办公家具企业应用先进的木质家具水性静电喷涂等技术，拥有众多环保专利，推动着环保技术在全国家具行业内广泛推广。三是智能家居首先在办公企业中落地。随着消费者生活方式的改变，智能产品受到消费者的广泛追捧，成为办公家具的新增长点，同时，受到小米、华为等科技巨头的技术支持，智能办公家具市场有进一步的突破。

浙江 / 杭州

根据杭州市统计局和海关统计数据，2018年，全市共有81家规模以上家具企业，2018年1—11月实现工业总产值162.12亿元，同比增长3.6%；工业利税总额22.09亿元，同比增长4.0%；工业利润总额14.44亿元；同比增长4.7%。完成新产品产值为56.73亿元，同比增长15.5%。杭州市家具制造业出口交货值52.57亿元，1—11月出口交货值为49.05亿元，同比增长7.2%。

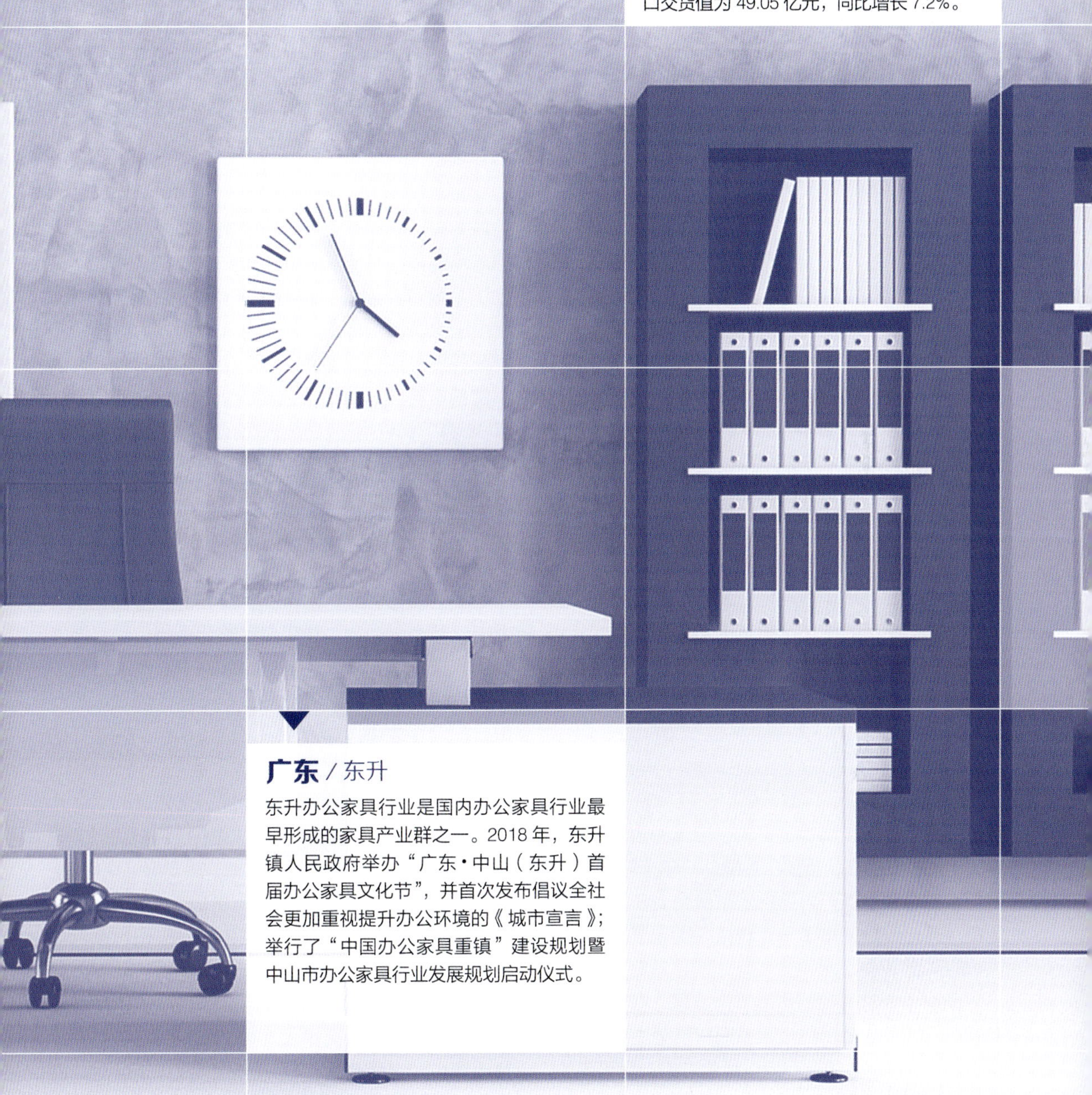

广东 / 东升

东升办公家具行业是国内办公家具行业最早形成的家具产业群之一。2018年，东升镇人民政府举办“广东·中山（东升）首届办公家具文化节”，并首次发布倡议全社会更加重视提升办公环境的《城市宣言》；举行了“中国办公家具重镇”建设规划暨中山市办公家具行业发展规划启动仪式。

中国办公家具产业基地——杭州

一、基本概况

1. 行业发展情况

20 世纪 80 年代初开始起步，并呈持续、快速发展。经过二十多年的发展，杭州已初步形成办公家具、户外家具和软体家具制造为主，家具原辅材料、五金和木工机械等相配套的各类产品为辅的格局。尤其是办公家具无论是研发设计、工艺制作，还是品牌建设在国内外同类产品中具有较高的行业知名度和市场占有率，产业集群雏形初步体现。主要企业有顾家工艺、圣奥、恒丰、昊天伟业、科尔卡诺、冠臣、麦辰、春光等企业。产业带动作用较强，与其相配套的生产企业有近 100 家，受其拉动的产品有家具板材、木皮、皮革、玻璃、五金和家具机械等。

2. 行业运行特点

发展全产业链，产业升级出成效 2018 年杭州市家具行业总体发展步子不大，但龙头企业和骨干企业仍然发展迅猛。圣奥、金鹭、科尔卡诺、冠臣、万豪家私、品冠等一大批杭州家具企业在发展全产业链，产业升级取得了一定成效，实现了产能、销售额的同步突破。

创新引领时尚，杭州家具扬威名 在广州、上海浦东、上海虹桥、杭州和德国科隆等主要家具展览会上，圣奥、金鹭、冠臣、科尔卡诺、昊天伟业、麦辰、豪尚、品冠和力丹等数十家杭州家具企业凭借精美的设计和稳定的品质吸引了大批海内外客商。杭州时尚产业的新锐代表科尔卡诺集团有限公司和浙江冠臣家具制造有限公司均以大规模和大面积展示时尚的现代办公家具产品，引领了办公家具发展的新方向。浙江昊天伟业智能家居股份有限公司重视市场调研，坚持开发细分市场家具产品，成功开发了系列专业化图书馆智能家具产品，在 2018 年度中国家具博览会（广州、上海）大放异彩。杭州骏跃科技有限公司加大新产品研发投入，其开发的小白插座产品获得 2018 年中国设计红星奖。2018 年 10 月下旬杭州骏跃科技有限公司作为杭州家具的唯一代表亮相德国科隆办公家具展，目前该公司产品已销往世界 30 多个国家与地区。

改变传统思维，提高企业产能利用率 浙江圣奥家具制造有限公司不断整合和调整生产线；减少不必要的工艺环节，提升了生产线的年产能。杭州恒丰家具有限公司、科尔卡诺集团有限公司、浙江冠臣家具制造有限公司、杭州大圣家具制造有限公司、杭州华育教学设备有限公司和浙江优卓家具有限公司等企业通过加大投入，建设现代化新工厂的举措，达到优化企业产能结构，提高产能利用率。科尔卡诺集团有限公司成品仓库采用先进的立体仓储系统和先进的扫码技术进出货物，提高仓储效率，减少仓储成本，减少货物出错率，货物出错率为零。

组织行业培训，提高企业员工综合素质 在杭州市经信委和市工商联政策支持下，杭州市家具商会开展了不同内容的行业培训。由市经信委主办和商会协办为期三天的“杭州市新制造——家具行业高级研修班”企业高级人才培训班，信息化和新零售改变传统家具产业，提升家具产业科技含量，真正开拓了学员的思想，培训取得了较好的效果。由杭州市家具商会主办的法律专题讲座，针对企业存在的商业合同和劳动用工合同纠纷问题，主讲老师理论与实例结合，得到了会员企业、与会者一致的好评。

校企多方面合作，缓解企业人才困难　为提高家具企业研发能力，增加家具企业人才深度，杭州家具企业与南京林业大学、浙江理工大学和浙江农林大学等高等院校建立多维度的合作关系。通过在企业设立校企合作工作室、企业班等形式，实现高校与企业产学研结合的良性循环；通过企业专场宣讲会、高校在企业实践基地建设，让高校学生了解企业、认可企业。为解决企业人才需求问题，同时为大学毕业生提供更多和更好的就业机会，杭州家具商会组织金鹭、恒丰、昊天伟业、华州文仪、冠臣、荣正环境、科尔卡诺、汉威、东捷智能和华育教学等数十家会员企业到南京林业大学、浙江理工大学和浙江农林大学等高等院校举办校园招聘会。

二、经济运营情况

2018 年，杭州市家具行业稳步发展。企业在生产总值、利润、利税总额和出口交货值等方面均取得了长足的进步。根据杭州市统计局和海关统计数据，全市 81 家规模以上家具企业，2018 年 1—11 月实现工业总产值 162.12 亿元，同比增长 3.6%；工业利税总额 22.09 亿元，同比增长 4.0%；工业利润总额 14.44 亿元；同比增长 4.7%。完成新产品产值为 56.73 亿元，同比增长 15.5%。杭州市家具制造业出口交货值 52.57 亿元，2018 年 1—11 月出口交货值为 49.05 亿元，同比增长 7.2%。

三、品牌发展及重点企业

2018 年是杭州家具大发展的一年。顾家、圣奥、金鹭等龙头、骨干家具企业发展迅猛，龙头、骨干企业的发展作为杭州家具产业的重要支撑，既是对中小型企业发展的标榜引领，又是对杭州家具发展思路的肯定。目前，杭州家具企业已有 320 余家企业通过 ISO9000 质量体系认证，320 多家企业通过了 ISO1400 环境管理系列体系认证，有 6 家企业荣获中国驰名商标，3 家企业荣获中国名牌荣誉称号，7 家企业荣获浙江省名牌，3 家企业荣获浙江省著名商标荣誉称号，4 家企业荣获杭州市名牌或杭州市著名商标。

浙江圣奥家具制造有限公司　全面落实企业流程化和精益化生产管理措施，向管理要效益，同时加强和国外一流的设计团队合作，在德国柏林设立欧洲设计中心，研发国内外市场真正需要的时尚办公家具。2018 年企业全年的销售总额可达到 22.5 亿元，同比增长 22%。

浙江金鹭集团有限公司　优化产业链结构，延伸产业链生产，2018 年集团公司的酒店家具、塑钢门窗和装修（工装、家装）均取得了很大成绩。

科尔卡诺集团有限公司　多年来打好创新攻坚战。一方面，坚持走“经销商”路线，彻底改变了传统办公家具的“定制”销售模式，走出了办公家具销售渠道新路子；另一方面，科尔卡诺坚持研发与创新的投入，坚持产品及零部件的标准化、规范化路线，严把产品质量关。2018 年销售额同比增加 55%。

浙江冠臣家具制造有限公司　重视产品质量，致力于经销商渠道的建设与拓展。每年投入重金用于经销商培训。其推行的“360° 立体式销售”新模式，大大提高了经销商门店的坪效。2018 年销售额同比增加 30%。

杭州万豪家私有限公司　在酒店家具生产与销售的基础上，发展高端家装全房定制家具，2018 年销售额同比增加 15%。

浙江品冠家具制造有限公司　看准定制家具大市场，逐步减少办公家具销售份额，大力发展全房定制家具，新产品在 2018 年上海展和杭州展上取得成功。

中国办公家具重镇——东升

一、基本概况

“中国家具看广东、广东办公家具看中山”，中山办公家具在全国的办公家具市场中有着较高的知名度与影响力。20 世纪 80 年代起，从一家办公企业的成立发展到今天百家争鸣的产业格局。40 多年来，通过走多品牌、差异化的发展之路，办公家具产业逐渐产生集聚效应，并快速步入发展轨道，实现了高速的发展和升级。

东升办公家具行业是国内公家具行业最早形成的家具产业群之一，集结成网、纵横贯通的交通基础设施，极大促进东升镇办公家具产业三十多年的快速扩张，现已成为国内办公家具产业较为集聚的区域，并具备较高的国内知名度与影响力。截至 2018 年，中山市现有办公家具企业约 300 家，办公家具生产从最为中的东升辐射至周边港口、板芙、南区等镇区，形成了完整的生产体系，产业链与集群优势在全国占据优势地位。2017 年 12 月，“中国办公家具重镇”落地东升镇，区域品牌影响力得到有力印证。东升镇作为“中国办公家具重镇”，发展后劲足，规模以上企业增长 12%。

中山市办公家具行业发展规划启动仪式

二、2018 年发展大事记

2018 年 3 月 27—31 日，东升镇人民政府举办“广东·中山（东升）首届办公家具文化节”，并首次发布倡议全社会更加重视提升办公环境的《城市宣言》。

2018 年 12 月 21 日中山市办公家具行业协会举办 10 周年庆典活动，活动上隆重举行“‘中国办公家具重镇’建设规划暨中山市办公家具行业发展规划启动仪式”。

十年来，中山市办公家具行业协会多次组织与各部门座谈和会议，加强政企互动，积极推动产业转型升级、外出考察，组织参加大型招商活动，抱团发展；多次组织与行业商协会交流，互访学习，助力会员搭建对外平台。

在最具行业影响力的中国（广州）国际家具博览会办公环境展会上，东升办公家具企业参展面积历年均近 10000 平方米，约占系统办公家具参展面积的 20%。展会期间逾 10 万人次的客商莅临中山区域，有效拉动了中山的经济发展。而在全国主要办公家具商城中，东升办公家具品牌占比高达 40%。

三、发展规划

2019 年，东升镇人民政府计划划拨专项资金制定办公家具产业的中长期发展规划方案，明确坚持以“政府为主导，市场为导向，企业为主体”的全方位协同发展战略，进一步整合行业资源优势，做强产业链条；鼓励技术创新，充分发挥政府的引导作用，调动各方资源助推“中国办公家具重镇”建设再上新台阶。

中山市倡议全社会更加重视提升办公环境的《城市宣言》首发

中国家具产业集群——商贸基地

中国家具商贸基地共有五个，分别是广东乐从、江苏蠡口、四川武侯、河北香河和广东厚街。其中，乐从、蠡口、武侯和香河起源于 20 世纪 80—90 年代，经过 30 年左右的发展，基地吸引红星美凯龙、月星家居等龙头家具卖场入驻，建立了深厚的产业基础和广泛的品牌影响力。

近年来，商贸基地原有的品牌管理模式和经营方式不再适应市场需求，各基地开始积极寻求转型升级之路。主要有以下几种方式：一是完善产业链，借助集群优势，发展设计、研发、生产、销售等产业，完善配套；二是借助“一带一路”的契机，走展国际化之路，举办文化节、博览会等，提升国际知名度；三是走高质量发展之路，建立市场准入制度，优化市场体验，完善购买服务等，迎合升级的消费需求；四是依托新业态和新模式，促进商贸与文化、旅游、设计等产业相结合，优化商业环境，推动传统商贸业提档升级。

河北 / 香河

香河国际家具城有专业展厅 50 个，总面积 300 万平方米。城内入驻企业 7500 多家，知名品牌 1500 余个，是中国北方最大的家具销售集散地，日客流量 2 万人次以上，年客流量可达 650 万人次，年销售额 280 亿元。2018 年，继续举办中国·香河国际家具展览会暨国际家居文化节活动。

广东 / 乐从

乐从拥有 180 多座现代化的家具商城，总经营面积达 400 多万平方米，从业人员 5 万多人。产品畅销世界 100 多个国家和地区，家具销售量居全国家具市场之冠。2018 年乐从家具市场销售收入 62.8 亿元，同比增长 15.84%。2018 年，乐从升级为“中国家居商贸与创新之都”，举办“智·创未来 2018 乐从家居创新设计系列活动”，打造了“乐从·国际家居创新城”。

中国家居商贸与创新之都·乐从

乐从，作为中国家具市场领导者和全球最大的家具采购中心，三大优势成为所有买家首选地。

·**品类磅礴** 乐从是世界知名家具品牌的集散地，多达180多座规模庞大的家具城，总经营面积400多万平方米，共有海内外经销商5000多家，汇聚了国内外高、中档的家具品种3万多种，在这里你可以寻找到全球99%的家具产品。乐从，每天吸引两万多名顾客前来参观购物，而常驻乐从镇进行家具采购的外国客商接近1000人，产品畅销世界100多个国家和地区，家具销售量居全国家具市场之冠，是全国乃至全世界公认的最大规模的家具专业市场。

·**诚信保障** 多年来，乐从家具城秉持诚信经营的理念，由政府组织、企业出资设立先行赔付基金，保障每一位顾客的权益。购物过程中凡因商家责任导致损失，先行赔付基金将立刻作出赔偿。继2004年乐从荣获“中国家具商贸之都”称号后，2018年，中国轻工业联合会、中国家具协会共同授予乐从“中国家居商贸与创新之都”这个在全国具有唯一性的荣誉称号。乐从,你值得信赖的合作伙伴。

·**交通便利** 乐从处于战略位置，有着发达的交通干线。无论是中国南北还是世界各国，您的货物都可以快速准确安全送达。有家具的地方，就有乐从家具的身影。

乐从，全球最大的家具采购中心，有着丰富的家具产品、便利的物流网络和一站式的贴心服务。 每天数以万计的客商来到这里作选购，数以万计的家具每天从这里起步，将乐从之美带到各地。让您带着期待而来，带着满意而归，是每一个乐从人的心愿。

www.lcfurniture.cn
Tel: 86-757-28331169
E-mail: cclfc2009@126.com
中国·广东省佛山市顺德区乐从家具大道
Lecong Furniture Avenue ,Shunde District ,
Foshan City ,Guangdong Province ,China

中国家居商贸与创新之都——乐从

一、基本情况

1. 地区基本情况

乐从地处珠江三角洲腹地，位于广东省的南部，处于佛山市中心城区区域，距离广州市 30 千米，距香港、澳门仅 100 千米，地理位置优越。乐从镇是广东省佛山市顺德区的商贸重镇，有着悠久的商贸历史。乐从拥有著名的家具、钢铁、塑料三大专业市场，被誉为“中国家居商贸与创新之都”“中国钢铁专业市场示范区”“中国塑料商贸之都”。乐从商贸经济发达，多家制造业、服务业企业早已成为国内专业领域翘楚。

2. 行业发展情况

乐从家具城是国内最早的家具专业市场，现今拥有 180 多座现代化的家具商城，总经营面积达 400 多万平方米，市场拥有家具生产、销售、安装、运输等从业人员 5 万多人，容纳了海内外 5000 多家家具经销商和 1300 多家家具生产厂家，汇聚了国内外高、中档的家具品种 4 万多种，每天前来参观购物的顾客达 2 万人次以上，常驻乐从镇进行家具采购的外国客商接近 1000 人，每年到乐从采购的外国客商接近 5 万余人次。每天进出乐从运送家具的车辆超过 3 万台次，产品畅销世界 100 多个国家和地区，家具销售量居全国家具市场之冠，是全国乃至全世界最大的家具集散采购中心。

继 2004 年乐从荣获“中国家具商贸之都”称号后，2018 年，中国轻工业联合会、中国家具协会共同授予乐从“中国家居商贸与创新之都”荣誉称号，这不仅是对乐从家具市场的肯定，更是赋予乐从引领中国家居走向创新设计之路的一个崭新使命。

“中国家居商贸与创新之都”授牌仪式

二、经济运营情况

2018 年乐从镇实现地区生产总值 212.08 亿元，同比增长 6.57%；规模以上工业产值 67.35 亿元，同比增长 8.8%。贸易业销售收入 988.92 亿元，同比增长 6.1%；家具市场销售收入 62.8 亿元，同比增长 15.84%，鼓励家具市场本地出口，促进年度家具出口额实现增长 27.8%。全社会固定资产投资 120 亿元，同比增长 11.11%。

三、2018 年发展大事记

1. 家居产业转型迈出新步伐

乐从升级为“中国家居商贸与创新之都”，将以创新设计为动力，从中国家具商贸之都向中国家居产业创新高地迈进。

乐从家具城

2. 举办“智·创未来 2018 乐从家居创新设计系列活动”

由顺德区政府和中央美术学院城市设计学院联合主办的“智·创未来 2018 乐从家居创新设计系列活动”激发起一股创新设计浪潮，系列活动包括“天鹤·承艺造物”创新设计作品成果汇报、家居创新设计项目路演、“对话创新设计·智汇家居未来”论坛、乐从青年创客大赛等一系列创新主题活动亮点纷呈。

其中 2018“天鹤·承艺造物”创新设计作品成果汇报作为乐从创新设计系列活动中的重要组成部分，由中央美术学院主办，乐从镇协办，旨在以家居创新设计为主线，推动教学、研究成果与产业的深度融合，促进创意、设计与产品的成果转化。本次展览展出包括 2018“DESIGNNOVA”天鹤奖创新设计大赛获奖作品、2018 中央美术学院城市设计学院本科毕业生优秀毕业设计作品以及 2018 陈设中国·晶麒麟奖作品等近 200 组作品。

“天鹤奖”高处观点——对话创新设计·智汇家居未来活动在罗浮宫总部大厦举行。来自各大高校设计领域的专家学者、国内外最顶尖的家居艺术大咖、设计大师，以及国家协会、地方政府领导等共同对乐从家居与创新设计的未来展开了一场深度对话。

“天鹤奖”高处观点——对话创新设计·智汇家居未来活动

3. 打造“乐从·国际家居创新城”

乐从围绕“国际品牌小镇”建设目标，已成功启动了一系列创新设计工作，包括深化与中央美术学院等优质教科研机构合作，举办“乐从文化艺术

“乐从·国际家居创新城”启动仪式

季”系列活动。中央美术学院城市设计学院广东分院、全国艺术教育联盟创新孵化基地、央美城市设计学院创新孵化基地等一批创意设计平台亦相继启动，目前已吸引来自海内外众多知名院校、设计师、艺术家、设计机构入驻，并与佛山、广州、中山、深圳、东莞等多地的制造企业达成深度合作。

四、发展规划

1. 围绕转换产业动能，在促进高质量发展上实现新作为

紧抓三龙湾高端创新集聚区发展契机，立足中德工业服务区核心区所在地的开放优势，内挖潜力、外引资源，优化存量、扩充增量，切实增强乐从经济创新力和竞争力，面向湾区打造以家居商贸创新为核心的生活艺术发源地、现代服务业和科技转化的产业高地、龙头节点。

2. 提档升级传统优势产业

依托新业态和新模式，深入实施创新驱动发展战略，推动商业环境和消费体验的进一步优化，促进商贸与文化、创意、旅游等产业相结合，延伸、扩展产业链。

依托“中国家居商贸与创新之都”品牌效应，围绕乐从国际家具大道进行环境优化、产业品牌提升。以罗浮宫家居、红星美凯龙家居博览中心等项目为重要节点，辐射带动现有家具市场升级发展，放大家居产业的品牌效应。

以“大家居”为创新设计的突破领域，以乐从创智谷为创新资源集聚阵地，补强家居产业创新设计链，推动产业结构优化。充分撬动佛山新城高端楼宇资源、商业商务地标资源，围绕现代服务业大力引进税源型企业，以佛山新城的兴旺兴盛、聚人聚财辐射乐从全域。

3. 打造乐从家居新名片

进一步提升乐从家居产业的开放度和内涵，以开放与创新作为突破口，努力完成三个转变：从家具销售向家居全产业链延伸，从商贸之都转变为创新设计之城，从“中国的乐从”发展为“世界的乐从”，进一步对接国际资源，让创新设计成为乐从家居的新名片。

中国北方家具商贸之都——香河

一、基本概况

香河国际家具城位于河北省香河县，地处京津唐金三角腹地，距北京 45 千米、天津 70 千米、唐山 100 千米，多条国道、省道穿境而过，香河历史上就是家具之乡，拥有浓厚的家具文化底蕴，历经 17 年的发展，香河国际家具城已成为北方较为成熟的家具市场和集散地。

香河国际家具城有专业展厅 50 个，总面积 300 万平方米。城内参展企业 7500 多家，知名品牌 1500 余个，是中国北方最大的家具销售集散地、全国最大的办公家具和红木家具批发市场，产品除畅销北方十余个省、市以外还远销东北亚、欧美和非洲等部分国家和地区，日客流量 2 万人次以上，年客流量可达 650 万人次，年销售额 280 亿元。

近年来，香河国际家具城先后荣获全国十大著名家具城、全国十大家具卖场、中国产业集群品牌 50 强、全国家具批发市场第一名、中国商业旅游品牌魅力家具城、全国十佳流通商业品牌、全国质量服务双十佳信誉单位、全国售后服务十佳单位、特殊贡献单位、中国家居产业最具价值卖场品牌、北京市消费者信得过单位、天津人喜爱的家具卖场、河北省十大最具影响力市场、中国家具行业信息工作先进单位、知识产权保护规范化市场等多项荣誉称号。

二、2018 年发展大事记

1. 2018 中国・香河国际家具展览会暨国际家居文化节

本届中国香河国际家具展览会暨国际家居文化节由中国家具协会、河北省家具协会、香河国际家具城共同主办。文化节主会场位于月星家居广场，分会场位于香河家具城各展厅。本届展会主题为“‘俱’会香河・体验世界”。因聚合，1500 个国内知名品牌落户香河。在经营模式上，香河国际家具城已逐渐从传统经营模式转变升级为数字化经营，尽显“智慧家居”生活理念。

2. 香河国际家具城打造家具质量服务年

2018 年，也是香河国际家具城打造家具质量服务年，香河国际家具城管委会积极建立并完善“顾客投诉服务体系”，当天无理由退定金，将先行赔付落实到位，确保消费者利益最大化；香河家具城管委会成立售后服务中心，每个展厅有专门售后服务人员，监督明确销售责任，更好地保护消费者权益。意在以服务赢发展，让顾客在香河放心、安心的完成一站式购物，愉悦购物。

三、重点企业情况

1. 香河月星家居

香河月星家居占地面积 10 万平方米，由 500 余间商铺构成，共分 3 层，一层、二层主营民用家具，三层主营办公酒店家具。商场从线上和线下打造泛家居购物生活新体验，深层次满足社会精英人群对现代消费生活更高品质的追求与享受，使消费者可以全方位、多元化的购物。

2. 金钥匙家居

金钥匙家居于 2003 年开业，总占地面积 15 万平方米，建筑面积 11 万平方米，主要从事中、高档家具商品销售，是为家具供应商提供产品展示、分销、物流配送及信息服务的超前商业中心。一层工厂直营店；二层品牌旗舰店；三层为罗浮新国际（经典家居馆）；四层为罗浮新国际（原装进口馆）。金钥匙家居充分满足消费者一站式购物的需求，适应了现代消费发展的趋势。

3. 经纬家居城

经纬家居城占地 730 亩，总体规划面积超过 150 万平方米，总投资超过 3000 万元，建成后将成为全球最大面积的单体家居城。经纬家居城首期建筑面积为 25 万平方米，共设有 4 个展馆，其中设有专营国内外高档家具的精品馆，其余各馆按经营产品类别分布。不但有家居上游产业即家具、家装、灯饰、建材、家居饰品、家电、五金等，且附带购物、休闲、游乐、餐饮、酒店商务、仓储物流。

4. 鑫亿隆家居文化广场

鑫亿隆家居文化广场是一座大型现代家具商城。总经营面积 7 万平方米。城内参展企业 300 余家。主要经营高档套房、品牌沙发、床上用品、餐桌椅、藤艺制品、家具饰品等八大系列上万种家具；产品除畅销北方 10 余个省、市以外，还远销至欧美、东南亚、俄罗斯、蒙古等国家和地区，年销售额达 40 亿元，是香河规模最大、功能最全、环境最优、人气最旺的高档家具商城之一。

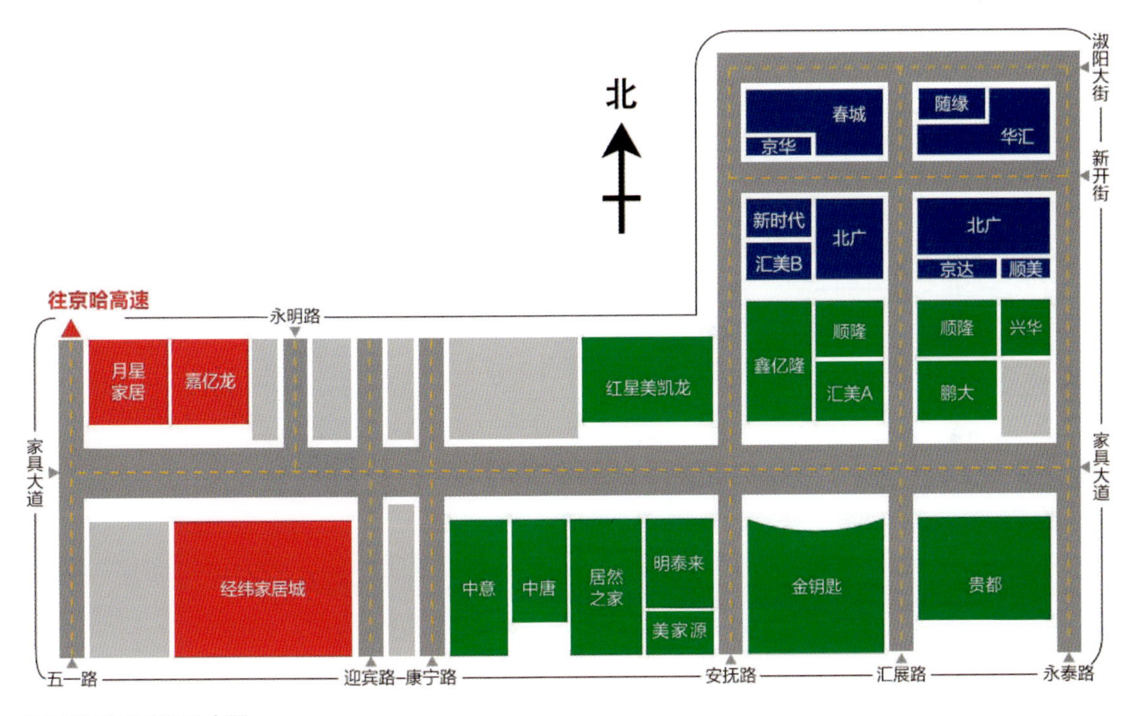

香河地区家具卖场分布图

中国家具产业集群——出口基地

在复杂的国内外环境下，2018 年，中国家具行业出口、进口规模逆势增长，再创新高。据海关数据显示，全年我国家具行业贸易总额 588.67 亿美元，同比增长 8.06%，贸易顺差 522.87 亿美元。其中累计出口 555.77 亿美元，同比增长 8.08%；累计进口 32.90 亿美元，同比增长 7.80%。家具行业 6000 家规模以上企业累计完成出口交货值 1749.78 亿元，同比增长 2.42%，增速较上年减少 5.55%。

美国是我国最大的家具出口贸易国。据海关数据显示，2018 年我国家具出口美国累计 212.40 亿美元，占我国家具出口总额的 38.22%，同比增长 13.2%。与上年相比，出口美国占比提高 1.73 个百分点，增速提高 1.2 个百分点。2018 年，家具出口受到贸易战等因素影响，不排除家具进口商提前备货，导致出口增加。

我国出口基地主要有浙江安吉、浙江海宁、广东大岭山和山东胶西，各个产业基地主管部门在引领企业拓展国际市场方面，做了大量工作。组织企业参与科隆等国际家具展，提升品牌在海外的知名度，获得贸易订单；引领企业开展设计创新，参与“IF”等国际知名设计大赛；参加国际会议，世界杯等赛事，在国际上亮相。

浙江 / 海宁

2018 年，海宁家具行业共有生产企业 170 余家，从业人员 4 万余人。2018 年海宁市家具行业规模以上企业累计实现工业产值 85.11 亿元，同比增长 12.9%。沙发出口企业累计出口 63.41 亿元，同比增长 3.5%。其中，成品沙发累计出口 57.02 亿元，同比增长 4.6%；布沙发出口 35.82 亿元，同比增长 8.6%；皮沙发出口 21.21 亿元，同比下降 1.4%。

浙江 / 安吉

2018 年，安吉县共有椅业企业 700 家，椅业全行业实现销售收入 394 亿元。其中规模以上企业 176 家，完成工业总产值 225.8 亿元；实现销售收入 200.3 亿元；自营出口 152.9 亿元，同比增长 18.9%；入库税金 24.1 亿元，同比增长 123.2%。销售收入亿元以上企业达到 54 家。排名前十位企业的销售收入均突破 4 亿元，占椅业规上企业的 41.0%。永艺股份出口 15.4 亿元，同比增长 26.5%；恒林股份出口 17.8 亿元，同比增长 8.6%；中源家居出口 8.6 亿元，同比增长 9.7%。

广东 / 大岭山

大岭山镇拥有家具及配套企业 500 家，其中上规模以上企业 70 家。2016—2018 年家具产业税收分别为 7.09 亿元、7.92 亿元、7.73 亿元。2017 年全镇家具生产总值 131 亿元，其中家具出口总额 14.53 亿美元；全镇全年家具内销总额达 42.45 亿元。

中国椅业之乡——安吉

一、基本概况

安吉是闻名中外的“中国椅业之乡”，是全国最大的办公椅生产基地。安吉椅业起步于 20 世纪 80 年代初，经过三十多年的发展，产品由原来的单一型发展到系列化生产，椅业已成为安吉县第一大支柱产业。安吉无论从椅业生产规模、市场占有率还是品牌影响力，在全省、全国乃至全球，都具有领先地位。

2010 年安吉荣获“浙江省块状经济向现代产业集群转型升级示范区”称号；2011—2016 年连年被中国家具协会授予“中国家具优秀产业集群奖”或“中国家具先进产业集群奖”荣誉；2014 年被中国家具协会授予“中国家具重点产区转型升级试点县”；2016 年被国家工信部授予“全国产业集群区域品牌建设椅业产业试点地区”。2017 年科技部火炬中心发文公布，安吉椅业荣获高端功能坐具特色产业基地称号；安吉绿色制造省级高新技术产业园区获批，智能家居为三大主导产业之一。2018 年，安吉县家具及竹木制品制造业被列为第二批传统制造业改造提升分行业省级试点名单和省级工业与信息化设计赋值领域提升名单；椅业行业被列入产品升级改造名单。

二、经济运营情况

截至 2018 年年底，全县共有椅业企业 700 家，椅业全行业实现销售收入 394 亿元。其中规模以上企业 176 家，完成工业总产值 225.8 亿元，同比增长 12.8%，占全县规模以上工业总产值 38.3%；实现销售收入 200.3 亿元，同比增长 12.8%；自营出口 152.9 亿元，同比增长 18.9%；入库税金 24.1 亿元，同比增长 123.2%。销售收入亿元以上企业达到 54 家，38 家企业位列安吉工业经济 100 强。排名前十位企业的销售收入均突破 4 亿元，占椅业规模以上企业的 41.0%。

全县椅业企业累计出口 177.5 亿元，同比增长 16.6%，占全县出口总额 71.7%；全县共有出口实

2016—2018 年安吉椅业发展情况汇总表

主要指标	2018 年	2017 年	2016 年	2015 年
企业数量（个）	700	700	700	700
规模以上企业数量（个）	176	154	144	146
工业总产值（亿元）	394	349	330	317
主营业务收入（亿元）	355	335	317	305
出口值（万美元）	264771	241269	206583	187803
内销（亿元）	193	183	177	170
家具产量（万件）	9270	8725	8250	7925

绩企业 705 家，其中椅业企业 495 家。永艺股份出口 15.4 亿元，同比增长 26.5%；恒林股份出口 17.8 亿元，同比增长 8.6%；中源家居出口 8.6 亿元，同比增长 9.7%。

目前，安吉椅业小镇、椅艺创新服务综合体已完成建设并部分投入使用，“一镇一体”的建成不仅能够扩大安吉椅业产业集群影响力，同时也将为推进绿色家居产业发展提供示范。

三、2018 年发展大事记

1. 积极参加各大展会，着力打造区域品牌

2019 年 3 月，第 43 届中国（广州）家博会在广州琶洲隆重开幕，安吉椅业共有 70 余家企业组团参加本届广州家博会，参展总面积 1.6 万多平方米，“安吉椅业馆”已连续 8 次亮相，向众人展示一批代表安吉椅业最高水平的新品。2018 年 9 月，在第 42 届中国（上海）家博会上，安吉椅业共有 35 家企业参展，共 38 个展位，总面积达 8025 平方米。两届展会上，安吉椅业区域品牌同时亮相，扩大安吉椅业产业集群影响力。除了参与国内知名展会外，安吉椅业企业还出国参加科隆、马来西亚等展会。获得了区域品牌宣传和贸易订单的双丰收。

2. 借力金融市场，助力椅业发展

截至 2018 年，安吉椅业企业共有三家上市公司，它们分别是永艺股份、恒林椅业、中源家居，三家上市公司形成三足鼎立之势，引领安吉椅业向前发展。

3. 协助企业保护知识产权，打击侵权行为

浙江省椅业协会、安吉县维护企业公平竞争办公室联合经信委、科技局、市场监管局等部门组织“提倡文明参展，打击仿冒侵权”活动，组织现场维权组赴上海家博会现场和广州家博会现场督查取证，做好专利宣传，现场维权督查常态化；并有效促进企业及时申报自主知识产权，提高企业研发创新的积极性。

4. 依托设计研发，椅企创新能力进一步提升

2018 年 3 月，第三届“安吉椅业杯”国际座椅设计大奖赛，在中国（广州）国际家具博览会（办公环境展）上召开说明会。此后各项筹备工作紧锣密鼓开展，2019 年 4—9 月比赛将如期进行。“安吉椅业杯”座椅设计大奖赛是专业的国际性座椅产品工业设计大赛赛事，2014 年与 2016 年已成功举办两届赛事，取得了良好的社会效益。

5. 拓展宣传渠道，创新推广模式

浙江省椅业协会与安吉新闻中心、梅地亚紧密合作出版了《浙江椅业》，展现安吉椅业发展历程，剖析安吉椅业发展中出现的问题，推广优强企业的创新做法。此外，安吉椅业高铁冠名，驰骋于京沪两地，这是全国首例以工业制造集群品牌推广为目标的高铁宣传。此次“安吉椅业”高铁冠名列车，由安吉县县政府组织，联动永艺、恒林、博泰、大东方、大康、富和、五星、伟誉、华祺 9 家椅业骨干企业共同参与；安吉椅业还在杭州武林广场大屏、高铁杭州东站、浙江航空杂志等投放系列广告，进行区域品牌宣传；积极利用微信公众平台及时发布安吉椅业动态消息，并通过平台与全国各地粉丝积极互动，展示安吉椅业形象；广州家博会、上海家博会期间，在场馆入口、电梯、道路等人群密集处，投放安吉椅业宣传广告，助力安吉椅业品牌形象推广。

6. 借势互联网 +，电商销售发展迅猛

2015 年 6 月，浙江省椅业协会与安吉星号电子商务有限公司签订合作协议打造“安吉购”家居电商分销平台，并于同年 8 月上线运营，随着平台影响力不断扩大，有更多的供货商、分销商踊跃加入。2018 年，安吉购的年销售额已达到 5300 万，供应商 690 家，代理商 9652 家。从江浙沪开始向全国呈辐射式扩散，并正在逐步渗透到全国各个角落。平台现已出台交易规则 46 项，规范了供应商及代理商的交易行为，减少经济纠纷，提高平台诚信，吸引更多供应商及代理商的入驻。安吉购逐渐受到各界人士的关注，其渠道、代理覆盖淘宝、天猫、京东，渗透到国内家具产业专业市场，各地家具协会纷纷向安吉购投来橄榄枝。目前，安吉购与杭州、苏州、郑州、成都、云南、安徽、陕西等家具商会联系紧密，更进一步为安吉购成为全球领先的椅业分销电子商务平台奠定基础。2018 年安吉购产品报价单被纳入中国移动办公用品采购名录，预计年供货量达到 50000 把。计划 2019 年销售额达

到7千万，代理突破12000家。

7. 创新设计，加强制定标准

2018年7月，永艺公司Uebobo椅荣获红点奖最高荣誉“最佳设计奖”，这是继2月夺得德国德国“IF设计大奖”之后，该椅再次斩获的国际设计大奖。至此，Uebobo椅将世界公认的三大设计奖（德国“红点奖”、德国“IF奖”、美国“IDEA奖”）中的两大奖项揽入怀中。

由安吉县质量技术监督检测中心牵头，永艺、恒林、博泰等7家企业参与的《办公椅用脚轮》国家行业标准于2019年2月24日由国家工信部批准发布，结束了安吉县没有牵头制定国家行业标准的历史。

2018年安吉椅业发展大事记汇总

1月	浙江省商务厅公布2017年度“浙江出口名牌”，永艺、嘉瑞福、博泰、国华、超亚、强龙、德慕、伟誉8家安吉椅业企业获此殊荣。
2月	恒林、永艺荣获2017年度湖州市纳税大户称号。其中恒林公司在2017年实缴税金达2.1亿元，并荣获“金牛”企业。
3月	2017年度安吉经济发展风云榜颁奖盛典召开，其中恒林、中源获年度资本市场推进奖；博泰获市级政府质量奖；大东方获县级政府质量奖；国华、富和获年度企业品牌创建奖；永艺获科技创新先进企业奖；恒林、永艺、中源、嘉瑞福获年度明星企业称号。大康控股集团有限公司董事长毛如佳获安吉县“2017年度最具影响力人物”之一；恒林公司主板上市获“2017年度安吉骄傲最具影响力事件”之一。
	第41届中国（广州）家具博览会在广州琶洲隆重开幕，安吉椅业共有65家企业参加本届家具博览会，参展总面积15000多平方米。
	永艺公司年产240万套智能家具生产线项目正式开工。
4月	珠海格力电器股份有限公司董事长董明珠参观考察永艺、大康椅业企业，并在博鳌论坛演讲中力挺安吉椅业。
	中源荣获浙江省博士后工作站称号。
5月	恒林荣获湖州市助力“三名工程”商标品牌保护企业。
	永艺荣获浙江省企业技术标准创新基地。
6月	安吉制造登陆俄罗斯世界杯舞台，浙江百之佳家具有限公司生产的椅子应用于世界杯VAR中心。
	永艺荣获浙江省商标品牌示范企业。
	中源荣获国家品牌价值先锋奖。
	安吉大康控股集团有限公司被确认为上合青岛峰会主场所家具的唯一供应商，安吉元素再次登上国际峰会舞台。
7月	永艺家具的永艺数字智能化工厂项目荣获2018年省级制造业与互联网融合发展示范企业。
	安吉县家具及竹木制品制造业被列为第二批传统制造业改造提升分行业省级试点名单。
8月	浙江恒林椅业股份有限公司被浙江省工商行政管理局颁发守合同重信用证书。
	第三届亚洲质量功能展开与创新研究会，永艺股份荣获“亚洲质量改进优秀项目”一等奖。
	中源荣获省级专利示范企业称号。
9月	第42届中国（上海）家具博览会在上海虹桥隆重开幕，安吉椅业共有36家企业参加本届家具博览会，参展总面积达到14500平方米。
	华康家具、富和家具、护童家具等9家椅业企业单位被选入2018年湖州市两化深度融合试点企业。
	恒林、中源、大康荣获绿色产品认证证书。
	美国对我国2000亿输美产品加增10%关税，其中涵盖绿色家居产品。

（续）

10月	恒林家具在京建成6000平方米体验馆，打造办公家具一体化整装服务，开启战略布局的新篇章。
	百之佳家具、龙威家具、昊国家具、大东方家具、博泰家具、五星家具六家工业企业的设计中心被认定为第四批湖州市工业企业设计中心。
	永艺荣获2018中国绿色办公家具十大品牌、2018中国办公家具十大创新标杆企业。
11月	龙威家具生产的休闲椅、德慕家具生产的办公椅、中源家具生产的沙发荣获2018年浙江名牌产品。
	永艺荣获浙江省AAA级“守合同重信用”企业。
	中源、大康、永艺荣获国家绿色工厂称号。
	安吉县家具及竹木制品列入省级工业与信息化设计赋值领域提升名单。
	安吉县椅业产业被列入产品升级改造名单。
12月	由浙江省椅业协会提出的《铁艺椅》及《功能性沙发》两份“浙江省椅业协会”团体标准于2018年6月30日正式发文立项，主要起草单位分别为浙江五星家具有限公司和中源家居股份有限公司。经两家单位标准工作小组的努力，在标技委秘书处的指导下，2018年12月1日，由浙江省椅业协会下文正式发布，实现了“浙江省椅业协会”团体标准零的突破。
	中源荣获省级企业技术中心称号。

中国家具出口第一镇——大岭山

一、基本概况

1. 地区基本情况

大岭山镇位于广东省东莞市中南部，面积 95 平方千米。靠近珠江口东岸，处于广州市和深圳市经济走廊中间，毗邻香港和澳门特别行政区。距广州市 85 千米，距深圳市区 75 千米。距深圳机场 45 千米，距虎门港 25 千米，距常平火车站 28 千米。大岭山镇作为新兴工业镇区，产业布局相对一体，巨大的发展优势吸引了众多的海内外投资者。目前全镇拥有各类型企业 1800 多家，形成了以家具、电子、化工产业为龙头，造纸、纺织、玩具、食品等产业齐驱并进的工业集群，区域特色经济明显。

2. 行业发展情况

大岭山镇具有五大支柱产业及四大特色产业。大岭山家具产业集群先后被评为亚太地区最大家具生产基地、中国家具出口第一镇、中国家具出口重镇、中国家具优秀产业集群、广东省家具产业集群升级示范区、广东省技术创新（家具工业）专业镇、东莞市重点扶持发展产业集群。

大岭山镇拥有最好的板材加工厂、五金配件厂、皮具加工厂，还有一批上规模、高质量的化工、涂料、木材企业，包括世界 500 强企业——阿克苏诺贝尔涂料和丽利涂料，华南地区最大的木材供应市场——吉龙木材市场和最具规模的家具五金市场——大诚家具五金批发市场。

大岭山家具区域品牌影响力不断增强，拥有自主自创家具品牌 300 个、国家高新技术企业 5 家、中国驰名商标 5 件、广东省名牌产品 13 件、广东省著名商标 6 件、广东省技术工程中心 2 个。

二、经济运营情况

大岭山镇拥有家具及配套企业 500 家，其中规模以上企业 70 家。根据税务部门的统计，2017 年全镇家具生产总值 131 亿元，其中家具出口总额 14.53 亿美元；全镇全年家具内销总额达 42.45 亿元。

2016—2018 年大岭山镇家具行业发展情况汇总

主要指标	2018 年	2017 年	2016 年
企业数量（个）	500	500	530
规模以上企业数量（个）	70	62	67
工业总产值（万元）	1312310	1392857	1352287
主营业务收入（万元）	1001594	1075490	1044234
出口值（万美元）	145357	135631	142346
内销（万元）	424532	494113	479722
家具产量（万件）	1433	1587	1689
税收（亿元）	7.73	7.92	7.09

三、产业发展规划

1. 总体思路

以提高区域竞争力为中心，推进产业集群发展，提升家具产业链；以完善大岭山图书馆功能为契机，树立对外统一形象，打造家具区域品牌；以共建东莞市大岭山家具产业科技创新中心为载体，带动企业自主设计研发与技术创新；以打造形成新型规模产业为目标，全面提升大岭山家具产业在全国的竞争力与地位；依托集群发展，实现家具产业的整体升级。

2. 发展重点

以发展名牌企业为重点，培育优势企业。利用好大岭山家具产业科技创新中心，鼓励企业实施新材料、新技术应用，提高专业化生产程度，提升家具产品附加值；利用现代高新技术改造传统家具制造业，用信息化带动家具制造工业化；实施差异化战略，支持实木和软体家具发展壮大，着力提高特色产品的技术、文化含量；积极实施品牌带动战略，鼓励和扶持现有名牌企业，培育潜力企业，促进中小生产与配套企业协调发展。

以构建配套体系为重点，优化提升产业链。构建立体化的家具产业配套体系，提高名牌家具企业分工与合作程度，逐步建立从上游的家具研发、设计，到中游的家具生产、加工，再到下游的家具物流、配套展示、市场营销的家具产业链。

以打造区域品牌为重点，提升大岭山家具影响力。借力“中国家具出口第一镇”，以大岭山图书馆为平台，准备筹办每年一到两次全国性的大岭山家具主题活动，展示家具产业新形象，形成区域品牌与企业品牌互动的发展格局。

3. 完善设施配套

为提升产业集群建设，大岭山镇计划创建“东莞家具品牌创意园”，联合大岭山镇家具协会起草规划方案，以大岭山镇的特色和优势为主轴，考虑未来经济形势的发展趋势，配合“三旧改造”“工改工”政策，结合现在企业的实际需求，规划家具创意园具备六大公共服务平台：家具质量和技术的检测中心、各级人才的培育基地、新材料研发平台、家具采购平台、电子商务交易中心、家具设计品牌推广中心。最终打造成为大岭山家具企业总部基地、中国家具品牌中心。

中国出口沙发产业基地——海宁

一、基本概况

1. 地区基本情况

海宁市位于中国长江三角洲南翼、浙江省东北部，东距上海 100 千米，西接杭州，南濒钱塘江，与绍兴上虞区、杭州萧山区隔江相望。海运方面被上海港、宁波港环抱周围，航空方面距上海浦东机场车程 1.5 小时，杭州萧山机场车程 40 分钟，杭州至海宁的城际铁路也已启动建设，计划 2020 年建成通车，地理位置十分优越，交通便捷。海宁物产丰富，经济发达，是我国首批沿海对外开放县市之一，跻身“全国综合实力百强县市”前列。先后荣获了全国文明城市、全国金融生态县（市）、全国科技进步先进市等称号。

2. 行业发展情况

从 2018 年 1 ～ 2 季度的情况来看，出口企业的订单都十分充足，整个家具行业的整体形势良好。但因 90% 的海宁家具企业都是以出口美国为主，而 2018 年中美贸易摩擦不断。尤其是从美国 USTR 在 2018 年 9 月 17 日公布针对自中国进口的 2000 亿美元商品最终征税清单，并宣布从 2018 年 9 月 24 日起对该清单中的产品加征 10% 额外关税的消息以后（海宁出口的家具产品全部在该清单内，且从 2019 年 3 月 2 日起，关税或加至 25%），中美贸易摩擦进一步升级，给海宁家具行业带来了极大的影响和很多不确定的因素。

因之前美国 USTR 宣布，从 2019 年 1 月 1 日起，关税将从 10% 提高到 25%，所以海宁市大部分出口企业在接到这一消息后就纷纷与美国客户商定，将所有订单（包括原本计划在 2019 年年初出货的部分订单）尽量都赶在 2018 年 11 月底前出货，希望能够避开这 25% 的关税，以降低企业的损失。也正因如此，从 2018 年 12 月初开始，大部分出口企业的订单量直线下降，个别企业甚至无订单可做。

美国加征关税使中国家具行业也深受影响，这也加速了海宁家具行业的洗牌速度，2019 年的家具行业或许又是另外一番景象。但是，短期内想要找到合适的替代国来承接美国如此大的订单量是不现实的，包括工人的熟练程度也是无法跟中国的工人相比。所以，海宁家具行业仍具有一定的优势。

二、经济运营情况

2018 年，海宁家具行业共有生产企业 170 余家，从业人员 4 万余人。根据海宁市统计局对 43 家行业内规模以上企业的统计资料汇总，2018 年海宁市家具行业累计实现工业产值 85.11 亿元，同比增长 12.9%，利税 6.82 亿元，同比增长 10.1%，全行业利润 2.85 亿元 , 同比下降 9.5%。因统计口径关系，加上未统计在家具行业的一些集团企业的产值，2018 年家具行业累计实现工业总产值约 110 亿元。

根据海关统计数据显示，2018 年，海宁市沙发出口企业累计出口 63.41 亿元，同比增长 3.5%，出口总量占全市第三。另外，成品沙发累计出口 57.02 亿元，同比增长 4.6%；布沙发出口 35.82 亿元，同比增长 8.6%；皮沙发出口 21.21 亿元，同比下降 1.4%；布沙发套出口 6.91 亿元，同比下降 10%；皮沙发套出口 4.21 亿元，同比增长 9%。

2018 年分季度海宁市家具成品累计出口额统计表

时间	累计出口额（亿元）	同比增长（%）
一季度末	12.72	–2.3
二季度末	30.59	+7.2
三季度末	45.79	+7.2
四季度末	63.41	+3.5

2016—2018 年海宁市家具行业发展情况汇总表

主要指标	2018 年	2017 年	2016 年
规模以上企业数量（个）	43	44	43
工业总产值（亿元）	85.11	74.97	80.77
主营业务收入（亿元）	83.18	73.53	75.25
出口值（万美元）	91949.64	96627.06	77027.4

三、品牌发展及重点企业情况

1. 卡森集团

2018 年 11 月 15 日，卡森集团柬埔寨一带一路——斯登豪卡森经济特区、斯登豪浙江经济特区正式开工。斯登豪卡森经济特区将是柬埔寨最大的大工业、重工业经济特区，也是柬埔寨首家最大的深海港。特区内将拥有 10000MW 的火力发电厂，并将自建 10 万吨级国际联运码头，今后还有海关、商检等政府相关单位入驻，可以为企业提供协调、咨询、证照办理等“一站式”服务。

斯登豪浙江经济特区位于柬埔寨 4 号公路 175 千米处，是由卡森集团和 Attwood 投资集团共同投资的经济特区。园区面积约 1500 公顷，其中一期规划占地 300 公顷，已建成标准厂房达 15 万多平方米。目前已配置大型综合办公楼、生活区、污水处理厂等基础服务设施，隆森家具、罗马实业、华悦国、浙江荣华、浙江永力、中远塑料等 10 多家企业已入驻园区。

2. 慕容集团

2018 年，慕容集团牵头制定了“浙江制造”团体标准《电动型功能沙发》，并于 2018 年 11 月 15 日发布，2018 年 12 月 1 日开始正式实施。同时，2018 年慕容集团还被认定为“浙江省高成长科技型中小企业”。

四、2018 年活动汇总

6 月 4 日，为促进海宁家具企业与巴西皮革供应商的交流与合作，海宁市家具行业协会带队组织专业考察团远赴巴西新汉堡市，对当地的相关制革企业进行参观考察。参加此次考察团的有浙江汉盛家具有限公司、海宁舒友家具有限公司、海宁市振亿家具有限公司等 6 家家具企业代表和浙江飞力科技股份有限公司、海宁赛尔复合材料有限公司、海宁市欧通织带有限公司等 5 家沙发辅料供应商代表，共计 17 人。

8 月 28 日，为了帮助海宁家具企业深入地了解巴西皮革业，由巴西出口投资促进局北京代表处主办，巴西制革中心与海宁市家具行业协会协办的 2018 中国皮革展（上海）高端对接会于上海浦东嘉里酒店举行。参加此次对接会的海宁家具企业代表分别为浙江海派智能家居股份有限公司、慕容集团和浙江川洋家居股份有限公司。

11 月 23 日，因中美贸易摩擦给海宁市家具行业出口带来极大的影响及很多不确定因素，为帮助企业积极应对贸易摩擦，研判 2019 年外贸出口趋势，经研究决定，海宁市家具行业协会组织 60 余家企业召开“应对中美贸易摩擦的调研座谈会”。

12 月 8 日，为进一步拓宽海宁家具企业家的国际经营视野，了解马来西亚的投资环境，抱团取暖，积极应对中美贸易摩擦，海宁市家具行业协会组织了 9 家会员企业代表前往马来西亚参观考察。

12 月 14 日，为进一步促进海宁家具行业内交流，探讨梳理行业现况，展望今后形势，海宁市家具行业协会组织了 50 余家家具企业代表前往柬埔寨西哈努克考察投资环境，并在柬埔寨西哈努克举办了 2018 年年会。

中国家具产业集群
——新兴家具产业园区

新兴家具产业园区是在国家政策的引导下发展起来的，承接着家具产业转移、创新升级、规模集聚的重要功能。在科学的规划管理下，已建设成为涵盖研发平台、设计创新、生产制造、物流运输、销售市场等一体化发展的家具产业集聚区，具有很好的战略协同优势、规模成本优势、信息共享优势和抵御风险优势。产业园的建设，为推动行业进步提供了有力支撑，为发展地方经济贡献了积极力量。

产业园引领产业发展主要表现在以下几个方面：一是环保理念在产业园内彻底践行。在《中华人民共和国环境保护法》《中华人民共和国环境保护税法》等环保政策法规的持续调控下，产业园统一建设标准化、规模化厂房，保证达到环保要求。二是先进技术在产业园内普及。产业园内的企业主要是产业转移或产能扩张过程中兴建的，企业引进新技术、采用先进设备，成为家具行业发展最高水平的典范。

我国家具产业集群主要分布在东部沿海地区，近年来，受中部地区崛起的影响，在河南、湖北等地迅速发展，主要在江苏海安、浙江龙游、浙江宁海、辽宁彰武、湖北潜江、湖北红安、湖北监利、河南信阳、河南兰考、河南原阳、河南清丰和安徽叶集等地区发展壮大。

江苏 / 海安

2018 年以来，基地建成投产的企业达 397 家，其中，2018 年新签约生产型工业项目 75 个，总投资 93 亿元；家具原辅材料市场 11 万平方米已正式运营；总面积 18 万平方米的 O2O 东部国际材料交易会展中心开始试营业；建筑面积为 20 万平方米的东部家具创业孵化园已经正式投入使用，二期科创园正在建设中；新建成投产家具工业项目 64 个。

河南 / 兰考

2018 年，兰考恒大家居产业园内，曲美、索菲亚、喜临门、江山欧派、皮阿诺、大自然 6 家上市企业均已实现投产，TATA 木门、鼎丰木业、郁林木业等品牌家居项目已满负荷运转，艺格木门、立邦油漆、万华生态板等项目正在紧张建设中。9 月 28 日，投资 20 亿元的万华绿色生态智能家居产业园项目正式签约。

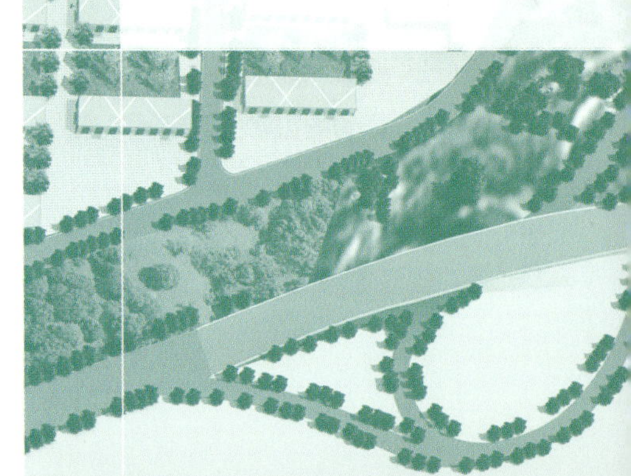

河南 / 信阳

信阳国际家居产业小镇总规划面积 15.16 平方千米，小镇自 2012 年 12 月奠基以来，已累计完成投资约 100 亿元。截至目前，小镇已累计签约项目 92 个，落地 61 个。2018 年，家居产业实现主营业务收入 26 亿元，工业企业实现总产值 20 亿元、出口 2515 万美元，缴纳税收 2128 万元，分别是去年全年的 1.14 倍、2.46 倍、6.6 倍和 4.2 倍。

河南 / 清丰

2016 年清丰县委换届以来，清丰产业园累计签约家居企业 196 家，46 家企业进驻标准化厂房，127 家落地建设，其中 105 家建成投产。2018 年底，清丰共有家具企业近 610 家，其中超亿元企业 48 家，年销售额 220 亿元，从业人员 3 万余人，家具产业占据了清丰经济发展的“半壁江山”。

河南 / 原阳

原阳工业园区总占地面积 5000 亩，目前建设面积达到 3000 亩，建成投产 1800 亩，建成厂房面积达 150 万平方米。园区落户家具企业 84 家，其中投产企业 63 家，在建签约企业 21 家，直接吸纳就业 10700 人。

中国东部家具产业基地——海安

一、基本概况

1. 地区基本情况

海安隶属江苏省南通市，东临黄海，南望长江，是上海一小时经济圈的北大门，拥有极具优势的交通枢纽地位。2018 年海安实现地区生产总值 993 亿元，增长 8.1%；完成工业应税销售 1718.15 亿元，增长 27.4%，总量继续保持南通第一。获评全国文明城市提名、中国幸福小康 50 强县市。全国中小城市综合实力百强榜、最具投资潜力中小城市百强榜排名均前移 1 个位次，分别列第 28 位和第 7 位。全国工业百强县市排名前移 4 个位次，列第 26 位。

2. 行业发展情况

中国东部家具产业基地始终坚持“研发有机构、生产有基地、销售有市场、服务有配套、物流有平台”的家具全产业链发展目标，逐步形成了家具全产业链式发展新格局，产业链已初具规模。目前，在海安及其周边已经集聚了 500 多家优质型家具生产企业，共建成家具标准厂房 300 多万平方米，企业员工达 3 万多人。此外，产业链龙头的销售市场已建和在建项目 6 个，总面积超 100 万平方米。在配套服务方面，东部原木加工仓储交易市场等项目将继续加快建设，项目建成后，将进一步完善产业链，促进产业链横向延展。根据海安家具产业“十三五”规划，至“十三五”末期，海安家具企业将达到 1000 家，批发市场规模将超过 100 万平方米，随着全产业链的不断完善，海安家具产业将迎来大发展、新跨越的“黄金期”。

在创新设计与人才引进方面，与南通理工学院签署产学研合作协议，在创意设计、人员培训、招引项目上紧密联手；已成立近三年的东部家具行业商（协）会目前入会会员企业高达 328 家；商会活动得到了各级领导的广泛好评。在中国家具协会的指导下，海安连续三年成功举办了“中国东部家具博览会”，展会邀请了众多行业精英及知名媒体莅临现场，共同见证这一辉煌时刻，在海安家具产业发展的历史进程中书写下了浓墨重彩的一笔。

二、经济运营情况

2018 年是华东家具产业转移最活跃的一年，对海安来说既是机遇也是挑战。2018 年以来，基地建成投产的企业达 397 家，其中，2018 年新签约生产型工业项目 75 个，总投资 93 亿元；家具原辅材料市场 11 万平方米已正式运营；总面积 18 万平方米的 O2O 东部国际材料交易会展中心开始试营业；建筑面积 20 万平方米的东部家具创业孵化园已经正

2016—2018 年海安家具行业发展情况汇总表

主要指标	2018 年	2017 年	2016 年
园区规划面积（万平方米）	1400	1350	1300
已投产面积（万平方米）	650	500	83
入驻企业数量（个）	528	360	216
新增规模以上生产企业数量（个）	61	56	58
新增配套产业企业数量（个）	320	200	158
工业总产值（万元）	96000	680000	330000
主营业务收入（万元）	10000	800000	420000
家具产量（万件）	320	216	90

式投入使用，二期科创园正在建设中；新建成投产家具工业项目 64 个；新建设并已全部出租标准厂房 43 万平方米。

三、2018 年发展大事记

1. 发力项目建设，市场日趋繁荣

2018 年是海安家具全产业链飞速集聚的一年，尤其是产业链龙头，市场建设更是风生水起。在东部全球家具采购中心，1 号馆蓬勃发展的同时，采购中心 2 号馆主体已封顶，正在招商；3 号馆即将建成封顶；此外 4 号馆、5 号馆已正式开工建设，项目正在全力推进中；6 号馆已达成合作意向，即将签约。随着销售市场的进一步扩大，产源地家具批发市场的优势将不断增强，海安家具的品牌影响力和辐射力将有效提升。

2. 实施精准招商，补齐产业链条

在促进园区企业转型升级的同时，加大招引优质企业落户的力度。海安先后多次赴上海、苏州、广州、深圳、成都等地考察招商，对于不同企业采取阶梯式招商政策，对于一些优质的承租企业，充分利用园区和各乡镇的闲置厂房承接落户，共计招租企业 86 家，出租厂房 74.5 万平方米。对于发展中的中小企业，搭建东部家具创业孵化园平台，助推企业规模化发展。另外，在全产业链打造方面，加强设计引领，加快“智汇谷”的建设；补齐产业链条，加快原木市场推进；不断完善产业配套，推动邻里中心建设。

3. 家具博览会亮点纷呈

2018 年 10 月 27 日，第 3 届中国东部家具博览会盛大开幕。在博览会开幕式上，中国家具协会理事长徐祥楠对基地发展给予高度肯定。第 3 届博览会采用“一期六展”的新形式，邀请 CCTV-7《乡约》栏目“走进海安”，以“交流共享 · 智慧未来”为主题，通过升级展会形式、内容和服务，搭建了海安与全国家具行业的交流合作大平台，推动了海安家具产业的蓬勃发展。

4. 高质量发展大会提振信心

2018 年 12 月 31 日，在海安市委十三届六次

中国东部家具产业基地采购中心 1 号馆

全会上，家具产业正式被列为海安市政府重点发展、优先发展、扶持发展的“十大产业集群”之一，海安家具行业再次迎来发展新机遇和新利好。海安市政府专门就现代家具产业高质量发展召开动员大会。会上，海安市委副书记、市长于立忠表示，政府将努力营造发展良好环境，期望与广大企业一起聚力打造家具产业新高地。会议同期还召开了东部家具行业商（协）会一届三次会员大会，来自商（协）会的300多名会员代表共同探讨了产业发展新未来。

5. 产业发展硕果累累

2018年8月，东部全球家具采购中心获评“省级生产性服务业集聚示范区”。2018年12月29日，东部全球家具博览中心在年度放心消费创建活动中获得了“江苏省放心消费品牌集聚区”的荣誉称号。此外，东部家具行业商（协）会还被评为2018年度“南通市优秀商会”，海安家具产业在一个个沉甸甸的荣誉中不断迈步向前。

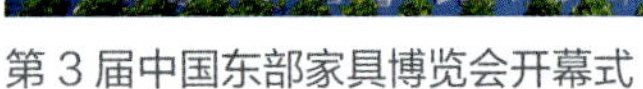
第3届中国东部家具博览会开幕式

中国中原家具产业园——原阳

一、基本概况

原阳县处于“三区一群”的核心地带，处于郑新深度融合的重要节点，处于郑州“北联”的要冲之地。原阳县连接南北、贯通东西、对接郑新的现代区域性综合交通网络将基本形成，区位交通优势更加凸显，综合竞争优势进一步增强。原阳被列为郑州大都市区七大新兴增长中心之一，明确原阳与郑州加强协作互动，做大做强专业制造、商贸物流、文化旅游、健康养老等特色产业和网络经济等新兴产业。新乡市借助郑新融合发展上升到省级决策层面机遇，出台专项工作方案，重点培育原阳成为新兴增长中心。

二、产业园整体情况

1. 规划情况

中国中原家具产业园（原阳金祥），位于原阳县产业集聚区，工业园区总占地面积 5000 亩，目前建设面积达到 3000 亩，建成投产 1800 亩，在建 1200 亩，建成厂房面积 150 万平方米。园区落户家具企业 84 家，其中投产企业 63 家，在建签约企业 21 家，直接吸纳就业 10700 人。中国中原家具产业园（原阳金祥）建设基础好，集群效应凸显。2013 年 4 月河南省发改委批复为 2013 年河南省第一批 A 类重点项目；2014 年 3 月中国家具协会授予“中国中原家具产业园”称号；2014 年 12 月获批河南省“全省典型示范园区”；2016 年荣获“2015 年度河南家具行业优秀企业奖”。

2. 运营情况

中国中原家具产业园（原阳金祥）项目由河南省川渝商会家具分会承办，由汇聚众多家具制造企业联合成立的河南川渝金祥家具有限公司具体运营。实施中介招商、以商招商，推动集群引进、抱团发展。2015 年 4 月，河南省委、省政府把园区作为典型“以商招商、产业集聚、资源整合、行业集约”的成功范例在全国推广。

三、发展措施

1. 实现“传统工业园区”到“家具产业新城”的转型升级

抓住政策、综合交通网络建设的新机遇，以大信家居、大自然室鑫家具为龙头，引领家具产业向数字化、智能化、生态化发展。大力发展家具产业旅游，以“大信魔数屋”“大信家居博物馆”为龙头，带动大自然、顶好家居等企业发展工业旅游项目，打造工业旅游新亮点。通过转型提升，实现由“传统工业园区”到“家具产业新城”的华丽转身。

2. 实现生态体系与产业链条完美布局

高位承接产业转移与产业升级发展，产业规划从根本上有别于传统的产业园区。在做产业规划时引入产业生态链的发展模式，以家居产业 4.0 为引领，以 2.5 家居购物体验休闲为主题，从家居加工制造向家居设计、物流，到文化品牌、休闲体验，进行全生态产业链构建；全程打造以产业为核心、以项目为载体、体现“产、城、人、文”四位一体并与生产、生活、生态相融合的特色小镇。组成一个家居产业生态体系，构建一个完整的家居产业发展提升生态链，形成“易就业、易创业、能发展、快发展的生态体系”。

中国中部（清丰）家具产业园——清丰

一、基本概况

1. 地区基本情况

清丰县位于河南省东北部，冀鲁豫三省交界处，总面积 828 平方千米，总人口 71 万，是国家卫生县城、国家园林县城、全国文明城市提名城市。

2. 行业发展情况

2008 年，清丰确立家具为主导产业，产业规模迅速壮大。先后引进南方、全友、双虎、好风景等川派家具龙头企业入驻，扶持壮大龙乡金冠、优迪家私等本土家具企业，成长步伐稳健。特别是 2016 年清丰县委换届以来，新一届县委班子坚持发展家具第一主导产业地位不动摇，抢抓京津冀产业转移重大机遇，持续开展“京津冀 + ”集中招商行动计划，推动家具产业集群集聚发展，累计签约家居企业 196 家，46 家企业进驻标准化厂房，127 家落地建设，其中 105 家建成投产。建成承接家居产业转移园区 9 个，占地 1 万亩，标准化厂房 29 万平方米，年产家具 210 万套，销售收入达 220 亿元，用工近 3 万人，清丰家具成为河南省最大的家具产业集群。清丰县同步推进家具产业链条完善，人和大道两侧神龙家居物流园、中部置业家居材料城、万隆家居商贸城、亿民商业综合体等项目正式启动，产业发展活力愈发凸显。

清丰县不断加大家具品牌培育力度，对获得国家驰名商标、著名品牌的家具企业，分别给予奖励，激发企业争创名优品牌的积极性。设立技术创新基金，鼓励企业研发创新，改造生产工艺，引进先进技术设备，构建节能环保的现代产业体系。

清丰家具产业园

3. 公共平台建设情况

清丰累计投入 28 亿元完善基础设施，实现产业园“六通一平”。投资 3.7 亿元建成河南省家具质量监督检验中心、企业服务中心、人才培训中心等服务平台；13.5 万平方米的清丰国际家居博览交易中心、申新泰富家具商贸城正式营业，大漆家具博物馆顺利推进；同北京林业大学签订战略合作框架协议，加强产品研发、成果转化、技术应用和教学实训合作；成立清丰浙江家具企业联盟，协会组织更加健全，企业权益更有保障。

二、经济运营情况

清丰县立足发展基础好、原材料充足、人力资源丰富的优势，结合周边 300 千米范围内没有大型家居产业基地的实际情况，优先发展家具产业，全力打造“中国中部家具之都”。2018 年底，全县共有家具企业近 610 家，其中超亿元企业 48 家，年销售额 220 亿元，从业人员 3 万余人，家具产业占据了清丰经济发展的“半壁江山”。

2016—2018 年清丰家具行业发展情况汇总表

主要指标	2018 年	2017 年	2016 年
园区规划面积（万平方米）	14.46	7.36	7.36
入驻企业数量（个）	610	576	500
家具生产企业数量（个）	550	522	450
配套产业企业数量（个）	60	56	50
工业总产值（万元）	2200000	2100000	980000
家具产量（万件）	210	200	185

三、2018 年发展大事记

1. 清丰国际家居博览交易中心开业

4 月 29 日，清丰国际家居博览交易中心开业盛典暨二期工程项目启动仪式隆重举行。市人大常委会主任徐兰峰、市政协主席郑大文等领导出席仪式。河南省家具协会秘书长唐吉玉、河南省装饰协会副主任王朝荣、清丰江西商会会长张和昆及市直部门领导应邀参加仪式，共计 570 余人。

2. 组团参加郑州家具展

5 月 5—7 日，第八届中国郑州家具展在郑州国际会展中心隆重举行。县委书记冯向军、县长刘兵率团参加大会，分别在开幕式和欢迎晚宴上进行县情推介。在郑州家具展显耀位置设立“中国中部家具产业基地·清丰”展馆，制作张贴优质宣传版面，循环播放宣传片，吸引了众多家具行业人士参观咨询，“清丰家居”品牌唱响本届展览会。

3. 组团参加天津家具展

5 月 27—29 日，第五届中国（天津）国际实木家具展览会在天津梅江国际会展中心举行。清丰家具企业福金、亚达金鹰、东方冠雅、美松爱家、华庭锦园、一品龙腾、千家万家、木易东方和丽曼俪家居等组团参加，收获满满。

4. 成功举办 2018 年中国技能大赛——全国家具制作职业技能竞赛河南分赛区选拔赛

10 月 17—18 日，由河南省家具协会、濮阳市

清丰会展中心

总工会、清丰县人民政府主办，清丰县工业和信息化委员会、濮阳市家具协会、清丰县总工会、清丰县产业集聚区承办的“2018 年中国技能大赛——全国家具制作职业技能竞赛河南分赛区选拔赛”在清丰县举办。中国家具协会副理事长刘金良等重要嘉宾到现场进行观摩。

5. 成功举办首届中国·清丰实木家具博览会

首届中国·清丰实木家具博览会由清丰县委、县政府和河南省家协联合主办，11 月 23—25 日在清丰会展中心隆重召开。本届展会共有 88 家家居及辅料生产企业参展，实际展位面积达 2.2 万平方米。吸引参观人数 15000 余人次，正式签约经销商 320 家，意向经销商 900 余家，涉及河南、河北、山东、湖北、陕西、山西、内蒙古、辽宁等省份，吸引了红星美凯龙、居然之家等大型家居卖场总部及华北、西北地区负责人前来参观考察，另有郑州、天津、深圳、武汉、青岛等大型家具展主办方专程前来观展。期间，清丰县人民政府同北京林业大学签订战略合作框架协议 1 个、同家居商贸及生产企业签订投资项目 10 个，总投资额达 44.8 亿元。

6. 其他活动

8 月 22 日，浙江家具企业联盟申请获得批准。红星美凯龙集团于 3 月和 5 月来清丰考察，讨论清丰项目计划。9 月，郑州居然之家副总裁张健来清丰考察，洽谈投资合作事宜。

7 月 4 日，邀请《中国家具报道》全媒体总编辑段麒，在企业服务中心同县产业集聚区管委会、清丰江西商会、家居企业代表召开“清丰家具产业发展座谈会暨《中国家具报道》总裁采访会”，就发展思路、营销策略、“清丰家居”集体品牌宣传与知名度提升、扩大市场影响力等方面进行深入地沟通和交流。

7 月 15 日，首届龙行中原河南省全民龙舟大赛（濮阳站）暨 2018 年第二届龙都濮阳“清丰家居”杯龙舟邀请赛在市城乡一体化示范区龙湖东湖水域鸣鼓开赛。

10 月 15—16 日，举办清丰家居产业发展论坛。

四、面临问题

一是用地难。产业集聚区土地指标紧缺，出现项目用地难的现象。全省百城提质工程下的新版城市规划已获省政府批复，新版土地利用规划正在报批，短时间内还无法缓解土地紧张局面。二是融资难。由于县产业集聚区建设标准高、起点高，政府和企业面临着后续投入跟不上需求的困境。三是品牌项目少。清丰县引进的家具项目中，知名品牌较少，在行业内影响力不够强。

中国（信阳）新兴家居产业基地——信阳

一、基本概况

信阳国际家居产业小镇（以下简称小镇）位于信阳市产业集聚区羊山片区，总规划面积 15.16 平方千米，小镇自 2012 年 12 月奠基以来，紧紧围绕打造宜居宜业、宜创宜游的智慧、生态、人文特色产业小镇的核心目标，已累计完成投资约 100 亿元，建设和发展持续推进。截至目前，家居产业小镇在岗工人约 3000 人，同时带动相关行业就业人数约 5000 人，且 70% 左右都是附近农民，工资收入不断提高。

二、经济运营情况

2018 年，家居产业小镇落地了一批技术先进、行业带动强的龙头企业，产生了一批成功转型、厚积薄发的领军企业，高新技术在园区得到推广应用，名优品牌在园区不断聚集，成绩稳步提升，2018 年，家居产业实现主营业务收入 26 亿元，工业企业实现总产值 20 亿元、出口 2515 万美元，缴纳税收 2128 万元，分别是去年全年的 1.14 倍、2.46 倍、6.6 倍和 4.2 倍，全年完成固定资产投资 23 亿元，实现了发展质量和效益的双提升。

2016—2018 年信阳国际家居产业小镇发展情况汇总表

主要指标	2018 年	2017 年	2016 年
园区规划面积（万平方米）	1516	1516	1516
已投产面积（万平方米）	80	72	67
入驻企业数量（个）	60	47	30
家具生产企业数量（个）	56	43	28
配套产业企业数量（个）	7	3	2
工业总产值（万元）	20	8.1	5
主营业务收入（万元）	260000	227000	11.2
利税（万元）	2128	278	119
出口值（万美元）	2515	378	110
内销额（万元）	242000	224400	105000

三、品牌发展及重点企业情况

截至目前，小镇已累计签约项目 92 个，落地 61 个。中德美克、领克家居、瑞星全屋定制家具、宜盛家居、顾氏家具、北斗安康云 6 家企业投产，红星美凯龙、居然之家欧凯龙店 2 家商贸企业开业运营，小镇投产企业和运营商贸企业分别增至 26 家和 4 家，投产运营企业达到 30 家的目标已经实现。百德木门、永豪轩家具、璞玉家具、富利源家居、德雅诺家居、天一红木、左右鑫室家居等企业长年保持满负荷生产，永豪轩全年以 13080 万的出口供货领跑河南，其他企业的生产形势也好于往年。中亚海绵已具备生产条件，美凯华家具、富誉家具设备正安装调试，富利源新建厂房即将建成，刚辉包装、御檀香家居、柘泉家具、诺源涂料、大中原辅料市场正在建设且明年将陆续投产运营，可持续发展的能力不断增强。

四、2018 年发展大事记

1. 产业转型升级步伐加快

11 月 10 日，北斗智慧安康云项目正式建成运营，家居产业小镇向智慧小镇的目标迈出了坚实的一步，标志着家居产业小镇在互联互通、展示销售、安全监控、公共管理等方面迈上了新的台阶。

摩根电梯项目已通过国家电梯质量监督检验中心评审验收，并获颁生产许可证，北京堡瑞思减震技术研发制造中心项目已落地，深圳市必旺电子商务有限公司投资成立的信阳智慧云电子科技有限公司已签约，美凯华家具全智能化生产线已建成，家居产业小镇在发展高新技术产业方面有了新的名片；颂德家居根据当前市场环境，将现有红木生产线调整为实木生产线，与国内知名的家居电商阿里顺林开展合作，并被授予林氏木业 BH 系列产品的免检供货商，产值稳步提高。

2. 平台建设取得进展

与天津家具协会合作搭建的展会平台已成功运行；新区与信阳市家具协会、信阳农林学院联合创办的“信阳家居学院”已建成，办学许可证已获批，计划采取短期技能培训办学形式，为家居产业小镇企业培训技术工人提供支持；省级木质家具检测中心装修基本完成，正与市质监局对接设备采购、人员培训等事宜，建成后将为小镇企业提供集检验、标准制修订、检验设备研发及家居先进智能制造、产品创意、投资导入等服务。

3. 环保理念深入人心

企业自觉自发摆脱旧的以牺牲环境为代价的粗放发展模式，建设、生产之前先完善环评手续已成自觉行为，19 家企业已办理环评手续并按照获批的生产工艺标准组织生产，另有 17 家环评手续未完善的企业也在积极办理；企业厂区建设严格按照“六个百分之百”要求落实文明施工；2 个临时过渡污水处理站长年保持平稳运行。

4. 产业链日臻完善

欧凯龙公司全球家居直销中心家居建材城、大中集团原辅材料市场、中亚海绵、刚辉包装、上海快捷快递物流公司等一批企业的进驻，且部分即将建成投产运营，家居产业小镇基本涵盖了原辅材料供应到研发、制造、包装、展销、物流配送的产业链。2018 年 4 月，成功举办了第一届信阳家具博览会，产业链条进一步拉长，家居产业小镇在行业内的知名度和影响力稳步提升。

5. 发展环境优化

服务企业手续办理　针对入驻企业专于生产经营、疏于建设管理的实际，出实谋、用实招，多次现场办公，摸清企业从立项、环评、土地、规划、人防、消防到施工许可等一系列手续办理方面存在的问题，逐一排查、建立台账，同类事项集中协调办理，个别事项全程服务，对属于历史遗留问题的质量监督、环评手续，向市政府专题请示解决。

服务企业子女入学　2018 年，协调新区教育办解决家居产业小镇企业员工子女入学 26 人。

帮助企业拓展市场　继续给予参加信阳、武汉、郑州、西安、合肥及上海家具展会的小镇企业参展场地租用费 50% 的补贴，积极为小镇企业与市区知名地产企业东方今典、建业壹号城邦、南湖林语等开展产销对接搭建平台，帮助有条件的企业进入市政府采购名录库。

持续强化配套建设　配套完善中小学、幼儿园等，规划建设好连心河生态湿地、沪陕高速带状公园等，使小镇功能更加完善。

全面兑现优惠政策　2018 年，共计兑现小镇企业优惠政策 2256 万元，分别是运费补贴 239 万元、利息补贴 661 万元、工人工资补贴 303 万元、厂房租赁费补贴 112 万元、参展场地租用费补贴 7 万元、搬迁费用补贴 110 万元、奖励企业装修补贴 804 万元，奖励左右鑫室家具在上海股权托管交易中心挂牌补助 20 万元，同时为企业融资 8800 万元，帮助企业融资 10900 万元，兑现了招商承诺，打造了诚信小镇。

突出工作重点　新区把服务好信阳现代筑美绿色智能家居产业园项目作为工作重点，成立了羊山新区碧桂园现代筑美绿色家居产业园项目建设指挥部，确保按期建成投产。目前，项目场平工作正在进行，土地挂牌、电力线塔迁移、供水、供电及手续办理工作正有序推进。

中国兰考品牌家居产业基地——兰考

一、基本概况

1. 地区基本情况

兰考县地处河南、山东、安徽三角地带的中心部位，辖 6 个乡、7 个镇，总人口 85 万，总面积 1116 平方千米。兰考是焦裕禄精神的发源地，是习近平总书记第二批党的群众路线教育实践活动联系点，国家级扶贫开发工作重点县、国家新型城镇化综合试点县、国家普惠金融改革试验区，河南省省直管县体制改革试点县、河南省改革发展和加强党的建设综合试验示范县。兰考东临京九铁路，西依京广铁路，陇海铁路横贯全境，即将投入运营的郑徐高铁在兰考设有客运站，106、220、310 三条国道在县城交汇，连霍、日南两条高速公路穿境而过，是河南“一极两圈三层”中“半小时交通圈”的重要组成部分，为兰考经济发展提供了独特的便利条件。2018 年，全县生产总值 303.6 亿元；公共财政预算收入 21.5 亿元；规模以上工业企业增加值 98.2 亿元；固定资产投资 203 亿元。

2. 行业发展情况

兰考恒大家居产业园项目立足于“中国·兰考品牌家居产业”新定位，于 2016 年 5 月 12 日正式签约，总投资 100 亿元，由中国恒大集团统一规划、统一建设，其中一期投资 40 亿元，总建筑面积 100 万平方米，以股权投资的方式吸引曲美、索菲亚、喜临门、江山欧派、大自然、皮阿诺等 6 家家居上市企业首批入驻，开启了一个“地产 + 家具 + 家电 + 建材 + 旅游”跨界融合的全新商业模式，为客户提供一站式的购买服务。

兰考家居以传统家居产业为基础，做强融合发展的“大家居”产业，打造极具兰考特色的品牌家居产业体系，初步构建出了纵向连接“产业区—乡镇—农户”三级，横向融合“成品生产—精深加工—初加工”的新型产业发展模式。

兰考建设了 4 个乡镇品牌家居配套产业园区，定期召开“品牌家居配套产业链对接会”，建立完善了品牌企业与本地配套企业的衔接机制，形成了“龙头带动、集群共进、链条完整、全民参与”的共赢发展新格局。

2016—2018 年兰考家居行业发展情况汇总表

主要指标	2018 年	2017 年	2016 年
企业数量（个）	640	534	467
规模以上企业数量（个）	155	141	136
工业总产值（万元）	5117478	4652253	4119742
主营业务收入（万元）	2354087	1810836	1649038
出口值（万美元）	10230	9300	9051
内销（万元）	2285546	1748526	1642974
家具产量（万件）	159	133	121

二、品牌发展及重点企业情况

目前，恒大家居产业园内，曲美、索菲亚、喜临门、江山欧派、皮阿诺、大自然 6 家上市企业均已实现投产，TATA 木门、鼎丰木业、郁林木业等品牌家居项目已满负荷运转，艺格木门、立邦油漆、万华生态板等项目正在紧张建设中。家居产业以恒大家居产业园为依托，融合兰考泡桐主题公园、凤鸣湖等现有景观资源，打造集高端制造、生态旅游、时尚休闲、参观学习于一体的全国首个家居特色小镇。

三、2018 年发展大事记

1 月 12 日，立邦水性木器漆项目成功签约；3 月 16 日，TATA 免漆木门二期项目开工建设；4 月 15 日，恒大园区 6 家家居企业成功申报河南省招商引资扶持奖励资金；6 月 20 日，兰考家居商会成功召开“第一届强县富民恒大配套企业对接会”；9 月 28 日，投资 20 亿元的万华绿色生态智能家居产业园项目正式签约。

恒大家居产业园

鼎丰木业

河南恒大欧派门业厂区

兰考 TATA 免漆门厂区

中国家具产业集群——综合产区

中国家具产业集群类型多样，除前述 7 类外，还有主营校用家具、软体家具、厨房家具等产区；集原辅材料、家具生产和商贸流通于一体的综合产区；主营电商家具的产区，这些产区统一在本章节中展示。这几类产区基本涵盖了我国家具及上下游产业的大部分产品及业务类型，家具产业集群的形成，推动了我国家具产业形成分工细化、专业生产的发展模式。

山东 / 周村

周村现有家具销售市场总共面积约 160 万平方米，其中中国·周村国际家居博览城现已成为江北第二大家具、原辅材料市场，整个家具市场的经营面积超过 120 万平方米。周村家具产业类型已涵盖软体家具、实木家具、客厅（小件）家具、家具原材料等 30 余类千余品种，生产的家具等商品辐射到江苏、河北等 30 余个省市和地区，成为周村区重要的富民产业。

辽宁 / 普兰店

普兰店隶属大连，普兰店区橱柜产业代表品牌有美森木业、东宜木业、兴森木业、爱丽丝木业等，是全国实木橱柜出口的龙头和全国重要的橱柜生产基地，在欧美享有良好声誉。目前，全区从事橱柜制造业人员总数达 1 万多人，各类专业技术人员占职工总数的 30%。

江西 / 南城

2018 年南城县校具企业生产各类校具 3000 余万套，校具企业实现主营业务收入 52.6 亿元，创利税 5.1 亿元，同比分别增长 9.6%、12.1%。江西南城拥有校具加工及配套企业 187 家，其中实体企业 98 家，主营业务收入上亿元的企业 10 家；拥有自主品牌的企业 48 家。

广东 / 龙江

龙江享有中国家具设计与制造重镇、中国家具材料之都、中国家具电商之都等美誉。拥有较为完整的家具产业链，全产业链规模产值近 1000 亿元。目前，龙江镇家具注册企业约 3000 家，涵盖了民用家具，办公家具，酒店家具，家具电商、团购公司等，家具从业人员超过 20 万人；家具原辅材料商户超过 8000 家，材料专业市场达 11 个，经营面积约 500 万平方米，材料交易额超过 400 亿元。

中国家具设计与制造重镇、中国家具材料之都——龙江

一、基本概况

龙江享有中国家具设计与制造重镇、中国家具材料之都、中国家具电商之都等美誉。拥有较为完整的家具产业链，全产业链规模产值近 1000 亿元。目前，龙江镇家具注册企业约 3000 家，涵盖了民用家具、办公家具、酒店家具、家具电商、团购公司等，家具从业人员超过 20 万人；家具原辅材料商户超过 8000 家，材料专业市场达 11 个，经营面积约 500 万平方米，材料交易额超过 400 亿元。

1. 企业用工情况

2018 年部分家具企业出现减员情况，其原因主要是订单减少；员工总数在 200 人以上的企业不多，且用人数量相对比较稳定。这类企业普遍反映缺乏新型管理人才、设计人才、技术工人。其中设计人才方面，结构设计人才最为紧缺。

2. 科技创新情况

龙江镇内家具企业中高新技术企业目前占比还不高，有独立设计部门的不多，企业多以外包设计为主；企业外部设计资源对接需求大。同时，在科技创新方面享受过政府扶持政策补贴的也不多，企业没享受政府补贴的主要原因是企业科技创新动力不足，企业内部无专职人员跟进政策研究。由于市场竞争的压力，家具企业在科技创新方面，尤其是家具设计研发方面处于增长的趋势，地方政府出台适合家具企业申报的相关扶持政策也较之前增多。

3. 企业融资情况

家具企业基本都有融资方面的需求，但在银行信贷政策收紧，尤其对民营企业审核加严的情况下，经营场所非自有产权的家具企业贷款难度大，成本高。

4. 公共平台建设情况

2018 年，顺德荣获国家外贸转型升级基地（家具），龙江荣获“中国家具设计与制造重镇”，从多层面搭建了家具行业公共服务平台，其中佛山市顺德区家具协会被认定为“广东省中小企业公共服务示范平台、顺德区家具产业创业创新公共服务平台”及“广东省外贸转型升级示范基地顺德区家具基地工作站”。另外，在家具设计研发公共服务平台方面，通过广东家居设计谷的建设，提供人才培养、引进，家具设计等资源对接服务。在外贸公共服务平台方面，亚洲国际材料交易中心成功申请“国家市场采购贸易方式试点”称号，通过进一步提升贸易便利化程度，带动了整个佛山泛家居产业的发展。并成立家具外贸服务公司，为企业提供外贸出口的相关服务，帮助开拓“一带一路”新兴市场。

二、经济运营情况

2018 年产品销量与 2017 年同比有所增长，其中内销企业增长比例在 10%~20% 之间。部分企业出口下降，主要原因是国际贸易环境影响，尤其是中美贸易关系的紧张，影响整个美元交易区的出口贸易，企业为寻求市场出路，进入战略转型期，有的孵化非美元区的国际市场，有的转为内销。内销企业中销量增长、降低和持平的比例相近，其中也有规模企业增长率在 20% 以上，销量降低的多为规模较小的代工企业。

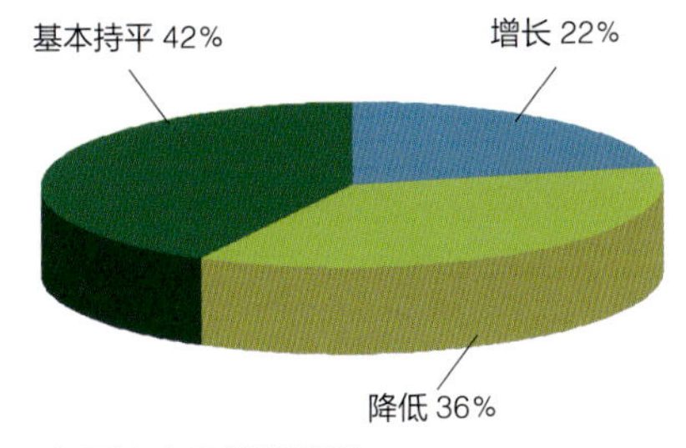

与 2017 年同比产品销量情况

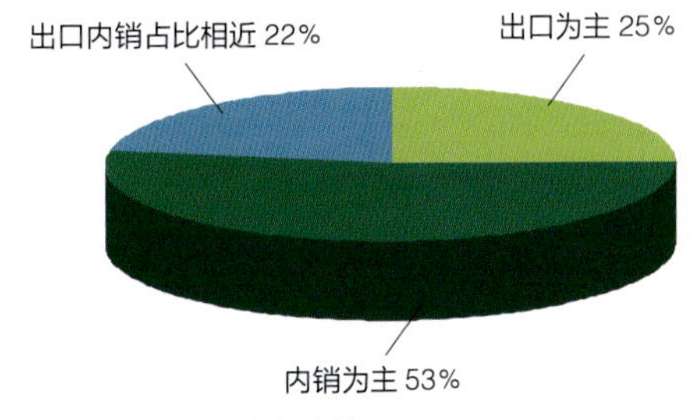

企业销售出口 / 内销占比情况

在销售渠道方面，多以经销商渠道为主，有部分为工程渠道和团购公司渠道，80% 没有涉及家具电商。2018 年，家具电商趋向于理性，房地产的疲软，整个市场开始饱和，出现两极分化，追求品牌、质量的电商企业开始占领优势地位，例如优梵艺术，到龙江仅三年，已经发展成天猫家具前三名，其他纯贸易的家具电商业绩均有所下跌。2018 年“双十一”期间，企业所设定的销售目标跟平时的销售额出入不大，月销售额只比平时多一到两倍。对龙江家具企业而言，中小企业的“双十一”销售额普遍在千万以下，具有一定规模的品牌家具企业在 1000 万～3000 万元之间，行业领军企业达到 1 亿～ 2 亿元。

三、面临问题

1. 设计创新与品牌建设资源缺乏

在市场的竞争压力和政府的发展引导下，近年来，企业设计创新的意识逐步增强，同时，随着原有代工生产的模式利润空间逐渐压缩，以及企业运营成本的增加，迫使企业调整战略，转变精耕细作模式，增强品牌意识。但由于龙江的产业链长期以家具制造及家具材料生产贸易为主，家具设计、品牌运营相关的服务业非常薄弱，企业对于设计研发及品牌打造等资源需求趋势迅速增长，现有本土的资源明显达不到企业需求，需要引进及发展制造业创新发展相关的服务业。

2. 市场贸易环境变化迫使企业寻求新渠道

一是国外市场方面，由于中美贸易摩擦，导致出口销售下降。面对国际贸易环境的变化和压力，尤其是中美贸易摩擦，以美国及亚非等美元交易地区为主要出口地区的龙江家具企业，2018 年的出口订单明显减少，很多出口订单停留在 2019 年，企业面临着转型及寻求新的渠道。二是国内市场方面，由于定制家具的兴起及内地新兴家具集群的发展，瓜分了大量市场份额，企业传统营销渠道有限，市场开拓遇到瓶颈。

3. 家具电商代工企业无利润空间，运营商存在流失现象

目前，龙江家具电商的发展整体趋于理性。一方面，因为家具企业对物流配送要求比较高，企业根据库存设定营业额目标，不盲目扩大销售目标。代工企业与国内大品牌林氏、顾家、尚品宅配等合作中，利润空间狭小，货期回款周期长，企业订单越多，压力越大，利润增加额抵不过成本增加额。另一方面，龙江缺乏家具电商的物流服务和办公园区，家具电商流失严重，如电商物流基本都在乐从，为了更便捷的物流服务，很多经营家具电商的企业选择外迁。

4. 新型管理人才、技术工人、设计人才紧缺

目前，龙江家具企业正处在迭代时期，无论是二代接班，还是外聘职业经理人经营，都经历着严峻的考验期，家具行业新型管理人才缺乏。其次，由于内地经济的快速发展，创新创业、招商引资的优越条件，任职于龙江家具企业的中高层管理人才出现回家乡创业的风潮，他们离开的同时带走了部分高级技工，致使技能人才紧缺。再次，市场竞争的压力，企业产品创新需求增大，设计研发人才需求增大，尤其是结构设计方面的人才最为紧缺。除了招人难，目前还面临着留人更难的处境。由于生

国际龙家具展览会开幕式

第六届龙家具（国际）设计大赛评审现场

活水平的日益提升，人才对生活配套的要求也不断提升，而龙江粗放式发展近 40 年，工业园配套升级跟不上需求的提升，人才在可以选择的情况下，更愿意去规划配套相对完善的新兴产业集群地。

四、2018 年活动汇总

一是举办第六届龙家具国际设计大赛；二是举办春秋两届国际龙家具展览会和亚洲国际家具材料博览会；三是举办亚洲家具联合会年会。

中国软体家具产业基地——周村

一、基本概况

1. 地区基本情况

周村，素有“天下第一村”之称，是著名的鲁商发源地。区域总面积约为 216 平方千米，人口约 29 万，辖区 5 个镇、5 个街道、1 个省级经济开发区，是一座历史悠久又充满活力的现代化工商业城市。周村地处鲁中腹地，是连接省会经济圈和半岛城市经济圈的重要枢纽，同时也处在京沪、京福快速通道的辐射半径范围之内。

2. 家具市场发展情况

周村现有家具销售市场约 160 万平方米，其中中国·周村国际家居博览城现已成为江北第二大家具、原辅材料市场，整个家具市场的经营面积超过 120 万平方米。区内已建成红星美凯龙家居商场、山东寰美家居广场、五洲国际家居博览城、盛和国际家居博览城、凤阳家具商场、胜利沙发家具市场、胜利家居材料批发城、明珠家具商场、国际家具会展中心、金周沙发材料市场等 19 个家具及家具原辅材料商场（市场），先后被评为“山东省 30 强市场”和“中国家具行业十大商品交易市场”。周村家具产业类型已涵盖软体家具、实木家具、客厅（小件）家具、家具原材料等 30 余类千余品种，生产的家具等商品辐射到江苏、河北等 30 余省市和地区，成为周村区重要的富民产业。

2016—2018 年周村家具行业发展情况汇总表

主要指标	2018 年	2017 年	2016 年
商场销售总面积（万平方米）	160	160	120
商场数量（个）	23	23	19
销售额（亿元）	295	267	203
园区规划面积（万平方米）	73.333	—	—
已投产面积（万平方米）	24.533	—	—

二、重点项目建设情况

区政府为推动沙发家具市场的发展，先后规划建设盛和家具商场、五洲国际家居博览城、红星美凯龙国际家居博览中心和全球家居会展中心等几大项目。通过大项目的实施带动，主动承接老市场转移升级功能，龙头商场引领作用凸显，带领周村家具市场迈向中高端，打造出江北规模最大、最具影响力的沙发家具集散地。

红星美凯龙周村商场项目　2015 年该项目是由淄博加美商业发展有限公司投资 12 亿元打造的 23 万平方米品牌家居交易基地，位于周村家居市场核心位置、经营氛围浓厚，流动人口密集。商场建筑面积 5 万余平方米，分地下一层、地上五层，采用红星美凯龙第七代商场模式，将成为周村家居市场新的名片，中国周村国际家居博览城新的地标。

山东寰美家居广场　是由山东凯宇集团与红星美凯龙合资成立的淄博加美商业发展有限公司投资 12 亿元打造的 23 万平方米品牌家居交易基地，市政府重点工程。整个项目占地 6 万多平方米，共分为两期开发。与红星美凯龙商场相互辉映，共同聚焦周村家具行业强大的商业品牌效应。

山东五洲国际家居博览城项目　规划建设主体建筑面积 39 万平方米、停车位 2123 个，计划总投资 30 亿元。主体工程为两栋 4 层精品馆，面积 10 万余平方米；专业街铺 2000 余套，13 万余平方米；

其余建筑为配套商业街、酒店、住宅、仓储物流中心、地下停车场等，是市重点打造的商贸物流园区。

盛和国际家居博览中心项目　项目位于山东省淄博市周村区309国道家具市场东首，地理位置优越，总经营面积6.8万平方米。

胜利沙发家具市场　该市场由周村区丝绸路街道胜利社区投资建设，位于309国道南侧，目前已有市场营业面积15万平方米，入驻经营业户1000余家。

胜利家居材料批发城　材料批发城是由周村区丝绸路街道胜利社区投资7000万元建成的市场营业面积6万平方米家具材料批发市场。

山东凤阳家具商场项目　位于山东省淄博市周村区309国道沙发市场，经营面积1.7万余平方米，入驻品牌110家。

国际家居会展中心项目　项目位于山东省淄博市周村区309国道沙家具市场，经营面积2万余平方米，分上下两层，入住商户80余家。

明珠国际家居会展中心　项目位于山东省淄博市周村区309国道沙家具市场，经营面积1.8万余平方米，分上下两层，入住商户90余家。

金周沙发材料市场　市场占地面积9万平方米，营业面积6万平方米，拥有经营商户500余户。

三、品牌发展及重点企业情况

周村家具市场属于典型的“生产基地+市场”类型，以本地产品批发为主，具有其他市场所缺少的价格优势。近年来，周村区不断加大品牌建设力度，先后培育了凤阳、蓝天、福王、仇潍等5个中国驰名商标，8个山东省著名商标，涌现出了一批龙头骨干企业。软体企业代表主要有凤阳、福王、蓝天、康林、傲丽居、鑫尼斯、盛娜、亨泰等，实木企业代表主要有福王、仇维、福广、鑫利福、华资等，原辅材料企业主要有恒富金属、广周皮革、舒然寝具、华达布艺、满堂红布艺等。

山东凤阳集团为中国家具协会副理事长单位，山东凤阳集团股份有限公司、山东福王家具有限公司、山东蓝天家具有限公司为山东省家具协会副会长单位。凤阳、福王、蓝天三家企业获评“创建山东省优质产品生产基地龙头骨干企业”，被山东省经信委授予山东沙发家具行业品牌建设示范企业十强。蓝天沙发于2010年在全国同行业中首批通过“中国环境标志”认证。

1. 山东凤阳集团

山东凤阳集团是淄博市市属企业集团，公司成立于1962年，是中国软体家具行业大型骨干企业、中国驰名商标，生产能力为年产床垫20万件，还生产沙发、实木家具等，集团年实现销售收入28亿元。

2. 山东蓝天家具有限公司

山东蓝天家具有限公司成立于1986年，建设面积20万平方米的工业园，以生产沙发、软床、床垫为主，生产能力为年产家具10万件，年实现销售收入25亿元。产品销售、服务网络覆盖全国各地，同时出口欧美、中东、东南亚等40多个国家和地区。

3. 山东福王家具有限公司

山东福王家具有限公司组建于1988年，现有员工800余人，工业厂房6万平方米，公司主要生产沙发、床垫、红木家具和红木工艺礼品。拥有11000平方米的福王家居广场和15000平方米的福王红木博物馆。

4. 淄博周村仇潍红木家具厂

淄博周村仇潍红木家具厂占地面积20余亩，主要生产红木家具，生产能力为年产家具3000余件，年实现销售收入1500万，荣获“中国驰名商标”。

5. 山东康林家居

康林家居创建于1993年，发展到今天已成为占地33000平方米，工人200多名的综合型家具沙发制造企业。康林家居还荣获“中国绿色环保品牌”“质量信得过产品”“中国优质名牌产品”等众多殊荣。

6. 山东恒富家居科技有限公司

山东恒富家居科技有限公司建于2005年，现有厂区面积30000多平方米，建筑面积达21000平方米。注册资金2000万元，现有职工160名，公司年产钢丝35000吨，床垫弹簧7000吨、弹簧床网500000件，是山东凤阳、吉斯、福乐等床垫生产厂家的合作伙伴，公司自主生产的佰乐舒床垫也已经推向市场，频频亮相各大展会。

四、2018年发展大事记

1. 家具市场实行“特区政策”

周村区委、区政府对软体家具产业的发展十分关心和重视。先后开展产业发展前景调研分析20余次，针对全球金融危机对该产业的影响，邀请中国家具协会、山东省家具协会、深圳家具协会等相关行业领导及专家，举办行业高峰论坛，共同把脉周村家具产业的未来发展，明确提出了“打造软体家具商贸之都”的发展定位。为此，区委、区政府在家具市场实行了“特区政策”，在市场实施“扎口管理”，简化管理程序，同时在市场建设、管理等方面给予了充分的支持和优惠，还在财税、金融、土地、用电和环境等方面出台了一系列优惠措施。

2. 引进环保设备，加强环保治理

2016年引进环保设备，2018年根据国家最新环保要求，大部分企业将冬季取暖锅炉、燃煤锅炉、煤粉锅炉更换为节能、环保高效的电厂供暖、天然气供暖或电供暖。生产时配套使用相关布袋除尘等环保设备，大幅降低污染物排放，通过清洁能源替换工作，确保达标排放；喷漆车间专门配备光氧催化装置专用的环保设备，以保证废气排放达到国家环保标准。

3. 电子商务平台建设

周村区依托资源优势，在发展实体经营的同时，加快信息技术的推广应用，集中建设了方达电子商务园、淄博家具村电子商城、福王电子商务园等电商平台等项目，家具电商在周村区得到蓬勃发展。为加大网络经营的培育力度，又建立了家具村电商平台、华奥电商家具网等网络平台，为周村家具的线上销售实现了一条龙服务。目前家具村已经有近200家企业进入该电商平台，其中山东福王家具有限公司加入家具村后，一个季度网销额就达到了200万元。华奥电商家具网上线运行，打通周村家具生产厂家与全国家具经销商的在线交易模式。同时，方达创业园也为家具电商的发展提供了空间。由此，逐步形成了线上线下共同发展的良好格局。

4. 与职业院校强强联手，为行业输送职业人才

2014年，在政府的支持和引导下成立了周村区家具产业联合会，将原辅材料、生产制造企业、家具商场、高校、物流、电商、检验检测及其他配套服务等企事业单位、社会团体容纳在内，形成了一条较为完善的家具产业链。依托山东轻工职业学院、淄博市职业学院等，定向为基地企业培养输送职业人才，每年可为基地培训各类人才1500余人次。

5. 家居采购节成功举办

2018年3月25—27日，中国（周村）第4届家居采购节暨原辅材料展成功举办。展会极大提高了周村家具品牌在国内的知名度和市场份额，提升了周村家具行业在业内影响力。

6. 启动建设周村家具产业园

2018年周村家具产业园的一期启动区约358亩，总建筑面积约为30万平方米，投资约6.9亿元，预计2019年5月投产使用。

中国校具生产基地——南城

一、行业概况

截至2018年12月底，江西南城已拥有校具加工及配套企业187家，其中实体企业98家，主营业务收入上亿元的企业10家，拥有自主品牌的企业48家，其中上规模企业27家，纳入省统计笼子规上企业17家，国家高新技术企业2家，进入江西联合股权交易中心挂牌企业1家、省科技型小微企业1家，省专精特新企业4家，获省著名商标的9家，省名牌产品的10家，拥有校具发明专利4个，实用新型及外观设计专利175项，真诚、龙乐、育佳、盱江、润爵、林英、圣盛品牌全国闻名。目前，南城县生产的校具产品畅销江苏、浙江、安徽、上海、河南、新疆、广西等20多个省（市、自治区），拥有相关从业人员36000余人，有近4000人的产品销售队伍，在全国众多大中城市建有分公司（销售部），市场份额名列前茅。

2012年获得“江西省校具加工产业基地”称号；2013年校具产品远销南非，实现出口创汇零的突破；2014年株良校具产业园荣获“省级小微企业创业园”称号；2015年荣获“中国校具生产基地”称号；2018年，南城县校具产业基地被江西省工信委授予“新型工业化产业基地”。

二、经济运营情况

2018年南城县校具企业生产各类校具3000余万套，校具企业实现主营业务收入52.6亿元，利税5.1亿元，同比分别增长9.6%、12.1%。

2016—2018年江西省南城县校具行业发展情况汇总表

主要指标	2018年	2017年	2016年
企业数量（个）	187	175	160
规模以上企业数量（个）	27	24	20
工业总产值（万元）	536000	488000	440000
主营业务收入（万元）	526000	480000	426000
内销（万元）	526000	480000	420000
校具产量（万套）	3000	2200	2000

三、重点项目建设情况

南城县委、县政府为进一步做大做强校具产业，推进南城校具由“南城制造”迈向“南城智造”，打造1500亩，总投资35亿元的校具产业园。产业园由南区和北区组成，南区即企业聚集区，规划用地面积1320亩，建设标准厂房100万平方米；北区为校具产业创意园，规划用地180亩，产业园采取统一规划、统一建设、统一招商、统一管理的模式，使产业园建成为集校具生产、研发、展示、电子商务、工商贸易、质量检测、原材料供应、物流运输等为一体的多功能园区。该项目由上海交大规划建筑设计院规划设计，采取3P融资模式，以市工创投为投资主体，自2018年7月开工建设以来，10栋15万平方米外观现代、风貌统一、功能齐全的标准厂房拔地而起，目前已有育佳、姚氏、润华3家集团公司签约入驻，其中育佳集团已投产经营。

四、存在问题

1. 土地紧张

工业用地指标紧张，供需矛盾突出，如正在建设的校具产业园，占地 1500 亩，目前仅获得土地指标 421 亩，其余土地指标要分年度提供，严重制约了产业园的建设，成为吸引南城在外能人回乡创办校具企业的最大制约因素之一。

2. 融资渠道狭窄

校具产业是资金密集型和季节性的产业，需要大量的流动资金，而南城县校具企业的从业者相当一部分是“洗脚上岸”的农民，创业资金相对较少，缺乏有效的担保抵押资产，也就难以向银行等金融机构贷款，而民间资本成本较高，难以承担，导致企业无法在扩大规模、研发、销售上投入更多的资金，直接制约校具企业做大做强。

3. 人才缺乏

尽管南城株良被誉为“木匠之乡”，但占绝大多数的却是传统手工艺人，缺乏企业管理、产品研发和营销的核心类人才，南城校具要向外拓展，急需加速核心人才库的培育。

4. 竞争激烈

南城县校具产品销售对象大都为中小学校，同质同构现象严重，部分企业在竞标过程中互相压价、滥价，搅乱了市场，影响了企业效益。

五、发展规划

1. 打造一流校具产业园

充分利用省国土资源厅给予南城校具产业特殊扶持政策，在现有以株良镇校具加工为中心区域的基础上，大力推进校具产业聚集区建设。已规划建设的校具产业园，南城县委、县政府已确定由县校具产业推进领导小组办公室为专职部门，全面负责，坚持不懈地推动平台建设，在 2021 年前打造成千亩校具产业园，使之成为国家级小微企业创业创新示范基地、全国校具产业基地。

2. 推动南城家具产业智能制造

打造校具生产“机械化、智能化、定制化”的标准车间、数字车间，对采用国内领先、国际一流的先进设备的校具企业，按政策规定给予奖励，彻底改变南城校具产业的发展层次。

3. 打造一批校具精品

借助“江西省校具加工产业基地”品牌，加大宣传，扩大产业基地知名度和影响力。依托现有省著名商标、省名牌产品，采取多种激励措施，重点扶持一批校具企业创优产品品牌，提升产品质量。进一步走出国门实现出口创汇。加强与省外贸厅等相关部门的衔接，学习、借鉴已成功将产品出口非洲的校具企业的成功模式，积极参加各类国内、国际家具展览会，多渠道把校具产品推向亚洲、欧洲、美洲等世界各地，进一步扩大南城校具的市场占有率。

4. 培育南城家具龙头企业

加快资源要素向优强企业集中，综合运用土地、税收、金融等手段，引导企业规范管理、转型升级，加快实现产品由单一的纯木制品向钢木、钢塑转型，生产工艺由手工作坊向自动化生产转变，机器设备由低端低效向先进高端转变，产业布局由分立分散向集聚集中转变。形成以龙头企业为核心、中小企业专业化配套的体系，发挥龙头企业在产业集群中的引导、示范作用，带动整个产业发展。

5. 丰富产业发展业态

围绕打造全国唯一的数字化、集约化、生态化的现代化校具产业园目标，大力推动招商引资，努力做大产业总量；大力发展智能校具、定制校具、生态校具，大力推动校具出口和校具电商，改变产业发展层次；大力促进技术提升，掀起校具产业的材料革命、工艺革命；实现南城校具向教育装备产业转型升级，拓宽产业发展空间。

中国橱柜名城——普兰店

一、基本概况

1. 地区基本情况

普兰店区隶属辽宁省大连市，是大连市 7 个市辖区之一，位于辽东半岛南部，南依大连，北望沈阳，东连黄海，西临渤海。普兰店区总面积 2677 平方千米，下辖 19 个街道，总人口 73.9 万。普兰店区是千年古莲子的故乡，素有“莲城”的美誉。

普兰店区基本形成公铁相连、路港对接、干支联网的大交通格局。沈海高速、鹤大高速、哈大高铁、丹大高铁等高等级公路铁路交汇贯通。皮口港距大连市 110 千米、韩国仁川港 243 海里、日本长崎港 457 海里，是一个集客、货、渔为一体的综合性港口，享有大连市地方港口“第一港”之美誉。普兰店区向西南大连方向、西北瓦房店方向、东北庄河方向辐射 100 千米，形成 1 小时区域圈，其独特的区位优势，便捷的交通环境，使普兰店区在大连建设东北亚重要国际城市和振兴东北老工业基地中具有举足轻重的地位。

2. 行业发展情况

普兰店区橱柜产业，经过多年的发展，现已形成了以美森木业、东宜木业等为龙头企业的橱柜产业集群，已经发展成为全国实木橱柜出口的龙头和全国重要的橱柜生产基地，在欧美享有良好声誉。

近年来，普兰店区橱柜制造企业大力实施创新驱动战略，普遍加大了新产品的研发投入和科技人才的集聚，以智能化为调整方向，产品、产业优化升级实现了新突破。列入国家高新技术企业 1 家，取得发明专利授权 1 项，拥有其他知识产权 20 余项，建立研发中心一个，橱柜主要技术指标和环保指标居国内同行业先进水平。此外，在“十二五”期间，普兰店区还引导龙头企业与大连理工大学、大连工业大学等科研院校签订了产学研合作协议，进一步增加企业的研发实力。

普兰店区的橱柜产业经过由无到有、由小到大，由弱到强的不断发展，造就了一批领军型企业，成为行业发展的主力军。同时也吸引锻炼培养出了一大批熟练技术工人。目前，全区从事橱柜制造业人员总数达 1 万多人，各类专业技术人员占职工总数的 30% ，为橱柜行业的的进一步发展奠定了良好的人才基础。

目前，美森木业已经扩建完成了第三期项目投资，该项目位于太平木制品产业园，占地面积 6.67 万平方米，建筑面积 13.78 万平方米，新建 8 栋厂房。项目总投资 2.35 亿元，项目投产后，年生产能力将达到 2300 个货柜，新增产值约 15 亿元，新增税收约 1 亿元，可安置就业 2500 人左右。

二、发展措施

大力培育新的经济增长点。以美森木业、东宜木业、兴森木业、爱丽丝木业为依托，以中耀建材市场集团为牵动，适应经济增长速度由高速增长向中高速增长转变，实现“总量超越”；推动产品结构由中低端向中高端转变，实现“结构超越”；促进产品向智能化、环保型发展，推动发展新型制造服务业。

坚持创新驱动，引领产业发展。中国的实木橱柜设计多数还是受到北欧、意大利、日本等外国设计的影响。中国橱柜如果想走向国际，就必须做到有独立的设计风格和优秀的使用体验。这其中，中国设计的产品有必要做到兼容性与适用性相结合，兼容性是指产品的风格功能等能被各种不同生活方式的人接受，适用性则是指产品的使用效果适合不同年龄以及不同喜好的人群。

注重传统产业优化升级，广泛推进智能制造生产模式，实施数字化车间，智能制造工厂，促进信息技术由企业个别环境应用跨越到产品和服务全生命周期、生产全过程的应用。目前，实木橱柜行业发展进入了新时期，一些企业开始倡导少用天然或珍贵木材，少消耗材料。一方面是这种木材确实比较贵；另一方面是过分开发破坏了自然环境。除此之外，市场消费观念也有所转变，消费者更看重橱柜的设计、工艺和质量。企业应引导消费者转变观念，看重橱柜的使用价值而非材料，保护自然，合理取材。鼓励企业开发和应用工业机器人等智能制造装备和系统，加快推进传统产业升级改造，提高生产效率及产品附加值，减少材料消耗。

实施品牌发展战略，推动橱柜制造企业产品技术、环保标准、产品设计全面达到国际先进水平。支持企业以科技创新成果为基础，参与国际标准、国家标准制修订工作，推动企业通过技术改造和技术引进实现采标，提升主导产品采标率。围绕橱柜产业集群，引导骨干企业制定、推广、实施产业联盟标准，促进企业整体发展，抱团竞争，带动产业链上下游企业提高产品质量水平。加大公共品牌的推进力度，塑造“大连普兰店实木橱柜制造”品牌整体形象，全面提升“大连普兰店实木橱柜制造”品牌的知名度和影响力。

三、存在问题

1. 消费群体年轻化，实木橱柜设计感要求增强

处于产业链下游的橱柜行业想要获得长足发展，应重视 80、90 后消费人群。现在有不少 80、90 后的年轻消费者对木质橱柜感兴趣，但却又不喜欢传统实木橱柜的沉重感。很多消费者对实木橱柜的印象还停留在色调深沉、款式古典、风格单一、消费群体年龄普遍偏大等层面上。

2. 实木橱柜加工工艺难，企业技术创新要求高

虽然实木橱柜行业的发展已经步入了一个新阶段，但其加工工艺对生产设备的要求也更高，因此高效制作出高品质的实木橱柜仍然有一定的难度。实木橱柜市场当前也缺乏相关规范和标准。目前，普兰店区实木橱柜生产企业的水平参差不齐、工业化水平较低，橱柜企业要应对市场和消费者的需求考验，在创新过程中充分实现自身的品牌价值。

3. 实木橱柜打开市场需价格趋于亲民

价格亲民化是打开年轻消费群体市场的主要条件之一。实木橱柜的价格偏高的原因大多在于原材料的成本高，为了适应年轻消费群体对于橱柜性价比的要求，橱柜企业在扩充实木橱柜的木材选用范围上还需要灵活多样。

4. 自主品牌培育力度需要加强

目前，普兰店区主要橱柜生产企业以出口为主，品牌在欧美市场有较好的知名度。但在国内市场，还未完全被大众认知，产品市场还未完全打开。未来应加大对国内市场拓展，加强品牌渠道建设和品牌推广宣传，设计适合国内外家庭共需的橱柜产品。

-08-

行业展会

Industry Exhibition

编者按：我国家具行业展览会经过多年积累，办展水平不断提升，部分展会的展出规模及展出水平已经达到了国际水平。2018 年，各大家具展会在设计展示、原辅材料机械展示以及产业集群区域展示方面更上一步，大企业在展出内容上不断创新。本篇不仅对国内外家具行业展会进行了梳理归纳，也对家具行业上游的国内外原辅材料、机械设备及相关展会进行了搜集整理，合计收录 48 场国内各省市重点展览会以及 41 场国际重要展会的基本情况，包括举办时间、地点、2018 年展会情况、官方网址等信息。重点介绍了中国国际家具展、中国（广州）国际家具博览会以及中国沈阳国际家具博览会三大展会在 2018 年的举办情况。

2018 年国内外家具及原辅材料设备展会汇总

2018 年国内家具及原辅材料设备展会一览表

月份	举办时间	展览名称	地点	展会介绍
3 月	3 月 6—8 日 3 月 12—14 日	第二十三届中国郑州国际墙顶装饰材料博览会	郑州·郑汴路 96 号 中原国际博览中心	该展会总展出面积 12 万平方米，启用中原国际博览中心全馆，共划分 21 个展区，15 万专业采购商到会参观。
	3 月 9—12 日	2018 第二十六届中国（北京）国际建筑装饰及材料博览会	北京·中国国际展览中心	该展会是中国最具规模和影响力的三大建材展之一，使用老国展和新国展全部展馆，并扩展至室外，共计 20 万平方米展示面积，展品涵盖门窗、各类五金、智能建筑、智慧小区、智能家居、建筑材料、地板、衣柜、厨卫、天花吊顶等建材领域上下游链条产品，分馆专区展出。 官方网址：http://www.smarthome-exhibition.com
	3 月 14—20 日	中国（中山）红木家具文化博览会	中国（中山）红木家具文化博览会	该展会每年一届，自 2001 年创办以来，其规模、人数、参展商范围、展示内涵逐年突破。该展会主场馆展览面积逾 3 万平方米，分为中国红木品牌综合展馆、中国红木文化工艺品展馆、木工机械展馆、全国顶尖品牌常年展馆和大涌红木馆五大展馆，吸引了来自全国各地的 200 多家知名红木企业、文化企业和先进数控设备企业参展。 官方网址：http://www.zshmexpo.com
	3 月 16—20 日	第 39 届国际名家具（东莞）展览会	广东现代国际展览中心	该展会每年两届，第 39 届名家具展规模 74.5 万平方米，参展企业 1186 家，4 天展期，共接待专业观众 65426 人。 官方网址：http://www.ffepcn.com/m/ffep39/index.html
	3 月 17—20 日	第 35 届国际龙家具展览会和第 25 届亚洲国际家具材料博览会	佛山市前进汇展中心	本届展会吸引了 428 家企业参展，其产品涵盖了软体系列、实木系列、板式系列、两厅系列、儿童/青少年系列、办公系列、家具原辅材料等，共吸引了来自 120 多个国家和地区 10 万余专业买家，本届参展产品除经典的原创款式外，更围绕人们对环保性、健康性、安全性、功能性、舒适性等的需求，新增了定制化、个性化、全屋整装等，以满足消费者的不同品味和喜好。
	3 月 17—20 日	第 23 届亚洲国际家具材料博览会（AIFME）	亚洲国际家具材料交易中心	该展会创办于 2006 年，每年两届，2016 年起，于每年 3 月和 8 月举行。本届展会将继续以“对话材料，接驳产业”为主题，开设两大馆、八大展区，展览范围涉及家具包覆材料、家具五金及配饰、办公家具及配件、家具填充及包装材料、家具基材、家具专用化工材料，为家具生产制造企业和采购商提供种类齐全、性价比高的一站式采购平台。 官方网址：http://www.aifm.com.cn
	3 月 18—21 日 3 月 28—31 日	第 41 届中国（广州）国际家具博览会	广州琶洲·广交会展馆/保利世贸博览馆	该展会每年两届。分两期举办，展出规模 75 万平方米，参展企业 3992 家，观众数量达 191950 人，较上年同期增长 13.7%。本届展会有三大创举：展会首次与天猫平台强强联手举办中国家博会天猫焕新日；与被誉为美国家居设计界奥斯卡的美国尖峰设计亚太奖永久落户中国家博会；首创中国软装大会，引领家装行业走向未来。 官方网址：http://www.ciff—gz.com

（续）

月份	举办时间	展览名称	地点	展会介绍
3月	3月 19—22日	2018深圳国际家具展览会暨深圳时尚家居设计周	深圳会展中心	该展会自1996年开始，迄今为止已成功举办了32届。起初，SIFE的展馆在深圳国际展览馆旧址，占地8000平方米。后来随着深圳国际家具展的快速成长，会址迁至占地42000平方米的中国高科技交易会展中心。为了顺应深圳国际家具展的发展，会址迁至位于深圳市中心区的占地16万平方米的深圳会展中心。 官方网址：http://www.szcreativeweek.com
	3月 21—23日	中国国际建筑贸易博览会（上海）	上海虹桥国家会展中心	2018年3月，中贸展与红星美凯龙达成战略合作，双方宣布将从2019年开始共同运营中国国际建筑贸易博览会（上海）与中国国际家具博览会（上海），开启“展•店”联盟、强强合作的全新办展模式。该展会是华东地区独一无二的全屋高端定制平台，每年3月下旬在上海虹桥国家会展中心举办。 官方网址：http://shfair—cbd.no4e.com
	3月 21—24日	第十七届中国国际门业展览会	北京•中国国际展览中心新馆	本届展会展览面积13万平方米，含10大主题展馆，吸引专业观众15万余人次。 官方网址：http://www.door—expo.net/cn/index.php
	3月 28—30日	第八届中国（广州）定制家居展览会	广州•保利世贸博览馆	本届展会展出面积达6万多平方米，共有全国500多家定制家居企业参展，吸引了来自全国各地的20多万专业观众观展。 官方网址：http://www.chfgz.com
	3月30日至 4月1日	2018第二十四届东北沈阳国际建筑博览会(CNBE)	沈阳新世界博览馆	本届展会面积扩大到2.1万平方米，参展企业达到512家，创历届展览之最。全国各知名企业均带来了最新的技术和产品进行展示交流。开幕当天，就有来自全国的1.7万名建筑业专业人士前来参观。
4月	4月 8—10日	第14届东北（长春）国际家具展览会	长春国际会展中心	本届展会分现代家具展区、古典家具展区、家具配件及原辅材料展区、木工机械及工具展区等，展览展示面积2.5万平方米。
	4月 12—14日	第四届武汉国际家具展览会	武汉国际博览中心	本届展会累计展出面积24万平方米，参展企业近2000家，到场观众13万余人次，武汉国际、家具展览会已成为中部家具展示和交易的优秀平台。 官方网址：http://www.wh—ife.com
	4月 15—17日	第15届哈尔滨国际家具暨木工机械展览会	哈尔滨国际会展中心	本届展会展览面积达到7.4万平方米，涵盖办公、沙发、床垫、红木家具、家居饰品、木材、原辅材料、木工机械及配件、定制家具、智能家居10大展区，吸引了500多家企业参展。 官方网址：http://www.hrbjjz.com
	4月29日至 5月1日	2018中国•香河国际家具展览会暨国际家居文化节	河北香河家具城	香河国际家具展展厅面积300万平方米，汇聚国内外家具企业7500多家，知名家具品牌1500余个，年销售额280多亿元，香河已经成为中国北方最大的家具产品集散地，也赢得了“中国北方家具商贸之都”的美誉。
5月	5月 5—7日	第8届郑州国际家具展览会	郑州国际会展中心	本届展会与第八届郑州定制家居及门业展会同期召开，布局实木、软体、定制、木工机械四大板块，展出规模12万平方米，600多个参展品牌，共12大展区，展品涵盖实木套房家具、软体家居、智能软件、家具材料及配件、家居设计、木门、整屋定制、木工机械及设备。展会三天接待专业观众及经销商、采购商8万人次。 官方网址：http://www.ciff—zz.com
	5月 17—21日	第七届佛山红木家具博览会	陈村花卉世界展览中心	本届展会展览面积约1万平方米，300多家展商，集中展示了明清式仿古家具、古典家具、各时期的古董家具、明清老旧家具、经典红木艺术收藏品等精品。
	5月 28—31日	第5届中国国际实木家具（天津）展览会	天津梅江会展中心	本届展览会展览面积12万平方米，300余家实木家具企业参展，同期展出木工机械和原辅材料，吸引专业观众12万人次观展。展览会上，组委会在N5馆倾力打造了MINI工厂智能化制造场景，呈现实木家具在未来智能化生产制造的发展方向。 官方网址：http://www.tifexpo.com

（续）

月份	举办时间	展览名称	地点	展会介绍
6月	6月 6—9日	第十九届成都国际家具工业展览会	成都世纪城新国际会展中心/西部国际会议展览中心	本届成都家具展实行“一展双馆”模式，并使用世纪城，西博城所有展馆，展览总规模达30万平方米，参展企业近3000家，展出规模和参展企业数量创历届新高。 官方网址：http://www.iffcd.com
	6月 14—17日	BIFF·2018北京国际家居展暨智能生活节	中国国际展览中心新馆	本届展会规模为12万平方米，设有两个国际家具馆、软体家具馆、儿童家具/生活软装馆、原创家具馆、套房家具馆、京派家具馆、智能家居/未来生活馆八大主题展馆。北京国际家居展已成为一个全球家居潮流生活方式融合展，构建了未来的城市生活全景，呈现了生活美学的各种可能，展会开幕首日观众突破60000人次。 官方网址：http://www.biffjuran.com
	6月 16—19日	第15届中国青岛国际家具展览会	青岛国际会展中心	本届展会同期还将举办第6届青岛家具木工机械及原辅材料展、首届中国（北方）国际定制家居展。 官方网址：http://www.qiff.net
	6月 21—24日	第二十三届中国国际家具（大连）展览会	大连世界博览广场	本届展会除了大连本地企业积极参展外，黑龙江、长春、山东、河北、天津等地的多家企业也积极参展。展会致力于日本市场开拓20余年，与日本家具主要采购商和经销商保持着紧密合作关系，每年都有大批日本采购商莅临展会采购。展会期间还举办了中国（大连）国际适老家具论坛。
	6月 21—27日	中国（赣州）第五届家具产业博览会	赣州市南康区	本届家博会采取“主会场＋分会场”和“线下线上同步”的方式举办。主会场首次并将永久落户于南康家居小镇，由家居博览中心、家居会展中心和木屋群三部分组成，展览展陈面积6.1万平方米。
	6月29日 至7月2日	2018杭州国际家具展览会	杭州市G20峰会博览馆	本届展会为首届展会，面积达12万平方米，持续至7月2日。展会规划为整体套房、办公家具和软体综合区3大区域，参展企业包含圣奥、莫霞、顾家、慕斯、喜临门等众多国内一线品牌。展会期间还举办了“新中式红木家具（杭州）发展研讨会”、经销商大讲堂、《2017中国家居消费者洞察报告》发布会、产品推介会等活动。
	6月30日 至7月3日	第十届苏州家具展览会	苏州国际博览中心	本届展会吸引了来自全国25个省市的600多家企业。现场媒体达40家，客流量达10万人次，单笔订单高达600万，现场交易额达11.8亿元。 官方网址：http://www.szjjzlh.com
7月	7月 8—11日	第二十届中国（广州）国际建筑装饰博览会	广州·中国进出口商品交易会展馆/保利世贸博览馆	该展会涵盖全产业链。本届展会凭借完整的展出题材、高端的合作架构、广泛的业界影响力，以40万平方米的超大规模继续踞国内乃至亚洲同类型展会规模之最。 官方网址：http://zt1.bmlink.com/meeting/2018build_meeting
	7月 18—20日	中国（上海）国际整屋定制及全铝家居展览会	上海新国际博览中心	国际绿色建筑建材博览会（ESBUILD）是全面提供绿色建筑整体解决方案的国际建筑建材专业类贸易博览会。参展企业贯通家居市场上下游，涵盖全屋定制、定制家居、家具、橱柜衣柜、门窗、地板、生产设备及配件辅料等大家居概念的全题材产品，700余家企业到会参展，总面积达到15万平方米，整屋定制及全铝家居展区达到2.2万平方米。
8月	8月 2—5日	第十七届西安家具博览会	曲江国际会展中心	本届展会展出面积6万平方米，近2200个展位，展商近1000家。同期展会有第八届西安国际红木古典家具展览会和第三届西安国际门业及定制家居展览会。 官方网址：http://www.xajjzh.com

（续）

月份	举办时间	展览名称	地点	展会介绍
8月	8月 5—7日	2018第七届中国沈阳国际家博会	沈阳国际展览中心	本届沈阳家博会，首次同时开放一、二两层10大展馆，总面积达到13万平方米，有近千家企业参展，13.3万业内人士与会。家博会展品涵盖家具、家居装饰、装修材料及原辅材料、五金配件、木工机械等上下游全部品类。其中，定制家居展区的270多家企业，将整屋定制、集成家居、智能家居和定制家具、橱柜、衣柜等集中展现。
	8月 11—14日	第40届国际名家具（东莞）展览会	广东现代国际展览中心	本届展会构建“会展＋贸易＋家具总部＋创意中心＋酒店”五位一体的核心体，打造全球独一无二的闭环式家居产业核心生态圈。本届展会规模74.5万平方米，启用9座展馆，共有来自国内20个地区及意大利、美国、英国、法国等国家1186家企业参展。定制家具展从东莞名家具展脱胎而生，首次作为东莞名家具展姐妹展，以及国内首个完整意义上的定制家居展会亮相，展览面积4.5万平方米。其中，1号馆为精品馆、8号馆为全屋定制馆。 官方网址：http://www.gde3f.com/
	8月 12—15日	第36届国际龙家具展览会/第26届亚洲国际家具材料博览会	前进汇展中心/亚洲国际家具材料交易中心	该展会每年两届，本届展会有参展企业428家，展出范围有软体系列、实木系列、板式系列、客餐厅系列、儿童/青少年系列、办公系列、家具原辅材料，到会人数近10万人。 官方网址：http://www.aifm.com.cn
	8月 17—19日	第三届贵州家具展	观山湖区国际会展中心	该展会每年一届，展出面积达5万平方米。展会整合泛家居全产业链，将现代家具、门窗、定制家居、红木家具、装修装饰、家居建材、木工机械、五金配件、原辅材料、软装配饰、品牌家电、家庭用品等泛家居上下游、终端采购链融为一体 官方网址：http://www.gif—fair.com
	8月 18—20日	第18届济南金诺国际家具博览会	济南国际会展中心（高新区）	本届展会展出面积10万平方米，参展企业800余家，参观观众10万人次。博览会致力于搭建北方家具优质品牌集中展示，提高北方家具的知名度和品牌影响力，展示本土家具形象和实力，提高北方民用家具的整体水平。 官方网址：http://www.jn—ff.com
	8月 27—29日	第三届石家庄全屋定制展览会/第七届石家庄木工机械及家具材料展览会	石家庄国际会展中心（正定新区）	该展会是为促进北方全屋定制上下游产业合作发展、拓展相关产业销售渠道、扩大品牌影响力而搭建的北方规模化、专业化的交流交易平台。本届展会展馆面积超过60000平方米，内容涵盖定制家具、橱柜、家具机械及产业链上下游产品。
9月	9月 2—4日	第九届中国临沂国际木业博览会/第五届世界人造板大会	中国临沂国际会展中心（临沂经济技术开发区沂河东路166号）	第九届中国临沂国际木业博览会吸引了超过100000人次专业观众参观，带来巨大商机。展区囊括木材、木皮、人造板、木制品、木化工辅料、木业机械、配件及工具相关行业的海内外优秀参展商。
	9月 3—5日	上海国际智能家居展览会（SSHT）	上海新国际博览中心(SNIEC)—W3号馆&W4号馆	本届展会为智能家居技术综合性展示平台，以切合行业未来的技术整合及跨界合作两大发展重点，通过展会及同期论坛活动呈现前沿的智能家居技术、产品及相关整合方案。 官方网址：http://sh.smarthomeexpo.com.cn
	9月 10—13日	第42届中国（上海）国际家具博览会	上海虹桥国家会展中心	第42届中国家博会（上海）规模40万平方米，参展商2000多家，涵盖民用现代家具、民用古典家具、饰品家纺、户外家居、办公商用及酒店家具、家具生产设备、家居设计等全题材全产业链。展商数量2000家，观众入场总人数146419人，同比增长37.06%。 官方网址：http://www.ciff-sh.com

（续）

月份	举办时间	展览名称	地点	展会介绍
9月	9月 11—14日	第二十四届中国国际家具展览会	上海新国际博览中心	本届展会观众总人次达166479人，较去年增长9.82%，达历史新高。其中，海外观众出现明显增长趋势，尤其长期与国内市场合作的国家——韩国、美国、澳大利亚等国观众共计21218人。中国台湾与香港地区较2017年也表现出更加强烈的参观意愿，侧面反映出中国各地区之间在家具行业中，加强商业合作的能力越来越强。 官方网址：https://www.furniture-china.cn
	9月 13—15日	中国（上海）国际时尚家居用品展览会	上海展览中心（上海市延安中路1000号2164室）	本届展会吸引了400多家国内企业及382家海外企业参展，他们分别来自18个国家和地区，包括德国、法国、美国、捷克、丹麦、意大利、英国等。到会参观人数来自39个国家和地区，达到51365人。
	9月 26—28日	第六届广州国际智能家居展览会（全智展）	广州琶洲一保利世贸博览馆	该展会（C—SMART2018）集合了一大批国内外的智能家居主机、智能安防、智能门锁、智能晾衣机、家庭影院、智慧社区、智能家电等行业的著名企业，展示了新产品、新技术、新成果。本届展览以“智能创新，改变生活”为主题，通过全面展示智能家居领域产业链和智能技术与产品，为企业提供展示交流机会。 官方网址：http://gz.smarthomeexpo.com.cn
	9月 27—30日	北京国际建材展暨设计博览会	北京·中国国际展览中心新馆	该展会每年9月举办。继成功举办2017北京国际家居展暨中国生活节之后，居然之家集团确定了“一城双展”战略，举办北京国际建博会。展会设有陶瓷卫浴馆、定制家居馆、智能家居馆、家装及智能厨房馆、地面材料馆、门窗品牌馆、设计创意馆、软装材料馆共8大主题展馆，展会面积达12万平方米。 官方网址：http://www.bihdjuran.com
10月	10月 10—12日	2018中国国际厨房卫浴博览会（CIKB）	国家会展中心（上海虹桥）	本届展会（简称CIKB2018）有来自包括德国、美国、意大利、日本、中国台湾、中国香港、中国大陆等200余家世界各地的参展商来到上海，在3万平方米的展场内，与超过30000名海内外观众面对面洽谈协商。 官方网址：http://www.cikb.com.cn
11月	11月 7—10日	第三届中国（广东）国际家具机械及材料展（FMMF）	广东现代国际展览中心	本届展会展览面积达6万平方米，吸引600家业界顶尖一流家具机械、材料企业参展，到会观众超过4万名。 官方网址：https://www.fmmfair.com
	11月 8—11日	第十八届北京国际红木古典家具精品博览会	北京·中国国际展览中心1号馆	本届展览会规模为0.815平方米，共有约150家厂商参展，观众数量2万人次。 官方网址：http://www.circfe.com
	11月 15—18日	第十三届中国（东阳）木雕竹编工艺美术博览会	东阳中国木雕城	本届东博会设1400个标准展位，店展面积达15万平方米，对数万款红木家具、木雕、竹编竹雕、非遗类、文创类等优秀展品进行为期4天的展览。
	11月 16—19日	2018第八届中国（昆明）国际家具博览会	昆明国际会展中心（关上）	本届展会面积2万平方米，展会采用国际流行的大家居、泛家居概念，涵盖红木家具、现代家具、木雕艺术、臻品收藏、家装建材、室内装修设计、家居饰品及家用电器等领域，集展、贸、销、评、会、演等多元形式于一体，为行业提供一站式展贸平台及采购平台。 官方网址：http://www.kpfe.org
	11月 22—24日	第三届米兰国际家具（上海）展览会	上海展览中心	本届展会汇集123家意大利家具品牌，吸引了超过22500位观众。本届展会各展区分别代表着从内在本质到外在形式上的革新、传统手工艺的价值和介于经典和摩登设计之间的艺术演绎。本次上海卫星展甄选了39位中国年轻设计师参展。 官方网址：http://www.salonemilano.cn

2018 年国际家具及原辅材料设备展会一览表

月份	举办时间	展览名称	地点	展会简介
1月	1月 9—12日	法兰克福国际家纺展	德国法兰克福展览中心	该展会每年一届，是纺织品领域规模最大、国际性最强的展会之一，2018 年共有来自 64 个国家和地区的 2975 家展商参展，与 2017 年 67 个国家和地区的 2949 家展商规模相比，整体数量略有上升。其中，来自中国的展商总数为 564 家，与上年相比增长 17 家，同时位列参展企业数量最多的国家。其后依次为：印度 395 家、德国 315 家、土耳其 261 家、巴基斯坦 215 家。 官方网址：http://heimtextil.messefrankfurt.com
	1月 15—21日	德国科隆国际家具展	科隆国际展览中心	该展会每年一届，始于 1949 年，在为期七天的 2018 展会期间，来自约 1200 家参展企业汇聚一堂，有客厅、卧室和浴室家具的国际供应商；家居面料、墙壁材料、地板材料、灯具、配件和浴室设备的国际供应商；定制类商务的家装产品供应商。他们向人们展示了全球市场的行业水平和潮流趋势，此次展览会共接待来自海内外观众 15 万，其中专业观众逾 10 万名。 官方网址：http://www.imm-cologne.cn
	1月 19—23日	法国巴黎春季国际时尚家居用品装饰品展（MAISON&OBJET）	巴黎北郊维勒班展览中心	该展会以其奢华、设计、装饰及附属品，代表了当代家具、装饰品、手工艺品、家居附属品、时尚附属品、餐厅艺术、家居服饰、家用纺织品 / 壁纸 / 墙纸、建筑解决方案、礼品、香薰物品等前沿流行趋势，带来全球家居时尚的最新潮流。 该展是欧洲最具影响力的家居装饰和布置的顶尖展会，也是开拓欧洲市场最重要的行业风向标。 官方网址：http://www.maison-objet.com
	1月 21—24日	英国伯明翰国际家具及室内装潢用品展	英国伯明翰展览中心	该展会自 1992 年举办，每年一届，是英国传统与现代家具最大型的贸易展。展出面积 1 万多平方米，参展厂商近 600 家，25000 名专业观众汇集在展会上相互交流洽谈。
	1月 23—28日	土耳其伊斯坦布尔国际家具展	土耳其伊斯坦布尔会展中心	该展会每年一届，展览面积 12 万平方米，是土耳其规模最大、影响力最强的家具展会，是亚洲及欧美家具贸易公司进入中东市场的桥梁。
	1月28日 至2月1日	拉斯维加斯国际家具展（冬季）	拉斯维加斯新世界市场中心	该展会每年两届，直接辐射西部和西南部地区的 7 个顶级卖场，大部分当地展商以长期展厅展出，只有约 10% 的外地展商以短期展厅展出，总展出面积 65 万平方米。 官方网址：http://www.lasvegasmarket.com
2月	2月 6—10日	斯德哥尔摩国际家具展	斯德哥尔摩国际会展中心	该展自 1951 年成立以来，影响力逐渐扩大，每年参加该展的国家和展商均大幅度增加。吸引了大批来自全球的灯具设计者，同时也成就了一批设计新人，这也使得该家具展以新颖而著称于世。 官方网址：http://www.stockholmdesignweek.com
	2月 15—18日 8月 16—19日	墨西哥瓜达拉哈拉国际家具展（冬季 / 秋季）	墨西哥瓜达拉哈拉展览中心	该展会是墨西哥及拉丁美洲最专业、规模最大的家具展览会之一，举办至今已有三十多年的历史。该展览会每年两届，分别于每年 2 月及 8 月举行，春季展规模较大。 官方网址：http://www.expomuebleinvierno.com.mx
3月	3月 6—9日	波兰国际家具展	波兰波兹南国际展览中心	该展首办于 1982 年，每年一届，距今已有 37 年的历史。
	3月 7—10日	越南家具及配件展	西贡展览会议中心	该展由越南胡志明手工艺品及木材行业协会主办，国家工业贸易促进协会及胡志明人民协会协办的家具行业专业展览会。 官方网址：http://www.vifafair.com
	3月 8—10日	新加坡国际家具展览会（IFFS）	新加坡樟宜国际展览中心	该展每年一届，本届展会来自 30 多个国家的优质参展商将带来丰富多样、设计感十足的展品。同时，三个全新的国家展团——葡萄牙、西班牙和土耳其展团在 IFFS 2018 首次亮相。 官方网址：http://www.iffs.com.sg

（续）

月份	举办时间	展览名称	地点	展会简介
3月	3月 9—12日	印尼国际家具展 IFEX	雅加达国际会展中心	该展会每年一届，由展览公司 UBM 主办，该展会也是企业打开印尼市场非常重要的一个平台。
	3月 9—12日	马来西亚国际出口家具展（EFE）	吉隆坡会展中心（KLCC）	该展每年一届，EFE 2018 展会占地 32000 平方米，超过 320 家来自马来西亚、中国、新加坡、印度、韩国和印度尼西亚的参展商参与其盛。吸引了将近 13000 名的买家和参观者参加这个为期四天的展览会。其中包括来自 140 个国家的 7854 名国际买家，与 EFE2017 年比较，买家增加了 11.2%。 官方网址：http://www.efe.my
	3月 9—12日	马来西亚国际家具展（MIFF）	吉隆坡太子世界贸易中心(PWTC)、马来西亚外贸促进局会展中心（MECC）、吉隆坡会展中心（KLCC）	该展会创立于 1995 年，每年一届。EFE 2018 展会占地 32000 平方米，超过 320 家来自马来西亚、中国、新加坡、印度、韩国和印度尼西亚的参展商参与其盛。吸引了将近 13000 名的买家和参观者参加这个为期四天的展览会。其中包括来自 140 个国家的 7854 名国际买家，强劲买家分别来自强大传统市场，如美国、澳大利亚、日本、新加坡、英国及其他新兴地区国家，与 EFE 2017 年比较，买家增加了 11.2%。 官方网址：http://www.miff.com.my
	3月 10—13日	美国芝加哥国际家庭用品博览会	芝加哥麦考密克展览中心	该展会每年一届，始办于 1928 年，为全美最大、最专业的家庭用品展会，位列美国前 10 大展览会之一，也是世界上最大、最具有影响力的家庭用品及家用电器专业博览会之一。本届展会吸引超过 2000 家行业企业到场展示，展会共设立南馆、北馆（中国馆在北馆夹层）及湖边馆。 官方网址：http://www.housewares.org
	3月 15—18日	乌克兰基辅国际家具展（KIFF）	乌克兰基辅会展中心	该展会是乌克兰领先的家具展，展会涵盖了现代家具市场的各个方面，为家居、照明、室内设计等参展商提供一个新兴的平台。 官方网址：http://www.mtkt.kiev.ua
	3月 26—29日	中东迪拜家具暨室内装饰博览会 (INDEX)	迪拜展览馆	该展会自 1990 年开始举办，该展每年一届，已成功举办 27 年，是中东和北非地区最大的室内装饰和设计展。 官方网址：http://www.indexexhibition.com
4月	4月 14—18日	美国高点家具展览会（HIGH POINT）	美国北卡罗来纳州海波因特高点镇 IHFC 展览中心	该展会每年两届，展会面积 107 万平方米，每届展会平均都会有来自 110 多个国家的 2100 名参展商汇聚在一起，其中有 850 家参展商为世界领先的家具生产商。 官方网址：http://www.highpointmarket.org
	4月 19—22日	第 56 届意大利米兰国际家具展览会	意大利米兰新国际展览中心	该展会每年一届，本届展会分四个区域，即：经典与未来的传承、设计和豪华品质；欧洲厨房家居设备展及 FTK 体验活动；国际卫浴展；卫星展。净展览面积超 20 万平方米，超过 2000 名展商参展。 官方网址：http://salonemilano.it/it-it
5月	5月 20—23日	第 30 届 ICFF 纽约国际当代家具展（ICFF）	纽约雅各布贾维茨会议中心	该展会是北美最主要的当代设计展会，每年一届，美国纽约家用装饰展览会 ICFF 是由纽约国际会展公司举办，展览会一年一届，本届吸引来自 641 家参展企业，客商数量达到 25033 人，展会面积达到 11381 平方米。 官方网址：http://www.icff.com
	5月 25—27日	加拿大多伦多国际家具博览会 (CHFA)	加拿大多伦多国际会展中心	该展会是加拿大规模最大、影响力最高的家具专业展览会之一，每年一届。本届吸引来自 500 家参展企业，客商数量达到 15000 人，展会面积达到 70000 平方米。 官方网址：http://www.chfaweb.ca/i-tsfs.html

（续）

月份	举办时间	展览名称	地点	展会简介
6月	6月 11—13日	美国芝加哥室内设计及办公家具展	芝加哥商品市场	该展会是全美最大型以办公家具及商用家具、装饰材料为主的展览会，始创于1969年，该展面积10万平方米，每年吸引来自北美及世界各地700多家参展商及50000多名参观者。
7月	7月 19—22日	澳大利亚墨尔本家具展（AIFF）	墨尔本展览中心	该展会每年一届，每年7月在墨尔本举行。本届展会吸引了超过11000位观众，包括澳大利亚领先的的零售连锁店、采购团体、独立零售商以及250多家参展商。 官方网址：http://www.aiff.net.au
	7月29日 至8月2日	美国拉斯维加斯消费品及礼品展（夏季）	拉斯维加斯会展中心	该展会每年两届，主要展出家具、室内装饰品以及礼品。本届展会展览面积约12.5万平方米。 官方网址：http://www.lasvegasmarket.com
8月	8月 8—10日	南非约翰内斯堡家具家居及室内装饰展（Decorex）	米德兰加拉格尔展览中心	该展会每年一届，是南非当地历史最悠久、规模最大的展会之一，是一个结合设计灵感与潮流生活方式的专业展览会。从1994开始成为在南非市场世界闻名的室内设计和装饰的盛会，本届展会取得了良好的效果，吸引了20多个国家的700多家企业参展，有超过55000位专业卖家到展会采购，展览面积约2.2万平方米。
	8月 15—18日	墨西哥瓜达拉哈拉国际家具展（夏季）	墨西哥瓜达拉哈拉展览中心	该展会每年两届，是拉丁美洲地区最大的展会。冬季和夏季的国际家具博览会聚集了900多家参展商和超过25000位的国内和国际的买家，销售产值超过1000亿美元/每年。 官方网址：http://www.expomuebleinvierno.com.mx
	8月30日 至9月3日	韩国国际家具及室内装饰展览会	韩国国际会展中心	该展会每年一届，是韩国最负盛名的家具展览会。目前已举办29届，规模达到21546平方米，3个展馆，1200多个展位，吸引观众人群5万余人。 官方网址：http://www.kofurn.or.kr
9月	9月 7—11日	法国巴黎家居装饰艺术展览（MAISON&OBJET）（秋冬）	巴黎北郊维勒班展览中心	该展会有3000多个品牌参展，包括674家新参展商。专业观众中，中国观众同比增长46.29%。展会推出的数字化线上平台MOM，可以全年访问，用于展示最新的设计及家居生活收藏作品，同期举办巴黎设计周。 官方网址：http://www.maison-objet.com
	9月 11—13日	比利时布鲁塞尔家具展2018年比利时家纺展MoOD及INDIG设计展	布鲁塞尔展览中心	该展会每年一届，展会面积11.5万平方米。本届展会共有268家参展商，启用7座展厅，参观观众共计18259位，其中有61%的观众来自国外，国外展商主要来自荷兰、奥地利、瑞士、英国和挪威等地。
	9月 16—20日	欧洲家具订货博览会（M.O.W.）	德国巴特萨尔茨乌夫伦展览中心	该展会是专门面向德国和欧洲家具采购商的年度订货会，每年一届，已有20多年的历史。展会面积10万平方米，有来自国内外的400多家知名企业参展。 官方网址：http://www.mow.de
	9月 18—21日	第二十届西班牙华伦西亚国际家具展览会	西班牙华伦西亚展览中心	该展会始于1963年，每年一届，展会面积7万平方米。参展的西班牙公司每年约有25%生意是在此达成，是欧洲仅次于米兰家具展和科隆家具展的第三大盛会。本届展会吸引来自404家参展企业，客商数量达到22000人，展会面积达到17万平方米。 官方网址：http://www.feriahabitatvalencia.com
	9月 25—28日	美国芝加哥国际休闲家具及配件展CASUAL	芝加哥商品市场	该展每年一届，是一个贸易型展会，主要为零售商提供一个能够寻找到各种休闲及户外家具家居用品的平台。展出面积35万平方英尺。
	9月 26—29日	土耳其睡眠用品展	伊斯坦布尔展览中心	该展会于2014年成立，展会在第一届和第二届分别有国内外参展商67家、101家。该展是土耳其首家也是唯一一家睡眠领域的展览，展示睡眠新科技和创新产品。展品范围涵盖床垫、器械以及相关配件。

（续）

月份	举办时间	展览名称	地点	展会简介
9月	9月 26—29日	印尼国际家具配件木工展	印尼展览中心	本届展会占据了印尼展览中心的B、C展区，有来自23个国家和地区的327家企业参展，来自37个国家的13578名观展商，展览面积总计11894平方米，比2017年同比增长15%。
	9月28日至10月1日	乌克兰基辅家具展（MTKT）	乌克兰基辅会展中心	该展会一年两届，分别在每年3月和10月举办，是乌克兰林业、木材和家具业最负盛名的国际贸易博览会。 官方网址：http://www.mtkt.kiev.ua
10月	10月 8—14日	第45届国际福祉器械展	日本东京有明国际会展中心	本届展会于10月10—12日在日本东京国际会展中心举行。本次展会对比上届展会又增加两个大的展区，来自日本、英国、德国、法国、瑞典、挪威、荷兰、瑞士、美国、中国等14个国家、1个地区的546家企业参展，其中日本参展商462家，海外企业84家，参观人数119452人。
	10月 13—16日	第29届印度孟买国际家具展（INDEX MUMBAI）	印度孟买国际会展中心	该展会每年一届，2007年开始，主办方Universal集团与德国科隆国际展览公司合作，带动提升该展的档次和人气。本届展会有500多个品牌参展。
	10月 13—17日	美国高点国际家具展览会（HIGH POINT）	美国北卡罗来纳州海波因特高点镇IHFC展览中心	该展会始办于1913年，是全球最有影响力的三大展之一，每年两届。展会有180座展厅，面积达到107万平方米，每届展会有2000多名参展商，吸引来自100多个国家的超过75000位观众到会。届展会平均都会有来自110多个国家的2100名参展商汇聚在一起，其中有850家参展商为世界领先的家具生产商，近年来这一数据更有增大的趋势。世界上最大的25家家具公司几乎悉数参加高点的展会。除了家具；组委会还安排了45万平方英尺的面积专门用来展示家居装饰品，包括家具附件、灯饰、墙面装饰及地毯等产品。与此同时到场的还有75000名的来自世界110多个国家及美国各个城市的专业买家，每年的展会成交量都在数亿美元。 官方网址：http://www.highpointmarket.org
11月	11月 5—8日	沙特家具及室内装饰展	沙特吉达国际展览中心	该展会每年一届，主要以沙特家装专业人士为目标客户，业内人士可以通过该项展览会寻找高端的室内外装饰材料以及住宅、商用楼、酒店和零售项目供应商。此展会吸引了来自意大利、法国、英国、西班牙、希腊、黎巴嫩、土耳其、埃及和阿联酋的参展商以及沙特当地的顶尖供应商和经销商。 https://www.indexexhibition.com
	11月 19—23日	俄罗斯家具、配件及室内装潢展览会（MEBEL）	莫斯科EXPOCENTR展览中心	该展会历史悠久，由俄罗斯古老的AO EXPOCENTER展览公司主办，每年举办一次，本届为第30届。本届展会期间，共有来自28个国家的817家参展企业出席了该盛会。展会净展出面积高达78177平方米。来自世界65个国家及整个俄罗斯地区的40671名专业观众参加了此次展会。 官方网址：http://www.meb-expo.com
	11月 21—22日	英国伦敦国际睡眠展览会	英国伦敦BUSINESS DESIGN CENTER	该展会有160家企业参展，是欧洲一个以酒店领域的设计、建筑、睡眠系统发展潮流趋势为主题的专业性展览会。 官方网址：http://www.thesleepevent.com

第 24 届中国国际家具展 & 摩登上海时尚家居展

一、展会概况

第 24 届中国国际家具展（以下简称上海家具展）及摩登上海时尚家居展（以下简称摩登展）于 2018 年 9 月 11—14 日在上海浦东新国际博览中心、上海世博展览馆两地同期举行。本届展会观众人数再创新高，据最新统计，家具展及摩登展 4 天共计接待来自全球 132 个国家和地区的买家及观众 166479 人次，同比增长 9.82%；海外观众人次明显上升，为 21218 人次，同比增长 23.87%，海外

我们的价值观 Our Value

为更高标准的家具贸易平台　For higher standard of furniture trading platform

2018年，中国国际家具展览会与摩登上海时尚家居展坚持一贯的追求，为中国，乃至世界家具与家居产业，提供更高标准的贸易平台。

In the year of 2018, Furniture China and Maison Shanghai continue seeking to build a better trading platform for furniture industry.

2017—2018 年中国国际家具展展后数据统计表

主要指标	2018 年	2017 年	同比增长率
展会面积（万 / 平方米）	35	35	—
展商数量（个）	3500	3500	—
观众人次（万）	166479	151588	9.82%
海外观众人次（万）	21218	17129	23.87%

中国轻工业联合会会长张崇和、中国家具协会理事长徐祥楠等领导嘉宾一同参观展会

观众平均参观时间为 2 天。观众人数的稳步增长，无疑是对主办方、对上海家具展最好的肯定，也是对展商品质和丰富品类的认可，更证实了上海家具展“出口导向、高端内销、原创设计、产业引领”这十六字办展方针的贯彻与执行。

二、观众分析

国内观众相对集中于华东地区，尤以长江三角洲地区观众为主。国内观众总人次达 145261 人次，成为观众人次最多的一届。海外观众在 2018 年出现明显增长趋势，尤其长期与国内市场合作的国家：韩国、美国、澳大利亚等国家观众共计 21218 人次。中国台湾和香港地区较 2017 年也表现出更加强烈的参展意愿，从侧面反映出中国各地区之间在家具行业中加强商务合作的能力越来越强。最主要的两类观众为采购贸易商和设计师，占总比 77.65%。一方面可见家具行业对贸易订单与产品设计的大量需求；另一方面显示出上海家具展对解决行业需求的重要意义。

三、现场活动

2018 年上海家具展的设计馆由原先的 E6、E7 两馆再增加了一个 E5（准设计馆），其中 E6 馆、E7 馆共有 87 家参展企业，分别来自广东、北京、上海、浙江、江苏、山东、福建、天津和重庆，而广东、北京和上海名列前三甲，其设计力量的规模化和代表性可见一斑，设计品牌达到了历年之最。连同 E8B 的“色彩解码”和“中国好面料”等主题活动，E 馆已成为“大有看头”的设计大伽的大舞台。展会期间，设计馆内人头攒动，济济一堂，据说在有些展位的参观排队要长达 1 个多小时。

在摩登展 H4 馆的 COC 展（一场意为“创造者的创造”Creation of Creators 的特展）格外引人注目，主题定为“（知）然（而）后（SO - WHERE - NEXT）”，展区由展示区、论坛区和文化互动区三部分组成，共有 23 组 / 位来自与设计相关领域的创造者参与。这是中国国际家具展又重磅推出的新展，最大创新在于这是第一个针对综合创意群体的展示平台，将不仅仅是在视觉表达上的当代与国际

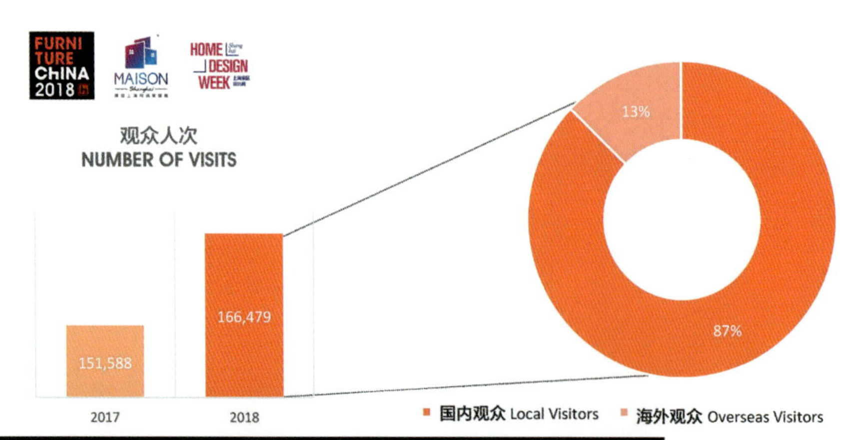

观众总人次达 166,479，较去年增长 9.82%，达历史新高。其中，海外观众占比 13%，较去年总体增长 23.87%。

The total visits reached 166,479, showing a growth of 9.82% from last year, up to the record high. Among them, overseas visitor accounted for 13%, showing a total growth of 23.87% compared with last year.

观众分析 • Visitor Profile

参观目的 Purpose of visiting

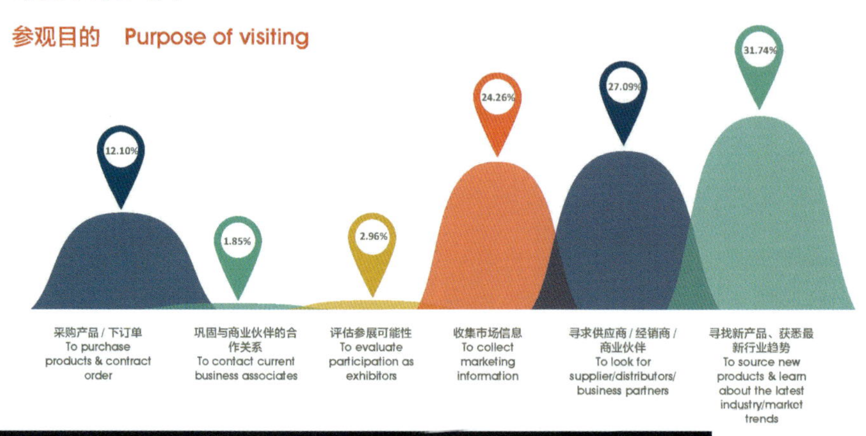

采购产品 / 下订单 To purchase products & contract order	巩固与商业伙伴的合作关系 To contact current business associates	评估参展可能性 To evaluate participation as exhibitors	收集市场信息 To collect marketing information	寻求供应商 / 经销商 / 商业伙伴 To look for supplier/distributors/ business partners	寻找新产品、获悉最新行业趋势 To source new products & learn about the latest industry/market trends

根据数据可知，最主要的参观需求集中在建立商业合作关系与获取新的行业信息，从侧面体现了上海家具展在贸易合作与行业信息方面优势。

According to the statistics, the main visiting purpose is to build up business cooperation and source industry information, which indicates a n advantage of Furniture China as a platform of business and information.

采购贸易商
Trader

批发/零售/代理/经销商
13.31%
Wholesaler/Retail/Agency/Distributor
进出口商/贸易商/电子商务
7.21%
Importer/Exporter/E-commerce
采购商/集团采购商
3.13%
Purchaser/Group purchasing
家具商场/家具市场
1.13%
Furniture market/Shopping mall
公共空间/公共场所
0.59%
For commercial properties/Public facilities
房地产商/承包商
0.45%
Real Estate/Contractor
定制家具最终用户
0.32%
Custom furniture end user

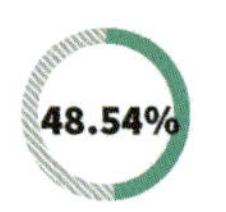

设计师
Designer

独立设计师
44.94%
Independent Designers
设计公司/装潢公司
2.97%
Design Company
建筑师/建筑工程设计师
1.76%
Architect
平面/城市规划设计师
1.84%
Graphic/Urban Designers

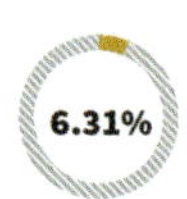

制造商
Manufacturer

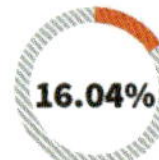

媒体/大众/其他
Media/Public/Others

最主要的两类观众为采购贸易商与设计师，总占比 77.65%。一方面可见家具行业对贸易订单与产品设计的大量需求，另一方面则显示出上海家具展对解决行业需求的重要意义。

Two main visitor categories are Traders and Designers, counting 77.65% of the total visitors. On one hand, it shows the large need of business deals and product design; on the other hand, it remarks the important role of Furniture China to the industry.

化，更在考虑折射当代产业问题、社会阶段与未来，旨在打造国内首个以跨维度“幕后创造者”为主体，拥有线下独立展区的展示平台。这样的一个平台不仅在国内，在国际上也没有可以对标的先例。

此外，“金点奖”也是展会上的一项重要奖项，旨在推动中国家具产业发展并坚持扶持原创设计，关注运用传统元素和工艺的品牌或设计师，被誉为中国“红点”级别的设计大奖。在展会的“设计师之夜”揭晓了“2018 中国家具产品创新奖金奖”“2018 中国家具设计金点奖”和“摩登态度秀”三大奖项。

“色彩·中国家居”在过去的一年来，策划团队实地调研了全球知名的展览，对权威色彩机构进行了研究，“色彩解码”的主题横空出世了，像一把钥匙开启了色彩的“谜团”之门，希望色彩主题能够深入到制造业、社会群体和消费者生活中。

2018 年的 DOD 展带来了大批的新鲜血液，你意想不到的品牌都在这里呈现——在《后来的我们》中出镜的沙发 CASA GAIA 蓋雅，将绿植种在桌缝里的野木，传统又神秘的漆器品牌漆墨堂。

2018 年的 HOME PLUS 由 12 位设计师领衔操办，对于生活概念的展示是全方位的，传达了一种美学高度。主办者表示：“美学并不只是局限于空间，而是有多种组合方式。我们经过多次讨论，最终选择用‘无’的概念呈现。有别于过去我们经常看到的形式，今年的 HOME PLUS 带来了更多惊喜，甚至有吃有喝有玩。观众可以融入空间体验，享受时间的维度。”WS 世尊、无间设计创始人吴滨先生为空间做了完善的规划，空间的视觉聚焦非常时尚、有趣又兼具美感。

展会期间，整个魔都上海沉浸在家居设计的气氛之中，“上海家居设计周”作为综合性的设计类活动，集合了上海全城的家居店、工作室、精品店、办公空间、商场、艺术园区、美术馆等多个品牌、活动与空间，打造一场看展、逛店、玩乐的设计之旅，为大众寻找内心有共鸣的生活方式。

四、展会亮点

将展览定位“国际”，一边积极搜罗筛选全球优质参展品牌，一边用国际化面貌吸引国际观展者到访，成为中外家居设计文化的纽带与桥梁，同样

国际视野
Global Vision

世界家家具论坛深刻探讨了家具行业，尤其是中国家具行业与世界市场的关系，以及未来的发展趋势；
国际杂志联盟从媒体人的角度出发，解读了十个国家与地区不同的家具产业现状，并寻求与世界市场合作的可能性。

The World Furniture Forum made a deeper discussion on the furniture industry, especially the relationship between Chinese furniture industry and global market, as well as future tendency;
IAFP Forum interpreted the furniture industry in ten countries and regions, and seek to find the potential cooperation with global market.

今年，以“色彩解码”为主题，色彩中国家居旨在通过对色彩研究、体验与发布为家居行业带来新的驱动力，同时也为家具展未来的发展铺好道路。

Through search, experience and release on color, COLOR OF FURNITURE aims to create new motivation for furniture industry under the theme of "Decoding of Colors" . Meanwhile, it also see it a task to lead the future development of Furniture China.

4 大主题 Topics

2 场论坛 Forums

设计师
Designer

展示与交流
Illustration & Communication

中国原创设计师作品展示交易会（DOD）召集了国内最新的、最具人气的设计师与设计师作品。设计的思潮在专门设立的“集市”中相互磨合与碰撞，为青年设计师提供了更广阔的设计思路与销售市场。

Design of Designers (DOD) gathered designers and their latest deign works that enjoy high popularity. Young designers were able to illustrate and communicate in the fair which provided a wider market for every great design.

是中国家具展不断前行的初心与动力。2018 年的展会有来自 24 个国家的 220 家品牌悉数亮相，其中包括 6 大国家展团：意大利 Veneto 大区、法国、比利时、土耳其、韩国和马来西亚。与此同时，还有 14 家新品牌加入，包括来自挪威的 NORDIC、德国的 QUADRATO、迪拜的 DECOART Dubai、新加坡的 Commune 等。展品地域延伸到了中东、南美，覆盖全球家居设计。展会主办方表示，中国国际家具展不仅展示国际顶级奢华的家居奢侈品，让观众直击国际家居界最新风尚和潮流生活方式，更是海外品牌在中国寻求合作发展的首选平台。

作为上海家具展的重要组成部分，2018 年中国家具高端制造展（FMC China 2018）以产业优势布局家具业，形成家具皮革、五金、面料、板材表面装饰、软体部件、化工等强势板块的同时，更是突破行业材料及工艺瓶颈，引入高端家具材料、半成品加工以及智能软件开发等全新领域。从展览面积上，今年的 FMC 共有 6 个馆和展示区，涵盖多品类多层次家具原辅材料，展商数达 640 余家。

五、展会预告

第 25 届中国国际家具展及摩登上海时尚家居展将于 2019 年 9 月 9—12 日在上海浦东新国际博览中心、上海世博展览馆两地同时举行。

中国家具协会理事长徐祥楠认为，中国国际家具展览会从 1993 年的 3000 平方米发展到今天的 35 万平方米，已成为世界三大家具展之一，向世界展示了中国家具行业的繁荣和跨越发展。展望未来，上海博华国际展览有限公司创始人、董事王明亮表示：“本届展会是近十年来提升力度最大的一次，进入了一个新的阶段。同时，主办方的办展思维也发生了新变化。未来的中国国际家具展不再注重‘量’的增加，而要注重‘质’的提升，不仅规模要成为国际一流家具展，质量也要成为国际一流家具展。”

CiFF
全球家居
生活典范
Better Life
Better Work

2018 中国（广州）国际家具博览会

一、展会概况

中国（广州/上海）国际家具博览会（简称“中国家博会”）创办于1998年。从2015年9月起，每年3月和9月分别在广州琶洲和上海虹桥举办，有效辐射中国经济最有活力的珠三角与长三角地区。2018年3月中国广州家博会于3月18—21日、28—31日举办，让4100余家展商一时间成为全球焦点，吸引195082名海内外专业观众到会。作为万众瞩目的新品首发、商贸首选平台，本届中国家博会依旧不负众望，不但撬动超过90%的国内外优质参展品牌携新品亮相，还接连放送数十场主题展和论坛活动呈献精彩体验，更宣布牵手红星美凯龙深耕9月上海虹桥，带全球家居人走向更美好的未来。

二、展会亮点

亮点一：全题材精致强展

本届展会一期A区的“全屋生活空间”主打内销、B区的“精品家居天地”侧重外销，各大细分题材科学规划，国际家具馆里的众多国际一线家居大牌，带着远道而来的异国情怀，借中国家博会（广州）的广阔舞台，走入中国的千家万户、走向世界的各个角落；设计潮流馆集中了国内多家原创家居品牌，坚持将设计创新无限延展；轻奢馆内吹来一阵浓郁的“轻奢风”，高调诠释了何为买得起的精巧奢华；全屋定制智能家居馆中的家居达人们，则依靠当下最热门的“定制功夫”走在消费市场的前沿。

展会现场

饰品家纺展区中，一众横扫国内外家居市场的优质大牌，携美轮美奂的软装家饰精品，在中国家博会（广州）安家落户，带来的远不止是高颜值产品，更是精致有范儿的美好生活方式。户外家居展区除了有各类户外优质产品、原创设计等诠释中外户外休闲理念，还配以法国为主宾国的环球花园生活节等活动。

二期的办公环境展与设备配料展，聚集了未来工作生活的无限可能，更蕴藏着工业制造已知与未知的庞大信息量。比如，如何将智能技术最大化运用到办公空间、如何推进先进医疗与养老家具在机构、社区的广泛应用，都是本届办公环境展想传递的新风向。而在设备配料展，观众不但获取到了一手的家居制造最新技术和信息，更找到与自己企业生产密切相关的专业解决方案。

亮点二：强大精准的内外销贸易功能

强大又精准的内外销贸易功能，一直是中国家博会（广州）的独有魅力，也是众多一线主流品牌坚持选择与展会共进步、同绽放的关键所在。正如合作多年的展商们所言，每年都能通过家博会展现品牌的深度与广度，更能获得许多难得的精准客户，客户质量和成交业绩都非常突出。

2018 年，在不断强化外销，引入更具采购实力的海外观众之余，中国家博会（广州）火力全开，加大了内销市场的拓展，紧抓国内“定制”“智能”“设计”“轻奢”等家居行业热点，吸收更多有实力的参展商入驻，打开刚性需求迫切的 B 端采购窗口，让企业和观众收获大量商贸资源和发展机遇。展会 8 天馆内各处人潮攒动，众多展位更是门庭若市，门外持续拥挤的长队给展商带来参展的丰收。

展会现场的贸易配对会海外专场吸引了全球最大的家具建材零售商 The Home Depot、美国高端户外采购商 Terra Glamping、专注定制中高端及工程家具的埃及 DelineBuild & Interior 等高端买家。其中，The Home Depot 带着 1000 万美元、约 400 个货柜的采购预算，在配对会现场与超十家参展商愉快配对，会后将进一步洽谈。国内专场更有 27 家买家现场达成采购意向，现场气氛相当热烈。

亮点三：携手红星美凯龙深耕 9 月虹桥

2018 年 3 月 18 日，中国家博会的承办方中国对外贸易广州展览总公司与全国领先的家居商场红星美凯龙，在一期展会开幕现场举行了隆重的战略合作签约仪式，双方于 2018 年 9 月起共同运营中国家博会（上海）。随着双方达成战略合作，中国家博会（上海）带来更多海内外高端家居品牌、优质设计师和覆盖全国 28 个省、150 个城市的经销商渠道等资源，注入更多贴近大众消费需求和市场潮流趋势的时尚、设计、跨界元素，展商与观众的参展观展体验感明显提高。

“展”与“店”的强强联手、商贸平台与流通媒介的优势叠加，必将为大家居行业释放巨大能量，对中国乃至全球大家居产业以及展览业将产生深远影响。

中国家博会 x 天猫家年华——2018 潮流家具趋势展

三、现场活动

除了精准的商贸配对，中国家博会（广州）诚意打造看点丰富的数十场现场活动，既有采用场景化互动式的主题展览，又有针对行业热门话题的专题论坛，给更多家居品牌、原创设计力量、行业机构提供展位以外“声情并茂”的展示空间，带给观众更多丰富而细腻的沉浸式观展享受。

“2018 环球花园生活节”将生活方式、设计体验与商业行为相融合，以创新的形式促进户外家居行业的整体发展；“第十届家居设计展”将大师设计与院校作品一同展出，积蓄已久的设计力量随年轻设计师的成长，持续融合迸发。

“中国家博会 x 天猫家年华——2018 潮流家具趋势展”不仅带来了线上线下同步首发的各类产品，还发布了“喵住”这一套以消费者视角令人易懂的全新优品标准。办公环境主题馆以“和谐、活力、

第十届家居设计展

办公环境主题馆

美丽”为主题，诠释了“生活化办公室”新理念与内涵，向观众呈现了最适合中国人需求的办公空间。

“2018 中国软装大会”揭示新一年软装行业的发展态势；“尖峰在眼前——美国尖峰设计亚太奖启动论坛”向全球发出中国设计与制造的最强音，宣布 2018 年奖项已正式启动，面向亚洲及太平洋地区家具行业征集优秀作品；“2018 定制新零售高峰论坛”为定制家具行业未来的新零售走向指引了方向，坚定了信心。

2018 中国软装大会

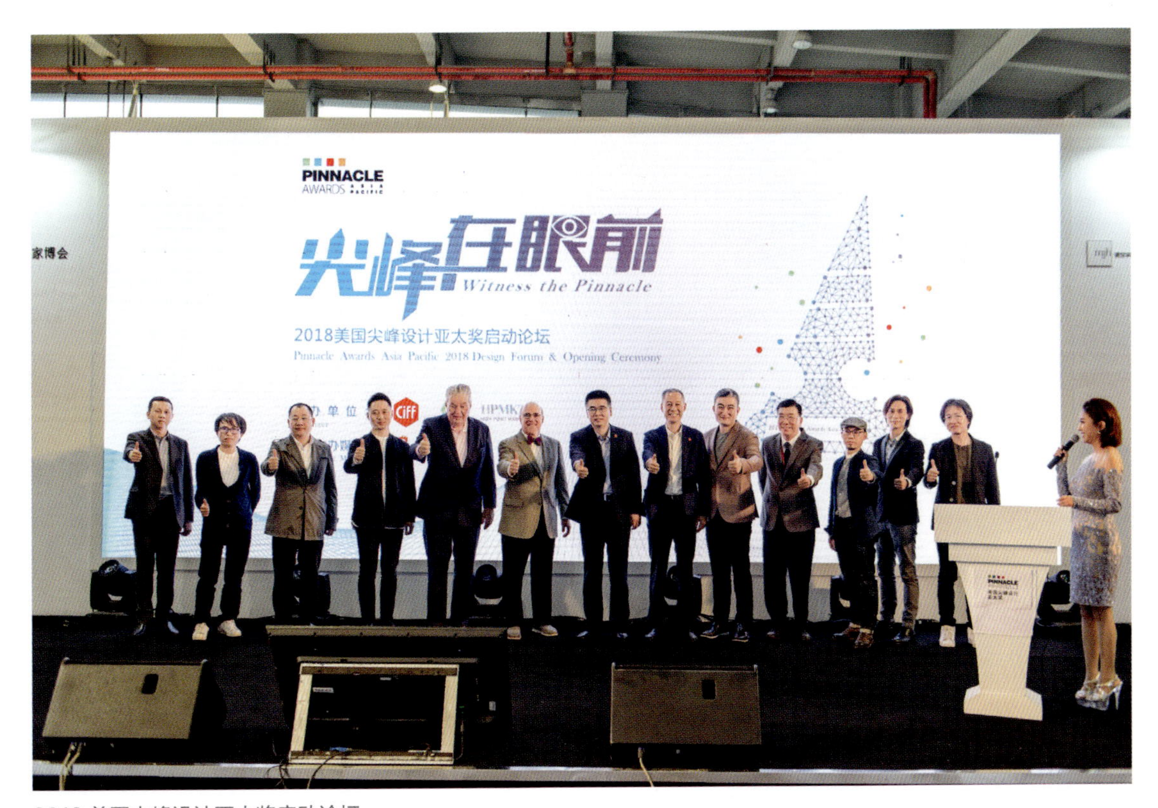

2018 美国尖峰设计亚太奖启动论坛

2018 中国沈阳国际家博会

一、展会概况

为进一步提升沈阳家博会品质，扩大展会规模和影响力，2018 沈阳家博会开启了春秋双展，为行业发展构建了新的更大发展平台，同时给企业和行业带来巨大商机。来自国内外的参展企业 1500 多家，展出面积近 20 万平方米，与会专业买家及观众达 21.3 万人次。分别比上年增长 100.3%、66.7% 和 74.5%，实现了跨越式发展。

1. 首届春展精彩纷呈、旗开得胜

2018 年 3 月 30 日，沈阳家博会首届春展开幕。展会规模达 6 万平方米。来自全国各地的 405 家企业参展，接待买家及观众 8 万人次。展商对展会满意度超过 90% 以上，并且已有 70% 预定明年春季展会。首次春展的成功举办，得到家居界同仁的广泛认可，确立了中国北方家居业开年大展的地位。

2. 第七届沈阳家博会魅力升级、再创新高

2018 年 8 月 7—9 日，第七届沈阳家博会在沈阳国际展览中心举行。首次同时开放一、二两层 10 大展馆，总面积达到 14 万平方米，有 1000 多家企业参展，接待买家及观众 13.3 人次，又一次刷新沈阳家博会新纪录。沈阳家博会经过七年的洗礼，已从青涩走向成熟，正在向更高的目标前行。

二、观众分析

由于 2018 开启春秋双展，展会观展人数比上年增加了 8.1 万人次，而且专业经销商、采购商的比例大幅攀升，展会充满生机与活力。为做大做强展会，组委会始终保持战略定力，坚持创新发展理念，在坚持开展“百城千店万商”邀约大行动，将邀约推广范围由东北地区拓展到华北的广大地区。在此基础上，不断加大户外广告投放力度，如大型车站、市内重点街道、大型家居建材卖场的 LED 大屏幕、高速公路路牌、公交车、出租车广告等，沈阳家博会的品牌影响力和知名度不断提升。

展会人气爆棚

2017—2018 中国沈阳国际家博会后数据统计表

主要指标	2018 年	2017 年	同比增长率
展会面积（万平方米）	20	12	66.7%
展商数量（个）	1500	749	100.3%
观众人次（万）	21.30	12.20	74.5 %

按观众从事行业分：经销商占比为 70%；生产企业及专业设计团队占比为 15%；集团终端客户占比为 10%；一般消费者占比为 5%。

按观众所在地区分：来自辽宁省内的观众占比为 30%；吉林省占比为 17%；黑龙江省占比为 18%；内蒙古占比为 12%；河北省占比为 11%；海外观众占比为 3%；其他占比为 9%。

通过展会观众分析，沈阳国际家博会具有专业性强、区域覆盖范围广、北方渠道展会等鲜明特征。

三、现场活动

1. 国家协会、省市领导到会指导工作

中国沈阳国际家博会是中国北方发展最快、最具规模、最具影响力的行业盛会，一直以来受到行业和社会各界高度关注。2018 年沈阳家博会举办期间，中国家具协会、辽宁省政协、辽宁省工商联、辽宁省及沈阳市工信委、辽宁省及沈阳市服务委等相关领导均到会考察调研。沈阳市政府副市长阎秉哲先生还与中国家具协会理事长徐祥楠先生举行会谈，一同参观了沈阳家博会，探讨加大力度支持家居行业持续发展及如何做大做强沈阳家博会，助推企业走向全国，走向世界。

2. 展会期间活动丰富多彩

展会期间举办了中国现代家居发展（沈阳）国际论坛；“智能制造，环保先行”全国定制家居发展研讨会；办公家具（政府采购）说明会；《辽宁省集成吊顶白皮书》出版发行发布会。

沈阳市政府副市长阎秉哲、中国家具协会理事长徐祥楠一行参观展会

《辽宁省集成吊顶白皮书》出版发行发布会

与会领导合影

组织地方产业园区与协会、企业家对接活动；尤其是邀请国家及 20 省市行业协会、500 多企业家先后分别参观中意厨柜、辽宁三峰木门定制家居智慧新工厂，让人们领略新时代辽宁家居业的新风采。

中共中国家具协会支部与辽宁家具协会支部还在会前联合开展了一次党建活动——参观抚顺雷锋纪念馆，重温入党誓词，让全体党员和员工受到一次革命传统教育，极大地激发了工作热情，大家表示，以雷锋同志为榜样，发挥党员先锋模范作用，做好沈阳家博会，为家具业发展多做贡献。

四、展会特色

1. 全产业链家居，应有尽有

展会几乎囊括了家具产品、家具原辅材料、五金配件、木工机械及家居装饰装修材料等上下游的全部品类。

2. 名品荟萃，展现新时代行业新风采

尚品宅配、穗宝、依丽兰、三峰、郁林、雨生、澳美雅等在国内外享有盛誉的品牌，以及辽宁领军企业品牌、精品套房家具、沙发床垫软体家具、客厅餐厅家具、办公综合家具、门品定制、全屋定制、定制装饰建材、木工机械、原辅材料、产学研设计产品等纷纷亮相展会。

3. 定制家居馆 5 万平方米，再创北方现代家居新高

本届展会 E1、E2、E3 三大定制家居展区、270 多家定制家居企业，将整屋定制、集成家居、智能家居和定制家具、橱柜、衣柜等集中展现，给人以全新的家居生活体验和时尚家居文化的享受。

4. 向绿色环保展会迈进

春秋双展，14 大展厅，近 20 万平方米场地。不仅装修无异味，还听不到以往音响的噪音，厂商会谈交流环境舒适环保。

5. 多人流分布均匀，提高洽谈成功率

由于组委会的精心组织、科学设计，将十几万客商到馆后，迅速分流在各个场馆，让厂商第一时间大面积广泛接触，工作效率大大提升。

五、展会预告

展会名称　2019 中国沈阳国际家博会春秋双展

展会时间　春季展 3 月 30 日—4 月 1 日
秋季展 8 月 9—11 日

展会地点　沈阳国际展览中心（沈阳市苏家屯区会展路 9 号）

秋季展主办单位　中国家具协会、辽宁省家具协会

展会规模

春季展　7 万平方米、500 家展商、10 万买家

秋季展　13 万平方米、10 大展馆、1000 展商、15 万买家

覆盖范围　以沈阳为平台，辐射东北、内蒙古、华北及日本、韩国、朝鲜、俄罗斯、蒙古等东北亚国际市场，是中国北方发展最快、层次最高、最具影响力的区域性家具专业盛会。

展会活动　中国现代家居产业（沈阳）国际论坛、全国集成定制家居发展论坛、中国沈阳国际家博会设计大赛、DOD 家具设计展（设计·优物展）、2019 辽宁省家居行业示范店（商场）表彰大会、北方高端家居渠道商联盟大会、东北办公家具集团采购对接会。

09

行业大赛

Industry Competition

编者按：2018 年，中国家具协会联合中国就业培训技术指导中心、中国轻工业职业技能鉴定指导中心、中国财贸轻纺烟草工会全国委员会共同主办国家级二类竞赛“2018 年中国技能大赛——全国家具制作职业技能竞赛”。大赛总决赛得到了的赣州市南康区人民政府、江西省家具协会大力支持。本次竞赛从筹备至今历时近一年，覆盖全国 9 大省份 11 个家具重要产区，共计 720 名家具制作能手、80 名国家级裁判员参与，成为行业展示技艺、选拔人才、弘扬文化的重要平台，为提升行业影响力，增强行业凝聚力发挥了重要作用。

2018 年中国技能大赛——全国家具制作职业技能竞赛总决赛在南康成功举办

2018 年 11 月 3—5 日，2018 年中国技能大赛——全国家具制作职业技能竞赛总决赛在江西南康成功举办。总决赛由中国家具协会、中国就业培训技术指导中心、中国轻工业职业技能鉴定指导中心、中国财贸轻纺烟草工会全国委员会主办，赣州市南康区人民政府、江西省家具协会承办。

11 月 3 日下午，总决赛召开了裁判员工作会议，竞赛评审委员会主任和来自全国的 14 位具有国家职业技能裁判员资格的总决赛裁判员参加会议。会议强调了总决赛裁判员的工作纪律和守则，讨论并通过了“技能竞赛技术文件（评分标准）”，会议还对裁判员进行分组，并签署裁判员保密守则。

11 月 4 日上午，2018 年中国技能大赛——全国家具制作职业技能竞赛总决赛开幕式举办。出席开幕式的领导和嘉宾有：竞赛组委会主任、中国轻工业职业技能鉴定指导中心主任、中国家具协会理事长徐祥楠，竞赛组委会副主任、中国财贸轻纺烟草工会全国委员会副主席王双清，竞赛组委会副主

开幕式现场

徐祥楠为开幕式致辞

陈钰滢为开幕式致辞

王双清为开幕式致辞

段倚红为开幕式致辞

选手代表徐志威宣誓

裁判员代表田燕波宣誓

往届大赛优秀作品回顾展

任、评审委员会主任、中国家具协会副理事长刘金良，中国就业培训技术指导中心竞赛处副处长段倚红，竞赛宣传报道委员会副主任、中国财贸轻纺烟草工会全国委员会轻工烟草工作部副部长杨栋国，江西省人力资源和社会保障厅能力建设处调研员过克强，江西省人力资源和社会保障厅能力建设处副处长淦勇，江西省总工会产业工会工作部部长曹树牧，中国家具协会副秘书长吴国栋、副秘书长丁勇，竞赛评审委员会副主任、中国家具协会办公室主任、传统家具专业委员会秘书长姜恒夫，竞赛办公室主任、中国家具协会办公室副主任解悠悠，赣州市副市长、南康区委书记徐兵，南康区委副书记、区政府区长何善锦，南康区委副书记、区政府常务副区长陈钰滢，竞赛办公室副主任、江西省家具协会会长何炳进，竞赛办公室副主任、江门市新会区区委常委、组织部长宋岩，清丰县人民政府副县长韩晓东，宁津县政协副主席、县政府办公室主任吴金璋，竞赛办公室副主任、石碁镇人民政府党委委员、副镇长刘达成，涞水县文化产业发展领导小组常务副组长陈河，竞赛监审委员会副主任、东阳市木雕红木产业管理办公室专职副主任陈君梁，南通市职业技能鉴定中心主任张院萍等，以及 11 个赛区负责人、72 名参赛选手、裁判员、院校代表和南康家具企业代表。开幕式由竞赛宣传报道委员会主任、中国家具协会副秘书长屠祺主持。

竞赛组委会主任、中国轻工业职业技能鉴定指导中心主任、中国家具协会理事长徐祥楠在开幕式上致辞，他代表竞赛组委会承诺，将高标准、高质量、高要求地做好各项准备和服务工作，营造严格温馨的竞赛环境，创造严谨公平的评审制度，确保竞赛公平、公正、公开，努力把本次竞赛办成有影响、有特色的赛事。让竞赛成为充分展示技能风采、共同提升技能水平、携手推动行业发展的高效平台。

南康区委副书记、区政府常务副区长陈钰滢致辞，她表示，本次竞赛是南康首次举办国家级家具行业的技能竞赛总决赛，竞赛规格高、参与度广。南康将以承办好本次总决赛为新契机，向全国家具行业一流工艺技能对标看齐，进一步深挖南康家具历史文化底蕴，提升南康家具工艺水平，为实现南康家具产业高质量、跨越式发展注入新的动能与活力。

竞赛组委会副主任、中国财贸轻纺烟草工会全国委员会副主席王双清，中国就业培训技术指导中心竞赛处副处长段倚红分别致辞，高度认可了首届家具制作竞赛的认真筹备和广泛影响力。

选手代表徐志威在开幕式上宣誓。裁判员代表田燕波在开幕式上宣誓。

竞赛组委会主任、中国轻工业职业技能鉴定指导中心主任、中国家具协会理事长徐祥楠，竞赛组委会副主任、中国财贸轻纺烟草工会全国委员会副主席王双清，中国就业培训技术指导中心竞赛处副处长段倚红，赣州市副市长、南康区委书记徐兵共同启动开幕式。

11 月 4 日 11 点 20 分，总决赛技能竞赛正式开始，技能竞赛共计 8 小时，成绩占总成绩的 80%。内容为：使用手工木工工具和缅甸花梨净料，现场按照图纸纯手工、独立制作一件条凳，重点考察选手的榫卯制作能力和细节处理能力。电动工具只允许自带一台手提砂光机，比赛作品不允许使用胶水。

11 月 4 日 19 点 50 分，技能比赛结束，除一名选手因身体原因未完成作品组装，其余 71 名全部完成条凳制作。20 点 30 分，总决赛裁判员对参赛作品按照“材料使用、读图识图、加工质量、作品装配质量和职业素养”五大项评分标准，秉承高标准严要求的精神进行测量与打分。为保证评审的公平公正，14 个裁判员 2 人一组分成 7 组，每组裁判只对固定的 1~2 个项目进行打分，选手的作品编号也在监审委员的监督下，由工作人员进行了重新随机编号。经过近 6 个小时的裁判评审，最终评审出选手作品成绩。

11 月 5 日，总结表彰大会之前，所有裁判员和参赛选手召开了技术点评会。组委会将 70 件参赛作品全部展示。裁判组组长田燕波和王泽林、姜恒夫等裁判员分别对参赛作品的制作工艺和选手的赛场表现进行点评。裁判员一致认为：本次总决赛参赛选手在作品的爹度、方正、平直及规格尺寸等方面把控很好，符合图纸要求，榫卯及装板的松紧严密程度、倒棱倒角的准确性、打磨的精细程度等方面，选手们都体现了很高的水平。但是还存在封头牙板的燕尾明榫有少数选手做的不够细致，个别选手的最后整理打磨完成的不够好等情况。

裁判员们也对选手们今后的技能水平提出了两点要求：① 手工木工、精细木工已经成为世界技能大赛的竞技项目，新时代的高级技能人才，不但要有高超的实际操作技能，还要有扎实的理论基础，工匠们要保持旺盛的“学习力”，养成勤于思考和不断总结的习惯，追求精益求精的工匠精神，使自己不断提升，成为名副其实的新时代的高级技能人才。② 技能竞赛重在参与，希望选手们回到工作岗位以后，再接再厉，继续发扬工匠精神，通过传帮带，把高超的技能传给更多的年轻人，推动整个家具行业技能水平的提升。

本次总决赛的赛场内布置了 2017 年中国技能大赛——全国家具（红木雕刻）职业技能竞赛总决赛和 2018 年中国技能大赛——全国家具制作职业技能竞赛 11 个赛区选拔赛的优秀作品回顾展，赢得了众多领导和嘉宾的高度赞赏。

11 月 5 日下午，2018 年中国技能大赛——全国家具制作职业技能竞赛总结表彰大会隆重举办。中国轻工业联合会会长张崇和，竞赛组委会主任、中国轻工业职业技能鉴定指导中心主任、中国家具

总决赛裁判员和监审委员合影

选手技术说明会

徐祥楠、王双清、段倚红、徐兵进行开幕式启动仪式

技能竞赛现场

技能竞赛现场

裁判员评审现场

技术点评现场

协会理事长徐祥楠，竞赛组委会副主任，中国财贸轻纺烟草工会全国委员会副主席王双清，竞赛组委会副主任、评审委员会主任、中国家具协会副理事长刘金良，竞赛组委会委员、中国家具协会副理事长兼秘书长张冰冰，竞赛组委会委员、中国家具协会专家委员会副主任陈宝光，南康区委副书记、区政府区长何善锦，南康区委副书记、区政府常务副区长陈钰滢，竞赛办公室副主任、江西省家具协会会长何炳进等领导出席。

竞赛组委会主任、中国轻工业职业技能鉴定指导中心主任、中国家具协会理事长徐祥楠代表竞赛组委会作竞赛总结报告。他回顾了 2018 年中国技能大赛——全国家具制作职业技能竞赛筹备、举办近一年来取得的成绩和亮点，并对我国家具职业技能的未来前景进行展望。他表示：本次竞赛秉承着“用心以专，用心以诚”的工匠精神，坚持传承和发扬传统工艺与优秀文化，中国家具协会将积累经验、传承精神，携手推动行业健康发展。

南康区委副书记、区政府区长何善锦在会上发表讲话，他介绍了南康区家具产业的发展概况，表示本次总决赛是促进全国家具技术人才理论与实践相结合、促进全国家具行业技术人才交流与合作的空前盛会。

大会进行了颁奖仪式。总结表彰大会取得圆满成功，标志着 2018 年中国技能大赛——全国家具制作职业技能竞赛的完美落幕。本次竞赛是健全行业竞赛体系的重要一步，是落实党的十九大“建设知识型、技能型、创新型劳动者大军，弘扬劳模精神和工匠精神，营造劳动光荣的社会风尚和精益求精的敬业风气”的具体表现，具有深远的历史意义。

张崇和、何善锦、陈钰滢参观分赛区金奖作品

张崇和、徐祥楠、刘金良、张冰冰参观竞赛优秀作品

总结表彰大会现场

技术点评现场

徐祥楠作《2018 年中国技能大赛——全国家具制作职业技能竞赛总结报告》

何善锦在总结表彰大会上致辞

刘金良宣读总决赛竞赛结果

张冰冰宣读“全国技术能手、轻工行业技术能手、中国家具行业技术能手、中国家具行业工匠之星的表彰决定”

陈宝光宣读“优秀组织、优秀个人的表彰决定”

屠祺主持总结表彰大会

红星美凯龙全球家居生活广场 MACALLINE
2018年中国技能大赛—全国家具制作职业技能竞赛总决赛
家居博览中心
HOME FURNISHINGS EXPO CENTER

2018 年中国技能大赛——全国家具制作职业技能竞赛总结报告

竞赛组委会主任、中国轻工业职业技能鉴定指导中心主任
中国家具协会理事长 徐祥楠

尊敬的张崇和会长，
各位领导，各位代表，
各地选手，裁判员，媒体朋友们：

大家好！

今天，2018 年中国技能大赛——全国家具制作职业技能竞赛总决赛表彰大会胜利召开。这次竞赛是家具行业内举办的规格最高、影响最广、标准最为严格的竞赛；是传承优秀传统文化，弘扬宝贵工匠精神的竞赛。

在此，我代表竞赛组委会，对竞赛的成功举办表示热烈的祝贺！向支持竞赛工作的各级政府、各地协会和相关部门表示衷心的感谢！向努力拼搏的选手、公正执裁的裁判、辛勤付出的工作人员表示诚挚的问候！

本次竞赛从筹备至今历时近一年，覆盖全国 9 大省份 11 个家具重要产区，共计 720 名家具制作能手、80 名国家级裁判员参与，是一个展示技艺、选拔人才、弘扬文化的重要平台，为提升行业影响力，增强行业凝聚力发挥了重要作用。

竞赛总决赛，由赣州市南康区人民政府、江西省家具协会承办。承办单位对赛事工作高度重视，组织筹备精心细致，各项工作周密到位，在人力、物力、财力上给予大力支持。昨天的总决赛，73 名参赛选手技艺精湛，运斤成风，充分展现了家具行业技能人才的专业性和高水准；赛后，14 名裁判员认真履责，严格执裁，保证了总决赛的权威性和公正性。

下面，我代表竞赛组委会，向各位领导、各位代表作报告，总结竞赛的主要工作和取得的成绩，展望我国家具行业高技能人才队伍建设工作的发展未来。

一、背景与意义

中国有着底蕴深厚的家具文化历史和独具特色的家具制作技艺，以榫卯、雕刻、镶嵌、编织等为代表的传统家具制作技艺，是我国非物质文化遗产的重要组成部分。对传统家具制作技艺的传承、创新和发扬，有利于推动行业的繁荣发展，有助于丰富文化资源，增强文化自信。

根据《人力资源社会保障部关于组织开展 2018 年中国技能大赛的通知》的文件部署，中国家具协会、中国就业培训技术指导中心、中国轻工业职业技能鉴定指导中心、中国财贸轻纺烟草工会全国委员会共同主办了 2018 年中国技能大赛——全国家具制作职业技能竞赛，为加快建设人才强国，弘扬劳模精神和工匠精神，推动家具行业高技能人才队伍建设发挥了重要作用。

二、成绩与亮点

1. 传承传统技艺，弘扬优秀文化

传统技艺是劳动者经过漫长岁月凝练的无价财富，蕴含着中华民族的文化积淀、智慧结晶和实践经验。作为新时代的参与者和见证人，我们有责任促进传统技艺与现代生产的创新和融合，有义务推动优秀文化在行业内外的传播和发展。

本次竞赛秉承开放办赛的理念，邀请了一批国家级、省级工艺美术大师、非物质文化遗产传承人参与，吸引了各类媒体和社会大众的关注，让更多人直观地感受到了传统家具制作技艺的魅力，为创新传统技艺、宣传优秀文化提供了广阔舞台。

2. 培养技能人才，传承工匠精神

家具行业作为劳动密集型产业，对技能人才的需求尤为迫切，需要大力建设技能人才队伍。这次竞赛满足了行业强化技能培训、交流技艺经验的需求，参赛者既可以在这里互学互鉴，取得进步；又可以在这里展示技艺，比拼荣誉。

这次竞赛以技能人才为主角，在行业掀起了崇尚技能、重视人才的良好氛围，弘扬了锲而不舍、精益求精的工匠精神。

3. 扩大行业影响，带动区域发展

此次竞赛的 11 个分赛区，覆盖了我国重要家具产区，体现了不同区域的产业特色。有涞水、新会、番禺、仙游、东阳、昆明等传承红木技艺流派的产地，也有深圳、南通、清丰、宁津、南康等实现木家具产业融合创新发展的地区。

各赛区充分展示了自身的产业积淀、人才优势、政策优惠和商业潜力，培育了全新发展引擎，强化了综合产业优势，加快了招商引资步伐，带动了区域经济的快速发展。

4. 完善竞赛体系，助推质量提升

本次竞赛以国家人才发展纲要和制造强国战略为指导，填补了家具制作领域国家级职业技能竞赛的空白，丰富了行业赛事的内容。

竞赛以《手工木工》国家职业标准中的高级技工为基准，参考世界技能大赛的评价体系，以可量化的评判标准，可执行的赛程方案，体现出质量为先的办赛思维，践行了高标准、高要求的发展理念。

5. 加强组织协调，构建交流平台

良好的组织工作是竞赛顺利开展的前提和保障。本次竞赛得到了各级人社、总工会等部门的关心指导，得到了各赛区相关政府部门、协会、企业的高度重视支持，竞赛组织工作有序到位。全国共有 66 个各级单位参与到主办、承办、协办、支持工作中，百家企业参与了竞赛选拔和协调配合工作，为大赛的顺利开展提供了有力支撑和可靠保障。

以竞赛为契机，各地政府、协会、企业加强了合作，各区域家具产业加深了交流，各环节的参与者增加了经验，收获了友谊，各项工作的有力推进，充分体现了家具行业凝心聚力办大事的自信和力量。

三、期望与方向

2018 年中国技能大赛——全国家具制作职业技能竞赛即将收官。展望未来，我们深感责任重大，使命光荣，在并举人才硬实力和文化软实力的发展路上，我们要同业同心，继续做好以下四个方面的工作。

1. 完善培训体系，壮大人才队伍

技能人才是实施人才强国战略和创新驱动发展战略不可或缺的资源。加强技能人才培养选拔、促进优秀技能人才脱颖而出，是行业积蓄发展力量，提升发展动力的重要方式。

我们要通过广泛开展技能竞赛等活动，形成全社会关心重视技能人才的氛围；要加快培养和造就数量充足、结构合理、素质优良、技艺精湛的家具技能人才大军，不断适应经济转型、产业升级和社会发展的要求；要完善人才评价标准，健全人才流通、激励、保障机制，不断激发人才活力。

2. 弘扬工匠精神，建设制造强国

党的十九大提出：“建设知识型、技能型、创新型劳动者大军，弘扬劳模精神和工匠精神，营造劳动光荣的社会风尚和精益求精的敬业风气”。我们要以党的十九大精神和习近平新时代中国特色社会主义思想为指引，以劳模精神和工匠精神为支撑，充分发挥劳动者推动产业发展、促进社会繁荣的积极作用。

要继续举办各类职业技能竞赛，倡导劳动光荣的传统风尚，激励每一位劳动者爱岗敬业、大胆创新、精益求精，促进行业整体水平的持续提升，努力实现制造强国的伟大目标。

3. 传承传统文化，坚定文化自信

文化是一个国家、一个民族的灵魂。习近平总书记指出：“文化自信，是更基础、更广泛的、更深厚的自信，是更基本、更深沉、更持久的力量。”

传承家具行业传统文化，坚定家具大国文化自信，关系到行业未来发展的方向和进程。我国家具文化有着厚重的历史底蕴，我们要通过各类行业

活动，深挖传统文化内涵，凸显制作技艺魅力，展示家具匠人风采，不断培育和提升家具大国的文化自信。

4. 承担行业使命，履行社会责任

家具行业是长青产业，是与人民生活紧密相连的民生产业。我们要努力提升产品质量，丰富产品种类，满足人民群众日益增长的美好生活需要；我们要秉承服务理念，搭建广阔平台，帮助更多家具从业者实现人生价值；我们要加快转型升级，提升发展质量和水平，为祖国经济的繁荣昌盛做出贡献。

各位嘉宾、各位选手。2018 年中国技能大赛——全国家具制作职业技能竞赛即将落下帷幕。我们将始终坚持传承和发扬传统工艺与优秀文化，持续开展服务于行业企业的各类活动。

未来，希望各位参赛选手站在新的起点，实现新的梦想，勇当新时代的大国工匠；希望各位专家裁判继续以行业发展和文化传承为己任，在各个领域发挥更大作用；希望各地政府、协会、院校、企业更加紧密合作，携手推动行业健康发展。

各位同仁，让我们以习近平新时代中国特色社会主义思想为指导，坚定家具大国文化自信，努力实现行业高质量发展，服务人民幸福生活，为开创人类社会的美好明天作出更大贡献。

谢谢大家！

2018年中国技能大赛——全国家具制作职业技能竞赛总决赛获奖情况

获奖名单

奖项	姓名	单位
工匠之星·金奖 报请人力资源和社会保障部 授予“全国技术能手”荣誉称号	杨国祥	淄博高俊红木家具有限公司
工匠之星·银奖 报请人力资源和社会保障部 授予“全国技术能手”荣誉称号	洪国强	新会区会城名嘉坊古典家具厂
	张好弟	浙江大清翰林古典艺术家具有限公司
工匠之星·铜奖 由中国轻工业联合会 授予“全国轻工行业技术能手”荣誉称号	张兴保	东阳市御乾堂宫廷红木家具有限公司
	徐力频	新会区会城琪琳红木家具厂
	方善斌	东阳市明清居红木有限公司
	奉从军	深圳市祥利工艺傢俬有限公司
	贾晨旭	涞水县万铭森家具制造有限公司
	王志国	广州市番禺永华家具有限公司
	朱伟强	东阳市南市美林圆台红木家俱厂
工匠之星·优秀奖 由中国家具协会 授予“中国家具行业技术能手”荣誉称号	林国平	福建省仙游怀古木业有限公司
	张立新	亚振家居股份有限公司
	赵振山	山东省宏业明清古典家具有限公司
	傅远坤	福建省琚宝古典家具有限公司
	陈李强	东阳桂福堂红木
	任长胜	涞水县万铭森家具制造有限公司
	李宏树	江门市广迪老红木家具有限公司
	秦传军	亚振家居股份有限公司
	张国旗	亚振家居股份有限公司
	朱茂兴	浙江磐安金茂富士工艺品有限公司
	韦新忠	东阳市城东兴艺古典工艺家具厂（古人行）
	李志刚	浙江省东阳市华厦家具有限公司
	邱海平	广州市番禺永华家具有限公司

（续）

奖项	姓名	单位
工匠之星·优秀奖 由中国家具协会 授予“中国家具行业技术能手”荣誉称号	姚帮庆	广州广作工艺家具有限公司
	李皋生	江门市新会区会城古业明清古典家具厂
	周广居	清丰谊木印橡家具有限公司职工
	孔爱民	东阳市双洋红木家具有限公司
	李相国	遵化市龙源工艺工贸有限责任公司
	杨世华	通州区石港顺意红木家具厂
	何志强	遵化市龙源工艺工贸有限责任公司
	陈文洪	高安市明清居红木家具
	韩祥生	石家庄顺心家俬有限公司
	何耀明	东阳市城东兴艺古典工艺家具厂（古人行）
	李永强	涞水县隆德轩红木家具有限公司
	陈元祥	东阳市红木家具市场朝皇居家具店
	周桂华	亚振家居股份有限公司
	莫高忠	清丰谊木印橡家具有限公司职工
	马金付	江西省斯尔摩红木家俱有限公司
	黄铁山	江门市源天福红木家具有限公司
	熊志峰	深圳市祥利工艺傢俬有限公司
工匠之星奖 由中国家具协会 授予“中国家具行业工匠之星”荣誉称号	刘寿光	青岛一木集团有限公司
	胡奎海	涞水县永蕊家具坊
	黄华祯	新会区会城家顺古典家具厂
	冯立方	滑县北榆人家家具厂职工
	程文霜	东阳市雍王府家居科技有限公司
	罗应军	剑川兴艺古典木雕家具厂
	杨续先	剑川兴艺古典木雕家具厂
	熊谷良	青岛一木集团有限公司
	葛主创	濮阳皇甫世佳家具有限公司职工
	陈志梁	博士家居新材料有限公司
	朱保卫	江西省高安市金福喜家具厂
	陈福金	仙游福艺轩艺术古典家具有限公司
	罗锦钢	深圳市宜雅红木家具艺术品有限公司
	林传禄	江西自由王国家具有限公司
	肖坦山	山东珍木轩家具有限公司
	赵锦堂	剑川兴艺古典木雕家具厂
	孙庆镇	山东木言木语家具有限公司

（续）

奖项	姓名	单位
工匠之星奖 由中国家具协会 授予“中国家具行业工匠之星”荣誉称号	章正浪	濮阳皇甫世佳家具有限公司职工
	林庆福	仙游县度尾镇红木仙工艺品店
	马建民	涞水县乾和祥古典家具公司
	陈兆福	清丰东方冠雅家具有限公司职工
	沈江泳	东阳市和合一家家具设计工作室
	杜永波	江西维平创业家具实业有限公司
	邹专生	江西自由王国家具有限公司
	陈燕良	仙游县度尾镇红木仙工艺品店
	徐军伟	江西团团圆家具有限公司
	陈贤舟	河南新南方家居有限公司职工
	熊　伟	高安市方盛家具有限公司
	徐志威	江西环境工程职业学院
	罗瑞洪	仙游县度尾镇阿彬艺雕家具店

作品展示

总决赛第一名

中国轻工业联合会会长张崇和为杨国祥颁奖

总决赛第二名

总决赛第三名

竞赛组委会主任、中国轻工业职业技能鉴定指导中心主任、中国家具协会理事长徐祥楠为洪国强、张好弟颁奖

2011—2017 年国家标准批准发布公告汇总

序号	标准号	标准级别	标准名称	代替标准号	发布日期	实施日期
1	GB 26172.1—2010	国标	折叠翻靠床 安全要求和试验方法 第 1 部分：安全要求		2011-01-14	2011-09-15
2	GB/T 26172.2—2010	国标	折叠翻靠床 安全要求和试验方法 第 2 部分：试验方法		2011-01-14	2011-06-01
3	GB 17927.1—2011	国标	软体家具 床垫和沙发 抗引燃特性的评定 第 1 部分：阴燃的香烟	GB 17927—1999	2011-06-16	2011-12-01
4	GB 17927.2—2011	国标	软体家具 床垫和沙发 抗引燃特性的评定 第 2 部分：模拟火柴火焰		2011-06-16	2011-12-01
5	GB/T 26694—2011	国标	家具绿色设计评价规范		2011-06-16	2011-12-01
6	GB/T 26695—2011	国标	家具用钢化玻璃板		2011-06-16	2011-12-01
7	GB/T 26696—2011	国标	家具用高分子材料台面板		2011-06-16	2011-12-01
8	GB/T 26706—2011	国标	软体家具 棕纤维弹性床垫		2011-06-16	2011-12-01
9	GB/T 10357.5—2011	国标	家具力学性能试验 第 5 部分：柜类强度和耐久性	GB/T 10357.5—1989	2011-07-29	2011-12-15
10	GB/T 26848—2011	国标	家具用天然石板		2011-07-29	2011-12-15
11	GB 28007—2011	国标	儿童家具通用技术条件		2011-10-31	2012-08-01
12	GB 28008—2011	国标	玻璃家具安全技术要求		2011-10-31	2012-08-01
13	GB 28010—2011	国标	红木家具通用技术条件		2011-10-31	2012-08-01
14	GB/T 27717—2011	国标	家具中富马酸二甲酯含量的测定		2011-12-30	2012-07-01
15	GB/T 28200—2011	国标	钢制储物柜（架）技术要求及试验方法		2011-12-30	2012-09-01
16	GB/T 28202—2011	国标	家具工业术语		2011-12-30	2012-09-01
17	GB/T 28203—2011	国标	家具用连接件技术要求及试验方法		2011-12-30	2012-09-01
18	GB 28478—2012	国标	户外休闲家具安全性能要求 桌椅类产品		2012-06-29	2013-05-01
19	GB 28481—2012	国标	塑料家具中有害物质限量		2012-06-29	2013-07-01
20	GB/T 10357.1—2013	国标	家具力学性能试验 第 1 部分：桌类强度和耐久性	GB/T 10357.1—1989	2013-10-10	2014-05-01

（续）

序号	标准号	标准级别	标准名称	代替标准号	发布日期	实施日期
21	GB/T 10357.2—2013	国标	家具力学性能试验 第 2 部分：椅凳类稳定性	GB/T 10357.2—1989	2013-10-10	2014-05-01
22	GB/T 10357.3—2013	国标	家具力学性能试验 第 3 部分：椅凳类强度和耐久性	GB/T 10357.3—1989	2013-10-10	2014-05-01
23	GB/T 10357.4—2013	国标	家具力学性能试验 第 4 部分：柜类稳定性	GB/T 10357.4—1989	2013-10-10	2014-05-01
24	GB/T 10357.6—2013	国标	家具力学性能试验 第 6 部分：单层床强度和耐久性	GB/T 10357.6—1992	2013-10-10	2014-05-01
25	GB/T 10357.7—2013	国标	家具力学性能试验 第 7 部分：桌类稳定性	GB/T 10357.7—1995	2013-10-10	2014-05-01
26	GB/T 4893.4—2013	国标	家具表面漆膜理化性能试验 第 4 部分：附着力交叉切割测定法	GB/T 4893.4—1985	2013-10-10	2014-05-01
27	GB/T 4893.5—2013	国标	家具表面漆膜理化性能试验 第 5 部分：厚度测定法	GB/T 4893.5—1985	2013-10-10	2014-05-01
28	GB/T 4893.6—2013	国标	家具表面漆膜理化性能试验 第 6 部分：光泽测定法	GB/T 4893.6—1985	2013-10-10	2014-05-01
29	GB/T 4893.7—2013	国标	家具表面漆膜理化性能试验 第 7 部分：耐冷热温差测定法	GB/T 4893.7—1985	2013-10-10	2014-05-01
30	GB/T 4893.8—2013	国标	家具表面漆膜理化性能试验 第 8 部分：耐磨性测定法	GB/T 4893.8—1985	2013-10-10	2014-05-01
31	GB/T 4893.9—2013	国标	家具表面漆膜理化性能试验 第 9 部分：抗冲击测定法	GB/T 4893.9—1992	2013-10-10	2014-05-01
32	GB/T 13666—2013	国标	图书用品设备产品型号编制方法	GB/T 13666—1992	2013-12-31	2014-12-01
33	GB/T 13667.3—2013	国标	钢制书架 第 3 部分：手动密集书架	GB/T 13667.3—2003	2013-12-31	2014-12-01
34	GB/T 13667.4—2013	国标	钢制书架 第 4 部分：电动密集书架	GB/T 13667.4—2003	2013-12-31	2014-12-01
35	GB/T 31106—2014	国标	家具中挥发性有机化合物的测定	—	2014-09-03	2015-08-01
36	GB/T 31107—2014	国标	家具中挥发性有机化合物检测用气候舱通用技术条件	—	2014-09-03	2015-08-01
37	GB/T 10357.8—2015	国标	家具力学性能试验 第 8 部分：充分向后靠时具有倾斜和斜倚机械性能的椅子和摇椅稳定性	—	2015-06-02	2016-01-01
38	GB/T 32437—2015	国标	家具中有害物质检测方法 总则	—	2015-12-31	2016-07-01
39	GB/T 32442—2015	国标	可拆装家具拆装技术要求	—	2015-12-31	2016-07-01
40	GB/T 32443—2015	国标	家具中挥发性有机物释放量的测定 小型散发罩法	—	2015-12-31	2016-07-01
41	GB/T 32444—2015	国标	竹制家具通用技术条件	—	2015-12-31	2016-07-01
42	GB/T 32445—2015	国标	家具用材料分类	—	2015-12-31	2016-07-01
43	GB/T 32446—2015	国标	玻璃家具通用技术条件	—	2015-12-31	2016-07-01
44	GB/T 32487—2016	国标	塑料家具通用技术条件	—	2016-02-24	2016-09-01

（续）

序号	标准号	标准级别	标准名称	代替标准号	发布日期	实施日期
45	GB/T 35607—2017	国标	绿色产品评价 家具	—	2017-12-08	2018-07-01
46	GB/T 3324—2017	国标	木家具通用技术条件	GB/T 3324—2008	2017-10-14	2018-05-01
47	GB/T 34441—2017	国标	软体家具 床垫燃烧性能的评价	—	2017-10-14	2018-05-01
48	GB/T 3325—2017	国标	金属家具通用技术条件	GB/T 3325—2008	2017-09-29	2018-04-01
49	GB/T 33494—2017	国标	建材家居市场建设及管理技术规范	—	2017-02-28	2017-09-01

2011—2017 年工业和信息化部行业标准批准发布公告汇总

序号	标准编号	标准名称	标准主要内容	代替标准	采标情况	实施日期
1	QB/T 2384—2010	木制写字桌	本标准规定了木制写字桌的产品分类、术语和定义、要求、试验方法、检验规则及使用说明、标志、包装、运输、贮存。 本标准适用于主要部件由木材、人造板等木质材料制成，供书写、办公用桌类。不适用于课桌。	QB/T 2384—1998	—	2011-03-01
2	QB/T 2531—2010	厨房家具	本标准规定了厨房家具的术语、定义、分类、要求、试验方法、检验规则、标志、使用说明、包装、运输和贮存。 本标准适用于以木材、人造板等木质材料为柜体制作的厨房家具。其他材料制作的厨房家具可参照使用。	QB/T 2531—2001	—	2011-03-01
3	QB/T 4071—2010	课桌椅	本标准规定了课桌椅的术语和定义、分类、要求、试验方法、检验规则、使用说明、标志、包装、运输和贮存等。 本标准适用于大、中、小学等教育机构和培训机构教学用的通用课桌、课椅。其他教学用课桌椅可参照本标准执行。	QB/T 3916—1999	—	2011-03-01
4	QB/T 1097—2010	钢制文件柜	本标准规定了钢制文件柜的术语和定义、产品分类、要求、试验方法、检验规则、标志、使用说明、包装、运输、贮存。 本标准适用于钢制文件柜。	QB/T 1097—1991	—	2011-04-01
5	QB/T 4156—2010	办公家具电脑桌	本标准规定了电脑桌的术语和定义、分类与命名、要求、试验方法、检验规则、标志、使用说明、包装、运输和贮存。 本标准适用于木质、金属、玻璃等材料制作的、供办公或家居场所放置及操作台式电脑使用的独立的、可移动的电脑桌。专供笔记本电脑使用及其他材料构成的电脑桌可参照执行。 本标准不适用于可折叠、便携式电脑桌或与其他家具或设施连为一体、具有操作电脑功能的家具。	—	—	2011-04-01
6	QB/T 2530—2011	木制柜	本标准规定了木制柜产品的术语和定义、要求、试验方法、检验规则、标志、包装、运输、贮存。 本标准适用于木制柜产品，不适用于厨房家具和卫浴家具中的木制柜类，也不适用于多功能组合柜中不属于柜类功能的产品。	QB/T 2530—2001	—	2011-10-01
7	QB/T 4190—2011	软体床	本标准规定了软体床的术语和定义、产品分类、要求、试验方法、检验规则及标志、使用说明、包装、运输和贮存。 本标准适用于以实木、金属材料、人造板材等为主体框架结构，并包覆皮革、纺织面料等软体材料制成的软体床具。本标准不适用于水床、充气床，沙发床可参照执行。	—	—	2011-10-01

（续）

序号	标准编号	标准名称	标准主要内容	代替标准	采标情况	实施日期
8	QB/T 4191—2011	多功能活动伸展机械装置	本标准规定了多功能活动伸展机械装置的术语、定义和符号、产品分类、要求、试验方法、检验规则和标志、包装、运输、贮存。 本标准适用于安装在会客、家居、休闲等室内用途的多功能活动沙发内伸展机械装置。	—	—	2011-10-01
9	QB/T 1952.2—2011	软体家具 弹簧软床垫	本标准规定了软体家具 弹簧软床垫的术语和定义、代号、产品分类、要求、试验方法、检验规则和标志、使用说明、包装、贮存、运输。 本标准适用于弹簧软床垫。其他软质泡沫聚合材料制作的床垫可参照执行。	QB 1952.2—2004		2012-04-01
10	QB/T 1338—2012	家具制图	本标准规定了家具图样的画法规则；本标准适用木质家具制图，其它家具产品制图可参照使用。 本标准适用于手工制图、计算机制图及其辅助制图。	QB/T 1338—1991		2013-03-01
11	QB/T 1952.1—2012	软体家具 沙发	本标准规定了沙发的定义、产品分类、要求、试验方法、检验规则及标志、包装、运输、贮存。 本标准适用于室内使用的沙发。当有具体的产品标准时，应符合相关产品标准的规定。	QB/T 1952.1—2003		2013-03-01
12	QB/T 4369—2012	家具（板材）用蜂窝纸芯	本标准规定了家具（板材）用蜂窝纸芯的术语和定义、要求、试验方法、检验规则和标志、包装、运输、贮存。 本标准适用于未经特殊加工处理的蜂窝纸芯，经增强、防潮、防火、防静电等特殊加工方法处理的蜂窝纸芯也可参照执行。		—	2013-03-01
13	QB/T 4370—2012	家具用软质阻燃聚氨酯泡沫塑料	本标准规定了家具用软质阻燃聚氨酯泡沫塑料的术语和定义、要求、试验方法、检验规则和标志、包装、运输、贮存。 本标准适用于家具用软质阻燃聚氨酯泡沫塑料。			2013-03-01
14	QB/T 4371—2012	家具抗菌性能的评价	本标准规定了家具抗菌性能的术语和定义、要求及评价方法。 本标准适用于具有抗菌功能的家具。		—	2013-03-01
15	QB/T 4372—2012	家具表面涂覆 溶剂型木器涂料施工技术规范	本标准规定了家具表面涂覆用溶剂型木器涂料施工技术规范的总则、基材与常用施工方式、施工工艺、环境污染控制、施工工艺流程、常见弊病及处理方法。 本标准适用于工厂采用刷涂、喷涂、淋涂、辊涂等方法进行溶剂型木器涂料涂装施工。家庭或类似环境进行相关涂装可参照使用。			2013-03-01
16	QB/T 4373—2012	家具表面涂覆 水性木器涂料施工技术规范	本标准规定了家具表面涂覆用水性木器涂料施工技术规范的总则、基材与常用施工方式、施工工艺、环境污染控制、施工工艺流程、常见弊病及处理方法。 本标准适用于工厂采用刷涂、喷涂、辊涂等方法进行水性木器涂料涂装施工，家庭或类似环境进行相关涂装可参照使用。	—	—	2013-03-01
17	QB/T 4374—2012	家具制造木材拼板的作业和工艺	本标准规定了家具制造过程中木材拼板工序的通用作业和工艺要求。 本标准适用于家具制造过程中的木材拼板工序，包括采用各种拼板设备以指接、平接等工艺完成的拼长、拼宽和拼厚的拼板。	—	—	2013-03-01
18	QB/T 2741—2013	学生公寓多功能家具	本标准规定了学生公寓多功能家具的术语、定义和符号、分类、要求、试验方法、检验规则、使用说明、包装、运输、贮存。 本标准适用于学校公寓内供学生使用的多功能家具，其他集体宿舍或类似场合用多功能家具可参照执行。	QB/T 2741—2005	2013-07-22	2013-12-01

（续）

序号	标准编号	标准名称	标准主要内容	代替标准	采标情况	实施日期
19	QB/T 2601—2013	体育场馆公共座椅	本标准规定了体育场馆用公共座椅的定义和术语、产品分类、要求、试验方法、检验规则及标识、使用说明、包装、运输、贮存。 本标准适用于室内外体育场馆使用的以硬质座面为主的公共座椅，其他公共场所使用的类似座椅可参照执行。	QB/T 2601—2003	2013-07-22	2013-12-01
20	QB/T 1241—2013	家具五金 家具拉手安装尺寸	本标准规定了家具金属拉手的安装尺寸。 本标准适用于家具金属拉手在家具上的安装及其设计加工。	QB/T 1241—1991	2013-07-22	2013-12-01
21	QB/T 1950—2013	家具表面漆膜耐盐浴测定法	本标准规定了金属家具表面漆膜耐盐浴测定的范围、规范性引用文件、原理、试验设备及材料、试样要求、试验条件及步骤、试验结果与评定。 本标准适用于喷涂工艺制造的金属家具和金属零部件表面漆膜耐盐浴的测定。	QB/T 1950—1994	2013-07-22	2013-12-01
22	QB/T 2602—2013	影剧院公共座椅	本标准规定了供影剧院、会议厅、多功能厅内使用的公共座椅的术语和定义、产品分类、要求、试验方法、检验规则及标识、使用说明、包装、运输、贮存。 本标准适用于影剧院、会议厅、多功能厅室内使用以软面座椅为主的公共座椅，其他公共场所使用的类似公共座椅可参照执行。	QB/T 2602—2003	2013-07-22	2013-12-01
23	QB/T 2603—2013	木制 宾馆家具	本标准规定了木制宾馆家具的术语和定义、产品分类、要求、试验方法、检验规则和标志、包装、运输、贮存。 本标准适用于宾馆、酒店、旅馆和饭店等场所客房内使用的木制家具。	QB/T 2603—2003	2013-07-22	2013-12-01
24	QB/T 1094—2013	家具实木胶接件耐水性的测定	本标准规定了家具实木胶接件耐水性测定的试验方法。 本标准适用于家具及其它木制品实木胶接件耐水性的测定。	QB/T 1094—1991	2013-07-22	2013-12-01
25	QB/T 1093—2013	家具实木胶接件剪切强度的测定	本标准规定了实木胶接件的术语和定义，剪切强度的试验方法。 本标准适用于家具及其它木制品中实木间胶接合顺纹、横纹剪切强度的测定。	QB/T 1093—1991	2013-07-22	2013-12-01
26	QB/T 2189—2013	家具五金 杯状暗铰链	本标准规定了家具用杯状暗铰链的术语和定义、要求、试验方法、检验规则、标志、使用说明、包装、运输和贮存。 本标准适用于家具用杯状暗铰链，其他铰链可参照执行。	QB/T 2189—1995	2013-07-22	2013-12-01
27	QB/T 1951.2—2013	金属家具质量检验及质量评定	本标准规定了金属家具的术语和定义、要求、试验方法、检验程序、检验规则、标志、使用说明、包装、运输、贮存等。 本标准适用于室内用金属家具的质量检验及质量评价。其他有金属材料构件的家具可参照执行。	QB/T 1951.2—1994	2013-07-22	2013-12-01
28	QB/T 2454—2013	家具五金 抽屉导轨	本标准规定了抽屉导轨的术语和定义、要求、试验方法、检验规则、标志、使用说明、包装、运输和贮存。 本标准适用于抽屉导轨，其他导轨和推拉构件可参照执行。	QB/T 2454—1999	2013-07-22	2013-12-01
29	QB/T 4447—2013	漆艺家具	本标准规定了漆艺家具相关的术语和定义、分类与命名、要求、试验方法、检验规则及标志、包装、储存和运输。 本标准适用于各类漆艺家具。	QB/T 3644—1999	2013-07-22	2013-12-01
30	QB/T 4448—2013	家具表面软质覆面材料剥离强度的测定	本标准规定了用力学试验机测定家具表面软质覆面材料与基材间剥离强度的方法。 本标准适用于软质覆面材料饰面的家具及其他木制品的零部件表面剥离强度试验。	QB/T 3655—1999	2013-07-22	2013-12-01

（续）

序号	标准编号	标准名称	标准主要内容	代替标准	采标情况	实施日期
31	QB/T 4449—2013	家具表面硬质覆面材料剥离强度的测定	本标准规定了用力学试验机测定家具表面硬质覆面材料与基材间剥离强度的方法。 本标准适用于硬质覆面材料饰面的家具及其他木制品的零部件表面剥离强度试验。	QB/T 3656—1999	2013-07-22	2013-12-01
32	QB/T 4450—2013	家具用木制零件断面尺寸	本标准规定了家具用木制零件断面尺寸的组合。 本标准适用于家具用木制零件断面尺寸的选用。	QB/T 3913—1999	2013-07-22	2013-12-01
33	QB/T 4451—2013	家具功能尺寸的标注	本标准规定了家具的主要尺寸标注用符号。 本标准适用于凳、椅、沙发、桌、床及柜类等家具主要尺寸符号的标注。 本标准不涉及尺寸和角度的具体数值。	QB/T 3915—1999	2013-07-22	2013-12-01
34	QB/T 4452—2013	木家具极限与配合	本标准规定了木家具的极限与配合及其术语、定义和基本规定。 本标准适用于木家具和其他家具木制件的表面或结构的尺寸公差，以及由它们组成的配合。其他木制品和木制件可参照执行。	QB/T 3658—1999	2013-07-22	2013-12-01
35	QB/T 4453—2013	木家具几何公差	本标准规定了木家具几何公差中的形状和方向公差标注的基本要求和方法。 本标准适用于木家具的几何公差标注。 本标准适用于木家具和其他家具的木制件中零、部件要素的几何公差。其他木制品和木制件中的零、部件要素可参照执行。	QB/T 3659—1999	2013-07-22	2013-12-01
36	QB/T 4454—2013	沙滩椅	本标准规定了沙滩椅的术语和定义、产品分类、要求、试验方法、检验规则、标识、使用说明、包装、运输和贮存等。 本标准适用于在海滨、湖滨、浴场等场所使用的沙滩椅类产品。	—	2013-07-22	2013-12-01
37	QB/T 4455—2013	衣帽架	本标准规定了衣帽架的术语和定义、产品分类、要求、试验方法、检验规则、标志、包装、运输和贮存。 本标准适用于室内独立使用的枝状衣帽架。	—	2013-07-22	2013-12-01
38	QB/T 4456—2013	家具用高强度装饰台面板	本标准规定了家具用高强度装饰台面板的术语和定义、产品分类、要求、试验方法、检验规则、标识、包装和贮存。 本标准适用于实验室、厨房、餐厅、卫浴、办公等家具用高强度装饰台面板。	—	2013-07-22	2013-12-01
39	QB/T 4457—2013	床垫用棕纤维丝	本标准规定了床垫用棕纤维丝的术语和定义、产品分类、要求、试验方法、检验规则及包装、标识、运输、贮存。 本标准适用于床垫用棕纤维丝的验收。	—	2013-07-22	2013-12-01
40	QB/T 4458—2013	折叠椅	本标准规定了折叠椅的产品分类、术语和定义、要求、试验方法、检验规则、使用说明、包装、运输和贮存。 本标准适用于折叠椅家具产品。	—	2013-07-22	2013-12-01
41	QB/T 4459—2013	折叠床	本标准规定了折叠床的术语和定义、要求、试验方法、使用说明、检验规则、包装、运输和贮存。 本标准适用于便于移动的折叠床家具产品，但不包括折叠翻靠床、家用的童床和折叠小床。	—	2013-07-22	2013-12-01
42	QB/T 4460—2013	折叠式会议桌	本标准规定了折叠式会议桌的术语和定义、分类、要求、试验方法、检验规则及标志、使用说明、包装、运输、贮存等。 本标准适用于折叠式会议桌产品。	—	2013-07-22	2013-12-01
43	QB/T 4461—2013	木家具表面涂装技术要求	本标准规定了木家具表面涂装的术语和定义、分类、环境要求、涂装前的要求、涂装过程的要求和涂装后漆膜技术要求。 本标准适用于木家具通用的表面涂装技术要求。	—	2013-07-22	2013-12-01

（续）

序号	标准编号	标准名称	标准主要内容	代替标准	采标情况	实施日期
44	QB/T 4462—2013	软体家具手动折叠沙发	本标准规定了手动折叠沙发的定义、产品分类、要求、试验方法及检验规则和标志、包装、运输、贮存。 本标准适用于手动折叠沙发产品。	—	2013-07-22	2013-12-01
45	QB/T 4463—2013	家具用封边条技术要求	本标准规定了家具用封边条的术语和定义、产品分类、要求、试验方法、检验规则和标志、包装、运输、贮存。 本标准适用于用塑料、原纸、木材为基材加工制成的各种家具用封边条。	—	2013-07-22	2013-12-01
46	QB/T 4464—2013	家具用蜂窝板部件技术要求	本标准规定了家具用蜂窝板部件的术语和定义、分类、要求、试验方法、检验规则和标志、包装、运输、贮存。 本标准适用于由蜂窝板制作而成并经封边处理后的家具部件。	—	2013-07-22	2013-12-01
47	QB/T 4465—2013	家具包装通用技术要求	本标准规定了家具包装的术语和定义、要求和试验方法等内容。 本标准适用于采用瓦楞纸箱包装的各类家具产品，采用其他包装材料包装的家具产品可参照使用。	—	2013-07-22	2013-12-01
48	QB/T 4466—2013	床铺面技术要求	本标准规定了床铺面的术语与定义、产品分类、要求、试验方法、检验规则和标志、包装、运输、贮存。 本标准适用于床具中支撑床垫用的铺面（如排骨架和网架）。	—	2013-07-22	2013-12-01
49	QB/T 4467—2013	茶几	本标准规定了茶几的术语和定义、分类和命名、推荐尺寸、要求、试验方法、检验规则、标志、使用说明、包装、运输、贮存。 本标准适用于以木质、金属、玻璃、石材中的一种或几种为基材制成的供室内使用的茶几。 本标准不适用于具有折叠、升降、旋转等特殊功能的茶几。	—	2013-07-22	2013-12-01
50	QB/T 4668—2014	办公家具人类工效学要求	本标准规定了常用办公家具产品中办公桌、办公椅和文件柜的一般人类工效学要求。 本标准适用于一般办公场所使用的办公桌、办公椅和文件柜产品。	—	—	2014-10-01
51	QB/T 4669—2014	家居画饰	本标准规定了家居画饰产品的术语和定义、产品分类、要求、试验方法、检验规则、标志、包装、运输、贮存。 本标准适用于家居画饰产品。	—	—	2014-10-01
52	QB/T 4670—2014	吧椅	本标准规定了吧椅的分类、要求、试验方法、检验规则和标志、使用说明、包装、运输、贮存。 本标准适用于座面高度不低于 550 毫米并带有脚踏的可移动吧椅，其他类似产品可参照执行。	—	—	2014-10-01
53	QB 4764—2014	家具生产安全规范 自动封边机作业要求	本标准规定了家具制造过程中自动封边机的一般要求、作业场所与环境要求、加工操作要求、机床维护保养要求、物料搬运要求和防护用品使用要求等。 本标准适用于家具制造中所使用的自动封边机。其他半自动封边机和手动封边机可参照执行。	—	—	2014-11-01
54	QB/T 4765—2014	家具用脚轮	本标准规定了家具用脚轮的术语和定义、分类、要求、试验方法、检验规则、标志、使用说明、包装、运输和贮存。 本标准适用于家具的非动力驱动的移动用脚轮。 本标准不适用于办公椅（转椅）脚轮。	—	—	2014-11-01
55	QB/T 4766—2014	家具用双包镶板技术要求	本标准规定了家具用双包镶板的术语和定义、分类、要求、试验方法、检验规则、标志、包装、运输、贮存。 本标准适用于家具用双包镶板。其他单包镶板可参照执行。	—	—	2014-11-01
56	QB/T 4767—2014	家具用钢构件	本标准规定了家具用钢构件的术语和定义、产品分类、要求、试验方法、标志、包装、运输、贮存等。 本标准适用于家具产品中的钢构件。	—	—	2014-11-01

（续）

序号	标准编号	标准名称	标准主要内容	代替标准	采标情况	实施日期
57	QB/T 4768—2014	沙发床	本标准规定了沙发床的术语和定义、产品分类、要求、试验方法及检验规则和标志、包装、运输、贮存。 本标准适用于沙发床产品。	—	—	2014-11-01
58	QB/T 4783—2015	摇椅	本标准规定了摇椅的术语和定义、分类、要求、试验方法、检验规则、标志、使用说明、包装、运输和贮存。 本标准适用于摇椅，不适用于儿童以及婴幼儿摇椅。	—	—	2015-10-01
59	QB/T 4784—2015	木家具空气喷涂涂着率测定方法	本标准规定了木家具空气喷涂涂着率的术语和定义、测定方法。 本标准适用于采用空气喷涂法涂饰木家具表面时涂着率的测定和计算。	—	—	2015-10-01
60	QB/T 4783—2015	摇椅	本标准规定了摇椅的术语和定义、分类、要求、试验方法、检验规则、标志、使用说明、包装、运输和贮存。 本标准适用于摇椅，不适用于儿童以及婴幼儿摇椅。	—	—	2015-10-01
61	QB/T 4784—2015	木家具空气喷涂涂着率测定方法	本标准规定了木家具空气喷涂涂着率的术语和定义、测定方法。 本标准适用于采用空气喷涂法涂饰木家具表面时涂着率的测定和计算。	—	—	2015-10-01
62	QB/T 4839—2015	软体家具发泡型床垫	本标准规定了软体家具发泡型床垫的术语和定义、代号、产品分类、要求、试验方法、检验规则、标识、使用说明、包装、运输和贮存。 本标准适用于厚度为 130 毫米及以上的发泡型床垫，厚度小于 130 毫米的发泡型床垫可参照执行。	—	—	2016-01-01
63	QB/T 4840—2015	户外家具用遮篷	本标准规定了户外家具用遮篷的术语和定义、分类、要求、试验方法、检验规则、标志、使用说明、包装、运输和贮存。 本标准适用于户外家具用遮篷，不适用于独杆支撑的伞类产品。	—	—	2016-01-01
64	QB/T 2280—2016	办公家具办公椅	本标准规定了办公椅的术语和定义、产品分类、要求、试验方法、检验规则及标志、包装、运输和贮存。 本标准适用于室内工作用椅。	QB/T 2280—2007	—	2016-07-01
65	QB/T 4934—2016	连体餐桌椅	本标准规定了连体餐桌椅的术语和定义、要求、试验方法、检验规则及标志、使用说明、包装、运输和贮存。 本标准适用于木质、金属、塑料等材料制作的供室内使用的连体餐桌椅（包括凳子）。 本标准不适用于可折叠连体餐桌椅。	—	—	2016-07-01
66	QB/T 4935—2016	办公家具屏风桌	本标准规定了办公家具屏风桌（台）的术语与定义、要求、试验方法、检验规则、使用说明、标志、运输、贮存。 本标准适用于办公屏风桌产品。	—	—	2016-07-01
67	QB/T 4936—2016	会展用拆装桌	本标准规定了会展用拆装桌的术语和定义、要求、试验方法、检验规则、标志、使用说明、包装、运输及贮存。 本标准适用于会展用拆装桌。	—	—	2016-07-01
68	QB/T 5148—2017	家具用定岛超细纤维聚氨酯合成革	本标准规定了家具用定导超纤维聚氨酯合成革的分类、要求、试验方法、检验规则、标志、包装、运输和贮存。 本标准适用于以定导型海岛复合纤维制成的非织造布为底基，经聚氨酯树脂浸渍、湿法凝固、减量萃取及后整理等工艺制成的家具用定导超纤维聚氨酯合成革。	—	2017-07-07	2018-01-01
69	QB/T 5033—2017	藤椅	本标准规定了藤椅的术语和定义、分类、要求、试验方法、检测规则、标志、使用说明、包装、运输和贮存。 本标准适用于以棕榈藤材为主要材料制成的椅子。	—	2017-01-09	2017-07-01
70	QB/T 5034—2017	布衣柜	本标准规定了布衣柜的术语和定义、要求、试验方法、检验规则、标志、使用说明、包装、运输和贮存。 本标准适用于布衣柜产品，其他包覆材料的衣柜可参照执行。	—	2017-01-09	2017-07-01

全国家具专业院校汇总表

序号	地区	学校名称	序号	地区	学校名称
1	安徽	安徽农业大学	39	广东	东莞大岭山职业技术学校
2	安徽	淮南师范学院	40	广东	中山职业技术学院
3	安徽	淮南职业技术学院	41	广东	韩山师范学院
4	安徽	淮北师范大学	42	广东	肇庆学院
5	北京	北京林业大学	43	广西	广西大学
6	北京	中央美术学院	44	广西	桂林工学院（桂林理工大学）
7	北京	清华大学美术学院	45	广西	广西城市职业学院
8	福建	福建农林大学	46	广西	广西东方外语职业学院
9	福建	厦门东海职业技术学院	47	广西	广西机电职业技术学院
10	福建	漳州职业技术学院	48	广西	广西理工职业技术学院
11	福建	龙岩学院	49	广西	广西生态工程职业技术学院
12	福建	福建林业职业技术学院	50	广西	南宁职业技术学院
13	福建	福建农业大学	51	广西	邕江大学
14	福建	闽江学院	52	广西	广西建设职业技术学院
15	福建	泉州华光摄影艺术职业技术学院	53	河北	廊坊东方职业技术学院
16	福建	漳州城市职业学院	54	河北	河北农业大学
17	广东	广州美术学院	55	河北	唐山学院
18	广东	华南农业大学	56	河南	郑州大学升达经贸管理学院
19	广东	广州涉外经济职业技术学院	57	河南	商丘职业技术学院
20	广东	广东工业大学	58	河南	郑州轻工业学院
21	广东	广东海洋大学	59	黑龙江	东北林业大学
22	广东	广州大学	60	黑龙江	黑龙江生物科技职业学院
23	广东	深圳职业技术学院	61	黑龙江	黑龙江建筑职业技术学院
24	广东	顺德职业技术学院	62	黑龙江	黑龙江生态工程职业学院
25	广东	深圳第二高级技工学校	63	黑龙江	东北农业大学成栋学院
26	广东	广东建设职业技术学院	64	黑龙江	黑龙江工商职业技术学院
27	广东	广东科学技术职业学院	65	黑龙江	黑龙江林业职业技术学院
28	广东	广州城建职业学院	66	湖北	湖北生物科技职业学院
29	广东	清远职业技术学院	67	湖北	武汉理工大学
30	广东	东莞市家具学校	68	湖北	湖北生态工程职业技术学院
31	广东	仲恺农业技术学院	69	湖南	中南林业科技大学
32	广东	东莞职业技术学院	70	湖南	岳阳职业技术学院
33	广东	龙江职业技术学校	71	湖南	湘潭大学
34	广东	广州大学	72	吉林	北华大学
35	广东	东莞市轻工学校	73	吉林	长春工业大学
36	广东	广东石油化工学院	74	江苏	南京林业大学
37	广东	华南理工广州汽车学院	75	江苏	南京艺术学院
38	广东	深圳大学	76	江苏	江南大学

（续）

序号	地区	学校名称	序号	地区	学校名称
77	江苏	南通职业大学	101	陕西	陕西杨凌职业技术学院
78	江苏	苏州大学	102	陕西	西北农林科技大学
79	江苏	苏州工艺美术职业技术学院	103	陕西	西安欧亚学院
80	江苏	江苏农林职业技术学院	104	陕西	西安联合学院
81	江苏	镇江市高等专科学校	105	四川	成都市现代制造职业技术学校
82	江苏	苏州经贸职业技术学院	106	四川	成都艺术职业学院
83	江苏	南通大学	107	四川	四川现代职业学院
84	江苏	淮阴师范学院	108	四川	成都纺织高等专科学校
85	江苏	淮海工学院	109	四川	四川农业大学
86	江西	江西环境工程职业学院	110	四川	绵阳职业技术学院
87	江西	华东交大理工学院	111	四川	四川师范大学
88	江西	南昌大学	112	四川	四川音乐学院
89	江西	景德镇陶瓷学院	113	四川	西南石油大学
90	辽宁	辽宁林业职业技术学院	114	四川	四川国际标榜职业学院
91	内蒙古	内蒙古商贸职业学院	115	四川	四川城市职业学院
92	内蒙古	内蒙古农业大学	116	天津	天津科技大学
93	山东	山东农业大学	117	天津	天津滨海职业学院
94	山东	山东工艺美术学院	118	云南	西南林业大学
95	山东	滨州职业学院	119	浙江	中国美术学院
96	山东	齐鲁工业大学	120	浙江	温州职业技术学院
97	山东	烟台南山学院	121	浙江	浙江农林大学
98	山西	太原工业学院	122	浙江	宁波大红鹰学院
99	山西	太原理工大学	123	浙江	浙江科技学院
100	陕西	陕西科技大学	124	浙江	浙江理工大学

备注：本数据为不完全统计。

國靖家具
KUOCHING FURNITURE

LIFE & WORK
humanity healthy ecology
台湾精品
始于1979

新常态办公 | 座·谈 | 空间

中国红木家具
卓越品牌
不断创新，为创造"传世红木家具典范"之家居，孜孜以求！
明极梳化

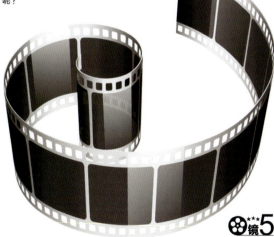

永华红木
YONGHUA ROSEWOOD
知木知永华
知木
知永华
www.yonghuahm.com

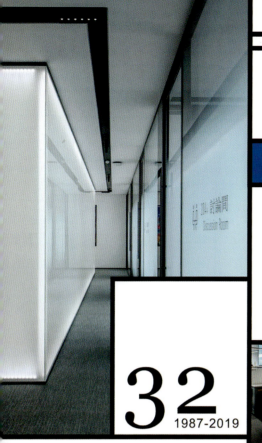